Abiturprüfung Mathematik Nichttechnik 13. Klasse FOS | BOS Bayern 2022

erstellt

für Schülerinnen und Schüler der
Beruflichen Oberschule
nichttechnischer Zweig
in Bayern

lernverlag®
www.lern-verlag.de

Vorwort

Liebe Schülerinnen, liebe Schüler, liebe Kolleginnen, liebe Kollegen,

in diesem Band **Abiturprüfung Mathematik Nichttechnik FOS/BOS Bayern 13. Klasse 2022** sind die letzten vier zentral gestellten Original-Prüfungen der Jahre 2018 bis **2021** und eine Musterprüfung nach LehrplanPLUS enthalten. Dazu gibt es schülergerechte, lehrplankonforme und ausführliche Lösungen, die für den Schüler leicht verständlich und nachvollziehbar erstellt worden sind.
Das Prüfungsvorbereitungsbuch ist eine ideale Unterstützung während der Abschlussklasse und dient zur Vorbereitung auf eine erfolgreiche Abschlussprüfung.

Hinweise

Die **Abschlussprüfung 2022** findet nach Vorgaben des *Bayerischen Staatsministeriums für Unterricht und Kultus* am **31.05.2022** statt und dauert **180 Minuten**. (Stand 01.09.2021)
Als **Hilfsmittel** ist ein nichtprogrammierbarer elektronischer Taschenrechner und die Merkhilfe zugelassen.

Neues - Lernplattform kommt

Wir haben eine neue **Lernplattform** eingerichtet und bauen diese sukzessive auf. Hier findet man im gesicherten Mitgliederbereich hilfreiche Erklär- und Lösungsvideos zu vielen Prüfungsthemen und zu den Lösungen der Original-Prüfungen dieses Buches. Jetzt bei **https://lern.de** oder **https://abitur.guru** einen Platz sichern.
Zeit- und ortsunabhängig online für einzelne Arbeiten in der Schule oder das Fachabitur 2022 an Beruflichen Oberschulen in Bayern lernen.

Tipps

Fangen Sie rechtzeitig mit den Vorbereitungen auf die Abschlussprüfung an und arbeiten Sie kontinuierlich alte Prüfungen durch. Wiederholen Sie die einzelnen Prüfungen mehrmals, um die notwendige Sicherheit zu erlangen. Zur Lernkontrolle können Sie den Prüfungsplaner im Innenteil dieses Prüfungsvorbereitungsbuch verwenden.
Üben Sie also, so oft Sie können.

Notenschlüssel

Der Notenschlüssel wird vom *Bayerischen Staatsministerium für Unterricht und Kultus* festgelegt. In der folgenden Tabelle finden Sie den Notenschlüssel.

Notenschlüssel

Note	Punkte	Bewertungseinheiten	
		von	bis
+	15	100	96
1	14	95	91
−	13	90	86
+	12	85	81
2	11	80	76
−	10	75	71
+	9	70	66
3	8	65	61
−	7	60	56
+	6	55	51
4	5	50	46
−	4	45	41
+	3	40	34
5	2	33	27
−	1	26	20
6	0	19	0

Impressum
lern.de Bildungsgesellschaft mbH
Geschäftsführer: Sascha Jankovic
Fürstenrieder Str. 52
80686 München
Amtsgericht München: HRB 205623
E-Mail: kontakt@lern-verlag.de – https://www.lern-verlag.de
lernverlag, cleverlag und lern.de sind eingetragene Markenzeichen von Sascha Jankovic, Inhaber und Verleger.
Druck: Deutschland
Lösungen:
StD Dr. Michael Fuchs (Berufliche Oberschule Memmingen), Simon Rümmler, Sascha Jankovic und das Team der lern.de Bildungsgesellschaft mbH

Wir danken dem *Bayerischen Staatsministerium für Unterricht und Kultus* für die freundliche Genehmigung, die Original-Prüfungen abdrucken zu dürfen. Die Lösungsvorschläge liegen nicht in der Verantwortung des Ministeriums.

7. ergänzte Auflage © 2021 2.Druck
ISBN-Nummer: 978-3-7430-0080-3
Artikelnummer:
EAN 9783743000803

Aktuelles Rund um die Prüfung 2022 und diesem Buch

Als kleiner Verlag schreiben wir für alle Schüler:innen nachvollziehbare, verständliche und ausführliche Lösungen zu den Original-Prüfungen und versuchen unsere Titel auch während des Schuljahres immer aktuell zu halten. Da wir seit über 20 Jahren individuelle Lernförderung durchführen, stehen bei uns alle Schüler:innen an erster Stelle, wenn es um Fragen rund um das Buch, Verständnisprobleme bei dem ein oder anderen Thema oder Wünsche geht.
Egal ob es um übersehene Rechtschreibfehler, Rechenfehler oder auch Wünsche von Lehrer:innen oder Schüler:innen geht, wir setzen uns sofort hin und versuchen Gewünschtes umzusetzen. Es kostet niemanden etwas, und alle profitieren davon, auch wenn wir Mehrarbeit durch diesen kostenlosen Service haben.

Wir erreichen Sie uns am besten?

Schreiben Sie uns eine E-Mail an **kontakt@lern-verlag.de**

Schreiben Sie uns eine Nachricht, schicken Sie ein Foto von der betroffenen Seite. Wir prüfen, ändern und veröffentlichen bei Bedarf im kostenlosen Downloadbereich des lernverlags die durchgeführten Änderungen.

WhatsApp-Business
+49 89 54 64 52 00

Sie können uns gerne unter der selben Nummer anrufen.

Digitales zu diesem Buch

Unter **https://lern.de** bauen wir gerade eine Lernplattform auf.
Du suchst ein Video über zur gebrochen-rationalen Funktion oder Lagebeziehungen und bekommst aktuell auf anderen Plattformen 50 Videos mit unterschiedlichen Erklärungen angezeigt? Das soll sich ändern. Ein Begriff und maximal 3 Videos, die zusammenhängen, sollen angezeigt werden.
Wir arbeiten unter Hochdruck daran, kurze animierte Erklärvideos, passend zum Unterrichtssoff und „**ON-TOP**" Lösungsvideos zu den Original-Prüfungen zu erstellen.
Schau öfters einmal vorbei oder melde dich am besten zu unserem **Newsletter** an, der **maximal zweimal pro Monat** verschickt wird.

Änderungen/Hinweise in dieser Neuauflage 2021/2022 - ISBN: 978-3-7430-0080-3

- Aus pädagogischen Gründen und zu Übungszwecken die Prüfung 2018 im Buch gelassen
- Aktuelles erstellt; Downloadbereich Verlagsseite überarbeitet
- Einen Ableitungsfehler im Miniskript behoben
- Diese ergänzte Auflage mit 264 Seiten ist durch die Original-Prüfung 2021 mit Lösungen und ohne Kürzungen noch umfangreicher als die Vorauflage mit 224 Seiten
- **Original-Prüfung 2021 inkl. ausführlichen Lösungen eingefügt**

Unsere Autoren

Lösungen zu den Original-Prüfungen **Nichttechnik Fachabitur**:
StR Verena Reffler (Memmingen); Simon Rümmler (TU Dresden); Sascha Jankovic (lern.de)

Lösungen zu den Original-Prüfungen **Nichttechnik Abitur**:
StD Dr. Michael Fuchs (Memmingen); Simon Rümmler (TU Dresden); Sascha Jankovic (lern.de)

Lösungen zu den Original-Prüfungen **Technik Fachabitur**:
StD Roland Wittmann (Neuburg a. d. Donau); Simon Rümmler (TU Dresden); Sascha Jankovic (lern.de)

Lösungen zu den Original-Prüfungen **Technik Abitur**:
StD Roland Wittmann (Neuburg a. d. Donau); Simon Rümmler (TU Dresden); Sascha Jankovic (lern.de)

Alle Prüfungsteile, die identisch in Nichttechnik und Technik abgeprüft werden, sind dementsprechend doppelt korrigiert.

Miniskript und Übungsaufgaben:
StD Dr. Michael Fuchs (Memmingen); Simon Rümmler (TU Dresden); Sascha Jankovic (lern.de)

Musterprüfungen Fachabitur und Abitur:
Simon Rümmler (TU Dresden); Sascha Jankovic (lern.de)

Übungsaufgaben im Miniskript:
Simon Rümmler (TU Dresden); Sascha Jankovic (lern.de)

Die Autoren wünschen viel Erfolg bei der **Abschlussprüfung 2022**.

Inhaltsverzeichnis

MINISKRIPT - Analysis

Seite

Operatoren

Operatoren sind bestimmte Handlungsanweisungen, die sicherstellen, dass bei bestimmten Aufgabenstellungen stets das Gleiche verstanden und umgesetzt wird. In der folgenden Tabelle haben wir Ihnen die gängigsten Operatoren aufgelistet und die entsprechende Bedeutung dazu hingeschrieben.

Operator	Bedeutung für den Lösungsansatz
berechnen Sie	Sie berechnen das Ergebnis und die Lösungswege müssen nachvollziehbar und vollständig sein.
bestimmen bzw. ermitteln Sie	Sie berechnen das Ergebnis oder beschreiben das Ergebnis durch die in der Angabe vorhandenen Informationen.
begründen Sie	Sie begründen durch die Informationen in der Angabe ihr Ergebnis und bestätigen durch Herleitungen Ihre Schlussfolgerungen.
beweisen, zeigen Sie	Das Ergebnis wird im gegebenen Sachverhalt bewiesen, eventuell auch durch eine Herleitung.
entscheiden Sie	Es werden mehrere Alternativen angeben, und Sie entscheiden sich für eine.
erläutern Sie	Sie geben die wesentlichen Merkmale des Sachverhalts anhand von Beispielen wieder.
interpretieren Sie	Sie analysieren die wesentlichen Merkmale des Sachverhalts wieder und interpretieren diese.
nennen Sie, geben Sie an	Sie nennen Fakten oder Sachverhalten ohne diese wiederzugeben.
prüfen Sie	Sie prüfen den gegebenen Sachverhalt auf Wahrheit.
untersuchen Sie	Sie untersuchen den Sachverhalt, berechnen ein Ergebnis und arbeiten Merkmale heraus.
skizzieren Sie	Sie stellen den Sachverhalt vereinfacht und übersichtlich dar.
zeichnen Sie	Sie erstellen eine exakte grafische Darstellung des Sachverhaltes.

Hinweis zur Prüfung 2022

Sonderregelung für die Abiturprüfung 2022 an der FOSBOS:
Nicht prüfungsrelevant (Stand: 18.06.2021):

- Aus LB 2: bestimmen anhand ausreichend vieler Informationen über eine gebrochen-rationale Funktion bzw. ihres Graphen einen geeigneten Funktionsterm, um damit weitere Eigenschaften des Graphen der betrachteten Funktion zu ermitteln
- Aus LB 2: berechnen uneigentliche Integrale 1. und 2.Art gebrochen-rationaler Funktionen, um damit Maßzahlen der Flächeninhalte von Flächen zu ermitteln, die in x-oder y-Richtung unbegrenzt sind, sofern diese existieren
- Aus LB 4: ermitteln Stammfunktionen von Funktionen, die sich auf die Form $x \mapsto e^{ax+b}$ oder $x \mapsto \frac{f'(x)}{f(x)}$ zurückführen lassen
- Aus LB 4: bestimmen mithilfe der partiellen Integration Stammfunktionen von Funktionen, deren Terme sich als Produkte darstellen lassen, insbesondere $x \mapsto x \cdot e^x$, $x \mapsto 1 \cdot \ln(x)$, $x \mapsto x \cdot \ln(x)$
- Aus LB 7: Abstände zwischen zwei Objekten in $\mathbb{R}^3$ berechnen

Bitte fragen Sie bzgl. Änderungen bei Ihrer Lehrkraft nach!

Polynome

Liebe Schülerinnen und Schüler,
die nachfolgende Übersicht zu den ganzrationalen Funktionen (Polynomfunktionen) ist eine enorm wichtige Grundlage für viele Themen der Abschlussprüfung.
Versuchen Sie deshalb bitte, die Übersicht auf „**Verständnis**" zu lernen und in unterschiedlichen Abständen immer wieder zu wiederholen.

Nachfolgend ein kleiner „Fahrplan" zum Lernen der Übersicht.

- **Prägen** Sie sich als erstes am besten die Spaltenüberschriften **ein**.
- **Lernen** Sie jetzt die „**Namen**" der einzelnen Funktionstypen (diese sind übrigens identisch mit den dazugehörigen Gleichungstypen!). Hierzu sei angemerkt, dass es einen grundlegenden Unterschied zwischen Funktionen und dazugehörigen Gleichungen gibt!
  - Mit Funktionen werden die zu den Variablen (häufig x) gehörenden „y-Werte", „Steigungswerte" und „Krümmungswerte" definiert bzw. berechnet.
  - Funktionen kann man ableiten.
  - Nur Gleichungen kann man LÖSEN. Hierzu benötigt man entsprechende „**Werkzeuge**".
- **Beachten** Sie dabei die **Definition** der **Koeffizienten** $(a, b, c, \ldots)$. Auch hier ist auffallend, dass bis auf die konstanten Funktionen der sogenannte „Leitkoeffizient" a niemals null sein darf. Dies ist „logisch", da ja der „namensgebende" Bestandteil des Funktionsterms nicht fehlen darf. Koeffizienten sind sogenannte „**Nebenwirker**", die neben den Variablen (häufig x) für die entsprechenden Funktionswerte „mitverantwortlich" sind.
- **Lernen** Sie jetzt die **Graphentypen**, die zu den verschiedenen Funktionstypen gehören.
  - Der Leitkoeffizient (a) gibt dabei an, wohin der dazugehörige Graph für große y-Werte verläuft. Ist der Leitkoeffizient positiv (> 0) verläuft der dazugehörige Graph nach rechts oben, ist er negativ (< 0) nach rechts unten. Einzig bei den konstanten Funktionen verlaufen die Graphen für positive Leitkoeffizienten „über"– bzw. „unterhalb der x-Achse".
- Abschließend **lernen** Sie die **Gleichungstypen** und dazugehörigen „**Werkzeuge**".

  Verlieren Sie hier bitte nicht die Geduld, es lohnt sich für viele spätere Themen. Und keine Angst, es sind **nur sechs** verschiedene „**Werkzeuge**"!

Die Autoren, V. Reffler, Dr. M. Fuchs, S. Rümmler, S. Jankovic und das Team von lern.de

Funktionstyp und allgemeine Funktionsgleichung	dazugehörige Gleichungen und „Werkzeuge" zum Lösen
Konstante **Funktion** $f(x) = a$ mit $a \in \mathbb{R}$ Funktionsgrad: 0	*Konstante* Funktions**gleichung** $a = 0$ mit $a \in \mathbb{R}$ Keine „Werkzeuge" notwendig
Lineare **Funktion** $f(x) = ax + b$ mit $a; b \in \mathbb{R} \ \wedge \ a \neq 0$ Funktionsgrad: 1	*Lineare* Funktions**gleichung** $ax + b = 0$ mit $a; b \in \mathbb{R} \ \wedge \ a \neq 0$ - Äquivalenzumformung
Quadratische **Funktion** $f(x) = ax^2 + bx + c$ mit $a; b; c \in \mathbb{R} \ \wedge \ a \neq 0$ Funktionsgrad: 2	*Quadratische* Funktions**gleichung** $ax^2 + bx + c = 0$ mit $a; b; c \in \mathbb{R} \ \wedge \ a \neq 0$ - Ausklammern ($c = 0$) - Radizieren ($b = 0$) - „Mitternachtsformel" (vollständige Gleichung)
Kubische **Funktion** $f(x) = ax^3 + bx^2 + cx + d$ mit $a; b; c; d \in \mathbb{R} \ \wedge \ a \neq 0$ Funktionsgrad: 3	*Kubische* Funktions**gleichung** $ax^3 + bx^2 + cx + d = 0$ mit $a; b; c; d \in \mathbb{R} \ \wedge \ a \neq 0$ - Ausklammern ($d = 0$) - Polynomdivision (zum Vereinfachen der Funktion)
(Polynom)**Funktion** *4. Grades* $f(x) = ax^4 + bx^3 + cx^2 + dx + e$ mit $a; b; c; d; e \in \mathbb{R} \ \wedge \ a \neq 0$ Funktionsgrad: 4	Funktions**gleichung** *4. Grades* $ax^4 + bx^3 + cx^2 + dx + e = 0$ mit $a; b; c; d; e \in \mathbb{R} \ \wedge \ a \neq 0$ - Ausklammern ($e = 0$) - Polynomdivision (zum Vereinfachen der Funktion) - Substitution ($b = 0 \ \wedge \ d = 0$)

mögliche Graphentypen für $a > 0$	**mögliche** Graphentypen für $a < 0$
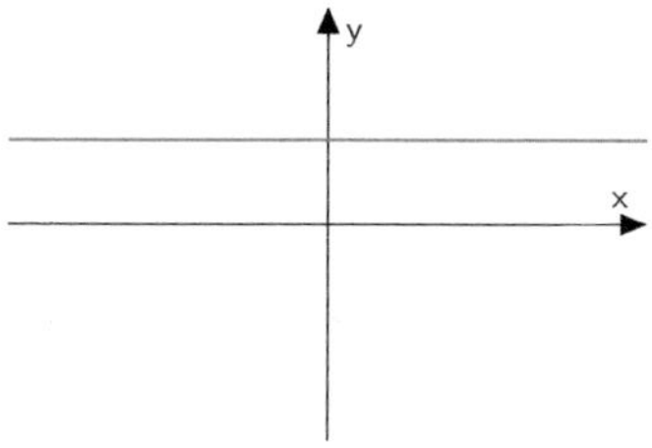 Parallele **Gerade** über der x-Achse	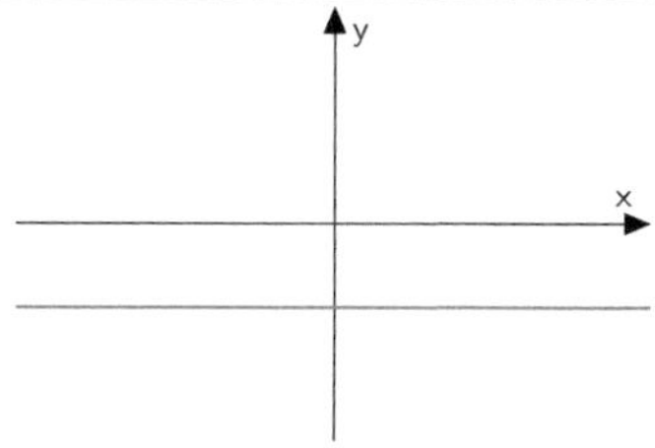 Parallele **Gerade** unter der x-Achse
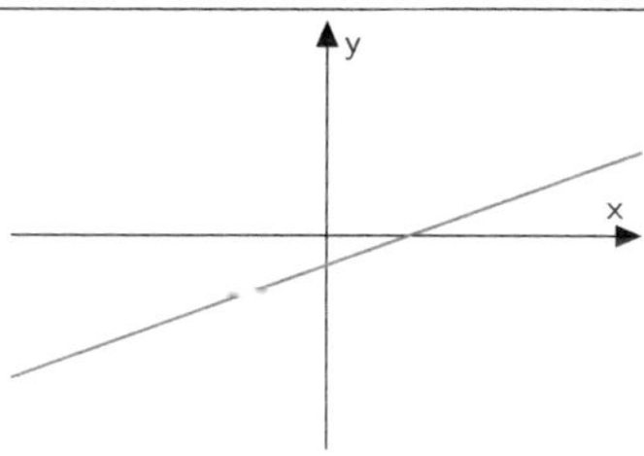 Steigende **Gerade**	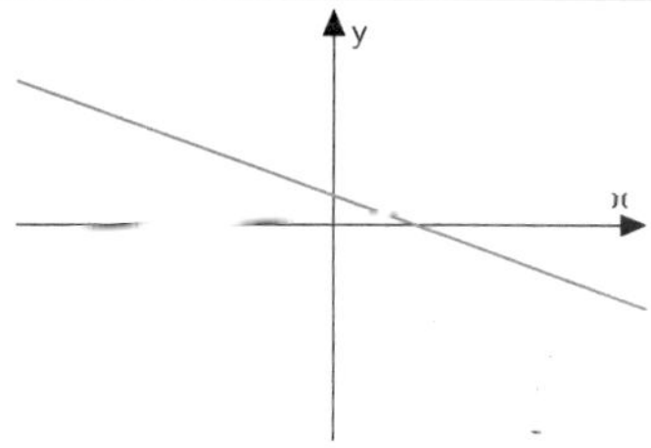 Fallende **Gerade**
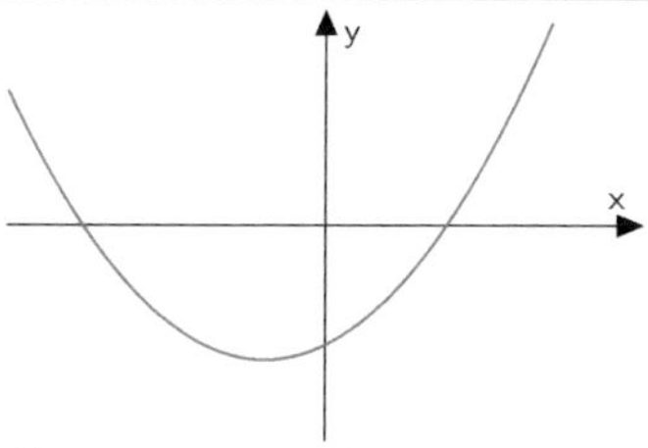 Nach oben geöffnete **Parabel**	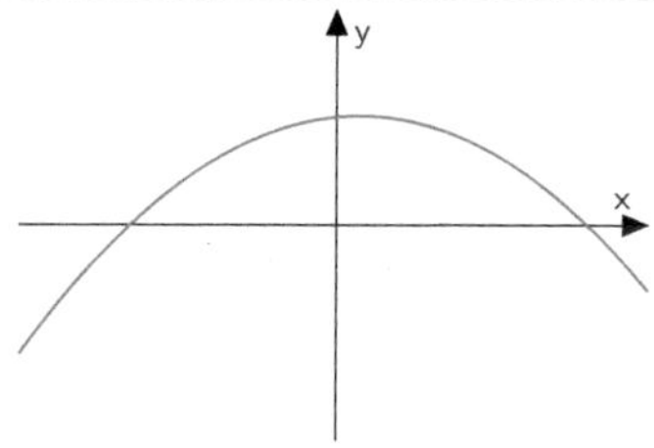 Nach unten geöffnete **Parabel**
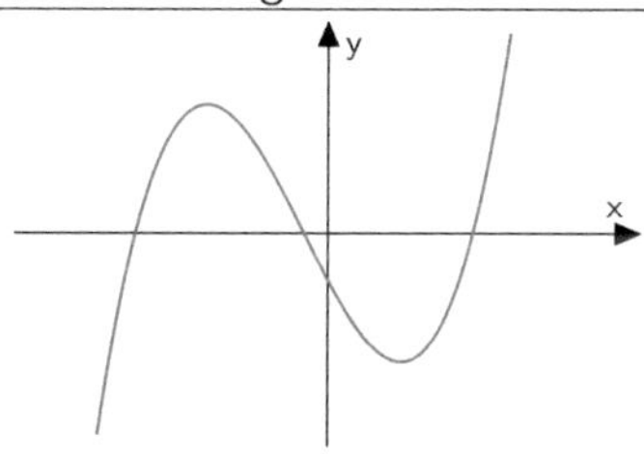 „N-Form“	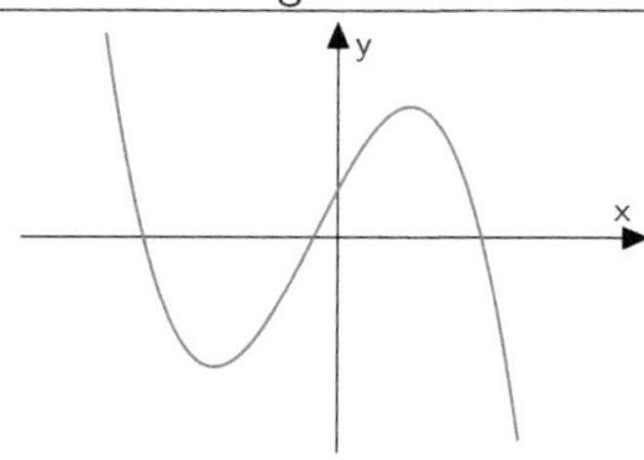 „S-Form“
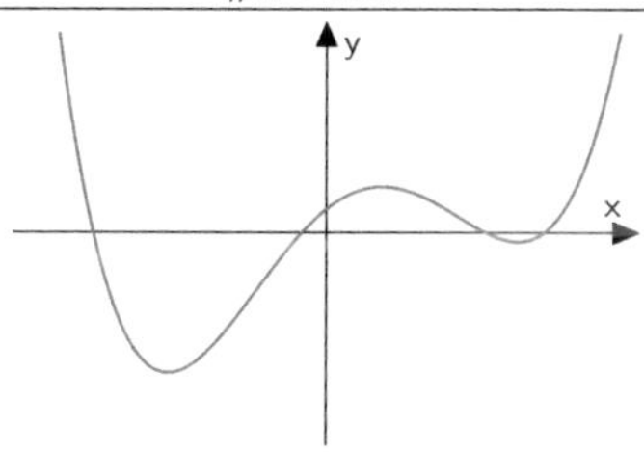 „W-Form“	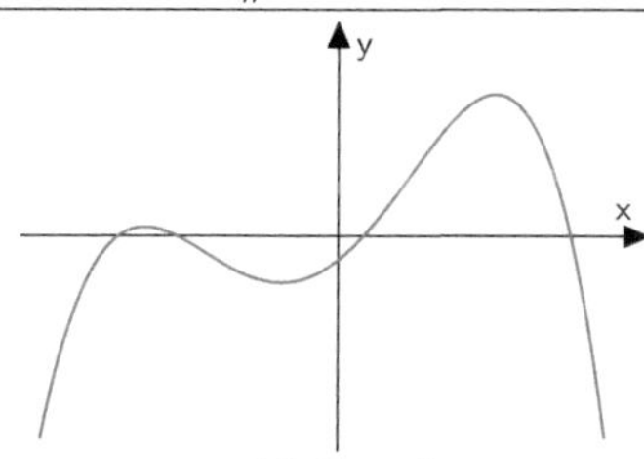 „M-Form“

Aufgaben - Polynome

1 Versuchen Sie diese Aufgabe ohne Zuhilfename der Übersicht, sondern mit dem Wissen was Sie gelernt haben zu bearbeiten.

a) Ordnen Sie jedem „Werkzeug" alle zugehörigen Gleichungstypen mit jeweiligen Eigenschaften zu (siehe Beispiel). Die Zahl in Klammern gibt die Anzahl der verschiedenen Gleichungstypen zu jedem „Werkzeug" wieder.
Äquivalenzumformung (1); Ausklammern (3); Mitternachtsformel (1); Radizieren (1); Polynomdivision (2); Substitution (1)

b) Geben Sie zu jedem Gleichungstyp eine mögliche Gleichung an.

Beispiel:
Mitternachtsformel: quadratische Gleichung (vollständige Gleichung); Bsp: $3x^2 - 4x + 1 = 0$

2 Um sicherer im Umgang mit den „Werkzeugen" zu werden, finden Sie nachfolgend zu jedem „Werkzeug" einige Gleichungen die entsprechend zu lösen sind.

a) Äquivalenzumformungen
I) $2x - 4 = 0$ II) $7x + 2 = 0$ III) $x - 3 = 0$ IV) $-5x - 4 = 0$

b) Radizieren
I) $x^2 - 4 = 0$ II) $4x^2 - 9 = 0$ III) $2x^2 + 2 = 0$ IV) $-x^2 + 3 = 0$

c) Mitternachtsformel
I) $2x^2 - 4x - 6 = 0$ II) $-3x^2 - 12x - 12 = 0$ III) $\frac{2}{3}x^2 - \frac{1}{3}x - \frac{5}{27} = 0$
IV) $-x^2 + 2x - \frac{5}{2} = 0$

d) Substitution
I) $2x^4 - 10x^2 + 8 = 0$ II) $x^4 - 8x^2 + 16 = 0$ III) $0{,}5x^4 - 1{,}345x^2 + 0{,}845 = 0$

e) Ausklammern und Polynomdivision
Mithilfe beider „Werkzeuge" kann die Gleichung zur quadratischen Gleichung vereinfacht werden, für welche die entsprechenden „Werkzeuge" zur kompletten Lösung verwendet werden können. Um die Gleichung per Polynomdivision vereinfachen zu können ist es notwendig eine Nullstelle zu kennen, die „erraten" werden muss. Geeignete Werte für das Erraten der Nullstelle sind dabei meist kleine ganze Zahlen wie $-5; -4; \ldots; 4; 5$ etc.
I) $2x^4 + 2x^3 - 4{,}5x^2 - 4{,}5x = 0$ II) $3x^4 - 7{,}5x^3 - 21x^2 + 12x = 0$
III) $x^4 - 3{,}7x^3 - 6{,}2x^2 - 1{,}5x = 0$

Lösungen - Polynome

1 Vollständige Lösung:

Werkzeug	Gleichungstyp	Beispiel
Äquivalenzumformung	lineare Gleichung	$x+1=0$
Ausklammern	quadratische Gleichung ($c=0$) kubische Gleichung ($d=0$) Gleichung 4. Grades ($e=0$)	$4x^2-2x=0$ $3x^3-2x^2+x=0$ $x^4-x^3+3x^2+4x=0$
Mitternachtsformel	quadratische Gleichung (vollständige Gleichung)	$3x^2-4x+1=0$
Radizieren	quadratische Gleichung ($b=0$)	$4x^2-16=0$
Polynomdivision	kubische Gleichung (zum Vereinfachen) Gleichung 4. Grades (zum Vereinfachen)	$3x^3+x^2-7x+5=0$ $4x^4-3x^2+2x^2+x-1=0$
Substitution	Gleichung 4. Grades ($b=0 \wedge d=0$)	$4x^4+5x^2-7=0$

2 Für jede Teilaufgabe wird die Lösung einer Gleichung ausführlich angegeben und für die restlichen Gleichungen jeweils eine Kurzlösung.

a) Gleichung I): $2x-4=0$; Äquivalenzumformung:

$$\begin{aligned} & 2x-4=0 && \mid +4 \\ \iff\ & 2x=4 && \mid :2 \\ \iff\ & \underline{\underline{x_1=2}} \end{aligned}$$

Gleichung II): $\underline{\underline{x_1=-\frac{2}{7}}}$

Gleichung III): $\underline{\underline{x_1=3}}$

Gleichung IV): $\underline{\underline{x_1=-\frac{4}{5}}}$

b) Gleichung I): $x^2-4=0$; Radizieren:

$$\begin{aligned} & x^2-4=0 && \mid +4 \\ \iff\ & x^2=4 && \mid \pm\sqrt{\ } \\ \iff\ & \underline{\underline{x_1=-2}} \vee \underline{\underline{x_2=2}} \end{aligned}$$

Gleichung II): $\underline{\underline{x_1=-\frac{3}{2}}} \vee \underline{\underline{x_2=\frac{3}{2}}}$

Gleichung III): keine Lösung, da die Quadratwurzel nicht aus negativen Zahlen gezogen werden darf

Gleichung IV): $\underline{\underline{x_1=-\sqrt{3}}} \vee \underline{\underline{x_2=\sqrt{3}}}$

c) Gleichung I): $2x^2 - 4x - 6 = 0$; Mitternachtsformel:

$$x_{1;2} = \frac{-(-4) \pm \sqrt{(-4)^2 - 4 \cdot 2 \cdot (-6)}}{2 \cdot 2} = \frac{4 \pm \sqrt{16 + 48}}{4} = \frac{4 \pm 8}{4}$$

$$\underline{\underline{x_1 = -1}} \quad \vee \quad \underline{\underline{x_2 = 3}}$$

Gleichung II): $\underline{\underline{x_{1;2} = -2}}$ (Doppellösung)

Gleichung III): $\underline{\underline{x_1 = -\frac{1}{3}}} \vee \underline{\underline{x_2 = \frac{5}{6}}}$

Gleichung IV): keine Nullstellen

d) Gleichung I): $2x^4 - 10x^2 + 8 = 0$ Substitution:

$$z = x^2 \quad \Rightarrow \quad 2z^2 - 10z + 8 = 0$$

Anwendung Mitternachtsformel:

$$z_{1;2} = \frac{-(-10) \pm \sqrt{(-10)^2 - 4 \cdot 2 \cdot 8}}{2 \cdot 2} = \frac{10 \pm \sqrt{36}}{4} = \frac{10 \pm 6}{4}$$

$$z_1 = 1 \vee z_2 = 4$$

Rücksubstitution:

$$z_1 = x^2 = 1 \quad \Rightarrow \quad x_{1;2} = \pm\sqrt{z_1} = \pm 1 \quad \underline{\underline{x_1 = -1}} \vee \underline{\underline{x_2 = 1}}$$

$$z_2 = x^2 = 4 \quad \Rightarrow \quad x_{3;4} = \pm\sqrt{z_2} = \pm 2 \quad \underline{\underline{x_3 = -2}} \vee \underline{\underline{x_4 = 2}}$$

Gleichung II): $\underline{\underline{x_{1;2} = -2}}$ (Doppellösung) $\vee$ $\underline{\underline{x_{3;4} = 2}}$ (Doppellösung)

Gleichung III): $\underline{\underline{x_1 = -1}} \vee \underline{\underline{x_2 = 1}} \vee \underline{\underline{x_3 = -1{,}3}} \vee \underline{\underline{x_4 = 1{,}3}}$

e) Gleichung I): $2x^4 + 2x^3 - 4{,}5x^2 - 4{,}5x = 0$; da es keinen konstanten Summanden gibt, kann zunächst ausgeklammert werden:

$$2x^4 + 2x^3 - 4{,}5x^2 - 4{,}5x = x(2x^3 + 2x^2 - 4{,}5x - 4{,}5) = 0$$

Es ergibt sich bereits die erste Nullstelle zu $\underline{\underline{x_1 = 0}}$. In der Klammer verbleibend ist ein Term dritten Grades, für welchen nun eine Nullstelle erraten werden muss. Wie bereits erwähnt sind beispielsweise $-2; -1; 1$ und 2 häufige Lösungen, sodass diese beim Erraten zuerst getestet werden können. Durch Einsetzen dieser Werte in den kubischen Term in Klammern zeigt sich, ob es sich um eine Nullstelle handelt:

$$\begin{aligned} x = -2 \quad &\Rightarrow \quad 2 \cdot (-2)^3 + 2 \cdot (-2)^2 - 4{,}5 \cdot (-2) - 4{,}5 = -3{,}5 \neq 0 \\ x = -1 \quad &\Rightarrow \quad 2 \cdot (-1)^3 + 2 \cdot (-1)^2 - 4{,}5 \cdot (-1) - 4{,}5 = 0 \\ x = 1 \quad &\Rightarrow \quad 2 \cdot 1^3 + 2 \cdot 1^2 - 4{,}5 \cdot 1 - 4{,}5 = -5 \neq 0 \\ x = 2 \quad &\Rightarrow \quad 2 \cdot 2^3 + 2 \cdot 2^2 - 4{,}5 \cdot 2 - 4{,}5 = 10{,}5 \neq 0 \end{aligned}$$

Eine weitere Nullstelle liegt also bei $\underline{\underline{x_2 = -1}}$. Der kubische Term kann nun mithilfe der gefundenen Nullstelle mittels Polynomdivision weiter vereinfacht werden.

$$\begin{array}{rllll} & (2x^3 & + 2x^2 & - 4{,}5x & - 4{,}5) \; : \; (x+1) \; = 2x^2 - 4{,}5 \\ - & (2x^3 & + 2x^2 & &) \\ \hline & & & - 4{,}5x & - 4{,}5 \\ & - & & (- 4{,}5x & - 4{,}5) \\ \hline & & & & 0 \end{array}$$

Die gegebene Gleichung kann mithilfe der gefundenen Nullstellen also wie folgt vereinfacht werden:

$$2x^4 + 2x^3 - 4{,}5x^2 - 4{,}5x = x(x+1)(2x^2 - 4{,}5) = 0$$

Schließlich müssen noch die Nullstellen des quadratischen Terms bestimmt werden:

$$\begin{aligned} & & 2x^2 - 4{,}5 &= 0 & &\mid +4{,}5 \\ &\Longleftrightarrow & 2x^2 &= 4{,}5 & &\mid :2 \\ &\Longleftrightarrow & x^2 &= 2{,}25 & &\mid \sqrt{\ } \\ &\Longleftrightarrow & \underline{\underline{x_3 = -1{,}5}} \quad &\vee \quad \underline{\underline{x_4 = 1{,}5}} & & \end{aligned}$$

Gleichung II): $\underline{\underline{x_1 = 0}} \vee \underline{\underline{x_2 = -2}} \vee \underline{\underline{x_3 = 0{,}5}} \vee \underline{\underline{x_4 = 4}}$

Gleichung III): $\underline{\underline{x_1 = 0}} \vee \underline{\underline{x_2 = -1}} \vee \underline{\underline{x_3 = 0{,}3}} \vee \underline{\underline{x_4 = 5}}$

Symmetrie

Symmetrie

Für das Symmetrieverhalten eines Graphes einer ganzrationalen Funktion f gilt folgendes:

- *Achsensymmetrie zur y-Achse*: $f(-x) = f(x)$
  Das ist immer dann der Fall, wenn das Polynom **nur gerade Exponenten** hat.
- *Punktsymmetrie zum Ursprung*: $f(-x) = -f(x)$
  Das ist immer dann der Fall, wenn das Polynom **nur ungerade Exponenten** hat.

In allen anderen Fällen besitzt der Graph keine Standardsymmetrie. Er kann immernoch punkt- bzw. achsensymmetrisch sein, aber eben nicht zum Urspung bzw. zur y-Achse.

Beispiel zur Achsensymmetrie:
$f(x) = x^4 - 4x^2 + 3$

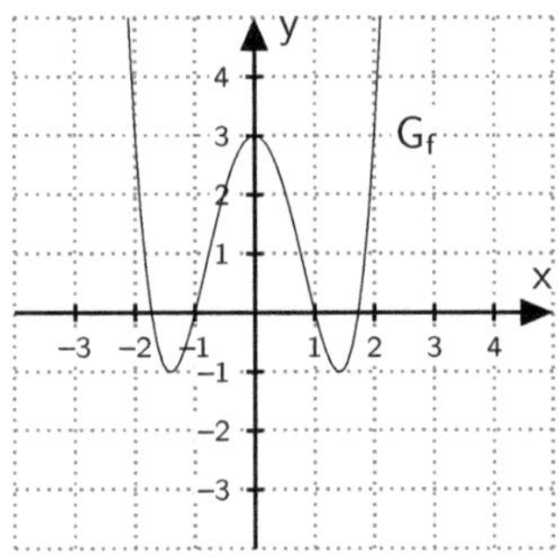

$$\begin{aligned}
& & \mathbf{f(-x)} &= \mathbf{f(x)} \\
&\Longleftrightarrow & (-x)^4 - 4(-x)^2 + 3 &= x^4 - 4x^2 + 3 \\
&\Longleftrightarrow & (-1)^4x^4 - 4(-1)^2x^2 + 3 &= x^4 - 4x^2 + 3 \\
&\Longleftrightarrow & 1 \cdot x^4 - 4 \cdot 1 \cdot x^2 + 3 &= x^4 - 4x^2 + 3 \\
&\Longleftrightarrow & x^4 - 4x^2 + 3 &= x^4 - 4x^2 + 3
\end{aligned}$$

Somit ist der Graph G_f von f symmetrisch zur y-Achse.
Zum selben Ergebnis kommt man, wenn man sich die Exponenten ansieht. Diese sind nur gerade (4;2;0).

Beispiel zur Punktsymmetrie:
$g(x) = x^3 - 3x$

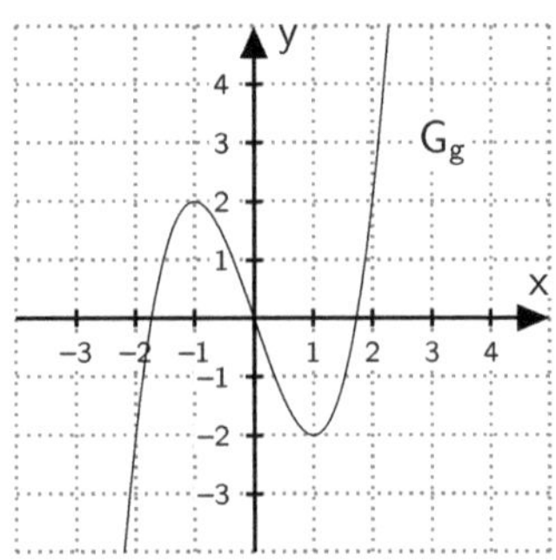

$$\begin{aligned}
& & \mathbf{g(-x)} &= \mathbf{-g(x)} \\
&\Longleftrightarrow & (-x)^3 - 3(-x) &= -(x^3 - 3x) \\
&\Longleftrightarrow & (-1)^3x^3 - 3(-1)x &= -(x^3 - 3x) \\
&\Longleftrightarrow & (-1) \cdot x^3 - 3(-1)x &= -(x^3 - 3x) \\
&\Longleftrightarrow & -x^3 + 3 &= -(x^3 - 3x) \\
&\Longleftrightarrow & -(x^3 - 3x) &= -(x^3 - 3x)
\end{aligned}$$

Somit ist der Graph G_g von g punktsymmetrisch zum Ursprung.
Zum selben Ergebnis kommt man, wenn man sich die Exponenten ansieht. Diese sind nur **un**gerade (3;1).

Extrema und Monotonieverhalten

Rechts ist das Höhenprofil eines Berges gezeigt. Der Gipfel ist dabei der jeweils höchste Punkt in einer Umgebung, das Tal entsprechend der tiefste Punkt. Auf dem Weg zum Gipfel steigt der Berg zunächst an, fällt rechts vom Gipfel zum Tal hin wieder ab und steigt rechts neben dem Tal wieder an. Direkt am Gipfel / im Tal ist es flach, der Berg steigt weder an, noch fällt er ab.

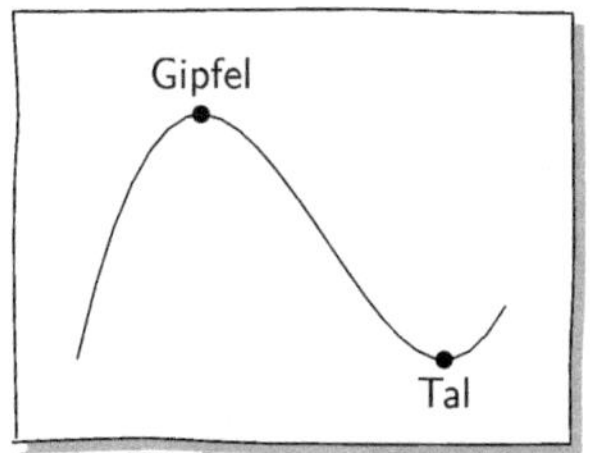

Bei Funktionen ist der „Gipfel" der **lokale** Hochpunkt und das „Tal" der **lokale** Tiefpunkt. Global kann es also noch höhere bzw. tiefere Punkte geben.

Extremstellen und Monotonie

Die erste Ableitung f' einer Funktion f gibt Informationen über die Steigung des Graphen G_f:

- $f'(x) > 0$: die Funktion $f(x)$ ist streng monoton steigend
- $f'(x) < 0$: die Funktion $f(x)$ ist streng monoton fallend
- $f'(x) = 0$: die Funktion $f(x)$ hat einen Hoch-, Tief- oder Terrassenpunkt

Gilt für die Steigung $f'(x) = 0$, liegt also häufig eine Extremstelle vor. Die Extremstellen einer Funktion f geben die Punkte an, in denen der Graph eine waagrechte Tangente besitzt.

Beispiel: $f(x) = x^3 + 3x^2$

1. Schritt: Erste Ableitung berechnen:

$$f'(x)x = 3x^2 + 6x$$

2. Schritt: Nullstellen der ersten Ableitung berechnen, durch Faktorisieren:

$$\begin{aligned} f'(x) &= 3x^2 + 6x \\ f'(x) &= 0 \\ 0 &= 3x^2 + 6x \\ 0 &= x(3x + 6) \\ \iff \quad x_1 &= 0; \quad x_2 = -2 \end{aligned}$$

Siehe auch grafische Darstellung: x-Werte von Nullstellen der ersten Ableitung stimmen mit den Extremstellen der Funktion überein.

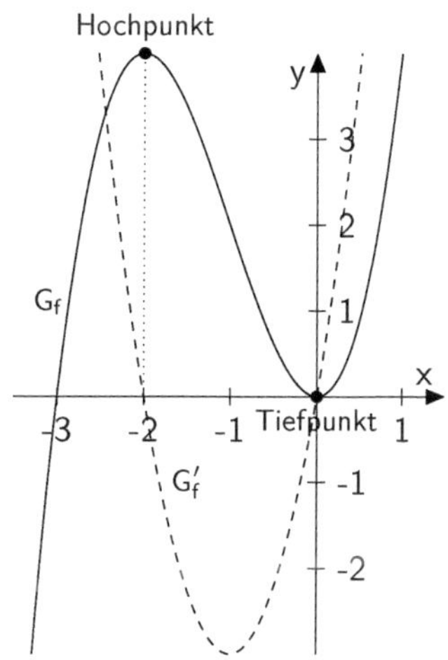

3. Schritt: Funktionswerte durch Einsetzen in die Funktionsgleichung ermitteln

$$\begin{aligned} y_1 &= f(x_1) = 0^3 + 3 \cdot 0^2 = 0 \\ y_2 &= f(x_2) = (-2)^3 + 3(-2)^2 = -8 + 12 = 4 \end{aligned}$$

Die Koordinaten der Extrempunkte lauten also HOP$(-2\,|\,4)$ und TIP$(0\,|\,0)$.

4. Schritt: Art des Extrempunktes und Monotonie bestimmen
Um herauszufinden, wie sich der Graph in und neben diesen Punkten verhält, nimmt man einen x-Wert aus dem entsprechenden Intervall, hier liegt z. B. $x = 0$ im Intervall $]-\infty; -2]$. Diesen Wert setzt man dann in die erste Ableitung ein und das Vorzeichen des Ergebnisses wird in die Tabelle geschrieben. Somit $(-2\,|\,4)$ und $(0\,|\,0)$.

x	$-\infty < x < -2$	$x = -2$	$-2 < x < 0$	$x = 0$	$0 < x < \infty$
$x \in$	$]-\infty; -2[$		$]-2; 0[$		$]0; \infty[$
$f'(x)$	+	0	−	0	+
G_f	↗	HOP	↘	TIP	↗

Der Graph G_f ist somit in den Intervallen $]-\infty; -2]$ und $[0; \infty[$ streng monoton wachsend und im Intervall $[-2; 0]$ streng monoton fallend.

Ist die Monotonie nicht gefragt, kann die Art der Extremstelle auch allein durch die zweite Ableitung ermittelt werden.

Art der Extremstelle - 2. Ableitung

- $f''(x) < 0$: Hochpunkt
- $f''(x) > 0$: Tiefpunkt
- $f''(x) = 0$ und $f'''(x) \neq 0$: Terrassenpunkt

Beispiel wie oben:
$f''(x) = 6x + 6.$
Einsetzen der x-Werte der Extrempunkte in die Funktion f'' (Extrempunkte auch in obiger Grafik markiert):

$$f''(-2) = 6(-2) + 6 = -12 + 6 = -6 < 0 \quad \Rightarrow \quad \text{HOP}(-2\,|\,4)$$
$$f''(0) = 6 \cdot 0 + 6 = 6 > 0 \quad \Rightarrow \quad \text{TIP}(0\,|\,0)$$

Aufgaben - Extrema und Monotonieverhalten

Bestimmen Sie Art und Lage der Extrempunkte sowie das Monotonieverhalten der Graphen folgender Funktionensterme.

1. $f_1(x) = -\frac{1}{3}(x^3 + 10{,}5x^2 + 36x + 40{,}5)$
2. $f_2(x) = -\frac{2}{3}(x^3 + 10{,}5x^2 + 36x + 42)$
3. $f_3(x) = \frac{1}{6}(x-5)^2(2x-1)$
4. $f_4(x) = \frac{-x^3}{3} - x^2 - 1$
5. $f_5(x) = -\frac{1}{3}(x^3 - 7{,}5x^2 + 12x + 11)$
6. $f_6(x) = \frac{1}{100}(x^4 - 26x^2 + 48x + 200)$

Kurzlösungen: (ausführliche Lösungen finden Sie auf unserer Verlagsseite - Download)

1. $f_1'(x) = -\frac{1}{3}(3x^2+21x+36)$; TIP $(-4\,|\,-0{,}17)$; HOP $(-3\,|\,0)$
   Monotonie: $]-\infty; -4] \wedge [-3; \infty[$ **smf**; $[-4; -3]$ **sms**
2. $f_2'(x) = -\frac{2}{3}(3x^2+21x+36)$; TIP $(-4\,|\,-1{,}33)$; HOP $(-3\,|\,-1)$
   Monotonie: $]-\infty; -4] \wedge [-3; \infty[$ **smf**; $[-4; -3]$ **sms**
3. $f_3'(x) = x^2 - 7x + 10$; TIP $(5\,|\,0)$; HOP $(2\,|\,4{,}5)$
   Monotonie: $]-\infty; 2] \wedge [5; \infty[$ **sms**; $[2; 5]$ **smf**
4. $f_4'(x) = -x^2 - 2x$; TIP $(-2\,|\,-2{,}33)$; HOP $(0\,|\,1)$
   Monotonie: $]-\infty; -2] \wedge [0; \infty[$ **smf**; $[-2; 0]$ **sms**
5. $f_5'(x) = -\frac{1}{3}(3x^2 - 15x + 12)$; TIP $(1\,|\,-5{,}5)$; HOP $(4\,|\,-1)$
   Monotonie: $]-\infty; 1] \wedge [4; \infty[$ **smf**; $[1; 4]$ **sms**
6. $f_6'(x) = \frac{1}{25}(x^3 - 13x + 12)$
   TIP $(-4\,|\,-1{,}52)$; HOP $(1\,|\,2{,}23)$; TIP $(3\,|\,1{,}91)$
   Monotonie: $]-\infty; -4] \wedge [1; 3]$ **smf**; $[-4; 1] \wedge [3; \infty[$ **sms**

Wendepunkte und Krümmungsverhalten

Ähnlich zu Extrempunkten und dem Monotonieverhalten kann man die Wendepunkte und das Krümmungsverhalten einer Funktion betrachten. Der Funktionsgraph kann dabei entweder links- oder rechtsgekrümmt sein. An einem Wendepunkt ändert sich das Krümmungsverhalten (siehe Grafik rechts).

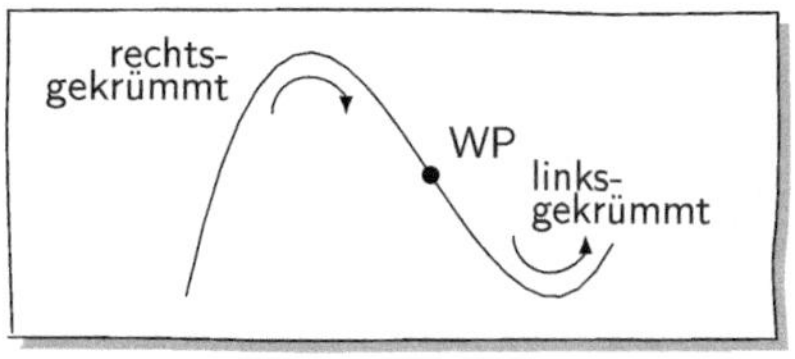

Krümmungsverhalten

Die Krümmung eines Graphen G_f einer Funktion f wird durch die zweite Ableitung f'' ermittelt:

- $f''(x) > 0$: die Funktion ist linksgekrümmt
- $f''(x) < 0$: die Funktion ist rechtsgekrümmt
- $f''(x) = 0$ und $f'''(x) \neq 0$: die Funktion hat einen Wendepunkt

In einem Wendepunkt ändert sich also das Krümmungsverhalten. Der Wendepunkt ist auch der Punkt, in dem die Steigung lokal betrachtet maximal bzw. minimal wird.

Beispiel: $f(x) = x^3 + 3x^2$

1. Schritt: Zweite Ableitung berechnen:

$$f'(x) = 3x^2 + 6x$$
$$f''(x) = 6x + 6$$

2. Schritt: Nullstellen der zweiten Ableitung:

$$f''(x_w) = 6x_w + 6$$
$$f''(x_w) = 0$$
$$0 = 6x_w + 6 \iff x_w = -1$$

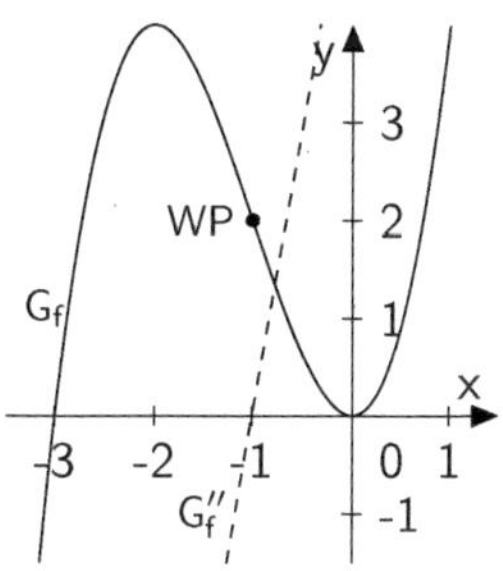

3. Schritt: Den Funktionswert durch Einsetzen in die Funktionsgleichung ermitteln:

$$y_w = f(x_w) = f(-1) = (-1)^3 + 3(-1)^2 = -1 + 3 = 2$$

Die Koordinaten des Wendepunktes lauten demnach WEP$(-1\,|\,2)$.

4. Schritt: Krümmungsverhalten ermitteln mit der Vorzeichentabelle der zweiten Ableitung.

x	$-\infty < x < -1$	$x = -1$	$-1 < x < \infty$
$f''(x)$	−	0	+
G_f	RK ↷	WEP	LK ↶

Also ist die Funktion f im Intervall $]-\infty; -1]$ rechtsgekrümmt und im Intervall $[-1; \infty[$ linksgekrümmt.

Tangenten

Tangente

Eine Tangente ist ein Gerade, die in einem bestimmten Punkt $(x_0 \mid y_0)$ den Graphen berührt. Sie hat die allgemeine Form einer Geradengleichung: $y = mx + t$. Die Steigung m entspricht dabei der Steigung der Funktion an dem Punkt, an den die Tangente den Graphen berührt.

Deshalb gilt: $m = f'(x_0)$

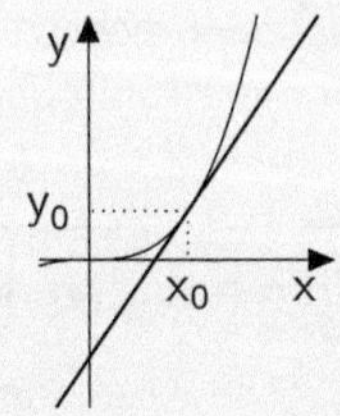

Beispiel wie oben

In obigem Beispiel hat die Funktion $f(x) = x^3 + 3x^2$ den Wendepunkt WEP$(-1 \mid 2)$. Es soll nun die Gleichung der Tangente w(x) an diesen Punkt, die **Wendetangente**, bestimmt werden:

1. Schritt: Steigung im WP berechnen:
Die Steigung entspricht dem Wert der 1. Ableitung bei $x = -1$.

$$f'(x) = 3x^2 + 6x$$
$$m = f'(-1) = 3(-1)^2 + 6(-1) = -3$$

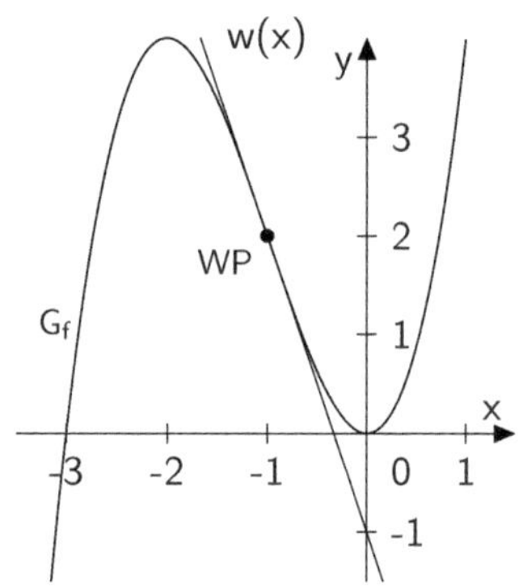

2. Schritt: Einsetzen von Steigung und Koordinaten des Punktes in die allgemeine Geradengleichung um nach t aufzulösen:

$$y = mx + t$$
$$\iff \quad 2 = (-3)(-1) + t$$
$$\iff \quad 2 = 3 + t \qquad \mid -3$$
$$\iff \quad t = -1$$

3. Schritt: Einsetzen der ermittelten Werte von t und m ergibt die Tangentengleichung:

$$w(x) = -3x - 1$$

Aufgaben - Wendepunkt und Wendetangente

Bestimmen Sie die Koordinaten der jeweiligen Wendepunkte und deren Tangenten. Geben Sie zusätzlich das Krümmungsverhalten des Funktionsgraphen an.

1. $f_1(x) = -1(x^3 + 3x^2 - 7)$
2. $f_2(x) = -(x-8)(x-5)^2$
3. $f_3(x) = -x^3 - 18x^2 - 105x - 196$
4. $f_4(x) = -x^3 + 6x^2 - 9x - 2$

Kurzlösungen:
(ausführliche Lösungen finden Sie auf unserer Verlagsseite - Download)

1. $f_1''(x) = -6x - 6$; WEP$(-1 \mid 5)$; $t_w = 3x + 8$
   Krümmung: $]-\infty; -1]$ **LK**; $[-1; \infty[$ **RK**
2. $f_2''(x) = -6x + 36$; WEP$(6 \mid 2)$; $t_w = 3x - 16$
   Krümmung: $]-\infty; 6]$ **LK**; $[6; \infty[$ **RK**
3. $f_3''(x) = -6x - 36$; WEP$(-6 \mid 2)$; $t_w = 3x + 20$
   Krümmung: $]-\infty; -6]$ **LK**; $[-6; \infty[$ **RK**
4. $f_4''(x) = -6x + 12$; WEP$(2 \mid -4)$; $t_w = 3x - 10$
   Krümmung: $]-\infty; 2]$ **LK**; $[2; \infty[$ **RK**

Exponentialfunktionen

Definition

Als Exponentialfunktionen bezeichnet man allgemein Funktionen vom Typ

$$f(x) = b^x \quad \text{mit } b > 0; b \neq 1.$$

Dabei wird **b** als Basis und **x** als Exponent bezeichnet, der auch als Funktionsvariable anzusehen ist.

Als einführendes Beispiel wird die Funktion $f(x) = 2^x$ betrachtet. Um sich den Verlauf einer Exponentialfunktion zu verdeutlichen, werden verschiedene Werte für x eingesetzt und dadurch folgender Graph der Funktion gezeichnet.
MERKE: Unabhängig der Basis gilt $b^0 = 1$, was als Anhaltspunkt für alle Exponentialfunktionen gilt.

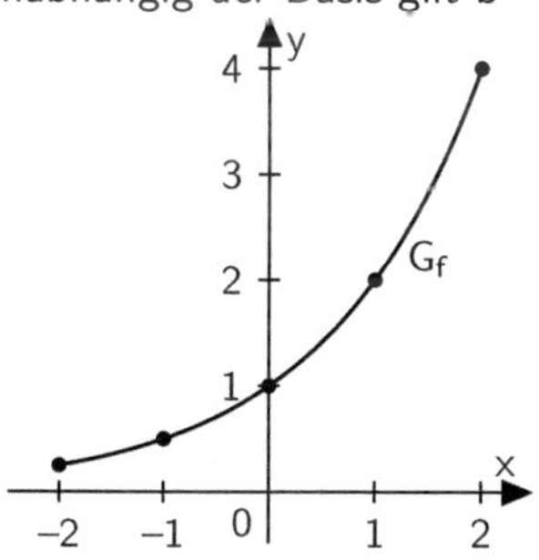

$f(-2) = 2^{-2} = \frac{1}{2^2} = 0{,}25$

$f(-1) = 2^{-1} = \frac{1}{2^1} = 0{,}5$

$f(0) = 2^0 = 1$

$f(1) = 2^1 = 2$

$f(2) = 2^2 = 4$

Ausgehend vom Graph der Funktion $f(x) = 2^x$, der in folgender Darstellung fett markiert ist, wird die Funktion leicht variiert und jeweils der Verlauf des Graphen betrachtet.

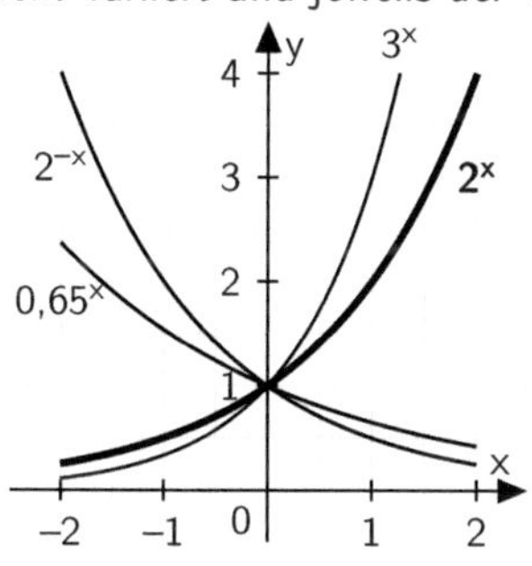

Variation	Funktion
Ausgangsfunktion	$\mathbf{2^x}$
größere Basis	3^x
Basis zw. 0 und 1	$0{,}65^x$
negativer Exponent	2^{-x}

Es zeigen sich wichtige **allgemeingültige** Tatsachen für Funktionen des Types b^x $(b > 0; b \neq 1)$:

- Der Graph verläuft stets oberhalb der x-Achse, die eine Asymptote des Graphen ist. Der Graph verläuft stets durch den Punkt $(0\,|\,1)$.
- Je **größer** die Basis $(b > 1)$, desto **steiler** verläuft der Graph.
  Je **größer** die Basis $(0 < b < 1)$, desto **flacher** verläuft der Graph.
- Der Graph verläuft **fallend**, wenn
  - für die Basis $0 < b < 1$ gilt und der Exponent ein positives Vorzeichen hat (Bsp: $0{,}65^x$), **oder**
  - für die Basis $b > 1$ gilt und der Exponent ein negatives Vorzeichen hat (Bsp: 2^{-x}).

Natürliche Exponentialfunktion

Eine Basis, die sehr häufig vorzufinden ist, ist die **Eulersche Zahl** $e = 2{,}718281\ldots$. Funktionen mit dieser Basis, also der Art $f(x) = e^x$ werden speziell als **e-Funktionen** bezeichnet.
Die e-Funktionen spielen bei realen Vorgängen eine wichtige Rolle. Beispiele sind der radioaktive Zerfall, die barometrische Höhenformel oder der Ladevorgang eines Kondensators.
Um Sicherheit im Umgang mit e-Funktionen zu bekommen, wird in den nachfolgenden Betrachtungen ausschließlich die Basis e verwendet.

Parameter

Bisher wurde die einfache Form $f(x) = b^x$ betrachtet. Im Folgenden sollen nun zusätzliche Parameter und deren Einfluss untersucht werden, wenn die Funktion in der Form

$$f(x) = a \cdot e^{c \cdot x + d} + k$$

vorliegt (mit Basis e).

Die Einflüsse der Parameter a, c, d und k sollen anhand einiger Beispiele gezeigt werden.

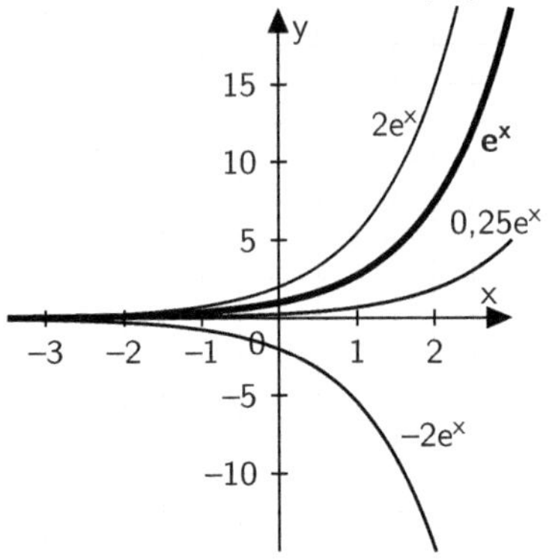

Einfluss des Parameters a für $a \cdot e^x$
Der Parameter a sorgt allgemein für eine **Streckung** ($|a| > 1$) oder **Stauchung** ($|a| < 1$) des Funktionsgraphen entlang der **y-Achse**. Die Betragsstriche sind dabei relevant, denn wie nebenstehend zu sehen ist, wird der Graph für $a < 0$ zudem an der x-Achse gespiegelt.

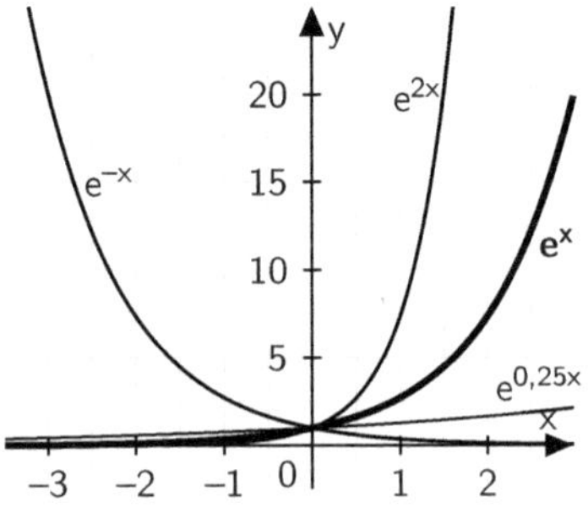

Einfluss des Parameters c für $e^{c \cdot x}$
Der Parameter c bewirkt eine **Stauchung** ($|c| > 1$) oder **Streckung** ($|c| < 1$) des Graphen entlang der **x-Achse**. Auch hier muss der Betrag betrachtet werden, da für $c < 0$ eine Spiegelung entlang der y-Achse erfolgt.

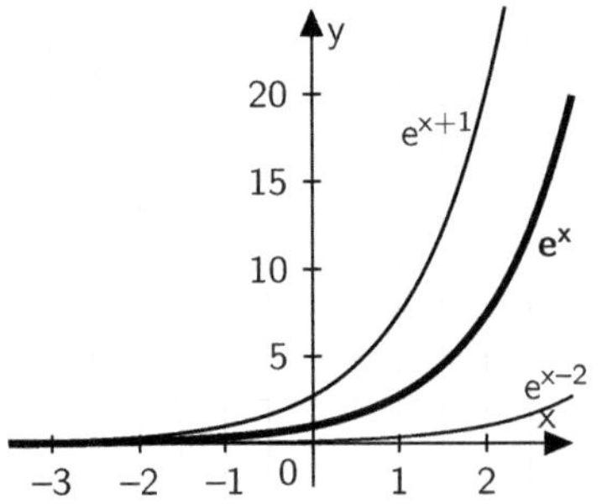

Einfluss des Parameters d für e^{x+d}
Der Parameter d bewirkt eine **Verschiebung** nach links ($d > 0$) oder rechts ($d < 0$) entlang der **x-Achse**

Einfluss des Parameters k für $e^x + k$

Der Parameter k bewirkt eine **Verschiebung** nach oben ($k > 0$) oder nach unten ($k < 0$) entlang der **y-Achse**.

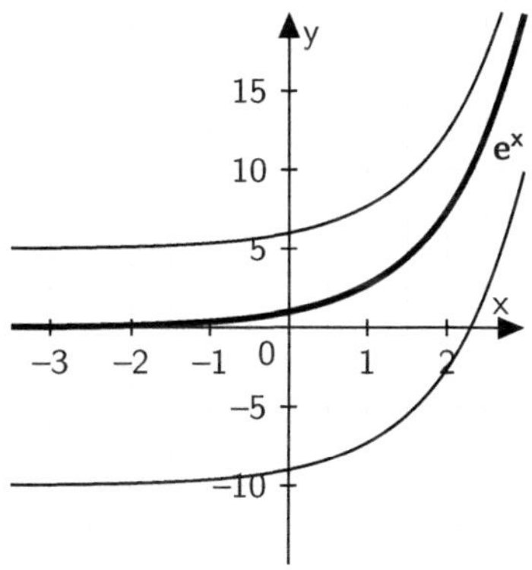

Parameter im Überblick

Nachfolgend dargestellt im Überblick, welchen Einfluss die einzelnen Parameter in der Form

$$f(x) = a \cdot e^{c \cdot x + d} + k$$

auf den Verlauf des Graphen haben:

a	Stauchung ($|a| < 1$) oder Streckung ($|a| > 1$ entlang der y-Achse; für $a < 0$ wird der Graph zudem entlang der x-Achse gespiegelt
c	Stauchung ($|c| > 1$) oder Streckung ($|c| < 1$ entlang der x-Achse; für $c < 0$ wird der Graph zudem entlang der y-Achse gespiegelt
d	Verschiebung entlang der x-Achse nach links ($d > 0$) oder rechts ($d < 0$)
k	Verschiebung entlang der y-Achse nach oben ($k > 0$) oder unten ($k < 0$)

Verknüpfte Funktionen

Verknüpfte Funktionen

Im Bezug auf Exponentialfunktionen liegen oft verknüpfte Funktionen der Form

$$f(x) = g(x) \cdot e^{h(x)}$$

vor, bei denen es sich bei g(x) um konstante, lineare oder quadratische Funktionen und bei h(x) um lineare oder quadratische Funktionen handelt. Beispiele:

$$f_1(x) = -3 \cdot e^{-x^2+2x+7} \qquad f_2(x) = (x-1) \cdot e^{x^2+3} \qquad f_3(x) = (x^2-3x+1) \cdot e^{5x}$$

Nachfolgend sollen alle einzelnen Themen der Kurvendiskussion für solche verknüpften Funktionen diskutiert werden.

Nullstellen

Gemäß dem **Satz vom Nullprodukt** wird ein Produkt null, wenn einer der Faktoren null wird. Da der Exponentialfunktionsterm nie gleich null wird, muss also jeweils der andere Faktor gleich null werden:

$$\mathbf{f(x) = g(x) \cdot \overbrace{e^{h(x)}}^{\neq 0} = 0} \qquad \Rightarrow \qquad \mathbf{g(x) = 0}$$

$$\text{Beispiel:} \quad f(x) = (x^2-1) \cdot \overbrace{e^{3x+1}}^{\neq 0} = 0 \quad \Rightarrow \quad x^2 - 1 = 0 \quad \Rightarrow \quad x_{1;2} = \pm 1$$

Schnitt mit der y-Achse

Wie bekannt liegt der Schnittpunkt $S\,(0\,|\,y_S)$ des Funktionsgraphen mit der y-Achse bei $x = 0$, sodass dies entsprechend in die Funktionsgleichung eingesetzt wird:

$$\mathbf{y_S = f(0) = g(0) \cdot e^{h(0)}} \qquad \Rightarrow \qquad \mathbf{S\,(0\,|\,y_S)}$$

$$\text{Beispiel:} \ y_S = f(0) = (0^2-1) \cdot e^{3\cdot 0+1} = -e^1 \approx -2{,}72 \quad \Rightarrow \quad S\,(0\,|-2{,}72)$$

Globalverhalten

Für das Globalverhalten der Funktionswerte für $x \to \pm\infty$ muss beachtet werden, dass die **e-Funktion** stets die andere Funktion **dominiert**. Es ist „$\overbrace{e^{\infty}}^{\to\infty}$“$= \infty$ und „$\overbrace{e^{-\infty}}^{\to 0^+}$“$= 0$. Die andere Funktion entscheidet lediglich über das Vorzeichen des Grenzwertes, also ggf. ob dieser $-\infty$ oder $+\infty$ ist.

$$\text{Beispiele:} \ x \to -\infty: f(x) = \overbrace{(x^2-1)}^{\to+\infty} \cdot e^{\overbrace{3x+1}^{\to-\infty}} \to „\infty \cdot e^{-\infty}“ = 0 \quad \text{(da e-Fkt. dominiert)}$$

$$x \to \infty: g(x) = \overbrace{(-3x-4)}^{\to-\infty} \cdot e^{\overbrace{2x+3}^{\to\infty}} \to „-\infty \cdot e^{\infty}“ = -\infty$$

Monotonie- und Krümmungsverhalten

Die Untersuchung von Monotonie und Krümmung des Funktionsgraphen erfolgt mithilfe der ersten und zweiten Ableitung analog zu rationalen Funktionen:

Nullstellen und Vorzeichentabelle **erste** Ableitung

$\Rightarrow$ Extrempunkte und Monotonieverhalten

Nullstellen und Vorzeichentabelle **zweite** Ableitung

$\Rightarrow$ Wendepunkte und Krümmungsverhalten

Für die Erstellung der Vorzeichentabelle ist es hilfreich, die jeweilige Ableitung in zwei Faktoren zu zerlegen, und dann für jeden einzeln und daraus resultierend für deren Produkt das Vorzeichenverhalten zu bestimmen.
In der nachfolgenden Box sind kompakt alle wichtigen Regeln für das Ableiten von e-Funktionen und verknüpfte Funktionen dargestellt.

Ableitungsregeln

e-Funktion allgemein: Die einfache e-Funktion abgeleitet ist die e-Funktion selbst:

$$(e^x)' = e^x$$

Summenregel: Ist die Funktion eine Summe, werden alle Summanden einzeln abgeleitet.

$$f(x) = g(x) + h(x) \quad \Rightarrow \quad f'(x) = g'(x) + h'(x)$$

$$\text{Beispiel:} \quad f(x) = e^x + 3x \quad \Rightarrow \quad f'(x) = (e^x)' + (3x)' = e^x + 3$$

Faktorregel: Ein konstanter Faktor bleibt beim Ableiten erhalten.

$$f(x) = C \cdot g(x) \quad \Rightarrow \quad f'(x) = C \cdot g'(x))$$

$$\text{Beispiel:} \quad f(x) = 4 \cdot e^x \quad \Rightarrow \quad f'(x) = 4 \cdot (e^x)' = 4 \cdot e^x$$

Kettenregel: Für verkettete Funktionen ist die Ableitung der Gesamtfunktion die Ableitung der inneren mal die Ableitung der äußeren Funktion.

$$f(x) = g(h(x)) \quad \Rightarrow \quad f'(x) = g'(h(x)) \cdot h'(x)$$

$$\text{Beispiel:} \quad f(x) = e^{-2x+4} \quad \Rightarrow \quad f'(x) = e^{-2x+4} \cdot (-2x+4)' = -2 \cdot e^{-2x+4}$$

Produktregel: Ist die Funktion ein Produkt aus zwei einzelnen Funktionen, so gilt für deren Ableitung die Produktregel in der Form

$$f(x) = g(x) \cdot h(x) \quad \Rightarrow \quad f'(x) = g'(x) \cdot h(x) + g(x) \cdot h'(x)$$

$$\begin{aligned} \text{Beispiel:} \quad f(x) = (x^2+3) \cdot e^x \quad \Rightarrow \quad f'(x) &= (x^2+3)' \cdot e^x + (x^2+3) \cdot (e^x)' \\ &= 2x \cdot e^x + (x^2+3) \cdot e^x = (x^2+2x+3) \cdot e^x \end{aligned}$$

All diese Regeln kommen bei der Berechnung der Ableitung in folgendem Beispiel zum Einsatz.
Abgeleitet werden soll die Funktion $f(x) = 4 \cdot (x^2+3x-7) \cdot e^{-2x-1} + 12$. Zuerst wird der Term als Summe betrachtet, wobei ein Summand die verkettete Funktion und der andere Summand die konstante Zahl 12 ist. Nach **Summenregel** gilt nun:

$$f'(x) = (4 \cdot (x^2+3x-7) \cdot e^{-2x-1} + 12)' = (4 \cdot (x^2+3x-7) \cdot e^{-2x-1})' + \overbrace{(12)'}^{=0}$$

$$= (4 \cdot (x^2 + 3x - 7) \cdot e^{-2x-1})'$$

Für den Faktor 4 wird als nächstes die **Faktorregel** angewendet:

$$f'(x) = (4 \cdot (x^2 + 3x - 7) \cdot e^{-2x-1})' = 4 \cdot ((x^2 + 3x - 7) \cdot e^{-2x-1})'$$

Der verbleibende abzuleitende Term entspricht nun einem Produkt von zwei Teilfunktionen, dem quadratischen und dem Exponentialteil. Nach **Produktregel** gilt dann:

$$\begin{aligned} f'(x) &= 4 \cdot (\overbrace{(x^2 + 3x - 7)}^{g(x)} \cdot \overbrace{e^{-2x-1}}^{h(x)})' \\ &= 4 \cdot (\underbrace{(x^2 + 3x - 7)'}_{g'(x)} \cdot \underbrace{e^{-2x-1}}_{h(x)} + \underbrace{(x^2 + 3x - 7)}_{g(x)} \cdot \underbrace{(e^{-2x-1})'}_{h'(x)}) \end{aligned}$$

Der Ausdruck für $g'(x)$ kann wie gewohnt bestimmt werden. Für $h'(x)$ wird schließlich die **Kettenregel** verwendet:

$$\begin{aligned} f'(x) &= 4 \cdot ((x^2 + 3x - 7)' \cdot e^{-2x-1} + (x^2 + 3x - 7) \cdot (e^{-2x-1})') \\ &= 4 \cdot ((2x + 3) \cdot e^{-2x-1} + (x^2 + 3x - 7) \cdot e^{-2x-1} \cdot (-2x - 1)') \\ &= 4 \cdot ((2x + 3) \cdot e^{-2x-1} + (x^2 + 3x - 7) \cdot e^{-2x-1} \cdot (-2)) \end{aligned}$$

Der letzte verbleibende Schritt ist, den ermittelten Term weitmöglichst zusammenzufassen. Dafür wird der Exponentialterm ausgeklammert und dann vereinfacht:

$$\begin{aligned} f'(x) &= 4 \cdot ((2x + 3) \cdot e^{-2x-1} + (x^2 + 3x - 7) \cdot e^{-2x-1} \cdot (-2)) \\ &= 4 \cdot ((2x + 3 - 2(x^2 + 3x - 7)) \cdot e^{-2x-1}) \\ &= 4 \cdot (-2x^2 - 4x + 17) \cdot e^{-2x-1} \end{aligned}$$

(Hinweis: Der Faktor 4 kann am Schluss noch mit dem quadratischen Term verrechnet werden. Für die weitere Betrachtung für Monotonietabellen etc. ist die angegebene Form jedoch günstiger.)

Zuordnen von Funktionsgraphen

Sind die Funktionsgraphen von Exponentialfunktionen gegeben und es müssen Funktionsterme zugeordnet werden, so kann man alle bisher behandelten Kriterien als Merkmale für die Zuordnung verwenden:

- Schnittpunkte mit den Achsen
- Monotonie
- Verhalten für $x \to \pm\infty$
- Koordinaten weiterer Punkte

Den gezeigten Funktionsgraphen soll jeweils einer der folgenden Funktionsgleichungen zugeordnet werden.

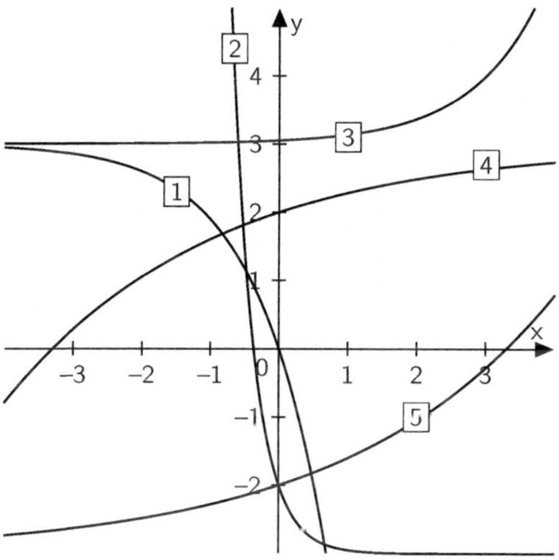

$f(x) = e^{x-3} + 3$ $\qquad g(x) = e^{x/3} - 3$

$h(x) = e^{-3x} - 3$ $\qquad k(x) = -e^{-x/3} + 3$

$m(x) = -3e^{3-x} - 3$ $\qquad n(x) = -3e^{x} + 3$

Betrachtet man den Funktionsgraph „1", so stellt man beispielsweise fest:

- streng monoton fallend
- Annäherung an 3 für $x \to -\infty$
- verläuft durch Ursprung $(0\,|\,0)$

Am schnellsten zu einem Ergebnis gelangt man durch charakteristische Punkte. Die passende Funktion muss also bei $x = 0$ den Funktionswert 0 haben. Durch Einsetzen kann man zeigen, dass es sich dabei nur um die Gleichung $n(x)$ handeln kann.

Aufgaben - Exponentialfunktionen

1. Weisen Sie auch den Funktionsgraphen „2" bis „5" der obigen Abbildung die passende Funktionsgleichung zu.

2. Bestimmen Sie die erste Ableitung folgender Funktionen:

   a) $f_1(x) = e^{2x+1}$ $\qquad$ b) $f_2(x) = -4e^{-2x+5}$ $\qquad$ c) $f_3(x) = 23 + e^{-4x-2} \cdot 7$

3. Berechnen Sie jeweils die erste und zweite Ableitung folgender verknüpfter Funktionen:

   a) $g_1(x) = e^{x} \cdot (25x + 7)$ $\qquad$ b) $g_2(x) = (x^2 - 1) \cdot e^{-5x+7} + 8$

   c) $g_3(x) = (x + 1) \cdot 5 \cdot (e^{x+27} + 3)$

4. Bestimmen Sie für die nachfolgenden Funktionen jeweils exakte Werte für die Nullstelle, die Koordinaten des Schnittpunktes mit der y-Achse, sowie Art und Koordinaten der Extrempunkte.

   $h(x) = 5x \cdot e^{5x}$ $\qquad$ $k(x) = (-x^2 + x + 1) \cdot e^{-x+1}$

Kurzlösungen:

(ausführliche Lösungen finden Sie auf unserer Verlagsseite - Download)

1. Graph 2: $h(x)$; Graph 3: $f(x)$; Graph 4: $k(x)$; Graph 5: $g(x)$
2. $f_1'(x) = 2e^{2x+1}$ $\qquad f_2'(x) = 8e^{-2x+5}$ $\qquad f_3'(x) = -28e^{-4x-2}$
3. $g_1'(x) = (25x + 32) \cdot e^{x}$ $\qquad g_1''(x) = (25x + 57) \cdot e^{x}$

   $g_2'(x) = (-5x^2 + 2x + 5) \cdot e^{-5x+7}$ $\qquad g_2''(x) = (25x^2 - 20x - 23) \cdot e^{-5x+7}$

   $g_3'(x) = (5x + 10)e^{x+27} + 15$ $\qquad g_3''(x) = (5x + 15)e^{x+27}$
4. $h(x)$: **NST:** $x_1 = 0$ $\qquad$ **Schnitt y-Achse:** $S_y\,(0\,|\,0)$ $\qquad$ **Extrema:** TIP $\left(-\frac{1}{5}\,\middle|\,-e^{-1}\right)$

   $k(x)$: **NST:** $x_{1;2} = \frac{1\pm\sqrt{5}}{2}$ $\qquad$ **Schnitt y-Achse:** $S_y\,(0\,|\,e)$ $\qquad$ **Extrema:** HOP $(0\,|\,e)$; TIP $\left(3\,\middle|\,-5e^{-2}\right)$

Anwendungsaufgaben - Exponentialfunktionen

1.0 *Abschlussprüfung FOS13MNT 2014 AII Aufgabe 3 - adaptiert*
Für Ausdauersportler ist die Laktatkonzentration L im Blut (in mmol/l) ein Indikator für die Ausdauerleistungsfähigkeit. Bei Läufern wird auf dem Laufband die Laktatkonzentration in Abhängigkeit von der Geschwindigkeit v des Läufers (in km/h) gemessen.
Die Messwerte von Läufer Max bei einem Laktattest lassen vermuten, dass die Werte nach einer Funktion der Form $L(v) = (0{,}02v - 0{,}25) \cdot e^{0{,}23 \cdot v} + 1{,}2$ für $0 \leq v \leq 19$ verlaufen.
Bei den Rechnungen kann auf Benennungen verzichtet werden. Die Ergebnisse sind gegebenenfalls auf zwei Nachkommastellen zu runden.

1.1 Untersuchen Sie mithilfe der 1. Ableitung von L den Verlauf der Laktatkonzentration im Blut von Max und interpretieren Sie die Koordinaten des Extrempunktes im Sachzusammenhang.
(Teilergebnis: $L'(v) = (0{,}0046v - 0{,}0375) \cdot e^{0{,}23v}$)

1.2 Zeichnen Sie die Laktatkurve für $0 \leq v \leq 19$ in ein Koordinatensystem.
(Maßstab: $1\,\text{cm} \mathrel{\hat{=}} 2\,\text{km/h}$; $1\,\text{cm} \mathrel{\hat{=}} 1\,\text{mmol/l}$)

2.0 *Abschlussprüfung FOS13MNT 2015 AII Aufgabe 2 - adaptiert*
Bei einer Infusion wird einem Patienten pro Minute eine konstante Menge eines Medikaments zugeführt. Das im Blut angereicherte Medikament wird über die Nieren wieder ausgeschieden.
Für die im Blut des Patienten befindliche Menge m des Medikaments in mg (Milligramm) zum Zeitpunkt t (in Minuten) nach Beginn der Infusion ergibt sich eine Funktion der Form:
$m(t) = 100(1 - e^{-0{,}05t})$, $t \geq 0$.
Bei Berechnungen kann auf die Verwendung von Einheiten verzichtet werden.
Runden Sie bei der Zeit immer auf Minuten, bei der Menge auf zwei Nachkommastellen.

2.1 Berechnen Sie, welche Menge des Medikaments sich 10 Minuten nach Anlegen der Infusion im Blut befindet und wann die therapeutische Minimalmenge von 70 mg erreicht wird.

2.2 Weisen Sie nach, dass für die erste Ableitung von m gilt:
$\dot{m}(t) = 5\,e^{-0{,}05t}$. Berechnen Sie die Werte $\dot{m}(10)$ und $\dot{m}(30)$ und interpretieren Sie Ihre Ergebnisse im Sachzusammenhang.

3.0 *Abschlussprüfung FOS13MNT 2016 AII Aufgabe 3 - adaptiert*
Computerviren sind Programme, die sich über das Internet rasch verbreiten und von ihnen infizierte Rechner schädigen oder zerstören. Wird ein neuer Virus in Umlauf gebracht, verbreitet er sich zunächst rasch. Die Infizierungsrate I beschreibt die Anzahl der Computer, die sich pro Tag neu infizieren, und kann näherungsweise durch den Funktionsterm
$I(t) = 1000 \cdot t^2 \cdot e^{-0{,}25 \cdot t}$ mit $t \geq 0$ beschrieben werden.
Die Zeit t wird in Tagen angegeben, wobei $t = 0$ derjenige Zeitpunkt ist, an dem der neue Virus in Umlauf gebracht wird.
Bei Berechnungen kann auf die Verwendung von Einheiten verzichtet werden.
Ergebnisse sind sinnvoll zu runden.

3.1 Bestimmen Sie die Zeitintervalle, in denen die Infizierungsrate zunimmt bzw. abnimmt, und ermitteln Sie die maximale Infizierungsrate.
[Teilergebnis : $\dot{I}(t) = 250 \cdot (8t - t^2) \cdot e^{-0{,}25t}$]

3.2 Zeichnen Sie den Graph von I für die ersten 20 Tage in ein Koordinatensystem.
(Maßstab: t-Achse: $1\,\text{cm} \mathrel{\hat{=}} 2$ Tage
I-Achse: $1\,\text{cm} \mathrel{\hat{=}} 1000\ \frac{\text{infizierte Computer}}{\text{Tag}}$)

Lösungen - Anwendungsaufgaben Exponentialfunktion

1.0 Betrachtet wird die Laktatkonzentration im Blut, beschrieben durch die Funktion $L(v) = (0{,}02x - 0{,}25) \cdot e^{0{,}23 \cdot v} + 1{,}2$ mit $0 \leq v \leq 19$.

1.1 **Bestimmen der 1. Ableitung**

Mithilfe der Produkt- und Kettenregel wird die erste Ableitung gebildet:

$$\begin{aligned}
L(v) &= (0{,}02v - 0{,}25) \cdot e^{0{,}23v} + 1{,}2 \\
L'(v) &= \left[(0{,}02v - 0{,}25)' \cdot e^{0{,}23v} + (0{,}02v - 0{,}25) \cdot (e^{0{,}23v})'\right] && \text{(Ansatz Produkt-/Kettenregel)} \\
&= (0{,}02) \cdot e^{0{,}23v} + (0{,}02v - 0{,}25) \cdot e^{0{,}23v} \cdot 0{,}23 && \text{(Anwendung Produkt-/Kettenregel)} \\
&= 0{,}02\, e^{0{,}23v} + (0{,}02v - 0{,}25) \cdot e^{0{,}23v} \cdot 0{,}23 && \text{((}e^{0{,}23v}\text{) Ausklammern)} \\
&= (0{,}02 + (0{,}02v - 0{,}25) \cdot 0{,}23) \cdot e^{0{,}23v} && \text{(Ausmultiplizieren)} \\
&= (0{,}02 + 0{,}0046v - 0{,}0575) \cdot e^{0{,}23v} && \text{(Zusammenfassen)} \\
&= (0{,}0046v - 0{,}0375) \cdot e^{0{,}23v} && \text{(Zur Kontrolle angegeben)}
\end{aligned}$$

Bestimmen der Stellen mit waagrechter Tangente

Gesucht werden die Nullstellen der ersten Ableitung. Da die e-Funktion nie den Wert null annimmt, entsprechen die Nullstellen der ersten Ableitung den Nullstellen des Terms in Klammern:

$$\begin{aligned}
& & L'(v) &= 0 \\
&\Rightarrow & 0{,}0046v - 0{,}0375 &= 0 && \mid +0{,}0375 \\
&\Longleftrightarrow & 0{,}0046v &= 0{,}0375 && \mid : 0{,}0046 \\
&\Longleftrightarrow & \underline{v} &\underline{\approx 8{,}15}
\end{aligned}$$

Verlauf der Laktatkonzentration

Um schließlich Aussagen zur Laktatkonzentration und der Art des Punktes mit waagrechter Tangente treffen zu können, wird eine Monotonietabelle betrachtet:

v	$0 \leq v < 8{,}15$	$v = 8{,}15$	$8{,}15 < v \leq 19$	Skizzen
$0{,}0046v - 0{,}0375$	$-$	0	$+$	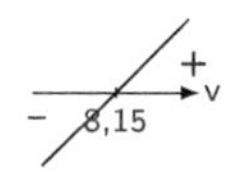
$e^{0{,}23v}$	$+$	$+$	$+$	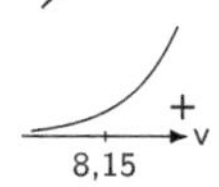
$L'(v)$	$-$	0	$+$	
G_L	$\searrow$	TIP	$\nearrow$	

Die Laktatkonzentration ist also für $0 \leq v \leq 8{,}15$ abnehmend und für $8{,}15 \leq v \leq 19$ zunehmend.

Koordinaten und Interpretation des Extrempunktes
Es wird die Laktatkonzentration bei v = 8,15 bestimmt:

$$L(8{,}15) = (0{,}02 \cdot 8{,}15 - 0{,}25) \cdot e^{0{,}23 \cdot 8{,}15} + 1{,}2 \approx 0{,}63$$

Die Koordinaten des Tiefpunktes sind also $\underline{\underline{TIP\,(8{,}15\,|\,0{,}63)}}$. Im Sachzusammenhang interpretiert heißt das, dass die Laktatkonzentration bei etwa 8,15 km/h einen minimalen Wert von 0,63 mmol/l annimmt.

1.2 Optionale Wertetabelle:

v	0	4	7	8,15	10	13	16	19
L(v)	0,95	0,77	0,65	0,63	0,7	1,4	3,98	11,48

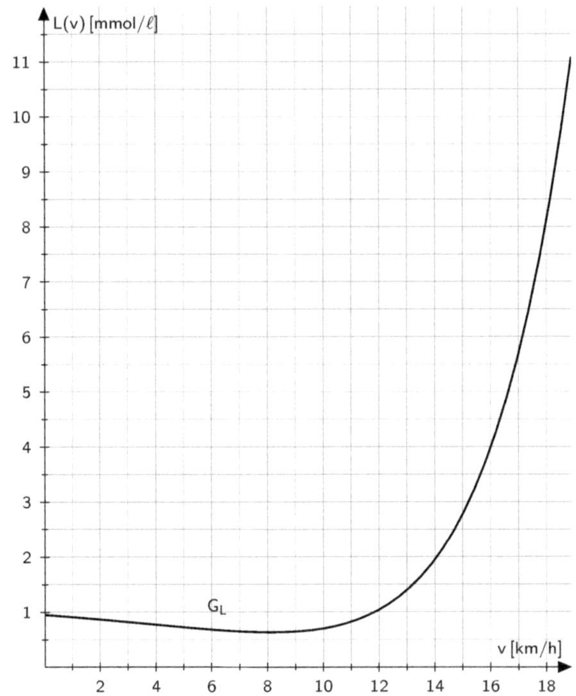

2.0 Betrachtet wird die Funktion $m(t) = 100(1 - e^{-0{,}05t})$ mit $t \geq 0$ und $a > 0$, die die im Blut des Patienten befindliche Menge des Medikaments beschreibt.

2.1 **Menge nach 10 Minuten**
Nach 10 Minuten befindet sich folgende Menge des Medikaments im Blut des Patienten:

$$m(10) = 100(1 - e^{-0{,}05 \cdot 10}) = \underline{\underline{39{,}35\,(mg)}}$$

Zeitpunkt der therapeutischen Minimalmenge
Um zu berechnen, wann die therapeutische Minimalmenge von 70 mg erreicht wird, muss folgende Gleichung gelöst werden:

$$\begin{aligned}
& & m(t) &= 70 & \\
&\iff & 100(1-e^{-0,05t}) &= 70 & |:100\\
&\iff & 1-e^{-0,05t} &= 0,7 & |-1\\
&\iff & -e^{-0,05t} &= -0,3 & |\cdot(-1)\\
&\iff & e^{-0,05t} &= 0,3 & |\ln(\ )\\
&\iff & -0,05t &= \ln(0,3) & |\cdot(-20)\\
&\iff & t &= -20\ln(0,3) & \\
&\iff & t &\approx \underline{\underline{24}}\ [\text{Minuten}] &
\end{aligned}$$

Nach ca. 24 Minuten befindet sich also die therapeutische Minimalmenge von 70 mg im Blut des Patienten.

2.2 **Berechnung der ersten Ableitung**
Mithilfe der Kettenregel wird die erste Ableitung $\dot{m}(t)$ ermittelt:

$$m(t) = 100(1-e^{-0,05t}) = 100 - 100e^{-0,05t}$$
$$\dot{m} = -100\cdot e^{-0,05t}\cdot(-0,05) = 5e^{-0,05t}$$

Berechnung und Interpretation von $\dot{m}(10)$ und $\dot{m}(30)$
Für die Werte $\dot{m}(10)$ und $\dot{m}(30)$ gilt:

$$\dot{m}(10) = 5\,e^{-0,05\cdot 10} \approx \underline{\underline{3,03}}$$
$$\dot{m}(30) = 5\,e^{-0,05\cdot 30} \approx \underline{\underline{1,12}}$$

Die Ableitung im Sachzusammenhang gibt die momentane Zu-/Abnahme der Medikamentenmenge im Blut an. Nach 10 Minuten nimmt der Gehalt des Medikaments im Körper des Patienten um ca. 3 mg/min zu, nach 30 min um ca. 1,1 mg/min (die Zuwachsrate sinkt mit der Dauer der Infusion).

3.0 Betrachtet wird die Funktion $I(t) = 1000\cdot t^2\cdot e^{-0,25\cdot t}$ mit $t \geq 0$ und $a \in \mathbb{R}$, die die Infizierungsrate, also die Anzahl der Computer beschreibt, die sich pro Tag neu mit einem Computervirus infizieren.

3.1 Zunächst wird mithilfe von Produkt- und Kettenregel die erste Ableitung der Funktion bestimmt.

Ermittlung der ersten Ableitung

$$I(t) = 1000\cdot t^2\cdot e^{-0,25t}$$
$$\dot{I}(t) = 1000\cdot\left[(t^2)'\cdot e^{-0,25t} + t^2\cdot(e^{-0,25t})'\right] \quad \text{Ansatz Produkt-/Kettenregel)}$$
$$= 1000\cdot(2t^1\cdot e^{-0,25t} + t^2\cdot e^{-0,25t}\cdot(-0,25)) \quad \text{(Anwendung Produkt-/Kettenregel)}$$
$$= 1000\cdot 2t\cdot e^{-0,25t} + 1000\cdot t^2\cdot e^{-0,25t}\cdot(-0,25) \quad ((e^{-0,25t})\ \text{Ausklammern})$$

$= (2000t - 250t^2) \cdot e^{-0,25t}$ ((250) Ausklammern)

$= 250(8t - t^2) \cdot e^{-0,25t}$ (Zur Kontrolle angegeben)

Bestimmen der Stellen mit waagrechter Tangente
Die Stellen mit waagrechter Tangente entsprechen den Nullstellen der ersten Ableitung:

$$\dot{I}(t) = 0$$
$$\Rightarrow \quad 250(8t - t^2) \cdot e^{-0,25t} = 0$$
$$\Longleftrightarrow \quad 8t - t^2 = 0$$
$$\Longleftrightarrow \quad t(8 - t) = 0$$
$$\Longleftrightarrow \quad \underline{t_1 = 0} \quad \text{oder} \quad \underline{t_2 = 8} \quad [\text{einfache NST von } \dot{I}(t) \quad \Rightarrow \text{Extrema existiert}]$$

Art der Stellen mit waagrechter Tangente und Zeitintervalle der Zu-/Abnahme
Da die Exponentialfunktion stets größere Werte als Null annimmt, ist für die Betrachtung des Vorzeichens der ersten Ableitung nur der Term $(-t^2 + 8t)$ relevant. Dabei handelt es sich um eine nach unten geöffnete Parabel mit Nullstellen $t_1 = 0$ und $t_2 = 8$. Damit kann eine Monotonietabelle betrachtet werden:

t	$t = 0$	$0 < t < 8$	$t = 8$	$8 < t$
$\dot{I}(t)$	0	+	0	–
G_I	TIP	↗	HOP	↘

Demnach nimmt die Infizierungsrate im Intervall [0; 8], also in den ersten 8 Tagen, zu und im Intervall [8; ∞[, also ab dem 8. Tag, ab. Die maximale Infizierungsrate ist nach 8 Tagen erreicht.

$$I(8) = 1000 \cdot 8^2 \cdot e^{-0,25 \cdot 8} = 1000 \cdot 64 \cdot e^{-2} \approx 8661$$

Die maximale Infizierungsrate nach 8 Tagen liegt bei etwa 8661 neu infizierten Computern pro Tag.

3.2 Mithilfe der bisherigen Ergebnisse und der Bestimmung weitere Werte wird zunächst eine optionale Wertetabelle erstellt:

t	0	2	4	6	8	10	12	14	16	18	20
$I(t)$	0	2426	5886	8033	8661	8208	7169	5919	4689	3599	2695

Damit kann die grafische Darstellung erfolgen:

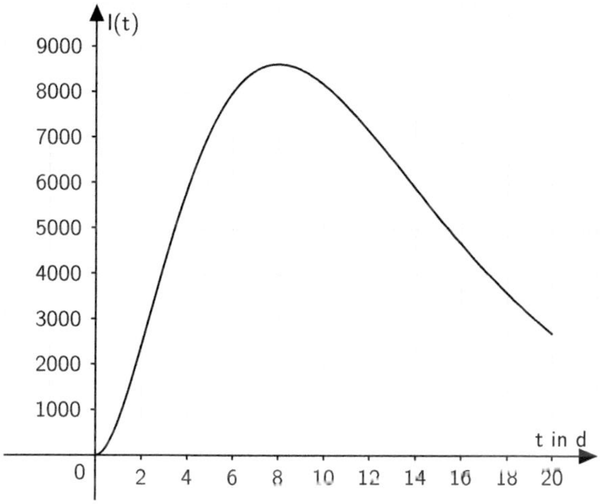
I(t)
9000
8000
7000
6000
5000
4000
3000
2000
1000
0
2
4
6
8
10
12
14
16
18
20
t in d

Logarithmen

Logarithmen

Logarithmieren ist die Umkehrung zum Potenzieren. Zum Logarithmus gehört allgemein eine **Basis** und eine entsprechende Zahl, die logarithmiert wird. Mithilfe des Logarithmus können Gleichungen, die Exponenten enthalten aufgelöst werden, da gilt:

$$b^x = y \iff x = \log_b(y)$$

Der Logarithmus hat also die selbe Basis b, wie die zugehörige Exponentialfunktion.
Da die natürlichen Exponentialfunktionen mit der Basis e eine besondere Rolle spielen, tut dies auch der Logarithmus zur Basis e. Er heißt natürlicher Logarithmus und wird statt $\log_e(x)$ als $\ln(x)$ bezeichnet.
Für das Rechnen mit Logarithmen gibt es noch einige Regeln, die beachtet werden müssen, den Umgang aber auch erleichtern:

- für Produkte gilt: $\log_b(x \cdot y) = \log_b(x) + \log_b(y)$
- für Quotienten gilt: $\log_b\left(\frac{x}{y}\right) = \log_b(x) - \log_b(y)$
- für Potenzen gilt: $\log_b(x^r) = r \cdot \log_b(x)$

Zu beachten ist, dass das Argument eines Logarithmus stets > 0 sein muss!

Gesucht ist die Lösung der Gleichung $5 = 10 \cdot 2^{x+1}$. Die Gleichung kann zunächst umgeformt werden:

$$\begin{aligned} && 5 &= 10 \cdot 2^{x+1} && \mid :10 \\ \iff && \frac{1}{2} &= 2^{x+1} && \end{aligned}$$

Nun kann logarithmiert werden. Die Basis des Logarithmus ist die Basis des Exponentialterms, also 2:

$$\begin{aligned} && \frac{1}{2} &= 2^{x+1} && \mid \log_2(\,) \\ \iff && \log_2\left(\frac{1}{2}\right) &= \log_2(2^{x+1}) && \\ \iff && \log_2\left(\frac{1}{2}\right) &= x + 1 && \mid -1 \\ \iff && x &= \log_2\left(\frac{1}{2}\right) - 1 && \end{aligned}$$

Entsprechend mit dem Taschenrechner berechnet, ergibt sich als Lösung der Gleichung also $x = -2$.
Hinweis: Durch die Anwendung des Logarithmus lassen sich auch Gleichungen des Typs $e^{g(x)} = e^{h(x)}$ lösen, da gilt:

$$e^{g(x)} = e^{h(x)} \quad \mid \ln(\,) \quad \iff \quad g(x) = h(x)$$

Aufgaben - Logarithmen

1. Ermitteln Sie die Lösungen der folgenden Gleichungen. Sind die Ergebnisse zu runden, so runden Sie auf drei Nachkommastellen.

a) $3^x = 9$

b) $e^x = 7$

c) $3^{x-1} = 2$

d) $e^x - 2 = 5$

e) $5 + e^{2x} = 7$

f) $9 - 3e^{4x-3} = 6$

2. Lösen Sie die folgenden Gleichungen unter Anwendung des Logarithmus:

a) $e^{3x-5} = e^{7x+1}$

b) $e^4 = e^{x^2+3x}$

c) $e^{x^3} = e^x$

Lösungen - Logarithmen

Es wird jeweils eine ausführliche Lösung gezeigt und für die restlichen Aufgaben die Kurzlösung angegeben.

1. Kurzlösungen: a) $x = 2$; b) $x = 1{,}946$; c) $x = 1{,}631$; d) $x = 1{,}946$; e) $x = 0{,}347$; f) $x = 0{,}75$
Ausführliche Lösung Aufgabe f):

$$\begin{aligned}
& & 9 - 3e^{4x-3} &= 6 & &|-9\\
&\iff & -3e^{4x-3} &= -3 & &|:(-3)\\
&\iff & e^{4x-3} &= 1 & &|\ln(\ )\\
&\iff & 4x - 3 &= \ln(1) = 0 & &|+3\\
&\iff & 4x &= 3 & &|:4\\
&\iff & x &= 0{,}75
\end{aligned}$$

2. Kurzlösungen: a) $x = -\frac{3}{2}$; b) $x_1 = -4; x_2 = 1$; c) $x_1 = 0; x_{2;3} = \pm 1$
Ausführliche Lösung Aufgabe c):

$$\begin{aligned}
& & e^{x^3} &= e^x & &|\ln(\ )\\
&\iff & x^3 &= x & &|-x\\
&\iff & x^3 - x &= 0\\
&\iff & x(x^2 - 1) &= 0 & &\text{(Nullproduktregel)}\\
&\iff & x_1 = 0 \quad &\text{oder} \quad x^2 - 1 = 0\\
&\iff & x_1 = 0 \quad &\text{oder} \quad x^2 = 1\\
&\iff & x_1 = 0 \quad &\text{oder} \quad x_{2;3} = \pm 1
\end{aligned}$$

Gebrochen-rationale Funktionen

Definition

Eine gebrochen-rationale Funktion ist eine Funktion vom Typ

$$f(x) = \frac{Z(x)}{N(x)}$$

bei der es sich bei Z(x) (Zählerterm) und N(x) (Nennerterm) um ganzrationale Funktionen (Polynome) handelt. N(x) ist mindestens eine lineare Funktion oder N(x) muss unabhängig die Variable x enthalten.

Zählergrad (ZG) und Nennergrad (NG)

Bei Zähler- und Nennergrad handelt es sich jeweils um den höchsten Exponenten der Variable x, der im Zähler- oder Nennerpolynom auftritt. Dies ist an nebenstehendem Beispiel gezeigt. Zähler- und Nennergrad spielen unter anderem eine Rolle bei der Ermittlung von Asymptoten oder Grenzwerten.

$$f(x) = \frac{x^{③} + 3x - 7}{2x^{②} - 5x + 4}$$

ZG = 3, NG = 2

Beispiel 1:

Die Funktion $f(x) = \frac{x^2 - x - 4}{x^3 + 3x^2 - 2x + 7}$ ist eine gebrochen-rationale Funktion mit Zählergrad ZG = 2 und Nennergrad NG = 3. Funktionen wie diese, für die **ZG < NG** gilt, werden als **echt gebrochen-rationale Funktionen** bezeichnet.

Beispiel 2:

Die Funktion $g(x) = \frac{x^2 + 4x + 5}{x + 3}$ ist eine gebrochen-rationale Funktion mit Zählergrad ZG = 2 und Nennergrad NG = 1. Funktionen wie diese, für die **ZG ≥ NG** gilt, werden als **unecht gebrochen-rationale Funktionen** bezeichnet. Eine solche kann per Polynomdivision stets in einen ganzrationalen und einen echt gebrochen-rationalen Teil aufgeteilt werden:

$$(x^2 + 4x + 5) : (x + 3) = \overbrace{x + 1}^{\text{ganzrat. Teil}} + \overbrace{\frac{2}{x + 3}}^{\text{echt gebr. rat. Teil}}$$

$$\begin{array}{rrrr} & (x^2 & +4x & +5) \\ - & (x^2 & +3x &) \\ \hline & & x & +5 \\ & - & (x & +3) \\ \hline & & & 2 \end{array}$$

Definitionsmenge und Definitionslücken

Da nie durch null geteilt werden kann, weist eine gebrochen-rationale Funktion bei den Nullstellen des Nennerterms Definitionslücken auf. Diese sind aus der Definitionsmenge auszuschließen. Dabei unterscheidet man zwei Arten von Definitionslücken:

- **Polstellen** (oder Unendlichkeitsstellen) mit oder ohne Vorzeichenwechsel (VZW)
  - mit VZW: links- und rechtsseitiger Grenzwert nicht gleich ($-\infty$ und $+\infty$)
  - ohne VZW: links- und rechtsseitiger Grenzwert gleich (beide $-\infty$ oder $+\infty$)
- **behebbare Definitionslücken**

Die Unterscheidung erfolgt über die Nullstellen von Zähler- und Nennerterm und ggf. deren Vielfachheit (VFH) gemäß folgender Übersicht:

x_0 ist Nullstelle des...		
Zählerterms?	Nennerterms?	x_0 ist eine...
ja	nein	Nullstelle
nein	ja	Polstelle (siehe Bsp. 2)
ja	ja	**1. Fall:** behebbare Definitionslücke, genau dann, wenn VFH Zähler-NST$\geq$VFH Nenner-NST (siehe Bsp. 1) **2. Fall:** nicht behebbar, also Polstelle, wenn VFH Zähler-NST$<$VFH Nenner-NST (siehe Bsp. 3)

Beispiel 1:

Betrachtet wird die Funktion $f(x) = \dfrac{x^2 - x - 2}{x + 1}$ in der maximalen Definitionsmenge $D_f \subset \mathbb{R}$. Gesucht ist die Nullstelle, D_f und Art der Definitionslücke.

Lösung

Wie beschrieben werden zunächst die Nullstellen des Zähler- und Nennerterms bestimmt:

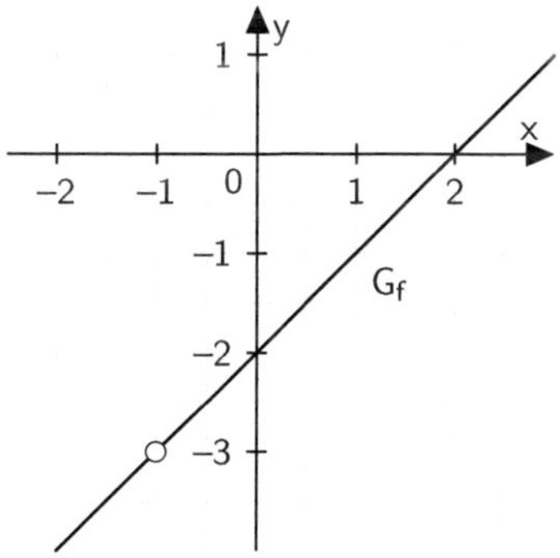

Zählerterm $Z(x)$: $x^2 - x - 2 = 0$

$$0 = x^2 - x - 2$$

$$\Rightarrow \quad x_{1;2} = \frac{-(-1) \pm \sqrt{(-1)^2 - 4 \cdot 1 \cdot (-2)}}{2 \cdot 1}$$

$$\Rightarrow \quad x_1 = -1 \quad \text{oder} \quad x_2 = 2$$

Nennerterm $N(x)$: $x + 1 = 0$

$$0 = x + 1$$

$$\Rightarrow \quad x_3 = -1$$

Nun kann anhand obiger Übersicht entschieden werden. $x_1 = -1$ und $x_3 = -1$ ist Nullstelle von Zähler- **und** Nennerterm, jeweils mit VFH eins. Es handelt sich um eine **behebbare Definitionslücke**. Bei $x_2 = 2$ liegt nur eine Nullstelle des Zählerterms und damit eine Nullstelle der Funktion f vor. Die Definitionsmenge der Funktion lautet $D_f = \mathbb{R}\backslash\{-1\}$. In der Abbildung sind sowohl die Nullstelle als auch die behebbare Definitionslücke, gekennzeichnet durch einen weiß gefüllten Punkt, erkennbar.

Beispiel 2:

Gegeben ist die Funktion $g(x) = \dfrac{x+2}{x^3-3x-2} = \dfrac{x+2}{(x+1)^2\cdot(x-2)}$ in der maximalen Definitionsmenge $D_g \subset \mathbb{R}$. Gesucht sind die Nullstelle, D_g und die Art der Definitionslücken.

Lösung

Aus der gegebenen vollständig faktorisierten Form können direkt die Nullstellen von Zähler- und Nennerterm abgelesen werden:

$$\begin{aligned} \text{Zählerterm } Z(x)\text{:} \quad & x+2=0 \quad \Rightarrow x_1 = -2 \\ \text{Nennerterm } N(x)\text{:} \quad & (x+1)^2\cdot(x-2) = 0 \\ & \Rightarrow x_{2;3} = -1 \quad \text{oder} \quad x_4 = 2 \end{aligned}$$

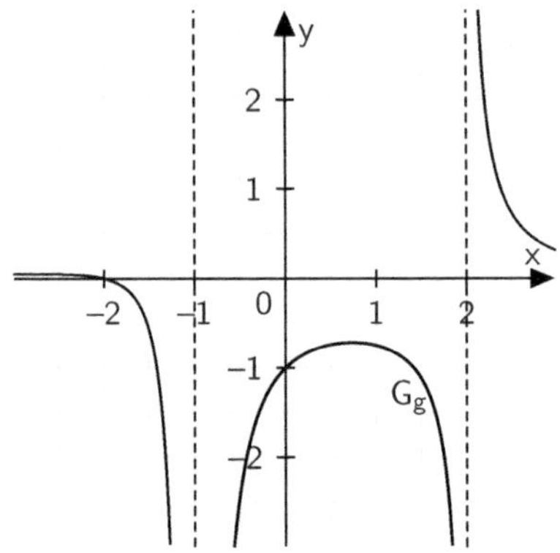

Gemäß obiger Übersicht ergibt sich demnach eine Nullstelle der Funktion bei $x_1 = -2$ und jeweils eine Polstelle bei $x_{2;3} = -1$ und $x_4 = 2$. Daraus folgt $D_g = \mathbb{R}\backslash\{-1; 2\}$.

In der Abbildung sind sowohl die Nullstelle als auch die Polstellen erkennbar. Hier zeigt sich auch, dass bei $x = -1$ eine Polstelle ohne VZW und bei $x = 2$ eine Polstelle mit VZW vorliegt. Da üblicherweise keine Zeichnung gegeben ist, muss dies jedoch über links- und rechtsseitigen Grenzwert bestimmt werden:

$$x \to -1^-: g(x) = \frac{\overbrace{x+2}^{\to 1}}{\underbrace{\underbrace{(x+1)^2}_{\to 0^+}\cdot\underbrace{(x-2)}_{\to -3}}_{\to 0^-}} \to -\infty \qquad x \to -1^+: g(x) = \frac{\overbrace{x+2}^{\to 1}}{\underbrace{\underbrace{(x+1)^2}_{\to 0^+}\cdot\underbrace{(x-2)}_{\to -3}}_{\to 0^-}} \to -\infty$$

$$x \to 2^-: g(x) = \frac{\overbrace{x+2}^{\to 4}}{\underbrace{\underbrace{(x+1)^2}_{\to 9}\cdot\underbrace{(x-2)}_{\to 0^-}}_{\to 0^-}} \to -\infty \qquad x \to 2^+: g(x) = \frac{\overbrace{x+2}^{\to 4}}{\underbrace{\underbrace{(x+1)^2}_{\to 9}\cdot\underbrace{(x-2)}_{\to 0^+}}_{\to 0^+}} \to \infty$$

Für $x \to -1$ sind links- und rechtsseitiger Grenzwert gleich. Es handelt sich um eine Polstelle ohne VZW. Für $x \to 2$ unterscheidet sich das Vorzeichen des Grenzwertes. Es handelt sich um eine Polstelle mit VZW.

Beispiel 3:

Gegeben ist die Funktion $h(x) = \dfrac{(x-1)(x+3)}{(x-1)^2(x+4)^2}$ in der maximalen Definitionsmenge $D_h \subset \mathbb{R}$. Gesucht ist die Nullstelle, D_h und die Art der Definitionslücken.

Lösung

Wieder können aus der faktorisierten Form die Nullstellen von Zähler- und Nennerterm abgelesen werden.

$$\text{Zählerterm } Z(x):\quad (x-1)(x+3)=0 \quad\Rightarrow\quad x_1=1 \quad\text{oder}\quad x_2=-3$$
$$\text{Nennerterm } N(x):\quad (x-1)^2(x+4)^2=0 \quad\Rightarrow\quad x_{3;4}=1 \quad\text{oder}\quad x_{5;6}=-4$$

Zunächst wird wieder anhand der Tabelle entschieden.
$x_1 = 1$ ist einfache Nullstelle des Zählerterms und mit $x_{3;4} = 1$ doppelte Nullstelle des Nennerterms und damit eine Polstelle (VFH Zähler-NST<VFH Nenner-NST)
$x_2 = -3$ ist ausschließlich Nullstelle des Zählerterms und damit die Nullstelle der Funktion h(x).
$x_{5;6} = -4$ ist ausschließlich Nullstelle des Nennerterms und damit eine Polstelle der Funktion.
Es ist also $D_h = \mathbb{R}\setminus\{1;-4\}$. Ob es sich bei $x = 1$ und $x = -4$ um Polstellen mit oder ohne VZW handelt, soll hier anhand des gekürzten Terms von f(x) entschieden werden.

$$f(x)=\frac{\cancel{(x-1)}(x+3)}{(x-1)^{\cancel{2}1}(x+4)^2}=\frac{(x+3)}{(x-1)(x+4)^2}$$

Bei $x = 1$ liegt eine Polstelle **mit** VZW, da dies in $(x-1)$ eine **einfache** Nullstelle des Nennerterms in der gekürzten Form des Funktionsterms ist.
Bei $x = -4$ wiederum liegt eine Polstelle **ohne** VZW, da dies in $(x+4)^2$ eine **doppelte** Nullstelle des Nennerterms in der gekürzten Form des Funktionsterms ist.

Asymptoten und Globalverhalten

Senkrechte Asymptoten
Eine senkrechte Asymptote mit der Gleichung $x = x_0$ ergibt sich, wenn x_0 eine Polstelle mit oder ohne VZW ist.

Globalverhalten und waagrechte/schräge Asymptoten
Für die weitere Betrachtung ist eine Unterscheidung nach Zähler- und Nennergrad entsprechend folgender Tabelle hilfreich:

ZG und NG	Grenzwert für $x \to \pm\infty$	Asymptote
ZG < NG	$f(x) \to 0$	waagrechte Asymptote $y = 0$
ZG = NG	$f(x) \to a$	waagrechte Asymptote $y = a$
	a ist das Verhältnis der Leitkoeffizienten von Zähler- und Nennerterm (siehe nachstehendes Beispiel)	
ZG = NG + 1	$f(x) \to \pm\infty$	schräge Asymptote (ganzrat. Teil aus Polynomdiv.)
ZG > NG + 1	$f(x) \to \pm\infty$	höhergradige Asymptote

In den folgenden Beispielen sind jeweils die Gleichungen aller Asymptoten sowie das Verhalten der Funktionswerte für $x \to \pm\infty$ gesucht:

Beispiel 1:

Gegeben ist die Funktion $f(x) = \frac{x}{x^3 + 3x^2 - 4} = \frac{x}{(x+2)^2 \cdot (x-1)}$ mit $D_f = \mathbb{R}\setminus\{-2; 1\}$, die bei $x = -2$ eine Polstelle ohne VZW und bei $x = 1$ eine Polstelle mit VZW aufweist.
Aus der Lage der Polstellen ergeben sich die Gleichungen zweier senkrechter Asymptoten zu $x = -2$ und $x = 1$.
Eine Betrachtung von Zähler- und Nennergrad ergibt ZG = 1 und NG = 3 und zeigt, dass hier ZG < NG gilt. Laut obiger Tabelle ergibt sich somit die Gleichung einer waagrechten Asymptote zu $y = 0$, was zudem am Grenzwert erkennbar ist:

$$x \to -\infty: \quad f(x) = \frac{x}{x^3 + 3x^2 - 4} = \frac{\not{x}}{x^{\not{3}2}\left(1 + \frac{3}{x} - \frac{4}{x^3}\right)} = \frac{1}{\underbrace{x^2}_{\to\infty} \cdot \underbrace{\left(1 + \underbrace{\frac{3}{x}}_{\to 0^-} - \underbrace{\frac{4}{x^3}}_{\to 0^-}\right)}_{\to 1}} = „\frac{1}{\infty}“ \to 0$$

$$x \to \infty: \quad f(x) = \frac{x}{x^3 + 3x^2 - 4} = \frac{\not{x}}{x^{\not{3}2}\left(1 + \frac{3}{x} - \frac{4}{x^3}\right)} = \frac{1}{\underbrace{x^2}_{\to\infty} \cdot \underbrace{\left(1 + \underbrace{\frac{3}{x}}_{\to 0^+} - \underbrace{\frac{4}{x^3}}_{\to 0^+}\right)}_{\to 1}} = „\frac{1}{\infty}“ \to 0$$

Beispiel 2:

Gegeben ist die Funktion $g(x) = \frac{(6x-3)\cdot(x+2)}{(3x-3)\cdot(x+1)} = \frac{2x^2 + 3x - 2}{x^2 - 1}$ mit $D_g = \mathbb{R}\setminus\{-1; 1\}$, die bei $x = -1$ und $x = 1$ eine Polstelle mit VZW aufweist.
Wieder ergeben sich die Gleichungen zweier senkrechter Asymptoten aus der Lage der Polstellen zu $x = -1$ und $x = 1$.
Hier ist nun ZG = NG = 2, sodass für die waagrechte Asymptote und den Grenzwert die Leitkoeffizienten von Zähler- und Nennerterm entscheidend sind, also in diesem Beispiel die Koeffizienten vor x^2:

$$x \to \pm\infty: \quad g(x) = \frac{\mathbf{2}x^2 + 3x - 2}{\mathbf{1}x^2 - 1} \to \frac{2}{1} = 2$$

Somit ergibt sich eine waagrechte Asymptote mit der Gleichung $y = 2$.

Beispiel 3:

Als drittes Beispiel wird das einleitende Beispiel $h(x) = \frac{x^2 + 4x + 5}{x + 3}$ der unecht gebrochen-rationalen Funktionen wieder aufgegriffen. Es ist $D_h = \mathbb{R}\setminus\{-3\}$, die Funktion weist bei $x = -3$ eine Polstelle mit VZW auf.
Es ist ZG = 2 und NG = 1 und damit ZG = NG + 1. Nach Übersichtstabelle ist eine schräge Asymptote zu erwarten. Es wurde bereits gezeigt, dass die Funktion per Polynomdivision aufgeteilt werden kann:

$$h(x) = (x^2 + 4x + 5) : (x + 3) = \overbrace{x + 1}^{\text{ganzrat. Teil}} + \overbrace{\frac{2}{x+3}}^{\text{echt gebr.rat. Teil}}$$

Der ganzrationale Teil entspricht der Gleichung der schrägen Asymptote $y = x + 1$. Eine senkrechte Asymptote mit Gleichung $x = -3$ liegt zudem bei der Polstelle und kann direkt aus dem echt gebrochenrationalen Teil abgelesen werden.

Für den Grenzwert gilt:

$$x \to -\infty: \quad h(x) = \frac{x^2 + 4x + 5}{x+3} = \frac{x^{\cancel{2}1}\left(1 + \frac{4}{x} + \frac{5}{x^2}\right)}{\cancel{x}\left(1 + \frac{3}{x}\right)}$$

$$= \frac{\underbrace{x}_{\to -\infty}\overbrace{\left(1 + \underbrace{\tfrac{4}{x}}_{\to 0^-} + \underbrace{\tfrac{5}{x^2}}_{\to 0^+}\right)}^{\to 1}}{\underbrace{1 + \underbrace{\tfrac{3}{x}}_{\to 0^-}}_{\to 1}} = „\frac{-\infty}{1}“ \to -\infty$$

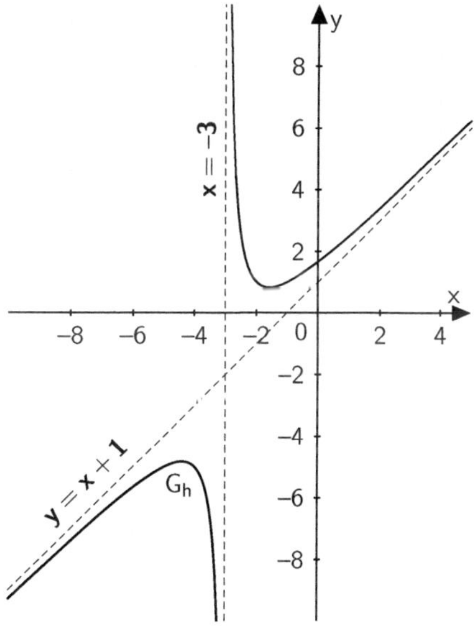

$$x \to \infty: \quad h(x) = \frac{x^2 + 4x + 5}{x+3} = \frac{x^{\cancel{2}1}\left(1 + \frac{4}{x} + \frac{5}{x^2}\right)}{\cancel{x}\left(1 + \frac{3}{x}\right)}$$

$$= \frac{\underbrace{x}_{\to \infty}\overbrace{\left(1 + \underbrace{\tfrac{4}{x}}_{\to 0^+} + \underbrace{\tfrac{5}{x^2}}_{\to 0^+}\right)}^{\to 1}}{\underbrace{1 + \underbrace{\tfrac{3}{x}}_{\to 0^+}}_{\to 1}} = „\frac{\infty}{1}“ \to \infty$$

Für die gezeigte graphische Darstellung ist es üblich, dass neben dem Funktionsgraphen auch die Asymptoten dargestellt werden müssen. Hilfreich ist dabei das Beachten bekannter Punkte oder das Anlegen einer Wertetabelle.

Symmetrie und Schnittpunkte mit den Achsen

Schnittpunkte mit den Achsen
x-Achse: ergeben sich aus den Nullstellen der Funktion (siehe Tabelle oben)
y-Achse: Funktionswert an der Stelle $x = 0$

Symmetrie zum Koordinatensystem
Zur Überprüfung, ob der Graph einer Funktion $f(x)$ Symmetrie aufweist, wird $f(-x)$ betrachtet.

- es ist $f(-x) = f(x)$: Achsensymmetrie zur y-Achse
- es ist $f(-x) = -f(x)$: Punktsymmetrie zum Koordinatenursprung
- keiner der beiden Fälle: es liegt keine Symmetrie zum Koordinatensystem vor

Ableitungsregeln

Mithilfe von Ableitungen können wichtige Informationen wie beispielsweise das Monotonie- oder Krümmungsverhalten analysiert werden. Neben **Produktregel** und **Kettenregel**, die auch für viele andere Funktionstypen relevant sind, ist dabei für gebrochen-rationale Funktionen zusätzlich die **Quotientenregel** sehr wichtig.

Kettenregel

$$f(x) = g(h(x)) \quad \Rightarrow \quad f'(x) = g'(h(x)) \cdot h'(x)$$

$$\text{Bsp.: } f(x) = e^{x^2} \quad \Rightarrow \quad f'(x) = e^{x^2} \cdot (x^2)' = 2x \cdot e^{x^2}$$

Produktregel

$$f(x) = g(x) \cdot h(x) \quad \Rightarrow \quad f'(x) = g'(x) \cdot h(x) + g(x) \cdot h'(x)$$

$$\text{Bsp.: } f(x) = x^2 \cdot e^x \quad \Rightarrow \quad f'(x) = (x^2)' \cdot e^x + x^2 \cdot (e^x)' = 2x \cdot e^x + x^2 \cdot e^x$$

Quotientenregel

$$f(x) = \frac{g(x)}{h(x)} \quad \Rightarrow \quad f'(x) = \frac{g'(x) \cdot h(x) - g(x) \cdot h'(x)}{(h(x))^2}$$

$$\text{Bsp.: } f(x) = \frac{e^x}{x} \quad \Rightarrow \quad f'(x) = \frac{(e^x)' \cdot x - e^x \cdot (x)'}{x^2} = \frac{x \cdot e^x - e^x}{x^2}$$

Beispiel:

Es wird erneut die Funktion $f(x) = \frac{x^2 + 4x + 5}{x + 3}$ betrachtet, für welche die erste Ableitung gesucht ist.

$$f(x) = \frac{x^2 + 4x + 5}{x + 3}$$

$$f'(x) = \left[\frac{(x^2 + 4x + 5)' \cdot (x + 3) - (x^2 + 4x + 5) \cdot (x + 3)'}{(x + 3)^2}\right] \qquad \text{(Ansatz Quotientenregel)}$$

$$= \frac{(2x + 4) \cdot (x + 3) - (x^2 + 4x + 5) \cdot 1}{(x + 3)^2} \qquad \text{(Anwendung Quotientenregel)}$$

$$= \frac{2x^2 + 4x + 6x + 12 - (x^2 + 4x + 5)}{(x + 3)^2} \qquad \text{(Zusammenfassen)}$$

$$= \frac{x^2 + 6x + 7}{(x + 3)^2}$$

Finden von Stammfunktionen

Die Stammfunktion einer gebrochen-rationalen Funktion kann grundsätzlich anhand einer der folgenden fünf Fälle gefunden werden (ausführliche Beispiele nachfolgend):

1. Der Funktionsterm ist von einfacher Struktur, d.h. im Nennerpolynom ist neben einem konstanten Faktor ausschließlich ein x, x^2, x^3...
   $\Rightarrow$ Term „auseinanderziehen", kürzen und einzeln integrieren

Beispiel

Gesucht ist eine Stammfunktion von $f(x) = \dfrac{3x^3 - 6x^2 + x - 1}{5x^2}$.

„auseinanderziehen:" $f(x) = \dfrac{3x^3 - 6x^2 + x - 1}{5x^2} = \dfrac{3x^3}{5x^2} - \dfrac{6x^2}{5x^2} + \dfrac{x}{5x^2} - \dfrac{1}{5x^2}$

kürzen: $f(x) = \dfrac{3x^{\cancel{3}1}}{5\cancel{x^2}} - \dfrac{6\cancel{x^2}}{5\cancel{x^2}} + \dfrac{\cancel{x}}{5x^{\cancel{2}1}} - \underbrace{\dfrac{1}{5x^2}}_{=\frac{1}{5}x^{-2}} = \dfrac{3}{5}x - \dfrac{6}{5} + \dfrac{1}{5x} - \dfrac{1}{5}x^{-2}$

einzeln integrieren: $F(x) = \dfrac{3}{5} \cdot \dfrac{1}{\mathbf{2}}x^2 - \dfrac{6}{5}x + \dfrac{1}{5}\ln(|x|) - \dfrac{1}{5} \cdot \dfrac{1}{(\mathbf{-1})} \cdot x^{-1} = \dfrac{3}{10}x^2 - \dfrac{6}{5}x + \dfrac{1}{5}\ln(|x|) + \underbrace{\dfrac{1}{5}x^{-1}}_{=\frac{1}{5x}}$

> **Finden von Stammfunktionen**
>
> 2. Im Zählerterm ist eine konstante Zahl und im Nennerpolynom ein linearer Term (evtl. auch potenziert) vorhanden.
>   ⇒ Term zu Produkt mit negativer Potenz „umschreiben", und integrieren

Beispiele

Gesucht sind die Stammfunktionen von $f(x) = \dfrac{-3}{4x - 5}$ und $g(x) = \dfrac{-3}{(4x-5)^2}$.

„umschreiben" : $f(x) = \dfrac{-3}{4x - 5} = -3(4x-5)^{-1}$ $\qquad$ $g(x) = \dfrac{-3}{(4x-5)^2} = -3(4x-5)^2$

integrieren: $F(x) = -\dfrac{3}{\mathbf{4}}\ln(|\mathbf{4}x - 5|)$ $\qquad$ $G(x) = \dfrac{-3}{(\mathbf{-1}) \cdot \mathbf{4}}(\mathbf{4}x - 5)^{-1} = \dfrac{3}{4(4x-5)}$

> **Finden von Stammfunktionen**
>
> 3. Das Zählerpolynom ist die Ableitung oder ein Vielfaches des Nennerpolynoms.
>   ⇒ (falls nötig) geschicktes Umformen, sodass das Zählerpolynom genau die Ableitung des Nennerpolynoms ist; dann mit ln-Funktion integrieren

Beispiel

Gesucht ist die Stammfunktion von $f(x) = \dfrac{3x - 1}{3x^2 - 2x}$.

geschickt umformen: $f(x) = \dfrac{3x - 1}{3x^2 - 2x} = \dfrac{\frac{1}{2}(6x - 2)}{3x^2 - 2x} = \dfrac{1}{2} \cdot \dfrac{6x - 2}{3x^2 - 2x}$

mit ln-Funktion integrieren: $F(x) = \dfrac{1}{2}\ln(|3x^2 - 2x|)$

Finden von Stammfunktionen

4. Es handelt sich um eine unecht gebrochen-rationale Funktion (ZG≥NG), es lässt sich eine Polynomdivision durchführen.
$\Rightarrow$ Umformen durch Polynomdivision, dann nach bekannten Regeln integrieren

Beispiel

Gesucht ist die Stammfunktion von $f(x) = \dfrac{x^2 + 4x + 5}{x + 3}$, womit erneut das einleitende Beispiel der unecht gebrochen-rationalen Funktionen aufgegriffen wird (ausführliche Polynomdivision siehe Anfang des Kapitels „gebrochen-rationale Funktion").

$$\text{Polynomdivision:} \quad f(x) = (x^2 + 4x + 5) : (x + 3) = x + 1 + \frac{2}{x + 3}$$
$$\text{integrieren:} \quad F(x) = \frac{1}{2}x^2 + x + 2\ln(|x + 3|)$$

Finden von Stammfunktionen

5. In der Aufgabenstellung ist bereits eine Stammfunktion vorgegeben.

Partielle Integration

Für die Ableitung eines Produktes $f(x) = u(x) \cdot v(x)$ wird die Produktregel verwendet:

$$f'(x) = (u(x) \cdot v(x))' = u'(x) \cdot v(x) + u(x) \cdot v'(x)$$

Es können nun wiederum beide Seiten integriert werden. Das Integral der rechten Seite wird in zwei Summanden aufgeteilt und danach umgeformt:

$$\int (u(x) \cdot v(x))' dx = \int (u'(x) \cdot v(x) + u(x) \cdot v'(x)) dx$$

$$\Longleftrightarrow \quad u(x) \cdot v(x) = \int u'(x) \cdot v(x) dx + \int u(x) \cdot v'(x) dx \qquad \Big| - \int u'(x) \cdot v(x) dx$$

$$\Longleftrightarrow \quad u(x) \cdot v(x) - \int u'(x) \cdot v(x) dx = \int u(x) \cdot v'(x) dx$$

Durch Umsortieren der Terme gelangt man somit ausgehend von der Produktregel der Ableitung zu einer wichtigen Regel der Integration.

Partielle Integration

Die partielle Integration ist eine Möglichkeit bestimmte Integrale oder Stammfunktionen zu berechnen.

$$\text{unbestimmt:} \quad \int u(x) \cdot v'(x) dx = u(x) \cdot v(x) - \int v(x) \cdot u'(x) dx$$

$$\text{bestimmt:} \quad \int_a^b u(x) \cdot v'(x) dx = [u(x) \cdot v(x)]_a^b - \int_a^b v(x) \cdot u'(x) dx$$

Ziel dieses Verfahrens ist, anstatt des ursprünglichen schwierigen Integrals zu einem leichteren Integral zu gelangen. Dabei kann folgenden Schritten gefolgt werden:

1. Festlegung von $u(x)$ und $v'(x)$ im gegebenen Integral. Wird dies falsch festgelegt kann das Integral eventuell nicht gelöst werden. Da eine Vereinfachung das Ziel ist, gilt als Faustregel:
   - für $u(x)$ werden Logarithmusfunktionen bevorzugt
   - für $v'(x)$ werden Exponentialfunktionen bevorzugt
2. Bestimmen der Terme von $u'(x)$ und $v(x)$.
3. Einsetzen in die Formel, Lösen des verbleibenden Integrals.

Beispiel

Gesucht ist eine Stammfunktion $F(x)$ der Funktion $f(x) = x \cdot e^x$.

1. Schritt: Festlegung von $u(x)$ und $v'(x)$ im gegebenen integral. Die Auswahl wird anhand der Faustregel „für $v'(x)$ werden Exponentialfunktionen bevorzugt" getroffen:

$$F(x) = \int \underbrace{x}_{u(x)} \cdot \underbrace{e^x}_{v'(x)} dx \quad \Rightarrow \quad u(x) = x \quad v'(x) = e^x$$

2. Schritt: Bestimmen der Terme von $u'(x)$ und $v(x)$:

$$u(x) = x \quad \Rightarrow \quad u'(x) = 1$$
$$v'(x) = e^x \quad \Rightarrow \quad v(x) = \int v'(x)dx = \int e^x dx = e^x$$

3. Schritt: Einsetzen in die Formel:

$$\int u(x) \cdot v'(x)dx = u(x) \cdot v(x) - \int v(x) \cdot u'(x)dx$$
$$F(x) = \int x \cdot e^x \, dx = x \cdot e^x - \int e^x \cdot 1 \, dx$$

Das nun verbleibende Integral kann berechnet werden, sodass final gilt:

$$F(x) = e^x \cdot x - \int e^x dx = e^x \cdot x - e^x = (x-1) \cdot e^x$$

(Hinweis: Da laut Angabe **eine** Stammfunktion gesucht ist, wurde die Integrationskonstante $C = 0$ gesetzt)

Weitere Methoden

Zwei weitere Methoden bieten die Möglichkeit, Integrale mithilfe von partieller Integration zu lösen:

- mehrfache partielle Integration:
  Es ist möglich, dass das Integral, das nach der partiellen Integration verbleibt, erneut nicht einfach lösbar ist. Eventuell muss deshalb mehrfach nacheinander partiell integriert werden um zur Lösung zu gelangen. Bsp.: $x^2 \cdot e^x$
- Multiplikation mit Faktor eins:
  Für die Integration mancher Funktionen müssen diese mit eins multipliziert werden, sodass die Regel der partiellen Integration angewendet werden kann (siehe nachfolgendes Bsp.)

Beispiel

Gesucht ist der Wert des Integrals $\int_{0,5}^{2} \ln(2x)dx$, wobei dieses explizit mithilfe der partiellen Integration berechnet werden soll.
Hierbei handelt es sich um ein Integral, dass sich mithilfe von partieller Integration lösen lässt, wenn der Integrand mit eins multipliziert wird:

$$\int_{0,5}^{2} \ln(2x)dx = \int_{0,5}^{2} \ln(2x) \cdot 1dx$$

An dieser Stelle kann den eingangs beschriebenen Schritten gefolgt werden.

1. Schritt: Festlegung von u(x) und v'(x). Hier wird nun nach der Faustregel „für u(x) werden Logarithmusfunktionen bevorzugt" entschieden.

$$\int_{0,5}^{2} \underbrace{\ln(2x)}_{u(x)} \cdot \underbrace{1}_{v'(x)} dx \quad \Rightarrow \quad u(x) = \ln(2x) \quad v'(x) = 1$$

2. Schritt: Bestimmen der Terme von u'(x) und v(x):

$$u(x) = \ln(2x) \quad \Rightarrow \quad u'(x) = \frac{1}{2x} \cdot 2 = \frac{1}{x}$$
$$v'(x) = 1 \quad \Rightarrow \quad v(x) = \int v'(x)dx = \int 1dx = x$$

3. Schritt: Einsetzen in die Formel:

$$\int_a^b u(x) \cdot v'(x)dx = [u(x) \cdot v(x)]_a^b - \int_a^b v(x) \cdot u'(x)dx$$
$$\int_{0,5}^{2} \ln(2x) \cdot 1 \, dx = [\ln(2x) \cdot x]_{0,5}^{2} - \int_{0,5}^{2} x \cdot \frac{1}{x} \, dx$$

Der resultierende Term kann zusammengefasst und das Endergebnis berechnet werden:

$$\int_{0,5}^{2} \ln(2x)dx = \int_{0,5}^{2} \ln(2x) \cdot 1dx = [\ln(2x) \cdot x]_{0,5}^{2} - \int_{0,5}^{2} x \cdot \frac{1}{x}dx$$
$$= (\ln(2 \cdot 2) \cdot 2 - (\ln(2 \cdot 0,5) \cdot 0,5)) - \int_{0,5}^{2} \frac{x}{x}dx = (\ln(4) \cdot 2 - (0 \cdot 0,5)) - \int_{0,5}^{2} 1dx$$
$$= 2 \cdot \ln(4) - [x]_{0,5}^{2} = 2 \cdot \ln(4) - (2 - 0,5) = 2 \cdot \ln(4) - 1,5$$

Aufgaben - Partielle Integration

1. Ermitteln Sie für folgende Funktionen jeweils eine Stammfunktion:

   a) $f(x) = x \cdot \ln(x)$ b) $g(x) = e^x \cdot x^2$ c) $h(x) = x^2 \cdot \ln(x)$

2. Berechnen Sie den exakten Wert der folgenden bestimmten Integrale:

   a) $\int_0^3 2x \cdot e^{-x}dx$ b) $\int_1^2 \ln(x) \cdot x^5dx$ c) $\int_1^2 e^{2x} \cdot (-4x^2)dx$

Kurzlösungen:

(ausführliche Lösungen finden Sie auf unserer Verlagsseite - Download)

1. Als Integrationskonstante wird jeweils C = 0 gesetzt:
   a) $F(x) = \frac{1}{2}x^2 \ln(x) - \frac{1}{4}x^2 = \frac{1}{2}x^2(\ln(x) - \frac{1}{2})$
   b) $G(x) = (x^2 - 2x + 2) \cdot e^x$
   c) $H(x) = \frac{1}{3}x^3 \ln(x) - \frac{1}{9}x^3 = \frac{1}{3}x^3(\ln(x) - \frac{1}{3})$

2. a) $2 - 8e^{-3}$
   b) $\frac{32}{3}\ln(2) - \frac{7}{4}$
   c) $-5e^4 + e^2$

Vektoren

Vektoren

Vektoren im $\mathbb{R}^3$ werden als Spaltenvektoren dargestellt und durch ihre Koordinaten beschrieben. Beispiel:

$$\vec{a} = \begin{pmatrix} 1 \\ -2 \\ 3 \end{pmatrix}$$

Ein **Ortsvektor** entspricht dem Pfeil vom Koordinatenursprung zu einem bestimmten Punkt. Die Koordinaten des Ortsvektors ergeben sich aus den Koordinaten des Punktes. Beispiel:

$$\text{Punkt } P(3|2|6) \quad \Rightarrow \quad \text{Ortsvektor } \overrightarrow{OP} = \vec{p} = \begin{pmatrix} 3 \\ 2 \\ 6 \end{pmatrix}$$

Ein Pfeil, der zwei Punkte verbindet, repräsentiert einen Vektor zwischen diesen beiden Punkten. Die Koordinaten dieses Vektors ergeben sich aus den Koordinaten der beiden Punkte nach der Merkregel „Spitze minus Fuß“. Beispiel:

$$\text{Punkte } P(3|2|6) \text{ und } Q(4|-1|3) \quad \Rightarrow \quad \overrightarrow{PQ} = \begin{pmatrix} 4-3 \\ -1-2 \\ 3-6 \end{pmatrix} = \begin{pmatrix} 1 \\ -3 \\ -3 \end{pmatrix}$$

Einfache Vektoroperationen

Die Addition und Subtraktion zweier Vektoren und das Produkt eines Skalares (Zahl) mit einem Vektor wird jeweils komponentenweise berechnet:

Addition von Vektoren

$$\vec{a} + \vec{b} = \begin{pmatrix} a_1 \\ a_2 \\ a_3 \end{pmatrix} + \begin{pmatrix} b_1 \\ b_2 \\ b_3 \end{pmatrix} = \begin{pmatrix} a_1 + b_1 \\ a_2 + b_2 \\ a_3 + b_3 \end{pmatrix}$$

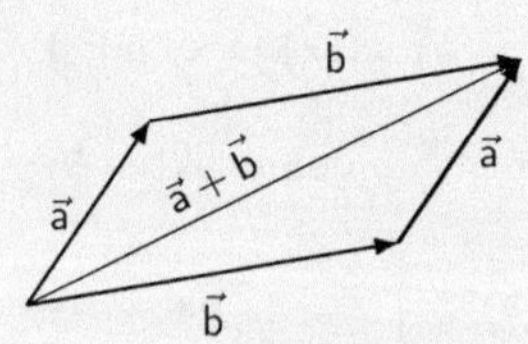

Subtraktion von Vektoren

$$\vec{a} - \vec{b} = \begin{pmatrix} a_1 \\ a_2 \\ a_3 \end{pmatrix} - \begin{pmatrix} b_1 \\ b_2 \\ b_3 \end{pmatrix} = \begin{pmatrix} a_1 - b_1 \\ a_2 - b_2 \\ a_3 - b_3 \end{pmatrix}$$

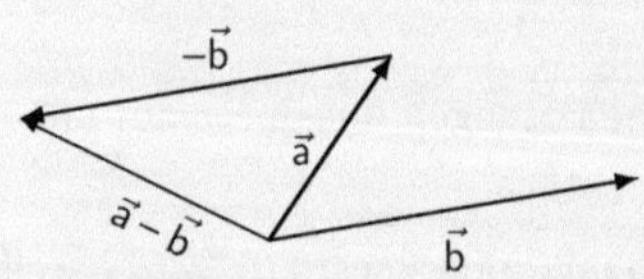

Multiplikation mit einem Skalar

$$s \cdot \vec{a} = s \cdot \begin{pmatrix} a_1 \\ a_2 \\ a_3 \end{pmatrix} = \begin{pmatrix} s \cdot a_1 \\ s \cdot a_2 \\ s \cdot a_3 \end{pmatrix}$$

Beispiel:

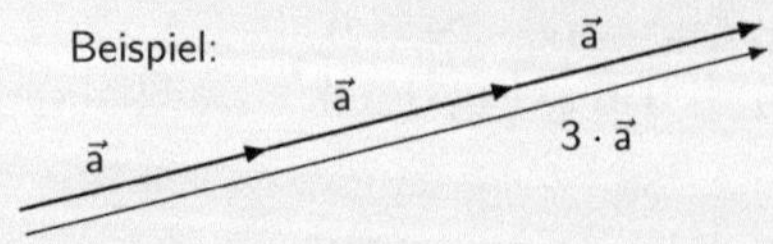

Beispiel

Gegeben sind die Punkte $A(1\,|-2\,|\,4)$, $B(3\,|\,2\,|\,5)$ und der Vektor $\vec{c}=\begin{pmatrix}-3\\1\\-2\end{pmatrix}$. Gesucht sind die Koordinaten der Ortsvektoren $\overrightarrow{OA}=\vec{a}$, $\overrightarrow{OB}=\vec{b}$, die Koordinaten des Verbindungsvektors $\overrightarrow{AB}$, außerdem die Koordinaten von $\vec{d}=\vec{a}+\vec{c}$, $\vec{e}=\vec{b}-\vec{c}$ und $\vec{f}=4\cdot\vec{c}$.
Die Koordinaten der Ortsvektoren ergeben sich aus den Koordinaten der Punkte und der Verbindungsvektor gemäß der Merkregel „Spitze minus Fuß":

$$A(1\,|-2\,|\,4) \quad\Rightarrow\quad \overrightarrow{OA}=\vec{a}=\begin{pmatrix}1\\-2\\4\end{pmatrix} \qquad B(3\,|\,2\,|\,5) \quad\Rightarrow\quad \overrightarrow{OB}=\vec{b}=\begin{pmatrix}3\\2\\5\end{pmatrix}$$

$$\overrightarrow{AB}=\begin{pmatrix}3-1\\2-(-2)\\5-4\end{pmatrix}=\begin{pmatrix}2\\4\\1\end{pmatrix}$$

Die anderen Vektoren ergeben sich, indem die Operationen wie beschrieben immer komponentenweise ausgeführt werden:

$$\vec{d}=\vec{a}+\vec{c}=\begin{pmatrix}1\\-2\\4\end{pmatrix}+\begin{pmatrix}-3\\1\\-2\end{pmatrix}=\begin{pmatrix}1-3\\-2+1\\4-2\end{pmatrix}=\begin{pmatrix}-2\\-1\\2\end{pmatrix}$$

$$\vec{e}=\vec{b}-\vec{c}=\begin{pmatrix}3\\2\\5\end{pmatrix}-\begin{pmatrix}-3\\1\\-2\end{pmatrix}=\begin{pmatrix}3-(-3)\\2-1\\5-(-2)\end{pmatrix}=\begin{pmatrix}6\\1\\7\end{pmatrix}$$

$$\vec{f}=4\cdot\vec{c}=4\cdot\begin{pmatrix}-3\\1\\-2\end{pmatrix}=\begin{pmatrix}4\cdot(-3)\\4\cdot 1\\4\cdot(-2)\end{pmatrix}=\begin{pmatrix}-12\\4\\-8\end{pmatrix}$$

Besondere Ortsvektoren - Mittelpunkt einer Strecke

Für den Ortsvektor des Mittelpunktes M einer Strecke $\overline{AB}$ gilt:

$$\overrightarrow{OM}=\frac{1}{2}\cdot(\overrightarrow{OA}+\overrightarrow{OB})$$

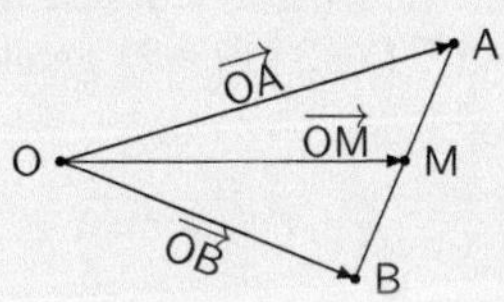

Beispiel

Gesucht sind die Koordinaten des Mittelpunkts M der Strecke zwischen $A(1\,|-2\,|\,4)$ und $B(3\,|\,2\,|\,5)$.

$$\overrightarrow{OM}=\frac{1}{2}\cdot(\overrightarrow{OA}+\overrightarrow{OB})=\frac{1}{2}\cdot\begin{pmatrix}1+3\\-2+2\\4+5\end{pmatrix}=\begin{pmatrix}\frac{1}{2}\cdot 4\\\frac{1}{2}\cdot 0\\\frac{1}{2}\cdot 9\end{pmatrix}=\begin{pmatrix}2\\0\\4{,}5\end{pmatrix} \quad\Rightarrow\quad M(2\,|\,0\,|\,4{,}5)$$

Besondere Ortsvektoren - Spiegelpunkt bezüglich eines Punktes

Wird ein Punkt P an einem Punkt Q gespiegelt, so gilt für den Ortsvektor des Spiegelpunktes P':

$$\overrightarrow{OP'} = 2 \cdot \overrightarrow{OQ} - \overrightarrow{OP}$$

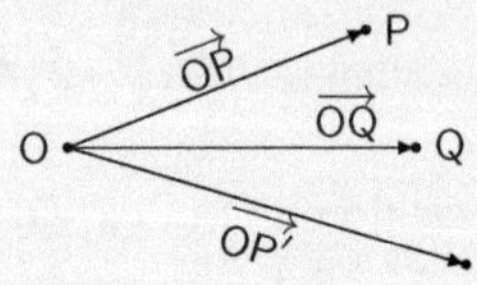

Beispiel

Wird der Punkt P (3 | − 4 | 1) am Punkt Q (0 | 3 | − 5) gespiegelt, erhält man den Punkt P'. Gesucht sind dessen Koordinaten.

$$\overrightarrow{OP'} = 2 \cdot \overrightarrow{OQ} - \overrightarrow{OP} = 2 \cdot \begin{pmatrix} 0 \\ 3 \\ -5 \end{pmatrix} - \begin{pmatrix} 3 \\ -4 \\ 1 \end{pmatrix} = \begin{pmatrix} 2 \cdot 0 - 3 \\ 2 \cdot 3 - (-4) \\ 2 \cdot (-5) - 1 \end{pmatrix} = \begin{pmatrix} -3 \\ 10 \\ -11 \end{pmatrix} \quad \Rightarrow \quad P'(\,-3 \,|\, 10 \,|\, -11)$$

Besondere Ortsvektoren - Schwerpunkt eines Dreiecks

Für den Ortsvektor des Schwerpunktes S eines Dreiecks ABC gilt:

$$\overrightarrow{OS} = \frac{1}{3} \cdot (\overrightarrow{OA} + \overrightarrow{OB} + \overrightarrow{OC})$$

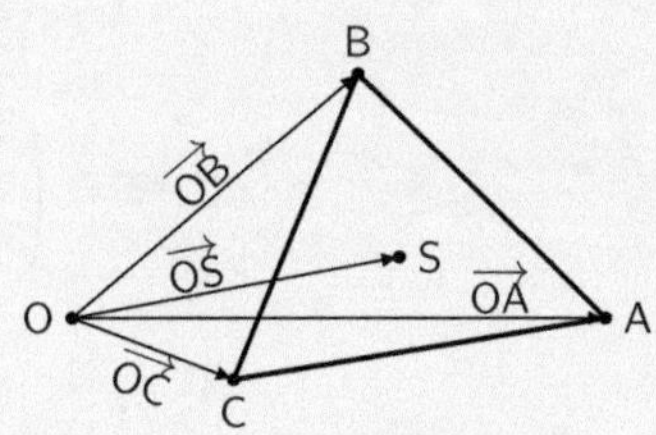

Beispiel

Gesucht sind die Koordinaten des Schwerpunktes S des Dreiecks, welches durch die Punkte A (1 | − 2 | 4), B (3 | 2 | 5) und C (− 3 | 1 | − 2) gebildet wird.

$$\overrightarrow{OS} = \frac{1}{3} \cdot (\overrightarrow{OA} + \overrightarrow{OB} + \overrightarrow{OC}) = \frac{1}{3} \cdot \begin{pmatrix} 1 + 3 - 3 \\ -2 + 2 + 1 \\ 4 + 5 - 2 \end{pmatrix} = \begin{pmatrix} \frac{1}{3} \cdot 1 \\ \frac{1}{3} \cdot 1 \\ \frac{1}{3} \cdot 7 \end{pmatrix} = \begin{pmatrix} \frac{1}{3} \\ \frac{1}{3} \\ \frac{7}{3} \end{pmatrix} \quad \Rightarrow \quad S\left(\frac{1}{3} \,\middle|\, \frac{1}{3} \,\middle|\, \frac{7}{3}\right)$$

Skalarprodukt

Bildet man das Skalarprodukt zweier Vektoren ergibt sich ein Skalar (Zahl). Das Skalarprodukt wird mit dem Zeichen $\circ$ angezeigt und kann im $\mathbb{R}^3$ wie folgt berechnet werden:

$$\vec{a} \circ \vec{b} = \begin{pmatrix} a_1 \\ a_2 \\ a_3 \end{pmatrix} \circ \begin{pmatrix} b_1 \\ b_2 \\ b_3 \end{pmatrix} = a_1 \cdot b_1 + a_2 \cdot b_2 + a_3 \cdot b_3$$

Rechenregeln für das Skalarprodukt

- Kommutativgesetz: $\vec{a} \circ \vec{b} = \vec{b} \circ \vec{a}$
- Assoziativgesetz (Skalar $s \in \mathbb{R}$): $(s \cdot \vec{a}) \circ \vec{b} = s \cdot (\vec{a} \circ \vec{b}) = \vec{a} \circ (s \cdot \vec{b})$
- Distributivgesetz: $\vec{a} \circ (\vec{b} + \vec{c}) = \vec{a} \circ \vec{b} + \vec{a} \circ \vec{c}$

Anwendungen des Skalarprodukts

Für den **Betrag** eines Vektors im $\mathbb{R}^3$ gilt:

$$|\vec{a}| = \sqrt{\vec{a} \circ \vec{a}} = \sqrt{a_1^2 + a_2^2 + a_3^2}$$

Für den **Winkel** φ zwischen zwei Vektoren gilt:

$$\cos\varphi = \frac{\vec{a} \circ \vec{b}}{|\vec{a}| \cdot |\vec{b}|} \qquad (\text{für } 0^\circ \leq \varphi \leq 180^\circ)$$

Wegen $\cos(90^\circ) = 0$ folgt daraus insbesondere:
Ist das Skalarprodukt zweier Vektoren gleich **null**, so stehen diese **orthogonal** (senkrecht) zueinander.

Beispiele

1. Gegeben sind die Vektoren $\vec{a} = \begin{pmatrix} 1 \\ -2 \\ 4 \end{pmatrix}$, $\vec{b} = \begin{pmatrix} 3 \\ 2 \\ 5 \end{pmatrix}$ und $\vec{c} = \begin{pmatrix} -3 \\ 1 \\ -2 \end{pmatrix}$. Gesucht ist das Resultat des Skalarprodukts $\vec{a} \circ \vec{b}$ und $\vec{a} \circ \vec{c}$, sowie der exakte Wert der Beträge $|\vec{b}|$ und $|\vec{c}|$.

$$\vec{a} \circ \vec{b} = \begin{pmatrix} 1 \\ -2 \\ 4 \end{pmatrix} \circ \begin{pmatrix} 3 \\ 2 \\ 5 \end{pmatrix} = 1 \cdot 3 + (-2) \cdot 2 + 4 \cdot 5 = 3 - 4 + 20 = 19$$

$$\vec{a} \circ \vec{c} = \begin{pmatrix} 1 \\ -2 \\ 4 \end{pmatrix} \circ \begin{pmatrix} -3 \\ 1 \\ -2 \end{pmatrix} = 1 \cdot (-3) + (-2) \cdot 1 + 4 \cdot (-2) = -3 - 2 - 8 = -13$$

$$|\vec{b}| = \sqrt{\vec{b} \circ \vec{b}} = \sqrt{3^2 + 2^2 + 5^2} = \sqrt{9 + 4 + 25} = \sqrt{38}$$

$$|\vec{c}| = \sqrt{\vec{c} \circ \vec{c}} = \sqrt{(-3)^2 + 1^2 + (-2)^2} = \sqrt{9 + 1 + 4} = \sqrt{14}$$

2. Gesucht ist der Winkel zwischen den Vektoren $\vec{a} = \begin{pmatrix} 2 \\ 2 \\ -1 \end{pmatrix}$ und $\vec{b} = \begin{pmatrix} 4 \\ 1 \\ 1 \end{pmatrix}$.

$$\cos\varphi = \frac{\vec{a} \circ \vec{b}}{|\vec{a}| \cdot |\vec{b}|} = \frac{\vec{a} \circ \vec{b}}{\sqrt{\vec{a} \circ \vec{a}} \cdot \sqrt{\vec{b} \circ \vec{b}}} = \frac{\begin{pmatrix} 2 \\ 2 \\ -1 \end{pmatrix} \circ \begin{pmatrix} 4 \\ 1 \\ 1 \end{pmatrix}}{\sqrt{2^2 + 2^2 + (-1)^2} \cdot \sqrt{4^2 + 1^2 + 1^2}}$$

$$= \frac{2 \cdot 4 + 2 \cdot 1 + (-1) \cdot 1}{\sqrt{4+4+1} \cdot \sqrt{16+1+1}} = \frac{8+2-1}{\sqrt{9} \cdot \sqrt{18}} = \frac{9}{\sqrt{9} \cdot \sqrt{2} \cdot \sqrt{9}} = \frac{\not{9}}{\not{9} \cdot \sqrt{2}} = \frac{1}{\sqrt{2}}$$

$$\Rightarrow \quad \varphi = \arccos\left(\frac{1}{\sqrt{2}}\right) = 45^\circ$$

3. Gesucht ist ein Wert für $k \in \mathbb{R}$, für welchen die Vektoren $\vec{a} = \begin{pmatrix} 2 \\ 0 \\ -4 \end{pmatrix}$ und $\vec{b_k} = \begin{pmatrix} k+1 \\ 3k \\ k-2 \end{pmatrix}$ orthogonal zueinander sind.
Damit die Vektoren orthogonal sind, muss $\vec{a} \circ \vec{b_k} = 0$ erfüllt sein.

$$\begin{aligned}
& & \vec{a} \circ \vec{b_k} &= 0 & \\
&\Longleftrightarrow & \begin{pmatrix} 2 \\ 0 \\ -4 \end{pmatrix} \circ \begin{pmatrix} k+1 \\ 3k \\ k-2 \end{pmatrix} &= 0 & \\
&\Longleftrightarrow & 2 \cdot (k+1) + 0 \cdot 3k - 4 \cdot (k-2) &= 0 & \\
&\Longleftrightarrow & 2k + 2 - 4k + 8 &= 0 & \\
&\Longleftrightarrow & -2k + 10 &= 0 & |-10 \\
&\Longleftrightarrow & -2k &= -10 & |:(-2) \\
&\Longleftrightarrow & k &= 5 &
\end{aligned}$$

Für $k = 5$ sind die Vektoren $\vec{a}$ und $\vec{b_5}$ orthogonal zueinander.

Vektorprodukt

Bildet man das Vektor-/Kreuzprodukt zweier Vektoren ergibt sich ein Vektor, der **orthogonal** zu den beiden anderen Vektoren ist. Das Skalarprodukt wird mit dem Zeichen $\times$ angezeigt und kann im $\mathbb{R}^3$ wie folgt berechnet werden:

$$\vec{a} \times \vec{b} = \begin{pmatrix} a_1 \\ a_2 \\ a_3 \end{pmatrix} \times \begin{pmatrix} b_1 \\ b_2 \\ b_3 \end{pmatrix} = \begin{pmatrix} a_2 \cdot b_3 - a_3 \cdot b_2 \\ a_3 \cdot b_1 - a_1 \cdot b_3 \\ a_1 \cdot b_2 - a_2 \cdot b_1 \end{pmatrix}$$

Rechenregeln für das Vektorprodukt

- Anti-Kommutativgesetz: $\vec{a} \times \vec{b} = -(\vec{b} \times \vec{a})$
- Assoziativgesetz (Skalar $s \in \mathbb{R}$): $(s \cdot \vec{a}) \times \vec{b} = s \cdot (\vec{a} \times \vec{b}) = \vec{a} \times (s \cdot \vec{b})$
- Distributivgesetz: $\vec{a} \times (\vec{b} + \vec{c}) = \vec{a} \times \vec{b} + \vec{a} \times \vec{c}$

Anwendungen des Vektorprodukts

Durch Berechnung des Vektorprodukts kann ein Vektor gefunden werden, der senkrecht auf den beiden Vektoren steht (Bsp.: Normalenvektor einer Ebene).

Wenn zwei Vektoren $\overrightarrow{AB}$ und $\overrightarrow{AC}$ ein Dreieck/Parallelogramm aufspannen, so kann dessen Flächeninhalt mit dem Vektorprodukt bestimmt werden.

$$A_{\text{Parallelogramm}} = |\overrightarrow{AB} \times \overrightarrow{AC}|$$

$$A_{\text{Dreieck}} = \frac{1}{2} \cdot |\overrightarrow{AB} \times \overrightarrow{AC}|$$

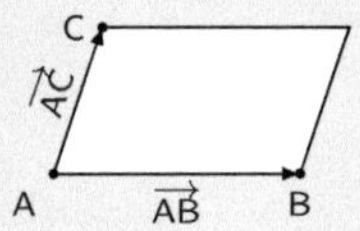

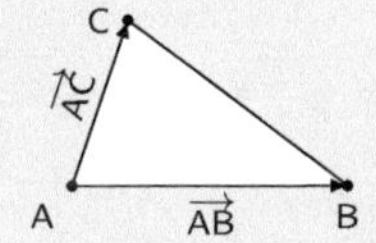

Beispiele

1. Gegeben sind die Vektoren $\vec{a} = \begin{pmatrix} 1 \\ -2 \\ 4 \end{pmatrix}$, $\vec{b} = \begin{pmatrix} 3 \\ 2 \\ 5 \end{pmatrix}$ und $\vec{c} = \begin{pmatrix} -3 \\ 1 \\ -2 \end{pmatrix}$. Gesucht ist ein Vektor $\vec{d}$, der orthogonal zu $\vec{a}$ und $\vec{b}$ ist und ein Vektor $\vec{e}$, der orthogonal zu $\vec{a}$ und $\vec{c}$ ist.
   Ein Vektor, der orthogonal zu zwei anderen steht, ergibt sich aus deren Vektorprodukt:

$$\vec{d} = \vec{a} \times \vec{b} = \begin{pmatrix} 1 \\ -2 \\ 4 \end{pmatrix} \times \begin{pmatrix} 3 \\ 2 \\ 5 \end{pmatrix} = \begin{pmatrix} -2 \cdot 5 - 4 \cdot 2 \\ 4 \cdot 3 - 1 \cdot 5 \\ 1 \cdot 2 - (-2) \cdot 3 \end{pmatrix} = \begin{pmatrix} -18 \\ 7 \\ 8 \end{pmatrix}$$

$$\vec{e} = \vec{a} \times \vec{c} = \begin{pmatrix} 1 \\ -2 \\ 4 \end{pmatrix} \times \begin{pmatrix} -3 \\ 1 \\ -2 \end{pmatrix} = \begin{pmatrix} -2 \cdot (-2) - 4 \cdot 1 \\ 4 \cdot (-3) - 1 \cdot (-2) \\ 1 \cdot 1 - (-2) \cdot (-3) \end{pmatrix} = \begin{pmatrix} 0 \\ -10 \\ -5 \end{pmatrix}$$

2. Die Punkte A(1 | −2 | 4), B(3 | 2 | 5) und C(−3 | 1 | −2) bilden ein Dreieck. Gesucht ist der exakte Wert dessen Flächeninhalt.
Aus den Koordinaten der Punkte ergeben sich zwei Vektoren, die das Dreieck aufspannen:

$$\overrightarrow{AB} = \begin{pmatrix} 3-1 \\ 2-(-2) \\ 5-4 \end{pmatrix} = \begin{pmatrix} 2 \\ 4 \\ 1 \end{pmatrix} \qquad \overrightarrow{AC} = \begin{pmatrix} -3-1 \\ 1-(-2) \\ -2-4 \end{pmatrix} = \begin{pmatrix} -4 \\ 3 \\ -6 \end{pmatrix}$$

Für den Flächeninhalt des Dreiecks gilt dann nach obiger Formel:

$$A_{\Delta ABC} = \frac{1}{2} \cdot |\overrightarrow{AB} \times \overrightarrow{AC}| = \frac{1}{2} \left| \begin{pmatrix} 2 \\ 4 \\ 1 \end{pmatrix} \times \begin{pmatrix} -4 \\ 3 \\ -6 \end{pmatrix} \right| = \frac{1}{2} \cdot \left| \begin{pmatrix} 4 \cdot (-6) - 1 \cdot 3 \\ 1 \cdot (-4) - 2 \cdot (-6) \\ 2 \cdot 3 - 4 \cdot (-4) \end{pmatrix} \right| = \frac{1}{2} \cdot \left| \begin{pmatrix} -27 \\ 8 \\ 22 \end{pmatrix} \right|$$
$$= \frac{1}{2} \cdot \sqrt{(-27)^2 + 8^2 + 22^2} = \frac{1}{2} \cdot \sqrt{1277}\,[\text{FE}]$$

Spatprodukt

Das Spatprodukt von drei Vektoren ist ein gemischtes Produkt aus Skalar- und Vektorprodukt und wie folgt definiert:

$$\vec{a} \circ (\vec{b} \times \vec{c})$$

Anwendung
Spannen drei Vektoren eine Pyramide oder einen Spat/Parallelepiped auf, so kann mithilfe des Spatprodukts dessen Volumen berechnet werden.

$$V_{\text{Spat}} = |\overrightarrow{AB} \circ (\overrightarrow{AC} \times \overrightarrow{AD})| \qquad V_{\text{Pyramide}} = \frac{1}{6} \cdot |\overrightarrow{AB} \circ (\overrightarrow{AC} \times \overrightarrow{AD})|$$

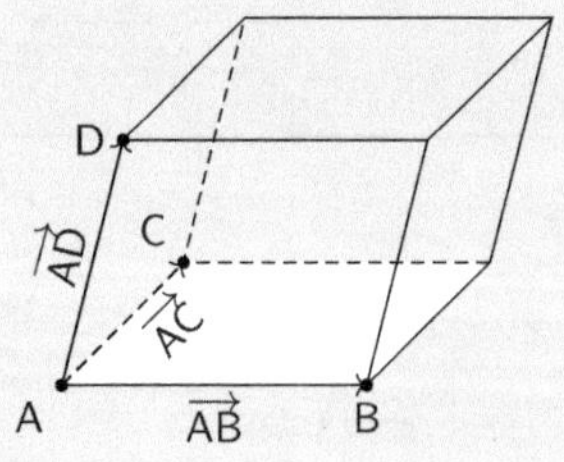

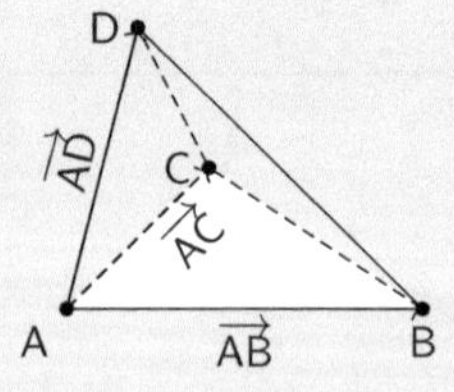

Beispiel

Die Punkte A(1 | 1 | 1), B(−2 | 2 | 2), C(−2 | 4 | 1) und D(0 | 2 | 3) spannen eine Pyramide auf. Gesucht ist deren Volumen.
Zunächst werden die Koordinaten von drei Vektoren festgelegt, die die Pyramide aufspannen:

$$\overrightarrow{AB} = \begin{pmatrix} -2-1 \\ 2-1 \\ 2-1 \end{pmatrix} = \begin{pmatrix} -3 \\ 1 \\ 1 \end{pmatrix} \qquad \overrightarrow{AC} = \begin{pmatrix} -2-1 \\ 4-1 \\ 1-1 \end{pmatrix} = \begin{pmatrix} -3 \\ 3 \\ 0 \end{pmatrix} \qquad \overrightarrow{AD} = \begin{pmatrix} 0-1 \\ 2-1 \\ 3-1 \end{pmatrix} = \begin{pmatrix} -1 \\ 1 \\ 2 \end{pmatrix}$$

Damit kann nun die obige Formel verwendet werden:

$$
\begin{aligned}
V_{\text{Pyramide}} &= \frac{1}{6} \cdot |\overrightarrow{AB} \circ (\overrightarrow{AC} \times \overrightarrow{AD})| = \frac{1}{6} \cdot \left| \begin{pmatrix} -3 \\ 1 \\ 1 \end{pmatrix} \circ \left(\begin{pmatrix} -3 \\ 3 \\ 0 \end{pmatrix} \times \begin{pmatrix} -1 \\ 1 \\ 2 \end{pmatrix} \right) \right| \\
&= \frac{1}{6} \cdot \left| \begin{pmatrix} -3 \\ 1 \\ 1 \end{pmatrix} \circ \begin{pmatrix} 3 \cdot 2 - 0 \cdot 1 \\ 0 \cdot (-1) - (-3) \cdot 2 \\ (-3) \cdot 1 - 3 \cdot (-1) \end{pmatrix} \right| = \frac{1}{6} \cdot \left| \begin{pmatrix} -3 \\ 1 \\ 1 \end{pmatrix} \circ \begin{pmatrix} 6 \\ 6 \\ 0 \end{pmatrix} \right| \\
&= \frac{1}{6} \cdot |(-3) \cdot 6 + 1 \cdot 6 + 1 \cdot 0| = \frac{1}{6} \cdot |(-12)| = \frac{1}{6} \cdot 12 = 2\,[\text{VE}]
\end{aligned}
$$

Gauß-Algorithmus

Lineares Gleichungssystem

Ein System von mindestens zwei Gleichungen, die in Zusammenhang stehen und in denen die gleichen Unbekannten nur in erster Potenz vorkommen, wird als **lineares Gleichungssystem** bezeichnet. Beispiel (es ist üblich, die Gleichungen mit römischen Zahlen zu nummerieren):

$$\begin{array}{rr} \text{I} & 3x + 2y - 3z = 3 \\ \text{II} & -1x - 4y + 7z = -1 \\ \text{III} & 2x + 1y + 2z = 5 \end{array}$$

Ein lineares Gleichungssystem kann entweder

- genau eine Lösung haben,
- keine Lösung haben oder
- unendlich viele Lösungen haben.

Gauß-Algorithmus

Für die Anwendung des Gauß-Algorithmus wird das Gleichungssystem in Form einer **erweiterten Koeffizientenmatrix** dargestellt. Für obiges Beispiel sieht diese wie folgt aus:

$$\begin{array}{c} \\ \text{I} \\ \text{II} \\ \text{III} \end{array} \begin{array}{c} \begin{array}{ccc} x_1 & x_2 & x_3 \end{array} \\ \left(\begin{array}{ccc|c} 3 & 2 & -3 & 3 \\ -1 & -4 & 7 & -1 \\ 2 & 1 & 2 & 5 \end{array}\right) \end{array}$$

Mithilfe des Gauß-Algorithmus wird das Gleichungssystem in die sogenannte **Dreiecksform** gebracht. Dabei sind alle Einträge unterhalb der Hauptdiagonale der Matrix null. Entsprechend der nachfolgenden Darstellung werden dafür die Einträge auf null gebracht. Dafür werden die einzelnen Zeilen oder deren Vielfache addiert/subtrahiert.

Hauptdiagonale

$$\begin{array}{c} \begin{array}{ccc} x_1 & x_2 & x_3 \end{array} \\ \left(\begin{array}{ccc|c} 3 & 2 & -3 & 3 \\ -1 & -4 & 7 & -1 \\ 2 & 1 & 2 & 5 \end{array}\right) \end{array}$$

Dreiecksform

$$\begin{array}{c} \begin{array}{ccc} x_1 & x_2 & x_3 \end{array} \\ \left(\begin{array}{ccc|c} 3 & 2 & -3 & 3 \\ 0 & -4 & 7 & -1 \\ 0 & 0 & 2 & 5 \end{array}\right) \end{array}$$

1. null → (Zeile II, x_1)
2. null → (Zeile III, x_1)
3. null → (Zeile III, x_2)

Liegt die erweiterte Koeffizientenmatrix in Dreiecksform vor, können die Gleichungen zeilenweise aufgelöst werden.

Beispiele

1. Gesucht ist die Lösung des folgenden Gleichungssystems. Zunächst wird die erweiterte Koeffizientenmatrix erstellt:

$$\begin{array}{llllll} \text{I} & 2x_1 & -4x_2 & +2x_3 & = & -2 \\ \text{II} & -4x_1 & +2x_2 & -2x_3 & = & 0 \\ \text{III} & 3x_1 & -2x_2 & +2x_3 & = & 1 \end{array} \quad \Rightarrow \quad \begin{array}{l} \\ \text{I} \\ \text{II} \\ \text{III} \end{array} \begin{array}{c} \begin{array}{ccc} x_1 & x_2 & x_3 \end{array} \\ \left(\begin{array}{ccc|c} 2 & -4 & 2 & -2 \\ -4 & 2 & -2 & 0 \\ 3 & -2 & 2 & 1 \end{array}\right) \end{array}$$

Die nächste Überlegung ist nun jeweils, wie man die einzelnen Einträge zu null umformen kann. Die erste null kann beispielsweise erhalten werden, indem zur zweiten Zeile das zweifache der ersten addiert wird. Mit analogen Überlegungen kann nun durch Umformung noch die zweite und die dritte null erhalten werden, sodass die Matrix in Dreiecksform vorliegt:

$$\begin{array}{l} \\ \text{I} \\ \Rightarrow \text{II} \\ \text{III} \end{array} \begin{array}{c} \begin{array}{ccc} x_1 & x_2 & x_3 \end{array} \\ \left(\begin{array}{ccc|c} 2 & -4 & 2 & -2 \\ -4 & 2 & -2 & 0 \\ 3 & -2 & 2 & 1 \end{array}\right) \end{array}$$

$$\begin{array}{l} \\ \Rightarrow \text{II}' \\ \text{III}' \end{array} \left(\begin{array}{ccc|c} 2 & -4 & 2 & -2 \\ 0 & -6 & 2 & -4 \\ 0 & 8 & -2 & 8 \end{array}\right) \qquad \begin{array}{l} \\ \text{II} + 2 \cdot \text{I} \\ 2 \cdot \text{III} - 3 \cdot \text{I} \end{array}$$

Die beiden Zeilen mit der 0 als erstes Element werden mit II′ und III′ bezeichnet.

$$\begin{array}{l} \\ \Rightarrow \\ \text{III}'' \end{array} \left(\begin{array}{ccc|c} 2 & -4 & 2 & -2 \\ 0 & -6 & 2 & -4 \\ 0 & 0 & 4 & 16 \end{array}\right) \qquad \begin{array}{l} \\ \\ 6 \cdot \text{III}' + 8 \cdot \text{II}' \end{array}$$

Die Zeile mit der 0 als erstes und zweites Element wird mit III″ bezeichnet. Für deren Berechnung dürfen nur II′ und III′ verwendet werden, um die 0 an der ersten Position zu erhalten.

Nun liegt die Matrix in Dreiecksform vor. Gleichung III″ kann nun aufgelöst werden:

$$\begin{array}{rrl} \text{aus III}'' \Rightarrow & 4x_3 = 16 & \mid :4 \\ \Longleftrightarrow & \underline{x_3 = 4} & \end{array}$$

Dieser Wert wird in Gleichung II′ eingesetzt und wieder aufgelöst:

$$\begin{array}{rrl} x_3 \text{ in II}' \Rightarrow & -6x_2 + 2 \cdot 4 = -4 & \mid -8 \\ \Longleftrightarrow & -6x_2 = -12 & \mid :(-6) \\ \Longleftrightarrow & \underline{x_2 = 2} & \end{array}$$

Schließlich werden beide Werte $x_2 = 2$ und $x_3 = 4$ in Gleichung I eingesetzt:

$$\begin{array}{rrl} x_2; x_3 \text{ in I} \Rightarrow & 2x_1 - 4 \cdot 2 + 2 \cdot 4 = -2 & \\ \Longleftrightarrow & 2x_1 = -2 & \mid :2 \\ \Longleftrightarrow & \underline{x_1 = -1} & \end{array}$$

Das Gleichungssystem hat **genau eine Lösung** $x_1 = 1$, $x_2 = 2$ und $x_3 = 4$, also $\mathbb{L} = \left\{ \begin{pmatrix} 1 \\ 2 \\ 4 \end{pmatrix} \right\}$.

2. Das gegebene nachfolgende Gleichungssystem wird erneut in die Form der erweiterten Koeffizientenmatrix gebracht.

$$\begin{array}{llll} \text{I} & 4x_1 & -3x_2 & +7x_3 & = 2 \\ \text{II} & -4x_1 & +4x_2 & -5x_3 & = -4 \\ \text{III} & -8x_1 & 4x_2 & -18x_3 & = 5 \end{array} \quad \Rightarrow \quad \begin{array}{l} \text{I} \\ \text{II} \\ \text{III} \end{array} \left(\begin{array}{ccc|c} 4 & -3 & 7 & 2 \\ -4 & 4 & -5 & -4 \\ -8 & 4 & -18 & 5 \end{array}\right)$$

Anwendung des Gauß-Algorithmus:

$$\begin{array}{l} \\ \text{I} \\ \Rightarrow \text{II} \\ \text{III} \end{array} \begin{array}{c} x_1 \quad x_2 \quad x_3 \\ \left(\begin{array}{ccc|c} 4 & -3 & 7 & 2 \\ -4 & 4 & -5 & -4 \\ -8 & 4 & -18 & 5 \end{array}\right) \end{array}$$

$$\begin{array}{l} \\ \Rightarrow \text{II}' \\ \text{III}' \end{array} \left(\begin{array}{ccc|c} 4 & -3 & 7 & 2 \\ 0 & 1 & 2 & -2 \\ 0 & -2 & -4 & 9 \end{array}\right) \qquad \begin{array}{l} \\ \text{II} + \text{I} \\ \text{III} + 2 \cdot \text{I} \end{array}$$

$$\begin{array}{l} \\ \Rightarrow \\ \text{III}'' \end{array} \left(\begin{array}{ccc|c} 4 & -3 & 7 & 2 \\ 0 & 1 & 2 & -2 \\ 0 & 0 & 0 & 5 \end{array}\right) \qquad \begin{array}{l} \\ \\ \text{III} + 2 \cdot \text{II} \end{array}$$

Gleichung III" hat nun die Aussage $0 \cdot x_3 = 5$, ist also eine falsche Aussage, weil kein x_3 die Gleichung löst. Sind wie hier die drei Einträge auf der linken Seite der Matrix null, der Eintrag rechts aber nicht, so besitzt das Gleichungssystem **keine** Lösung.

3. Das Gleichungssystem aus Beispiel 2 liegt nun erneut mit einer geringfügigen Änderung in der dritten Zeile vor.

$$\begin{array}{llll} \text{I} & 4x_1 & -3x_2 & +7x_3 & = 2 \\ \text{II} & -4x_1 & +4x_2 & -5x_3 & = -4 \\ \text{III} & -8x_1 & 4x_2 & -18x_3 & = 0 \end{array} \quad \Rightarrow \quad \begin{array}{l} \text{I} \\ \text{II} \\ \text{III} \end{array} \left(\begin{array}{ccc|c} 4 & -3 & 7 & 2 \\ -4 & 4 & -5 & -4 \\ -8 & 4 & -18 & 0 \end{array}\right)$$

Anwendung des Gauß-Algorithmus:

$$\begin{array}{l} \\ \text{I} \\ \Rightarrow \text{II} \\ \text{III} \end{array} \begin{array}{c} x_1 \quad x_2 \quad x_3 \\ \left(\begin{array}{ccc|c} 4 & -3 & 7 & 2 \\ -4 & 4 & -5 & -4 \\ -8 & 4 & -18 & 0 \end{array}\right) \end{array}$$

$$\begin{array}{l} \\ \Rightarrow \text{II}' \\ \text{III}' \end{array} \left(\begin{array}{ccc|c} 4 & -3 & 7 & 2 \\ 0 & 1 & 2 & -2 \\ 0 & -2 & -4 & 4 \end{array}\right) \qquad \begin{array}{l} \\ \text{II} + \text{I} \\ \text{III} + 2 \cdot \text{I} \end{array}$$

$$\begin{array}{l} \\ \Rightarrow \\ \text{III}'' \end{array} \left(\begin{array}{ccc|c} 4 & -3 & 7 & 2 \\ 0 & 1 & 2 & -2 \\ 0 & 0 & 0 & 0 \end{array}\right) \qquad \begin{array}{l} \\ \\ \text{III} + 2 \cdot \text{II} \end{array}$$

Gleichung III" hat nun die Aussage $0 \cdot x_3 = 0$, ist also eine wahre Aussage, weil jede Aussage x_3 wahr werden lässt. Sind wie hier alle Einträge einer Zeile gleich null, so besitzt das Gleichungssystem **unendlich viele** Lösungen, da für drei Unbekannte nur zwei Gleichungen existieren (unterbestimmtes Gleichungssystem). Setzt man $\underline{x_3 = k}$ mit $k \in \mathbb{R}$ in Gleichung II' ein, so folgt:

$$x_3 \text{ in II}' \Rightarrow \qquad x_2 + 2k = -2 \qquad | -2k$$

$$\iff \qquad \underline{x_2 = -2 - 2k}$$

Beides kann nun in Gleichung I eingesetzt werden:

$$
\begin{aligned}
x_2; x_3 \text{ in I} \Rightarrow \quad & 4x_1 - 3(-2 - 2k) + 7k = 2 \\
\iff \quad & 4x_1 + 6 + 6k + 7k = 2 && |-(6 + 13k) \\
\iff \quad & 4x_1 = -4 - 13k && |:4 \\
\iff \quad & \underline{x_1 = -1 - \frac{13}{4}k}
\end{aligned}
$$

Es ergeben sich unendlich viele Lösungen $\mathbb{L} = \left\{ \begin{pmatrix} -1 - \frac{13}{4}k \\ -2 - 2k \\ k \end{pmatrix} \right\}$ mit $k \in \mathbb{R}$.

Lineare Abhängigkeit und Unabhängigkeit von Vektoren

Linearkombination von Vektoren

Ergibt die Addition von Vektoren $(\vec{a}_1, \vec{a}_2, \vec{a}_3, ..., \vec{a}_n)$ und deren Vielfachen $(q_1 \cdot \vec{a}_1, q_2 \cdot \vec{a}_2, q_3 \cdot \vec{a}_3, ..., q_n \cdot \vec{a}_n)$ einen neuen Vektor $\vec{x}$, so ist dieser die **Linearkombination** der anderen Vektoren. Liegt eine Linearkombination von Vektoren vor, dann bildet man mit diesen Vektoren eine sogenannte **Vektorkette**:

$$q_1 \cdot \vec{a}_1 + q_2 \cdot \vec{a}_2 + q_3 \cdot \vec{a}_3 + ... + q_n \cdot \vec{a}_n = \vec{x}$$

Bei der Prüfung, ob sich ein Vektor als Linearkombination von anderen Vektoren darstellen lässt, ergibt sich ein Gleichungssystem für die Koeffizienten $q_1, q_2, q_3 ...$

Beispiel

Gegeben sind die Vektoren $\vec{a} = \begin{pmatrix} 2 \\ 0 \\ 0 \end{pmatrix}$ und $\vec{b} = \begin{pmatrix} 4 \\ 3 \\ 2 \end{pmatrix}$. Gefragt ist, ob sich die Vektoren $\vec{c} = \begin{pmatrix} -12 \\ -9 \\ -6 \end{pmatrix}$, $\vec{d} = \begin{pmatrix} 12 \\ 6 \\ 4 \end{pmatrix}$ und $\vec{e} = \begin{pmatrix} 7 \\ 3 \\ 3 \end{pmatrix}$ als Linearkombination von $\vec{a}$ und $\vec{b}$ darstellen lassen.

Man setzt jeweils die Gleichung gemäß obiger Vorschrift an und erhält dann zeilenweise drei Gleichungen.

Vektor $\vec{c}$

$$q_1 \cdot \vec{a} + q_2 \cdot \vec{b} = \vec{c}$$

$$q_1 \cdot \begin{pmatrix} 2 \\ 0 \\ 0 \end{pmatrix} + q_2 \cdot \begin{pmatrix} 4 \\ 3 \\ 2 \end{pmatrix} = \begin{pmatrix} -12 \\ -9 \\ -6 \end{pmatrix} \quad \Rightarrow \quad \begin{array}{ll} (I) & q_1 \cdot 2 + q_2 \cdot 4 = -12 \\ (II) & q_1 \cdot 0 + q_2 \cdot 3 = -9 \\ (III) & q_1 \cdot 0 + q_2 \cdot 2 = -6 \end{array}$$

Die Zeilen (II) und (III) können einzeln betrachtet werden:

$$(II) \quad q_2 \cdot 3 = -9 \qquad\qquad (III) \quad q_2 \cdot 2 = -6$$

Dies lässt in beiden Zeilen nur die Lösung $\underline{q_2 = -3}$ zu. Eingesetzt in Zeile (I) folgt:

$$\begin{array}{lrl} (I) & q_1 \cdot 2 + (-3) \cdot 4 = -12 & | + 12 \\ \Longleftrightarrow & 2q_1 = 0 & | : 2 \\ \Longleftrightarrow & \underline{q_1 = 0} & \end{array}$$

Demnach lässt sich $\vec{c}$ mit $q_1 = 0$ und $q_2 = -3$ als Linearkombination von $\vec{a}$ und $\vec{b}$ darstellen:

$$\vec{c} = 0 \cdot \vec{a} - 3 \cdot \vec{b} = -3 \cdot \vec{b}$$

Wenn wie hier ein Vektor ein **Vielfaches** eines anderen Vektors ist, so werden diese beiden Vektoren als **kollinear** bezeichnet und **sind parallel**.

Vektor $\vec{d}$

$$q_1 \cdot \vec{a} + q_2 \cdot \vec{b} = \vec{d}$$

$$q_1 \cdot \begin{pmatrix} 2 \\ 0 \\ 0 \end{pmatrix} + q_2 \cdot \begin{pmatrix} 4 \\ 3 \\ 2 \end{pmatrix} = \begin{pmatrix} 12 \\ 6 \\ 4 \end{pmatrix} \quad \Rightarrow \quad \begin{array}{ll} \text{(I)} & q_1 \cdot 2 + q_2 \cdot 4 = 12 \\ \text{(II)} & q_1 \cdot 0 + q_2 \cdot 3 = 6 \\ \text{(III)} & q_1 \cdot 0 + q_2 \cdot 2 = 4 \end{array}$$

Wieder empfiehlt es sich, Gleichung (II) oder (III) separat zu betrachten:

$$\begin{array}{rrl} \text{(II)} & q_1 \cdot 0 + q_2 \cdot 3 = 6 & \\ \iff & 3q_2 = 6 & \mid :3 \\ \iff & \underline{q_2 = 2} & \end{array}$$

$$\begin{array}{rrl} \text{(III)} & q_1 \cdot 0 + q_2 \cdot 2 = 4 & \\ \iff & 2q_2 = 4 & \mid :2 \\ \iff & \underline{q_2 = 2} & \end{array}$$

Die beiden Gleichungen führen zum gleichen Resultat $q_2 = 2$, was nun in Gleichung (I) eingesetzt werden kann:

$$\begin{array}{rrl} \text{(I)} & q_1 \cdot 2 + 2 \cdot 4 = 12 & \\ \iff & 2q_1 + 8 = 12 & \mid -8 \\ \iff & 2q_1 = 4 & \mid :2 \\ \iff & \underline{q_1 = 2} & \end{array}$$

Demnach lässt sich $\vec{d}$ mit $q_1 = 2$ und $q_2 = 2$ als Linearkombination von $\vec{a}$ und $\vec{b}$ darstellen:

$$\vec{d} = 2 \cdot \vec{a} + 2 \cdot \vec{b}$$

Wenn wie hier ein Vektor als **Linearkombination** von zwei anderen Vektoren dargestellt werden kann, so werden diese drei Vektoren als **komplanar** bezeichnet und liegen in einer Ebene.

Vektor $\vec{e}$

$$q_1 \cdot \vec{a} + q_2 \cdot \vec{b} = \vec{e}$$

$$q_1 \cdot \begin{pmatrix} 2 \\ 0 \\ 0 \end{pmatrix} + q_2 \cdot \begin{pmatrix} 4 \\ 3 \\ 2 \end{pmatrix} = \begin{pmatrix} 7 \\ 3 \\ 3 \end{pmatrix} \quad \Rightarrow \quad \begin{array}{ll} \text{(I)} & q_1 \cdot 2 + q_2 \cdot 4 = 7 \\ \text{(II)} & q_1 \cdot 0 + q_2 \cdot 3 = 3 \\ \text{(III)} & q_1 \cdot 0 + q_2 \cdot 2 = 3 \end{array}$$

Erneut werden Gleichung (II) oder (III) separat betrachtet:

$$\begin{array}{rrl} \text{(II)} & q_1 \cdot 0 + q_2 \cdot 3 = 3 & \\ \iff & 3q_2 = 3 & \mid :3 \\ \iff & \underline{q_2 = 1} & \end{array}$$

$$\begin{array}{rrl} \text{(III)} & q_1 \cdot 0 + q_2 \cdot 2 = 3 & \\ \iff & 2q_2 = 3 & \mid :2 \\ \iff & \underline{q_2 = 1{,}5} & \end{array}$$

Die beiden Gleichungen führen zu unterschiedlichen Lösungen für q_2, sodass sich keine Lösung der drei Gleichungen finden lässt. Demnach lässt sich $\vec{e}$ nicht als Linearkombination von $\vec{a}$ und $\vec{b}$ darstellen.

Lineare Unabhängigkeit

Die Vektoren $\vec{a_1}, \vec{a_2}, \vec{a_3}, \dots, \vec{a_n}$ sind **linear unabhängig**, wenn sich aus dem Ansatz

$$q_1 \cdot \vec{a_1} + q_2 \cdot \vec{a_2} + q_3 \cdot \vec{a_3} + \dots + \vec{a_n} = \vec{0}$$

nur die **triviale Lösung** $q_1 = q_2 = q_3 = \dots = q_n = 0$ ergibt. Existiert eine andere Lösung, sind die Vektoren **linear abhängig**.

Wird die lineare Unabhängigkeit von genau drei Vektoren untersucht, kann außerdem das Spatprodukt dieser Vektoren berechnet werden. Sind drei Vektoren **linear abhängig**, liegen sie in einer Ebene und spannen kein Volumen auf. Ihr **Spatprodukt** ist dann gleich **null**.

Beispiel

Erneut werden die Vektoren $\vec{a}$ bis $\vec{e}$ aus dem ersten Beispiel betrachtet.
Es wurde gezeigt, dass Vektor $\vec{b}$ und $\vec{c}$ kollinear sind. Sind zwei Vektoren **kollinear**, so sind sie **linear abhängig** (parallel zueinander).

Außerdem lässt sich $\vec{d}$ als Linearkombination von $\vec{a}$ und $\vec{b}$ darstellen, weshalb $\vec{a}$, $\vec{b}$ und $\vec{d}$ komplanar sind. Sind drei Vektoren **komplanar**, so sind sie ebenfalls **linear abhängig**. Dies kann explizit auch mit dem Spatprodukt gezeigt werden:

$$\vec{a} \circ (\vec{b} \times \vec{d}) = \begin{pmatrix} 2 \\ 0 \\ 0 \end{pmatrix} \circ \left(\begin{pmatrix} 4 \\ 3 \\ 2 \end{pmatrix} \times \begin{pmatrix} 12 \\ 6 \\ 4 \end{pmatrix} \right) = \begin{pmatrix} 2 \\ 0 \\ 0 \end{pmatrix} \circ \begin{pmatrix} 3 \cdot 4 - 2 \cdot 6 \\ 2 \cdot 12 - 4 \cdot 4 \\ 4 \cdot 6 - 3 \cdot 12 \end{pmatrix} = \begin{pmatrix} 2 \\ 0 \\ 0 \end{pmatrix} \circ \begin{pmatrix} 0 \\ 8 \\ -12 \end{pmatrix} = 0$$

Das Spatprodukt der drei Vektoren ist null, sie liegen demnach in einer Ebene und sind linear abhängig.

Der Vektor $\vec{e}$ ist nicht als Linearkombination von $\vec{a}$ und $\vec{b}$ darstellbar. Die lineare Unabhängigkeit der drei Vektoren soll explizit mit obigem Ansatz $q_1 \cdot \vec{a} + q_2 \cdot \vec{b} + q_3 \cdot \vec{e} = \vec{0}$ und dem Gauß-Algorithmus gezeigt werden:

$$q_1 \cdot \begin{pmatrix} 2 \\ 0 \\ 0 \end{pmatrix} + q_2 \cdot \begin{pmatrix} 4 \\ 3 \\ 2 \end{pmatrix} + q_3 \cdot \begin{pmatrix} 7 \\ 3 \\ 3 \end{pmatrix} = \vec{0} \Rightarrow \begin{cases} 2q_1 & +4q_2 & +7q_3 & = 0 \\ 0q_1 & +3q_2 & +3q_3 & = 0 \\ 0q_1 & +2q_2 & +3q_3 & = 0 \end{cases}$$

$$\begin{matrix} & q_1 \; q_2 \; q_3 \\ \begin{matrix} \text{I} \\ \Rightarrow \text{II} \\ \text{III} \end{matrix} & \left(\begin{array}{ccc|c} 2 & 4 & 7 & 0 \\ 0 & 3 & 3 & 0 \\ 0 & 2 & 3 & 0 \end{array}\right) \end{matrix}$$

$$\begin{matrix} \\ \Rightarrow \\ \text{III}' \end{matrix} \left(\begin{array}{ccc|c} 2 & 4 & 7 & 0 \\ 0 & 3 & 3 & 0 \\ 0 & 0 & 3 & 0 \end{array}\right) \qquad 3 \cdot \text{III} - 2 \cdot \text{II}$$

Aus Gleichung III' folgt dann:

$$\begin{aligned} 3q_3 &= 0 \qquad | :3 \\ \Longleftrightarrow \quad \underline{q_3} &\underline{= 0} \end{aligned}$$

Einsetzen in Gleichung II folgtt:

$$\begin{aligned} && 3q_2 + 3 \cdot 0 &= 0 \\ \iff && 3q_2 &= 0 \quad | :3 \\ \iff && \underline{q_2 = 0} \end{aligned}$$

Beide Werte $q_2 = q_3 = 0$ können schließlich in Gleichung I eingesetzt werden:

$$\begin{aligned} && 2q_1 + 4 \cdot 0 + 7 \cdot 0 &= 0 \\ \iff && 2q_1 &= 0 \quad | :2 \\ \iff && \underline{q_1 = 0} \end{aligned}$$

Es ergibt sich die triviale Lösung $q_1 = q_2 = q_3 = 0$. Die drei Vektoren sind linear unabhängig.

Basis und Dimension eines Vektorraums

Sind die Vektoren $\vec{b}_1, \vec{b}_2, \vec{b}_3, \ldots, \vec{b}_n$ linear unabhängige Vektoren eines Vektorraums V, sodass jeder beliebige Vektor des Vektorraums als deren Linearkombination dargestellt werden kann, so bilden diese Vektoren eine **Basis des Vektorraums** und werden als **Basisvektoren** bezeichnet.

Standardbasis

Als Standardbasis des $\mathbb{R}^3$ werden die Vektoren $\vec{e}_1 = \begin{pmatrix} 1 \\ 0 \\ 0 \end{pmatrix}$, $\vec{e}_2 = \begin{pmatrix} 0 \\ 1 \\ 0 \end{pmatrix}$ und $\vec{e}_3 = \begin{pmatrix} 0 \\ 0 \\ 1 \end{pmatrix}$ bezeichnet.

Dimension eines Vektorraums

Die **Dimension** eines Vektorraums ist die minimale Anzahl von Basisvektoren. Der Raum $\mathbb{R}^3$ hat die Dimension 3.

Beispiel

Zu zeigen ist, dass die Vektoren $\vec{a} = \begin{pmatrix} 3 \\ 0 \\ 0 \end{pmatrix}$, $\vec{b} = \begin{pmatrix} -3 \\ 4 \\ 1 \end{pmatrix}$ und $\vec{c}_k = \begin{pmatrix} k \\ -4k \\ 2-k \end{pmatrix}$ mit $k \in \mathbb{R}$ unabhängig vom Wert des Parameters k eine Basis des $\mathbb{R}^3$ bilden.
Für den Nachweis muss gezeigt werden, dass diese Vektoren linear unabhängig sind, wofür gezeigt wird, dass aus dem Ansatz $q_1 \cdot \vec{a} + q_2 \cdot \vec{b} + q_3 \cdot \vec{c}_k = \vec{0}$ stets $q_1 = q_2 = q_3 = 0$ folgt.

$$q_1 \cdot \begin{pmatrix} 3 \\ 0 \\ 0 \end{pmatrix} + q_2 \cdot \begin{pmatrix} -3 \\ 4 \\ 1 \end{pmatrix} + q_3 \cdot \begin{pmatrix} k \\ -4k \\ 2-k \end{pmatrix} = \vec{0} \Rightarrow \begin{cases} 3q_1 & -3q_2 & +kq_3 & = 0 \\ 0q_1 & +4q_2 & -4kq_3 & = 0 \\ 0q_1 & +1q_2 & +(2-k)q_3 & = 0 \end{cases}$$

$$\begin{array}{cc} & \begin{array}{ccc} q_1 & q_2 & q_3 \end{array} \\ \begin{array}{r} \text{I} \\ \Rightarrow \text{II} \\ \text{III} \end{array} & \left(\begin{array}{ccc|c} 3 & -3 & k & 0 \\ 0 & 4 & -4k & 0 \\ 0 & 1 & 2-k & 0 \end{array}\right) \end{array}$$

$$\begin{array}{r} \Rightarrow \\ \text{III}' \end{array} \left(\begin{array}{ccc|c} 3 & -3 & k & 0 \\ 0 & 4 & -4k & 0 \\ 0 & 0 & 8 & 0 \end{array}\right) \qquad 4 \cdot \text{III} - \text{II}$$

Aus Gleichung III' folgt dann:

$$\begin{aligned} 8q_3 &= 0 \qquad |:8 \\ \Longleftrightarrow \qquad \underline{q_3} &\underline{= 0} \end{aligned}$$

Einsetzen in Gleichung II ergibt:

$$\begin{aligned} 4q_2 - 4k \cdot 0 &= 0 \\ \Longleftrightarrow \qquad 4q_2 &= 0 \qquad |:4 \\ \Longleftrightarrow \qquad \underline{q_2} &\underline{= 0} \end{aligned}$$

Beide Werte $q_2 = q_3 = 0$ können schließlich in Gleichung I eingesetzt werden:

$$\begin{aligned} 3q_1 - 3 \cdot 0 + k \cdot 0 &= 0 \\ \Longleftrightarrow \qquad 3q_1 &= 0 \qquad |:3 \\ \Longleftrightarrow \qquad \underline{q_1} &\underline{= 0} \end{aligned}$$

Es ergibt sich die triviale Lösung $q_1 = q_2 = q_3 = 0$. Die drei Vektoren sind linear unabhängig und bilden demnach unabhängig von k eine Basis des $\mathbb{R}^3$.

Geraden und Ebenen

Geradengleichung in Parameterform

Eine Gerade wird definiert durch einen Aufpunkt und eine Richtung. In nebenstehender Skizze ist der Punkt A der Aufpunkt und $\overrightarrow{AB} = \vec{u}$ gibt die Richtung der Geraden g vor. Die allgemeine Schreibweise der Parametergleichung einer Geraden g lautet:

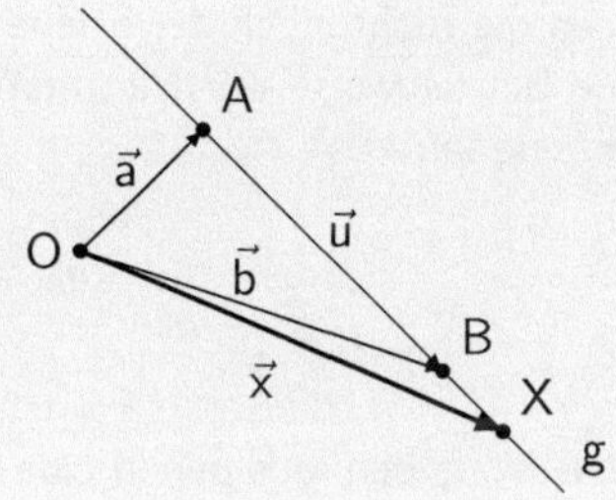

$$g\colon \vec{x} = \overbrace{\vec{a}}^{\text{Stützvektor}} + \lambda \cdot \overbrace{\vec{u}}^{\text{Richtungsvektor}} \quad \text{mit } \lambda \in \mathbb{R}$$

Die Geradengleichung ergibt sich dabei beispielsweise aus...

... der Vorgabe zweier Punkte die auf der Gerade liegen.

... der Vorgabe eines Punktes der auf der Gerade liegt und deren Richtung.

... der Vorgabe einer Punkteschar, die alle auf der Gerade liegen.

Beispiele

1. Gesucht ist die Gleichung einer Geraden g, auf welcher die Punkte $A(1|0|2)$ und $B(2|1|4)$ liegen.

$$g\colon \vec{x} = \overrightarrow{OA} + \lambda \cdot \overrightarrow{AB} = \underbrace{\begin{pmatrix}1\\0\\2\end{pmatrix} + \lambda \cdot \begin{pmatrix}2-1\\1-0\\4-2\end{pmatrix}}_{\text{„Zweipunkteform“}} = \begin{pmatrix}1\\0\\2\end{pmatrix} + \lambda \cdot \begin{pmatrix}1\\1\\2\end{pmatrix} \quad \text{mit } \lambda \in \mathbb{R}$$

2. Gesucht ist die Gleichung einer Geraden h, die durch den Punkt $C(-3|2|2)$ und parallel zur Geraden g aus Beispiel 1 verläuft.
Hier wird als Aufpunkt der Punkt C gewählt. Da die Gerade parallel zur Geraden g verlaufen soll, wird deren Richtungsvektor übernommen, sodass die Gleichung der Geraden lautet:

$$h\colon \vec{x} = \overrightarrow{OC} + \mu \cdot \begin{pmatrix}1\\1\\2\end{pmatrix} = \begin{pmatrix}-3\\2\\2\end{pmatrix} + \mu \cdot \begin{pmatrix}1\\1\\2\end{pmatrix} \quad \text{mit } \mu \in \mathbb{R}$$

3. Gesucht ist die Gleichung einer Geraden k, auf der alle Punkte $D_k(4|k|1-k)$ $(k \in \mathbb{R})$ liegen.

$$k\colon \vec{x} = \overrightarrow{OD_k} = \begin{pmatrix}4\\k\\1-k\end{pmatrix} = \begin{pmatrix}4+0k\\0+k\\1-k\end{pmatrix} = \begin{pmatrix}4\\0\\1\end{pmatrix} + k \cdot \begin{pmatrix}0\\1\\-1\end{pmatrix} \quad \text{mit } k \in \mathbb{R}$$

Ebenengleichung in Parameterform

Eine Ebene wird definiert durch einen Aufpunkt und zwei (nicht parallele) Richtungen. In der Skizze ist A der Aufpunkt und $\overrightarrow{AB}$ und $\overrightarrow{AC}$ geben die Richtungen der Ebene vor. Die allgemeine Schreibweise der Parametergleichung einer Ebene lautet:

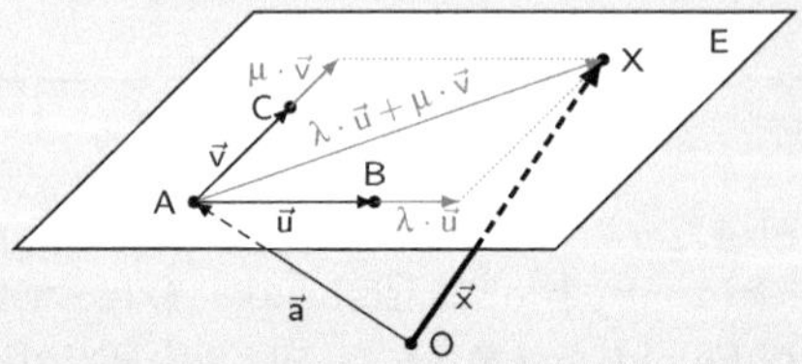

$$E\colon \vec{x} = \overbrace{\vec{a}}^{\text{Stützvektor}} + \lambda \cdot \overbrace{\vec{u}}^{\text{Richtungs-/ Spannvektor}} + \mu \cdot \overbrace{\vec{v}}^{\text{Richtungs-/ Spannvektor}} \quad \text{mit } \lambda,\mu \in \mathbb{R}$$

Die Vorgaben, aus denen eine Gleichung der Ebene bestimmt werden muss, sind dabei zumeist...

... die Angabe von drei nicht kollinearen (nicht auf einer Geraden) Punkten, die in der Ebene liegen.

... die Angabe einer Gerade und eines Punktes (der nicht auf der Geraden liegt), die in der Ebene liegen.

Beispiele

1. Gesucht ist die Gleichung der Ebene E in Parameterform, in welcher die Punkte $A(1\,|\,0\,|\,0)$, $B(4\,|\,-2\,|\,2)$ und $C(3\,|\,1\,|\,0)$ liegen.

$$E\colon \vec{x} = \overrightarrow{OA} + \lambda \cdot \overrightarrow{AB} + \mu \cdot \overrightarrow{AC} = \overbrace{\begin{pmatrix}1\\0\\0\end{pmatrix} + \lambda \cdot \begin{pmatrix}4-1\\-2-0\\2-0\end{pmatrix} + \mu \cdot \begin{pmatrix}3-1\\1-0\\0-0\end{pmatrix}}^{\text{„Dreipunkteform“}}$$

$$= \begin{pmatrix}1\\0\\0\end{pmatrix} + \lambda \cdot \begin{pmatrix}3\\-2\\2\end{pmatrix} + \mu \cdot \begin{pmatrix}2\\1\\0\end{pmatrix} \quad \text{mit } \lambda,\mu \in \mathbb{R}$$

2. Gesucht ist die Gleichung der Ebene F in Parameterform, in welcher der Punkt $D(3\,|\,2\,|\,1)$ und die Gerade $g\colon \vec{x} = \begin{pmatrix}1\\0\\2\end{pmatrix} + \kappa \cdot \begin{pmatrix}1\\1\\2\end{pmatrix}$ mit $\kappa \in \mathbb{R}$ liegen.

Hier können Stütz- und Richtungsvektor der Geraden als Stütz- und Richtungsvektor der Ebene verwendet werden. Ein weiterer Richtungsvektor ergibt sich aus Aufpunkt der Gerade und Punkt D:

$$F\colon \vec{x} = \begin{pmatrix}1\\0\\2\end{pmatrix} + \sigma \cdot \begin{pmatrix}1\\1\\2\end{pmatrix} + \tau \cdot \begin{pmatrix}3-1\\2-0\\1-2\end{pmatrix} = \begin{pmatrix}1\\0\\2\end{pmatrix} + \sigma \cdot \begin{pmatrix}1\\1\\2\end{pmatrix} + \tau \cdot \begin{pmatrix}2\\2\\-1\end{pmatrix} \quad \text{mit } \sigma,\tau \in \mathbb{R}$$

Ebenengleichung in Normalenform

Die Normalenform einer Ebenengleichung lautet allgemein:

$$E\colon \vec{n}_E \circ (\vec{x} - \vec{a}) = 0$$

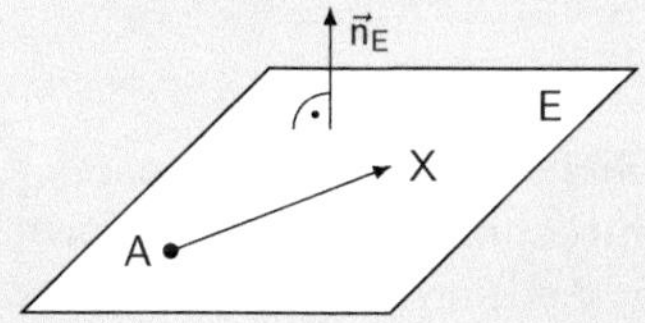

Dabei ist $\vec{a}$ der Ortsvektor eines Aufpunkts der Ebene und $\vec{n}_E$ der Normalenvektor der Ebene, welcher senkrecht zur Ebene steht.

Umrechnung Parameterform zu Normalenform

- der Stützvektor der Ebene in Parameterform kann direkt als Ortsvektor des Aufpunkts für die Normalenform verwendet werden
- der Normalenvektor einer Ebene steht senkrecht auf **beiden** Spannvektoren der Parameterform und ergibt sich demnach aus dem Kreuzprodukt dieser beiden Vektoren

Beispiele

1. Gesucht ist die Gleichung einer Ebene E in Normalenform, die den Punkt $A(1 \mid -1 \mid 1)$ enthält und senkrecht zur Gerade $g\colon \vec{x} = \begin{pmatrix} 2 \\ 1 \\ 5 \end{pmatrix} + \lambda \cdot \begin{pmatrix} 3 \\ 2 \\ -5 \end{pmatrix}$ liegt.
   Als Aufpunkt der Ebene E kann der Punkt A eingesetzt werden. Da die Gerade g senkrecht zur Ebene verläuft und auch der Normalenvektor der Ebene senkrecht auf dieser stehen muss, kann der Richtungsvektor der Geraden g als Normalenvektor von E verwendet werden. Damit gilt für die Gleichung der Ebene:
   $$E\colon \vec{n}_E \circ (\vec{x} - \overrightarrow{OA}) = \begin{pmatrix} 3 \\ 2 \\ -5 \end{pmatrix} \circ \left(\vec{x} - \begin{pmatrix} 1 \\ -1 \\ 1 \end{pmatrix}\right) = 0$$

2. Gesucht ist die Gleichung einer Ebene F in Normalenform, in welcher die Punkte $B(1 \mid 0 \mid 0)$, $C(4 \mid -2 \mid 2)$ und $D(3 \mid 1 \mid 0)$ liegen.
   Bei der Vorgabe von drei Punkten ist es sinnvoll, zunächst die Parameterform der Ebene zu bestimmen. Diese wurde im ersten Beispiel der Ebenen in Parameterform bereits getan, es ist:
   $F\colon \vec{x} = \begin{pmatrix} 1 \\ 0 \\ 0 \end{pmatrix} + \lambda \cdot \begin{pmatrix} 3 \\ -2 \\ 2 \end{pmatrix} + \mu \cdot \begin{pmatrix} 2 \\ 1 \\ 0 \end{pmatrix}$ mit $\lambda, \mu \in \mathbb{R}$.
   Der Stützvektor der Ebene, also der Ortsvektor von B wird als Aufpunkt der Ebene in Normalenform verwendet. Der Normalenvektor ergibt sich aus dem Kreuzprodukt der beiden Spannvektoren:
   $$\vec{n}_F = \begin{pmatrix} 3 \\ -2 \\ 2 \end{pmatrix} \times \begin{pmatrix} 2 \\ 1 \\ 0 \end{pmatrix} = \begin{pmatrix} (-2) \cdot 0 - 2 \cdot 1 \\ 2 \cdot 2 - 3 \cdot 0 \\ 3 \cdot 1 - (-2) \cdot 2 \end{pmatrix} = \begin{pmatrix} -2 \\ 4 \\ 7 \end{pmatrix}$$
   Damit gilt für für die Gleichung der Ebene in Normalenform:
   $$E\colon \vec{n}_F \circ \left(\vec{x} - \overrightarrow{OB}\right) = \begin{pmatrix} -2 \\ 4 \\ 7 \end{pmatrix} \circ \left(\vec{x} - \begin{pmatrix} 1 \\ 0 \\ 0 \end{pmatrix}\right) = 0$$

Ebenengleichung in Koordinatenform

Die Koordinatenform einer Ebenengleichung lautet allgemein:

$$E: a \cdot x_1 + b \cdot x_2 + c \cdot x_3 + d = 0$$

Dabei dürfen die Koeffizienten a, b und c nie gleichzeitig null sein.

Umrechnung Parameterform zu Koordinatenform

Für die Umrechnung gibt es drei Möglichkeiten, die an nachfolgendem Beispiel gezeigt werden sollen:

- Gauß-Algorithmus
- Eliminieren der Parameter
- Normalenvektor/Normalenform

Die Koeffizienten a, b und c sind dabei die Koordinaten des Normalenvektors:

$$\vec{n}_E = \begin{pmatrix} a \\ b \\ c \end{pmatrix} \quad \Rightarrow \quad E: a \cdot x_1 + b \cdot x_2 + c \cdot x_3 + d = 0$$

Beispiel

Als Beispiel wird wieder die Ebene E betrachtet, in welcher die Punkte $A(1|0|0)$, $B(4|-2|2)$ und $C(3|1|0)$ liegen. Eine Parameterform der Gleichung wurde bereits bestimmt zu $E: \vec{x} = \begin{pmatrix} 1 \\ 0 \\ 0 \end{pmatrix} + \lambda \cdot \begin{pmatrix} 3 \\ -2 \\ 2 \end{pmatrix} + \mu \cdot \begin{pmatrix} 2 \\ 1 \\ 0 \end{pmatrix}$ mit $\lambda, \mu \in \mathbb{R}$. Gesucht ist nun eine Gleichung der Ebene in Koordinatenform.

Gauß-Verfahren

$$E: \vec{x} = \begin{cases} 1 + 3\lambda + 2\mu = x_1 \\ -2\lambda + \mu = x_2 \\ 2\lambda = x_3 \end{cases} \quad \Longleftrightarrow \quad \begin{aligned} 3\lambda + 2\mu &= x_1 - 1 \\ -2\lambda + \mu &= x_2 \\ 2\lambda &= x_3 \end{aligned}$$

$$\begin{matrix} & \lambda \quad \mu & \\ \begin{matrix} \text{I} \\ \Rightarrow \text{II} \\ \text{III} \end{matrix} & \left(\begin{array}{cc|c} 3 & 2 & x_1 - 1 \\ -2 & 1 & x_2 \\ 2 & 0 & x_3 \end{array}\right) & \end{matrix}$$

$$\begin{matrix} \\ \Rightarrow \text{II}' \\ \text{III}' \end{matrix} \left(\begin{array}{cc|c} 3 & 3 & x_1 - 1 \\ 0 & 7 & 3x_2 + 2x_1 - 2 \\ 0 & -4 & 3x_3 - 2x_1 + 2 \end{array}\right) \qquad \begin{matrix} \\ 3 \cdot \text{II} + 2 \cdot \text{I} \\ 3 \cdot \text{III} - 2 \cdot \text{I} \end{matrix}$$

$$\begin{matrix} \\ \Rightarrow \\ \text{III}'' \end{matrix} \left(\begin{array}{cc|c} 3 & 2 & x_1 - 1 \\ 0 & 7 & 3x_2 + 2x_1 - 2 \\ 0 & 0 & 21x_3 - 14x_1 + 14 + 12x_2 + 8x_1 - 8 \end{array}\right) \quad \begin{matrix} \\ \\ 7 \cdot \text{III}' + 4 \cdot \text{II}' \end{matrix}$$

Das Gleichungssystem ist nur lösbar wenn auch Zeile III" erfüllt ist. Damit folgt:

$$\begin{aligned} & 0 = 21x_3 - 14x_1 + 14 + 12x_2 + 8x_1 - 8 \\ \Longleftrightarrow \quad & 0 = -6x_1 + 12x_2 + 21x_3 + 6 \qquad |:3 \\ \Longleftrightarrow \quad & 0 = -2x_1 + 4x_2 + 7x_3 + 2 \\ \Rightarrow \quad & E\colon -2x_1 + 4x_2 + 7x_3 + 2 = 0 \end{aligned}$$

Eliminieren der Parameter

$$\begin{aligned} &(\mathrm{I}) \quad x_1 = 1 + 3\lambda + 2\mu \\ &(\mathrm{II}) \quad x_2 = -2\lambda + \mu \\ &(\mathrm{III}) \quad x_3 = 2\lambda \qquad \Rightarrow \lambda = \tfrac{1}{2}x_3 \\ \lambda \text{ in (II)}: \; &(\mathrm{II'}) \quad x_2 = -2 \cdot \tfrac{1}{2}x_3 + \mu = -x_3 + \mu \qquad \Rightarrow \mu = x_2 + x_3 \\ \lambda, \mu \text{ in (I)}: \; &(\mathrm{I'}) \quad x_1 = 1 + 3 \cdot \tfrac{1}{2}x_3 + 2(x_2 + x_3) \\ &\Rightarrow \; 0 = 1 + \tfrac{3}{2}x_3 + 2x_2 + 2x_3 - x_1 \\ &\Rightarrow \; 0 = -x_1 + 2x_2 + \tfrac{7}{2}x_3 + 2 \qquad |\cdot 2 \\ &\Rightarrow E: -2x_1 + 4x_2 + 7x_3 + 2 = 0 \end{aligned}$$

Normalenvektor/Normalenform

Der Normalenvektor der Ebene wurde im Beispiel der Normalenform bereits bestimmt zu $\vec{n}_E = \begin{pmatrix} -2 \\ 4 \\ 7 \end{pmatrix}$.

Wie beschrieben ergeben sich daraus direkt die Koeffizienten der Koordinatenform:

$$E\colon -2x_1 + 4x_2 + 7x_3 + d = 0$$

Der Wert des Parameters d ergibt sich, indem die Koordinaten eines Punktes, beispielsweise die des Punktes A, in die Gleichung eingesetzt werden:

$$\begin{aligned} & -2x_1 + 4x_2 + 7x_3 + d = 0 \\ \Rightarrow \quad & -2 \cdot 1 + 4 \cdot 0 + 7 \cdot 0 + d = 0 \\ \Longleftrightarrow \quad & -2 + d = 0 \qquad |+2 \\ \Longleftrightarrow \quad & d = 2 \end{aligned}$$

Damit ergibt sich die Gleichung der Ebene zu $E\colon -2x_1 + 4x_2 + 7x_3 + 2 = 0$.
Alternativ ergibt sich dies auch, indem das Skalarprodukt der Normalenform ausgerechnet wird:

$$\begin{aligned} E\colon & \begin{pmatrix} -2 \\ 4 \\ 7 \end{pmatrix} \circ \left(\vec{x} - \begin{pmatrix} 1 \\ 0 \\ 0 \end{pmatrix} \right) = 0 \\ E\colon & \begin{pmatrix} -2 \\ 4 \\ 7 \end{pmatrix} \circ \begin{pmatrix} x_1 - 1 \\ x_2 \\ x_3 \end{pmatrix} = 0 \\ E\colon & -2(x_1 - 1) + 4x_2 + 7x_3 = 0 \\ E\colon & -2x_1 + 4x_2 + 7x_3 + 2 = 0 \end{aligned}$$

Ebenengleichung in Achsenabschnittsform

Eine spezielle Form der Koordinatengleichung ist die Achsenabschnittsform. Relevant sind dabei die Schnittpunkte der Ebene mit den Koordinatenachsen. Sind diese Schnittpunkte $S(s\,|\,0\,|\,0)$, $T(0\,|\,t\,|\,0)$ und $U(0\,|\,0\,|\,u)$, so lautet die Gleichung der Ebene:

$$E\colon \frac{x_1}{s} + \frac{x_2}{t} + \frac{x_3}{u} = 1$$

Beispiel

Gesucht ist eine Gleichung der Ebene E, deren Schnittpunkte mit den Achsen die Koordinaten $S(3\,|\,0\,|\,0)$, $T(0\,|\,-0{,}5\,|\,0)$ und $U(0\,|\,0\,|\,-1)$ haben.
Die Gleichung der Ebene in Achsenabschnittsform kann direkt aufgeschrieben werden und lautet:

$$E\colon \frac{x_1}{3} + \frac{x_2}{(-0{,}5)} + \frac{x_3}{(-1)} = 1$$

Umrechnung in die Parameterform

Soll aus einer gegebenen parameterfreien Form der Ebenengleichung (Koordinatenform, Normalenform) in die Parameterform umgerechnet werden, so können durch Einsetzen die Koordinaten von drei Punkten ermittelt werden, aus denen dann die Parameterform bestimmt wird.

Beispiel

Gesucht ist die Parameterform der Ebene $E\colon x_1 - 2x_2 + 4x_3 - 2 = 0$.
Um die Koordinaten von drei Punkten zu erhalten, werden am einfachsten die Schnittpunkte mit den Achsen bestimmt, welche man erhält, indem immer zwei Koordinaten null gesetzt werden:

Schnitt x_1-Achse: $x_2 = x_3 = 0 \Rightarrow x_1 - 2\cdot 0 + 4\cdot 0 - 2 = 0 \Rightarrow x_1 = 2 \Rightarrow S_1(2\,|\,0\,|\,0)$
Schnitt x_2-Achse: $x_1 = x_3 = 0 \Rightarrow 0 - 2\cdot x_2 + 4\cdot 0 - 2 = 0 \Rightarrow x_2 = -1 \Rightarrow S_2(0\,|\,-1\,|\,0)$
Schnitt x_3-Achse: $x_1 = x_2 = 0 \Rightarrow 0 - 2\cdot 0 + 4\cdot x_3 - 2 = 0 \Rightarrow x_3 = 0{,}5 \Rightarrow S_3(0\,|\,0\,|\,0{,}5)$

Aus den drei Punkten kann dann wie eingangs beschrieben die Parametergleichung der Ebene bestimmt werden:

$$E\colon \vec{x} = \overrightarrow{OS_1} + \lambda\cdot\overrightarrow{S_1S_2} + \mu\cdot\overrightarrow{S_1S_3} = \begin{pmatrix}2\\0\\0\end{pmatrix} + \lambda\cdot\begin{pmatrix}-2\\-1\\0\end{pmatrix} + \mu\cdot\begin{pmatrix}-2\\0\\0{,}5\end{pmatrix} \quad \text{mit } \lambda,\mu \in \mathbb{R}$$

Lagebeziehungen

Lagebeziehung Punkt-Punkt

Zwei Punkte im Raum sind entweder am selben Ort, wenn sie die gleichen Koordinaten haben, oder liegen in einem bestimmten Abstand d zueinander. Der Abstand entspricht dem Betrag des Verbindungsvektors der zwei Punkte:

$$\text{Abstand Punkt A und B:} \quad d = |\overrightarrow{AB}|$$

Beispiel

Gesucht ist der Abstand d der Punkte A(1 | 4 | 3) und B(−2 | 0 | 3).

$$d = |\overrightarrow{AB}| = \left|\begin{pmatrix} -2-1 \\ 0-4 \\ 3-3 \end{pmatrix}\right| = \left|\begin{pmatrix} -3 \\ -4 \\ 0 \end{pmatrix}\right| = \sqrt{(-3)^2 + (-4)^2 + 0^2} = \sqrt{9+16} = \sqrt{25} = 5\,[\text{LE}]$$

Lagebeziehung Punkt-Gerade

Ein Punkt im Raum kann auf der Geraden liegen, oder nicht auf der Geraden liegen. Um dies zu prüfen, wird eine **Punktprobe** durchgeführt. Dabei wird der Ortsvektor des Punktes mit der rechten Seite der Geradengleichung gleichgesetzt und geprüft, ob eine Lösung existiert (siehe nachfolgendes Beispiel).

Liegt der Punkt nicht auf der Geraden, kann der minimale Abstand des Punktes zur Gerade bestimmt werden (siehe unten).

Beispiel

Gegeben ist der Punkt B(−2 | 0 | 3) und eine Gerade $g\colon \vec{x} = \begin{pmatrix} 0 \\ 1 \\ 4 \end{pmatrix} + \lambda \cdot \begin{pmatrix} 2 \\ 1 \\ 1 \end{pmatrix}$ mit $\lambda \in \mathbb{R}$. Es soll bestimmt werden, ob B auf der Gerade g liegt.
Es werden Ortsvektor von B und die rechte Seite der Geradengleichung gleichgesetzt:

$$\overrightarrow{OB} = \begin{pmatrix} -2 \\ 0 \\ 3 \end{pmatrix} \quad \Rightarrow \quad \begin{pmatrix} -2 \\ 0 \\ 3 \end{pmatrix} = \begin{pmatrix} 0 \\ 1 \\ 4 \end{pmatrix} + \lambda \cdot \begin{pmatrix} 2 \\ 1 \\ 1 \end{pmatrix} \quad \Longleftrightarrow \quad \begin{pmatrix} -2 \\ -1 \\ -1 \end{pmatrix} = \lambda \cdot \begin{pmatrix} 2 \\ 1 \\ 1 \end{pmatrix} \quad \begin{matrix} \Rightarrow \lambda = -1 \\ \Rightarrow \lambda = -1 \\ \Rightarrow \lambda = -1 \end{matrix}$$

Aus jeder Zeile ergibt sich der gleiche Wert für λ. Der Punkt liegt demnach auf der Geraden: $B \in g$.
(Hinweis: Wäre nur ein einziger Wert von λ verschieden, läge der Punkt nicht auf der Geraden.)

Lagebeziehung Punkt-Ebene

Entweder der Punkt liegt in der Ebene, oder nicht in der Ebene. Der Test erfolgt wieder durch eine **Punktprobe**.

Ebenengleichung in Parameterform

Analog zur Punktprobe bei der Gerade wird der Ortsvektor des Punktes mit der rechten Seite der Ebenengleichung gleichgesetzt und überprüft, ob sich eine Lösung des resultierenden Gleichungssystems ergibt.

Ebenengleichung in Koordinatenform

Liegt die Ebenengleichung in Koordinatenform vor, so können die Koordinaten des Punktes direkt in die Ebene eingesetzt und überprüft werden, ob sich eine wahre Aussage ergibt.

Liegt der Punkt nicht in der Ebene kann wieder der minimale Abstand zur Ebene bestimmt werden (siehe unten).

Beispiel

Gegeben ist der Punkt $C(0|4|3)$ und eine Ebene $E\colon \vec{x} = \begin{pmatrix}3\\1\\4\end{pmatrix} + \lambda\cdot\begin{pmatrix}0\\2\\1\end{pmatrix} + \mu\cdot\begin{pmatrix}-3\\1\\-2\end{pmatrix}$ mit $\lambda,\mu \in \mathbb{R}$, deren Koordinatenform $E\colon -5x_1 - 3x_2 + 6x_3 - 6 = 0$ lautet. Gefragt ist, ob der Punkt in der Ebene liegt. Zunächst wird die Punktprobe mit der Ebene in Parameterform durchgeführt. Dafür wird der Ortsvektor des Punktes mit der rechten Seite der Gleichung gleichgesetzt.

$$\overrightarrow{OC} = \begin{pmatrix}0\\4\\3\end{pmatrix} \quad\Rightarrow\quad \begin{pmatrix}0\\4\\3\end{pmatrix} = \begin{pmatrix}3\\1\\4\end{pmatrix} + \lambda\cdot\begin{pmatrix}0\\2\\1\end{pmatrix} + \mu\cdot\begin{pmatrix}-3\\1\\-2\end{pmatrix}$$

Wieder ergeben sich Zeilenweise drei Gleichungen. Die Lösung ist beispielsweise mit dem Gauß-Algorithmus möglich. In diesem Fall kann man auch durch zeilenweises Betrachten der Gleichungen zur Lösung gelangen. Aus Zeile I folgt:

$$\begin{aligned} & 0 = 3 + 0\lambda - 3\mu & \\ \iff\quad & 0 = 3 - 3\mu & |+3\mu \\ \iff\quad & 3\mu = 3 & |:3 \\ \iff\quad & \underline{\mu = 1} & \end{aligned}$$

Dies kann in Gleichung II eingesetzt werden:

$$\begin{aligned} & 4 = 1 + 2\lambda + \mu & \\ \Rightarrow\quad & 4 = 1 + 2\lambda + 1 & \\ \iff\quad & 4 = 2 + 2\lambda & |-2 \\ \iff\quad & 2 = 2\lambda & |:2 \\ \iff\quad & \underline{\lambda = 1} & \end{aligned}$$

Die ermittelten Werte $\mu = \lambda = 1$ können nun in Gleichung III eingesetzt werden um zu überprüfen, dass eine wahre Aussage entsteht.

$$3 = 4 + \lambda - 2\mu \quad\Rightarrow\quad 3 = 4 + 1 - 2 = 3 \quad \text{(wahre Aussage)}$$

Der Punkt liegt in der Ebene.
Für die Punktprobe mit der Ebene in Koordinatenform, können die Koordinaten des Punktes in die Ebene eingesetzt werden und es wird überprüft, ob sich eine wahre Aussage ergibt.

$$\begin{aligned} & -5x - 1 - 3x_2 + 6x_3 - 6 = 0 \\ \Rightarrow \quad & -5 \cdot 0 - 3 \cdot 4 + 6 \cdot 3 - 6 = 0 \\ \Longleftrightarrow \quad & 0 = 0 \qquad \text{(wahre Aussage)} \end{aligned}$$

Der Punkt liegt also in der Ebene.

Lagebeziehung Gerade-Gerade

Zwei Geraden können...

... identisch verlaufen,

... echt parallel verlaufen,

... sich schneiden oder

... windschief zueinander verlaufen.

Um zu ermitteln, wie zwei Geraden zueinander liegen, kann für zwei Geraden $g: \vec{x} = \vec{a} + \lambda \cdot \vec{u}$ und $h: \vec{x} = \vec{b} + \mu \cdot \vec{v}$ mit $\lambda, \mu \in \mathbb{R}$ folgenden Schritten gefolgt werden:

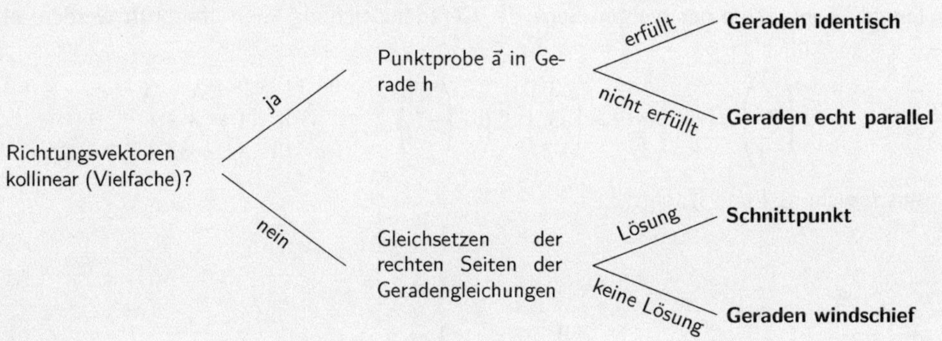

Beispiele

1. Gegeben sind die Geraden $g: \vec{x} = \begin{pmatrix} 2 \\ 1 \\ -1 \end{pmatrix} + \lambda \cdot \begin{pmatrix} 1 \\ 0 \\ 3 \end{pmatrix}$ und $h: \vec{x} = \begin{pmatrix} 0 \\ 4 \\ 7 \end{pmatrix} + \mu \cdot \begin{pmatrix} -2 \\ 0 \\ -6 \end{pmatrix}$ mit $\lambda, \mu \in \mathbb{R}$.

   Gefragt ist, wie die beiden Geraden zueinander liegen.
   Zunächst wird überprüft, ob die Richtungsvektoren der Geraden Vielfache voneinander sind. Dafür wird angesetzt:

$$\begin{pmatrix} 1 \\ 0 \\ 3 \end{pmatrix} = p \cdot \begin{pmatrix} -2 \\ 0 \\ -6 \end{pmatrix} \quad \Rightarrow \quad \begin{array}{ll} \text{I} & 1 = -2p \\ \text{II} & 0 = 0p \\ \text{III} & 3 = -6p \end{array} \quad \Rightarrow \quad \begin{array}{l} p = -\frac{1}{2} \\ p \in \mathbb{R} \\ p = -\frac{1}{2} \end{array}$$

Es ergibt sich eine eindeutige Lösung $p = -\frac{1}{2}$, die Richtungsvektoren sind also kollinear. Damit muss nun noch eine Punktprobe des Ortsvektors der Gerade g mit der Geraden h durchgeführt werden um zu bestimmen ob die Geraden identisch oder echt parallel sind.

$$\begin{pmatrix} 2 \\ 1 \\ -1 \end{pmatrix} = \begin{pmatrix} 0 \\ 4 \\ 7 \end{pmatrix} + \mu \cdot \begin{pmatrix} -2 \\ 0 \\ -6 \end{pmatrix}$$

Wieder ergeben sich zeilenweise drei Gleichungen. Die Gleichung in Zeile II lautet:

$$1 = 4 + 0 \cdot \mu = 4 \quad \text{(falsche Aussage!)}$$

Die Punktprobe kann demnach nicht erfüllt werden. Die Geraden verlaufen echt parallel.

2. Gegeben sind nun die Geraden $g\colon \vec{x} = \begin{pmatrix} 2 \\ 1 \\ -1 \end{pmatrix} + \lambda \cdot \begin{pmatrix} 1 \\ 0 \\ 3 \end{pmatrix}$ und $k\colon \vec{x} = \begin{pmatrix} 3 \\ 3 \\ -2 \end{pmatrix} + \mu \cdot \begin{pmatrix} 0 \\ -1 \\ 2 \end{pmatrix}$ mit $\lambda, \mu \in \mathbb{R}$. Gefragt ist, ob sich die beiden Geraden schneiden. In diesem Fall sind die Koordinaten des Schnittpunktes und die Größe des Schnittwinkels gesucht.
Wieder wird zunächst überprüft, ob die Richtungsvektoren der Geraden Vielfache voneinander sind. Dafür wird angesetzt:

$$\begin{pmatrix} 1 \\ 0 \\ 3 \end{pmatrix} = p \cdot \begin{pmatrix} 0 \\ -1 \\ 2 \end{pmatrix} \quad \Rightarrow \quad \begin{array}{ll} \text{I} & 1 = 0p \\ \text{II} & 0 = -1p \\ \text{III} & 3 = 2p \end{array} \quad \Rightarrow \quad \begin{array}{l} \text{(falsche Aussage!)} \\ p = 0 \\ p = \frac{3}{2} \end{array}$$

Es ergibt sich keine Lösung für p, die Geraden verlaufen also nicht identisch oder echt parallel. Durch Gleichsetzen der rechten Seite der Geradengleichung kann überprüft werden, ob sich die Geraden schneiden.

$$\begin{pmatrix} 2 \\ 1 \\ -1 \end{pmatrix} + \lambda \cdot \begin{pmatrix} 1 \\ 0 \\ 3 \end{pmatrix} = \begin{pmatrix} 3 \\ 3 \\ -2 \end{pmatrix} + \mu \cdot \begin{pmatrix} 0 \\ -1 \\ 2 \end{pmatrix} \quad \Rightarrow \quad \begin{array}{ll} \text{I} & 2 + \lambda = 3 \\ \text{II} & 1 = 3 - \mu \\ \text{III} & -1 + 3\lambda = -2 + 2\mu \end{array}$$

Aus Gleichung I und II folgt:

$$\begin{array}{rcl} \text{I} & 2 + \lambda = 3 & \mid -2 \\ \iff & \underline{\lambda = 1} & \\ \text{II} & 1 = 3 - \mu & \mid -3 \\ \iff & -2 = -\mu & \mid \cdot (-1) \\ \iff & \underline{\mu = 2} & \end{array}$$

Die beiden Werte für μ und λ werden in Gleichung III eingesetzt:

$$\begin{array}{rcl} & -1 + 3\lambda = -2 + 2\mu & \\ \Rightarrow & -1 + 3 = -2 + 4 & \\ \iff & 2 = 2 & \text{(wahre Aussage)} \end{array}$$

Die Geraden schneiden sich also. Um die Koordinaten des Schnittpunktes S zu erhalten, wird entweder $\lambda = 1$ oder $\mu = 2$ in die jeweilige Gleichung der Gerade eingesetzt:

$$\overrightarrow{OS} = \begin{pmatrix} 2 \\ 1 \\ -1 \end{pmatrix} + 1 \cdot \begin{pmatrix} 1 \\ 0 \\ 3 \end{pmatrix} = \begin{pmatrix} 3 \\ 1 \\ 2 \end{pmatrix} \quad \Rightarrow \quad S(3 \mid 1 \mid 2)$$

Der Schnittwinkel α der beiden Geraden ergibt sich aus dem Schnittwinkel der Richtungsvektoren:

$$\cos\alpha = \frac{\begin{pmatrix}1\\0\\3\end{pmatrix}\circ\begin{pmatrix}0\\-1\\2\end{pmatrix}}{\left|\begin{pmatrix}1\\0\\3\end{pmatrix}\right|\cdot\left|\begin{pmatrix}0\\-1\\2\end{pmatrix}\right|} = \frac{1\cdot 0+0\cdot(-1)+3\cdot 2}{\sqrt{1^2+0^2+3^2}\cdot\sqrt{0^2+(-1)^2+2^2}} = \frac{6}{\sqrt{10}\cdot\sqrt{5}}$$

$$\Rightarrow \quad \alpha = \arccos\left(\frac{6}{\sqrt{10}\cdot\sqrt{5}}\right) \approx 31{,}948^\circ$$

Lagebeziehung Gerade-Ebene

Eine Gerade kann...

... echt parallel zur Ebene liegen,

... in der Ebene liegen oder

... die Ebene in einem Punkt schneiden (Durchstoßpunkt)

Ebene in Parameterform
Liegen die Gleichungen von Gerade und Ebene in Parameterform vor, so werden die rechten Seiten der Gleichungen gleichgesetzt, es ergibt sich dann ein lineares Gleichungssystem (LGS) mit drei Gleichungen und drei Unbekannten.

- Das LGS hat **keine Lösung** $\Rightarrow$ Gerade liegt **echt parallel** zur Ebene
- Das LGS hat **genau eine Lösung** $\Rightarrow$ **Durchstoßpunkt**
- Das LGS hat **unendlich viele Lösungen** $\Rightarrow$ Gerade liegt **in** der Ebene

Ebene in Koordinatenform
Die Gleichung der Gerade in Parameterform kann komponentenweise in die Gleichung der Ebene in Koordinatenform eingesetzt werden. Es ergibt sich eine Gleichung mit einer Unbekannten.

- Die Gleichung hat **keine Lösung** $\Rightarrow$ Gerade liegt **echt parallel** zur Ebene
- Die Gleichung hat **genau eine Lösung** $\Rightarrow$ **Durchstoßpunkt**
- Die Gleichung hat **unendlich viele Lösungen** $\Rightarrow$ Gerade liegt **in** der Ebene

Beispiele

1. Gegeben sind die Ebene $E: \vec{x} = \begin{pmatrix}1\\3\\7\end{pmatrix} + \lambda\cdot\begin{pmatrix}-2\\-2\\0\end{pmatrix} + \mu\cdot\begin{pmatrix}4\\2\\1\end{pmatrix}$ und die Gerade $g: \vec{x} = \begin{pmatrix}-1\\-1\\2\end{pmatrix} + \sigma\cdot\begin{pmatrix}3\\1\\-2\end{pmatrix}$ mit $\lambda,\mu,\sigma \in \mathbb{R}$. Gefragt ist die gegenseitige Lage von Gerade und Ebene.
Die rechten Seiten der Gleichungen werden gleichgesetzt, woraus sich Zeilenweise drei Gleichungen

ergeben:

$$\begin{pmatrix}-1\\-1\\2\end{pmatrix}+\sigma\cdot\begin{pmatrix}3\\1\\-2\end{pmatrix}=\begin{pmatrix}1\\3\\7\end{pmatrix}+\lambda\cdot\begin{pmatrix}-2\\-2\\0\end{pmatrix}+\mu\cdot\begin{pmatrix}4\\2\\1\end{pmatrix}$$

$$\Rightarrow\begin{array}{ll}\text{I} & -1+3\sigma=1-2\lambda+4\mu\\ \text{II} & -1+\sigma=3-2\lambda+2\mu\\ \text{III} & 2-2\sigma=7+0\lambda+\mu\end{array}\iff\begin{array}{ll}\text{I} & 3\sigma+2\lambda-4\mu=2\\ \text{II} & \sigma+2\lambda-2\mu=4\\ \text{III} & -2\sigma+0\lambda-\mu=5\end{array}$$

An dieser Stelle kann der Gauß-Algorithmus verwendet werden:

$$\begin{array}{c}\\ \text{I}\\ \Rightarrow\text{II}\\ \text{III}\end{array}\begin{array}{c}\sigma\quad\lambda\quad\mu\\ \left(\begin{array}{ccc|c}3&2&-4&2\\1&2&-2&4\\-2&0&-1&5\end{array}\right)\end{array}$$

$$\begin{array}{r}\\ \Rightarrow\text{II}'\\ \text{III}'\end{array}\left(\begin{array}{ccc|c}3&2&-4&2\\0&4&-2&10\\0&4&-11&19\end{array}\right)\qquad\begin{array}{l}\\ 3\cdot\text{II}-\text{I}\\ 3\cdot\text{III}+2\cdot\text{I}\end{array}$$

$$\begin{array}{r}\\ \Rightarrow\\ \text{III}''\end{array}\left(\begin{array}{ccc|c}3&2&-4&2\\0&4&-2&10\\0&0&-9&9\end{array}\right)\qquad\begin{array}{l}\\ \\ \text{III}-\text{II}\end{array}$$

Nun liegt die Matrix in Dreiecksform vor. Gleichung III" kann nun aufgelöst werden:

$$\begin{array}{lrl}\text{III}'' & 9\mu=-9 & |:9\\ \iff & \underline{\mu=-1} & \end{array}$$

Dieser Wert wird in Gleichung II' eingesetzt und wieder aufgelöst:

$$\begin{array}{rrl}\text{II}' & 4\lambda-2\mu=10 & \\ \Rightarrow & 4\lambda-2\cdot(-1)=10 & |-2\\ \iff & 4\lambda=8 & |:4\\ \iff & \underline{\lambda=2} & \end{array}$$

Schließlich werden beide Werte $\lambda=2$ und $\mu=-1$ in Gleichung I eingesetzt:

$$\begin{array}{rrl}\text{I} & 3\sigma+2\lambda-4\mu=2 & \\ \Rightarrow & 3\sigma+2\cdot2-4\cdot(-1)=2 & \\ \iff & 3\sigma+4+4=2 & |-8\\ \iff & 3\sigma=-6 & |:3\\ \iff & \underline{\sigma=-2} & \end{array}$$

Das Gleichungssystem hat **genau eine Lösung**. Demnach schneidet die Gerade die Ebene in einem Durchstoßpunkt S, dessen Koordinaten sich ergeben, indem der Wert $\sigma=-2$ in die Gleichung der Gerade eingesetzt wird:

$$\overrightarrow{OS}=\begin{pmatrix}-1\\-1\\2\end{pmatrix}-2\cdot\begin{pmatrix}3\\1\\-2\end{pmatrix}=\begin{pmatrix}-7\\-3\\6\end{pmatrix}\quad\Rightarrow\quad S(-7\,|\,-3\,|\,6)$$

2. Gegeben ist die Gerade g: $\vec{x} = \begin{pmatrix}-1\\-1\\2\end{pmatrix} + \sigma \cdot \begin{pmatrix}3\\1\\-2\end{pmatrix}$ mit $\sigma \in \mathbb{R}$ und die Ebene F: $x_1 + x_2 + 2x_3 - 2 = 0$.

   Gefragt ist nach der gegenseitigen Lage von g und F.
   Es kann komponentenweise in die Gleichung der Ebene eingesetzt werden:

$$\begin{aligned} & x_1 + x_2 + 2x_3 - 2 = 0 \\ \Rightarrow \quad & (-1+3\sigma) + (-1+\sigma) + 2(2-2\sigma) - 2 = 0 \\ \Longleftrightarrow \quad & -1 + 3\sigma - 1 + \sigma + 4 - 4\sigma - 2 = 0 \\ \Longleftrightarrow \quad & 0 = 0 \qquad \text{(wahre Aussage)} \end{aligned}$$

   Es ergibt sich unabhängig vom Wert von σ eine wahre Aussage, sodass die Gleichung unendlich viele Lösungen hat. Die Gerade g liegt demnach in der Ebene F.

Lagebeziehung Ebene-Ebene

Zwei Ebenen können...

... identisch sein,

... echt parallel liegen oder

... sich in einer Schnittgerade schneiden.

Die rechnerische Unterscheidung erfolgt wieder in Abhängigkeit der Form, in welcher die Ebenengleichungen vorliegen.

Beide Ebenengleichungen in Parameterform

Die rechten Seiten beider Gleichungen werden gleichgesetzt. Dadurch ergibt sich ein LGS mit drei Gleichungen und vier Unbekannten. Mithilfe des Gauß-Algorithmus wird dieses aufgelöst. Dabei können drei Fälle auftreten:

- Auftreten eines Widerspruch $\Rightarrow$ die Ebenen sind echt parallel
- man erhält eine Nullzeile $\Rightarrow$ die Ebenen sind identisch
- einer der Parameter einer Ebenengleichung lässt sich durch den anderen ausdrücken $\Rightarrow$ Schnittgerade

Eine Ebenengleichung in Parameterform, eine in Koordinatenform

Hier wird wieder komponentenweise in die Gleichung der Ebene in Koordinatenform eingesetzt. Somit entsteht eine Gleichung mit zwei Unbekannten.

- keine Lösung $\Rightarrow$ die Ebenen sind echt parallel
- unabhängig von den Parametern unendlich viele Lösungen $\Rightarrow$ die Ebenen sind identisch
- ein Parameter durch den anderen darstellbar $\Rightarrow$ Schnittgerade

Beide Ebenengleichungen in Koordinatenform

Es wird ein LGS mit den beiden Gleichungen angesetzt und mit dem Gauß-Algorithmus umgeformt.

- Auftreten eines Widerspruch $\Rightarrow$ die Ebenen sind echt parallel
- man erhält eine Nullzeile $\Rightarrow$ die Ebenen sind identisch
- eine Variable bleibt frei wählbar $\Rightarrow$ Schnittgerade

Beispiele

1. Gegeben sind die Ebenen E: $\vec{x} = \begin{pmatrix}6\\2\\4\end{pmatrix} + \lambda\cdot\begin{pmatrix}-2\\-1\\-3\end{pmatrix} + \mu\cdot\begin{pmatrix}2\\0\\10\end{pmatrix}$ und F: $\vec{x} = \begin{pmatrix}2\\0\\-2\end{pmatrix} + \sigma\cdot\begin{pmatrix}1\\2\\-9\end{pmatrix} + \tau\cdot\begin{pmatrix}-8\\-6\\2\end{pmatrix}$ mit $\lambda,\mu,\sigma,\tau \in \mathbb{R}$. Gefragt ist die gegenseitige Lage der beiden Ebenen.
   Die rechten Seiten der Gleichungen werden gleichgesetzt, woraus sich Zeilenweise drei Gleichungen ergeben:

$$\begin{pmatrix}6\\2\\4\end{pmatrix} + \lambda\cdot\begin{pmatrix}-2\\-1\\-3\end{pmatrix} + \mu\cdot\begin{pmatrix}2\\0\\10\end{pmatrix} = \begin{pmatrix}2\\0\\-2\end{pmatrix} + \sigma\cdot\begin{pmatrix}1\\2\\-9\end{pmatrix} + \tau\cdot\begin{pmatrix}-8\\-6\\2\end{pmatrix}$$

$$\Rightarrow \begin{array}{ll} \text{I} & 6-2\lambda+2\mu = 2+1\sigma-8\tau \\ \text{II} & 2-1\lambda+0\mu = 0+2\sigma-6\tau \\ \text{III} & 4-3\lambda+10\mu = -2-9\sigma+2\tau \end{array} \iff \begin{array}{ll} \text{I} & -2\lambda+2\mu-1\sigma+8\tau = -4 \\ \text{II} & -1\lambda+0\mu-2\sigma+6\tau = -2 \\ \text{III} & -3\lambda+10\mu+9\sigma-2\tau = -6 \end{array}$$

An dieser Stelle kann der Gauß-Algorithmus verwendet werden:

$$\begin{array}{c} \\ \text{I} \\ \Rightarrow \text{II} \\ \text{III} \end{array} \begin{array}{c} \lambda \quad \mu \quad \sigma \quad \tau \\ \left(\begin{array}{cccc|c} -2 & 2 & -1 & 8 & -4 \\ -1 & 0 & -2 & 6 & -2 \\ -3 & 10 & 9 & -2 & -6 \end{array}\right) \end{array}$$

$$\begin{array}{c} \\ \Rightarrow \text{II}' \\ \text{III}' \end{array} \left(\begin{array}{cccc|c} -2 & 2 & -1 & 8 & -4 \\ 0 & -2 & -3 & 4 & 0 \\ 0 & 14 & 21 & -28 & 0 \end{array}\right) \qquad \begin{array}{l} \\ 2\cdot\text{II}-\text{I} \\ 2\cdot\text{III}-3\cdot\text{I} \end{array}$$

$$\begin{array}{c} \\ \Rightarrow \\ \text{III}'' \end{array} \left(\begin{array}{cccc|c} -2 & 2 & -1 & 8 & -4 \\ 0 & -2 & -3 & 4 & 0 \\ 0 & 0 & 0 & 0 & 0 \end{array}\right) \qquad \begin{array}{l} \\ \\ \text{III}+2\cdot\text{II} \end{array}$$

Es ergibt sich eine Nullzeile. Gemäß obiger Übersicht sind die Ebenen also identisch.

2. Gegeben sind nun die Ebenen E: $3x_1 - 6x_2 + 6 = 0$ und F: $\vec{x} = \begin{pmatrix}1\\3\\7\end{pmatrix} + \lambda\cdot\begin{pmatrix}3\\0\\2\end{pmatrix} + \mu\cdot\begin{pmatrix}1\\-1\\1\end{pmatrix}$ mit $\lambda,\mu \in \mathbb{R}$. Gefragt ist, ob sich die Ebenen schneiden. Für diesen Fall ist eine Gleichung der Schnittgeraden s gesucht.
   Es kann komponentenweise in die Gleichung E eingesetzt werden.

$$\begin{array}{rrl} & 3x_1 - 6x_2 + 6 = 0 & \\ \Rightarrow & 3(1+3\lambda+\mu) - 6(3-\mu) + 6 = 0 & \\ \iff & 3 + 9\lambda + 3\mu - 18 + 6\mu + 6 = 0 & \\ \iff & 9\lambda + 9\mu - 9 = 0 & \mid -(9\mu - 9) \\ \iff & 9\lambda = -9\mu + 9 & \mid :9 \\ \iff & \lambda = -\mu + 1 & \end{array}$$

Der Parameter λ kann also durch μ dargestellt werden. Laut der Übersicht schneiden sich die Ebenen in einer Schnittgeraden. Um eine Gleichung dieser zu erhalten, setzt man $\mu = \sigma$ und daraus resultierend $\lambda = -\sigma + 1$ in die Gleichung der Ebene F ein:

$$s: \vec{x} = \begin{pmatrix}1\\3\\7\end{pmatrix} + (-\sigma+1)\cdot\begin{pmatrix}3\\0\\2\end{pmatrix} + \sigma\cdot\begin{pmatrix}1\\-1\\1\end{pmatrix} = \begin{pmatrix}1+3(-\sigma+1)+\sigma\\3-\sigma\\7+2(-\sigma+1)+\sigma\end{pmatrix} = \begin{pmatrix}2-2\sigma\\3-\sigma\\9-\sigma\end{pmatrix}$$

$$= \begin{pmatrix} 4 \\ 3 \\ 9 \end{pmatrix} + \sigma \cdot \begin{pmatrix} -2 \\ -1 \\ -1 \end{pmatrix} \quad \text{mit } \sigma \in \mathbb{R}$$

Minimaler Abstand Punkt-Gerade

Liegt ein Punkt nicht auf einer Geraden, so kann der minimale Abstand des Punktes zur Gerade bestimmt werden. Für die Berechnung kann den Schritten eines der beiden folgenden Verfahren gefolgt werden.

Minimaler Abstand Punkt A zu Gerade g - Lösung mit Hilfsebene

1. Aufstellen der Gleichung einer Hilfsebene H:
   - Punkt A als Aufpunkt
   - Richtungsvektor der Geraden g als Normalenvektor für die Hilfsebene H

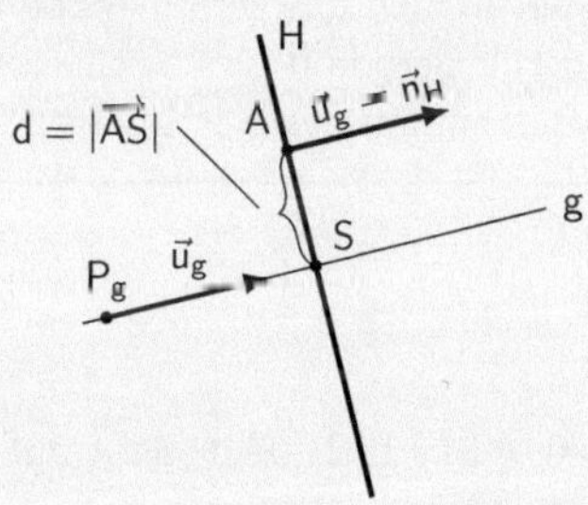

2. Bestimmen des Durchstoßpunktes S von Gerade g und Hilfsebene H
3. Bestimmen des Abstandes zwischen A und S

Minimaler Abstand Punkt A zu Gerade g - Lösung mit Skalarprodukt

1. Allgemeine Koordinaten (mit Parameter) Lotfußpunkt L „aufstellen“
2. $\overrightarrow{AL}$ allgemein berechnen
3. Skalarprodukt von $\overrightarrow{AL}$ und $\vec{u}_g$ berechnen und gleich null setzen
4. Wert des Parameters bestimmen
5. $\overrightarrow{AL}$ konkret berechnen
6. $d = |\overrightarrow{AL}|$ berechnen

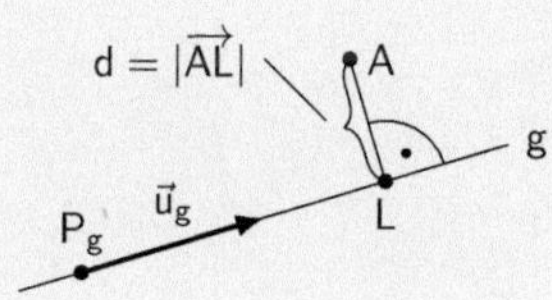

Minimaler Abstand Punkt-Ebene

Liegt ein Punkt nicht in einer Ebene, so kann der minimale Abstand des Punktes zur Ebene bestimmt werden. Für die Berechnung kann den folgenden Schritten gefolgt werden.

Minimaler Abstand Punkt A zu Ebene E

1. Aufstellen der Gleichung einer Hilfsgerade h:
   - Punkt A als Aufpunkt
   - Normalenvektor der Ebene E als Richtungsvektor für die Hilfsgerade h
2. Bestimmen des Durchstoßpunktes S von Ebene E und Hilfsgerade h
3. Bestimmen des Abstandes zwischen A und S

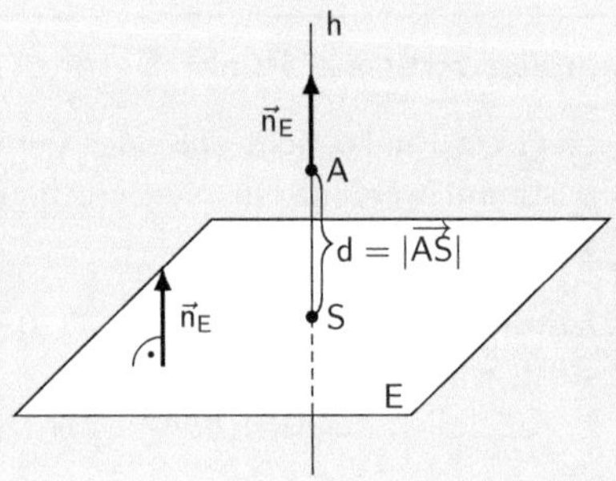

Beispiel

Der Punkt $A(1|1|2)$ liegt nicht auf der Gerade $g: \vec{x} = \begin{pmatrix} 3 \\ 4 \\ 4 \end{pmatrix} + \lambda \cdot \begin{pmatrix} -2 \\ 3 \\ 1 \end{pmatrix}$ mit $\lambda \in \mathbb{R}$ (Nachweis nicht erforderlich). Gesucht ist der exakte Wert des minimalen Abstandes der Punktes A zur Gerade g.

Lösung mit Hilfsebene

Es wird den oben beschriebenen Schritten gefolgt:

1. Aufstellen der Gleichung einer Hilfsebene H mit A als Aufpunkt und dem Richtungsvektor der Geraden g als Normalenvektor. Es wird eine Gleichung in Normalenform angesetzt und dann das Skalarprodukt aufgelöst.

$$H: \begin{pmatrix} -2 \\ 3 \\ 1 \end{pmatrix} \circ \left(\vec{x} - \begin{pmatrix} 1 \\ 1 \\ 2 \end{pmatrix} \right) = 0$$

$$-2(x_1 - 1) + 3(x_2 - 1) + (x_3 - 2) = 0$$

$$H: \; -2x_1 + 3x_2 + x_3 - 3 = 0$$

2. Um die Koordinaten des Durchstoßpunktes S zu ermitteln, wird g komponentenweise in H eingesetzt:

$$\begin{aligned} & & -2x_1 + 3x_2 + x_3 - 3 &= 0 & \\ &\Rightarrow & -2(3 - 2\lambda) + 3(4 + 3\lambda) + (4 + \lambda) - 3 &= 0 & \\ &\Longleftrightarrow & -6 + 4\lambda + 12 + 9\lambda + 4 + \lambda - 3 &= 0 & \\ &\Longleftrightarrow & 14\lambda + 7 &= 0 & \quad |-7 \\ &\Longleftrightarrow & 14\lambda &= -7 & \quad |:14 \\ &\Longleftrightarrow & \lambda &= -\frac{1}{2} & \end{aligned}$$

Dieser Wert kann nun in die Gleichung der Gerade g eingesetzt werden.

$$\overrightarrow{OS} = \begin{pmatrix} 3 \\ 4 \\ 4 \end{pmatrix} - \frac{1}{2} \cdot \begin{pmatrix} -2 \\ 3 \\ 1 \end{pmatrix} = \begin{pmatrix} 3+1 \\ 4-1,5 \\ 4-0,5 \end{pmatrix} = \begin{pmatrix} 4 \\ 2,5 \\ 3,5 \end{pmatrix} \quad \Rightarrow \quad S(4|2,5|3,5)$$

3. Schließlich kann der Abstand zwischen A und S als minimaler Abstand d des Punktes A von g berechnet werden:

$$d = |\overrightarrow{AS}| = \left| \begin{pmatrix} 4-1 \\ 2{,}5-1 \\ 3{,}5-2 \end{pmatrix} \right| = \left| \begin{pmatrix} 3 \\ 1{,}5 \\ 1{,}5 \end{pmatrix} \right| = \sqrt{3^2 + 1{,}5^2 + 1{,}5^2} = \sqrt{13{,}5}$$

Lösung mit Skalarprodukt

Auch hier wird den angegebenen Schritten gefolgt.

1. Da der Punkt L auf der Geraden g liegt, lauten dessen allgemeine Koordinaten in Abhängigkeit des Parameters λ: $L\,(\,3-2\lambda \,|\, 4+3\lambda \,|\, 4+\lambda)$

2. Gemäß der Merkregel „Spitze minus Fuß“ werden die allgemeinen Koordinaten von $\overrightarrow{AL}$ bestimmt:

$$\overrightarrow{AL} = \begin{pmatrix} (3-2\lambda)-1 \\ (4+3\lambda)-1 \\ (4+\lambda)-2 \end{pmatrix} = \begin{pmatrix} 2-2\lambda \\ 3+3\lambda \\ 2+\lambda \end{pmatrix}$$

3. Damit kann das Skalarprodukt berechnet und gleich null gesetzt werden:

$$\overrightarrow{AL} \circ \vec{u}_g = \begin{pmatrix} 2-2\lambda \\ 3+3\lambda \\ 2+\lambda \end{pmatrix} \circ \begin{pmatrix} -2 \\ 3 \\ 1 \end{pmatrix} = -2 \cdot (2-2\lambda) + 3 \cdot (3+3\lambda) + 1 \cdot (2+\lambda) = 0$$

4. Auflösen der Gleichung ergibt einen Wert für λ:

$$\begin{aligned} & -2 \cdot (2-2\lambda) + 3 \cdot (3+3\lambda) + 1 \cdot (2+\lambda) = 0 & \\ \Longleftrightarrow\quad & -4 + 4\lambda + 9 + 9\lambda + 2 + \lambda = 0 & \\ \Longleftrightarrow\quad & 7 + 14\lambda = 0 & |-7 \\ \Longleftrightarrow\quad & 14\lambda = -7 & |:14 \\ \Longleftrightarrow\quad & \underline{\lambda = -\frac{1}{2}} & \end{aligned}$$

5. Durch Einsetzen kann nun $\overrightarrow{AL}$ konkret berechnet werden:

$$\overrightarrow{AL} = \begin{pmatrix} 2-2\cdot(-\frac{1}{2}) \\ 3+3\cdot(-\frac{1}{2}) \\ 2+(-\frac{1}{2}) \end{pmatrix} = \begin{pmatrix} 3 \\ 1{,}5 \\ 1{,}5 \end{pmatrix}$$

6. Schließlich kann der Abstand d als Betrag des Vektors $\overrightarrow{AL}$ bestimmt werden:

$$d = |\overrightarrow{AL}| = \sqrt{3^2 + 1{,}5^2 + 1{,}5^2} = \sqrt{9 + 2{,}25 + 2{,}25} = \sqrt{13{,}5}$$

Jahrgang	Analysis-Teil	Gegebene Funktion	Seite	Berechnungen
2018	AI	$f(x) = (x^2 - 2x - 3)e^{-0,5x} = (x+1)(x-3)e^{-0,5x}$	**82**	NST; Grenzwert; Extrema; Fläche
		$h\colon x \longmapsto h(x) = 0{,}25x + 0{,}75 + \frac{a}{x+b}$	**82**	Grenzwert; Fkt. aufstellen
		$O(r) = \frac{5}{3}\pi r^2 + \frac{200}{r}$	**83**	Grenzwert; Extrema
	AII	$f\colon x \longmapsto \frac{x^3 - 3x^2 + 4}{2(x-3)(x-2)}$	**91**	Grenzwert; NST
		$g\colon x \longmapsto \frac{1}{2}x + 1 + \frac{2}{x-3}$	**91**	NST; Monotonie; Extrema; Fläche
		$h\colon x \longmapsto \ln(2 \cdot g(x))$	**91**	Grenzwert
		$p(t) = 10 \cdot e^{-0{,}002t^2 + 0{,}06t + c}$	**92**	Parameter; Extrema; Wendepunkt
2019	AI	$f\colon x \longmapsto \frac{0{,}5x^2 - 3x + 0{,}5}{x^2+1}$	**115**	NST; Extrema; Fläche
		$h(x) = \ln(-x^2 + 2x)$	**115**	NST; Grenzwert; Monotonie; Extrema
		$L(t) = \frac{7500 \cdot a}{a + e^{-k \cdot t}} + 2000$	**116**	Fkt. aufstellen; Wendepunkt; Grenzwert
	AII	$h\colon x \longmapsto \frac{x^3 + 3x^2 + 3x}{x^2 + 2x}$	**125**	NST; Grenzwert
		$f\colon x \longmapsto \frac{x^2 + 3x + 3}{x+2}$	**125**	Grenzwert; Monotonie; Extrema; Integral
		$A(T) = \frac{7200}{72 + e^{0{,}0106T}}$	**126**	Monotonie; Wendepunkt
		$j(x) = 80 \ln\left(\frac{60x}{3-x}\right)$	**127**	Wertemenge; Wendepunkt
Muster	oHm AII	$f(x) = \ln\left(\frac{x+1}{x-2}\right)$	**155**	Definitionsmenge; Grenzwert
	mHm AI	$f\colon x \longmapsto \ln(x^2 + 2x)$	**165**	Grenzwert; NST; Monotonie; Integral
		$L(t) = 14{,}7 \cdot e^{-0{,}03(t-7{,}5)^2} + 13{,}4$	**165**	Extrema
	mHm AII	$s(x) = \frac{5}{1 + e^{2x}} - 2{,}5$	**173**	Symmetrie
		$a(x) = \frac{b}{1 + e^{-2x+c}} + d$	**173**	Parameter; Integral
		$g(x) = e^{\ln((x-5)^2) + 6x}$	**174**	alternativer Funktionsterm
		$f(x) = (x^2 - 10x + 25) \cdot e^{6x}$	**174**	NST; Grenzwert; Integral

Jahrgang	Analysis-Teil	Gegebene Funktion	Seite	Berechnungen
2020	oHm A	$a\colon x \longmapsto \frac{1}{2}x + \frac{2}{x}$ und $b\colon x \longmapsto \frac{1}{2}x$	**190**	Symmetrie; Extrema; Tangente
		$f\colon x \longmapsto \ln(x)$; $g\colon x \longmapsto x \cdot \ln(x^2)$ und $h\colon x \longmapsto \frac{1}{x} \cdot \ln(x-1)$	**191**	Graph zuordnen; Definitionsmenge; Fläche
	mHm AI	$f\colon x \longmapsto \frac{x^2}{x-1}$	**199**	Asymptote; NST; Monotonie; Wertemenge
		$g\colon x \longmapsto \ln\left(\frac{x^2}{x-1}\right)$	**199**	NST; Grenzwert; Asymptote; Extrema; Fläche
		$k\colon t \longmapsto 0{,}75t \cdot e^{-0{,}25t+2}$	**200**	Extrema; Integral
		$g(t) = c \cdot t \cdot e^{-0{,}25t+2}$	**200**	Parameter
	mHm AII	$h\colon x \longmapsto \frac{3x^2-2x}{-2x^3+4x}$	**207**	Definitionsmenge; NST; Definitionslücken; Asymptoten
		$f\colon x \longmapsto \frac{3x-2}{-2x^2+4}$	**207**	Definitionsmenge; Monotonie; Wendepunkt
		$V\colon t \longmapsto \frac{1263}{1+2{,}5 \cdot e^{-a \cdot t}}$	**208**	Parameter; Monotonie
2021	oHm A	$g\colon x \longmapsto \frac{(x+2)(x-2)}{-x(x-2)}$	**224**	Definitionslücken; NST; Asymptoten
		$k\colon x \longmapsto \frac{x+1}{e^x-1}$	**225**	Asymptote; Grenzwert
	mHm AI	$f\colon x \longmapsto \frac{6x+12}{x^2+4x+6}$	**232**	NST; Asymptote; Grenzwert; Extrema; Wendepunkte; Stammfunktion
		$S(t) = \frac{a}{1{,}56e^{bt}-1}$	**233**	Parameter; Grenzwert; Monotonie; Integral
	mHm AII	$f\colon x \longmapsto \frac{-x^2-x-1}{x}$	**240**	Grenzwert; Asymptote; NST; Monotonie; Extrema
		$g\colon x \longmapsto \ln(f(x))$	**240**	Definitionsmenge; NST; Extrema
		$B(t) = \frac{A}{2+98e^{ct}}$	**241**	Parameter; Grenzwert; Monotonie
Lösungen:		StD Dr. Michael Fuchs (Berufliche Oberschule Memmingen) und das Team der lern.de Bildungsgesellschaft mbH (lernverlag)		

1.0 Gegeben ist die reelle Funktion f durch
$f(x) = (x^2 - 2x - 3)e^{-0,5x} = (x+1)(x-3)e^{-0,5x}$ mit der maximalen Definitionsmenge $D_f = \mathbb{R}$.
Ihr Graph ist G_f. Runden Sie Ihre Ergebnisse gegebenenfalls auf zwei Nachkommastellen.

1.1 Geben Sie die Nullstellen der Funktion f an und untersuchen Sie das Verhalten der Funktionswerte $f(x)$ für $x \to +\infty$ und $x \to -\infty$. **4 BE**

1.2 Berechnen Sie Art und Koordinaten aller Extrempunkte von G_f.
[mögliches Teilergebnis: $f'(x) = -0,5(x^2 - 6x + 1)e^{-0,5x}$] **6 BE**

1.3 Zeichnen Sie G_f für $-2 \leq x \leq 12$ unter Verwendung vorliegender Ergebnisse in ein kartesisches Koordinatensystem. **5 BE**

1.4 Gegeben ist die Funktion $g\colon x \longmapsto 5e^{-0,5x}$. Ihr Graph ist G_g. Berechnen Sie die Koordinaten der Schnittpunkte der Graphen G_f und G_g und zeichnen Sie den Graphen G_g in das Koordinatensystem der Teilaufgabe 1.3 ein.
[Teilergebnis: $x_1 = -2$ und $x_2 = 4$] **5 BE**

1.5 Zeigen Sie, dass die Funktion $F\colon x \longmapsto F(x) = -2e^{-0,5x}(x+1)^2$ mit $D_f = D_F$ eine Stammfunktion der Funktion f ist. **3 BE**

1.6 Die Graphen G_f und G_g schließen ein endliches Flächenstück ein, das in allen vier Quadranten liegt. Schraffieren Sie dieses im Koordinatensystem der Teilaufgabe 1.3 und berechnen Sie die zugehörige Flächenmaßzahl auf zwei Nachkommastellen gerundet. **5 BE**

2.0 Die Abbildung zeigt den Graphen einer gebrochen-rationalen Funktion
$h\colon x \longmapsto h(x) = 0,25x + 0,75 + \dfrac{a}{x+b}$, $D_{h,max} \subset \mathbb{R}$ mit seiner schiefen Asymptote $y = 0,25x + 0,75$ und der weiteren Asymptote $x = 1$. Es gilt $a, b \in \mathbb{R}$. Alle abzulesenden Werte sind ganzzahlig.

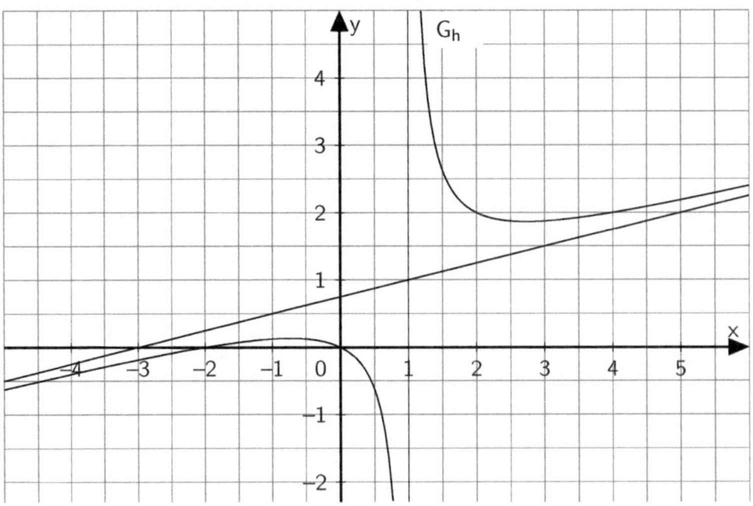

2.1 Aus der Gleichung der schiefen Asymptote können $\lim\limits_{x\to\infty}(h(x)-(0{,}25x+0{,}75))$ und $\lim\limits_{x\to\infty} h'(x)$ gefolgert werden. Geben Sie diese Grenzwerte an und begründen Sie Ihre Ergebnisse. **4 BE**

2.2 Für diese Teilaufgabe gilt $x > 1$. Lesen Sie aus der Abbildung die Lösungsmenge der Ungleichung $h(x) < 2$ ab. **2 BE**

2.3 Bestimmen Sie die Parameter a und b und geben Sie die Funktionsgleichung der Funktion h an. **3 BE**

2.4 Gegeben ist die Funktion k mit $k(x) = \ln(h(x))$ in ihrer maximalen Definitionsmenge $D_k \subset \mathbb{R}$. Ihr Graph ist G_k. Geben Sie die Definitionsmenge D_k von k und die Gleichungen der senkrechten Asymptoten von G_k an. **4 BE**

3.0 

In hochwertigen Edelstahlfläschchen sollen jeweils $100\,\text{cm}^3$ Parfüm abgefüllt werden. Die Form des Fläschchens ist durch einen geraden Kreiszylinder mit einer oben aufgesetzten Halbkugel vorgegeben. Die Aussparung für den Sprühkopf wird nicht berücksichtigt. Für die Oberfläche O (in cm^2) des Fläschchens in Abhängigkeit von seinem Radius r (in cm) erhält man die Funktionsgleichung $O(r) = \frac{5}{3}\pi r^2 + \frac{200}{r}$ mit der Definitionsmenge $D_O =]0;\ 3{,}5]$. Auf die Mitführung von Einheiten wird verzichtet. Runden Sie gegebenenfalls Ihre Ergebnisse auf zwei Stellen nach dem Komma.

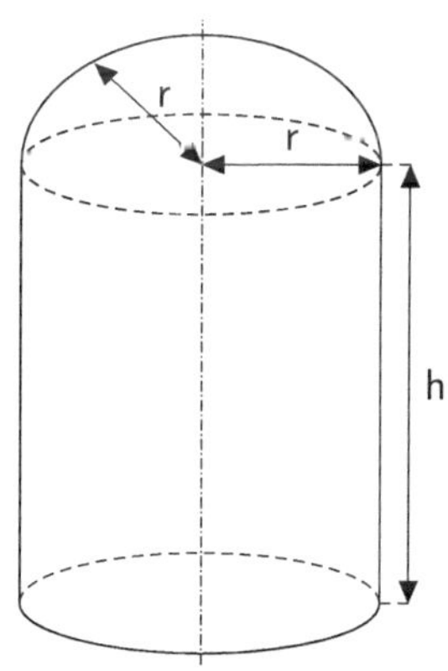

3.1 Bestimmen Sie das Verhalten von $O(r)$ für $r \to 0$. **2 BE**

3.2 Berechnen Sie den Radius r, für den die Oberfläche O den absolut kleinsten Wert annimmt, und bestätigen Sie, dass $O_{min} \approx 112{,}23\,(\text{cm}^2)$ gilt. **7 BE**

3.3 Erstellen Sie für $1 \leq r \leq 3{,}5$ eine Wertetabelle mit der Schrittweite $\Delta r = 0{,}5$. Zeichnen Sie den Graphen der Funktion O in ein Koordinatensystem im angegebenen Bereich. Wählen Sie hierfür einen geeigneten Maßstab. **5 BE**

3.4 Der Parfümhersteller möchte aus optischen Gründen den Radius $r = 2\,(\text{cm})$ wählen. Berechnen Sie dafür den Mehrbedarf an Edelstahlblech im Vergleich zu O_{min} in Prozent. Begründen Sie stichhaltig, dass für alle Radien mit $r \in [2;\ 3{,}5]$ weniger als $10\,\%$ Mehrbedarf an Blech im Vergleich zu O_{min} benötigt werden. **5 BE**

1.0 Gegeben ist die Funktion $f(x) = (x^2 - 2x - 3)e^{-0,5x} = (x+1)(x-3)e^{-0,5x}$ mit $D_f = \mathbb{R}$.

1.1 **Nullstellen**

Anhand der faktorisierten Form $f(x) = (x+1)(x-3)e^{-0,5x}$ können die Nullstellen direkt abgelesen werden, da die Funktion den Wert null annimmt, wenn einer der Faktoren null wird. Die Nullstellen liegen bei $\underline{\underline{x_1 = -1}}$ und $\underline{\underline{x_2 = 3}}$.

Verhalten der Funktionswerte für $x \to \pm\infty$

Es wird eine Grenzwertbetrachtung durchgeführt:

$$x \to -\infty: f(x) = \underbrace{(x^2 - 2x - 3)}_{\to\infty} \cdot \underbrace{e^{\overbrace{-0,5x}^{\to+\infty}}}_{\to\infty} \to +\infty$$

$$x \to \infty: f(x) = \underbrace{\underbrace{(x^2 - 2x - 3)}_{\to\infty} \cdot \underbrace{e^{-0,5x}}_{\to 0^+}}_{\to 0} \to 0^+ (\text{ da e-Fkt. dominiert})$$

1.2 Um die Extrempunkte der Funktion zu finden wird zunächst mithilfe der Ketten- und Produktregel die erste Ableitung ermittelt:

Ermitteln der ersten Ableitung

$$\begin{aligned}
f(x) &= (x^2 - 2x - 3)e^{-0,5x} \\
f'(x) &= \left[(x^2 - 2x - 3)' \cdot e^{-0,5x} + (x^2 - 2x - 3) \cdot (e^{-0,5x})'\right] && \text{(Ansatz Produkt-/Kettenregel)} \\
&= (2x - 2)e^{-0,5x} + (x^2 - 2x - 3) \cdot e^{-0,5x} \cdot (-0,5) && \text{(Anwendung Produkt-/Kettenregel)} \\
&= (2x - 2)e^{-0,5x} + (-0,5x^2 + x + 1,5)e^{-0,5x} && \text{((}e^{-0,5x}\text{) ausklammern)} \\
&= (-0,5x^2 + 3x - 0,5)e^{-0,5x} && \text{((-0,5) ausklammern)} \\
&= -0,5(x^2 - 6x + 1)e^{-0,5x} && \text{(Zur Kontrolle angegeben)}
\end{aligned}$$

Ermitteln der Punkte mit waagrechter Tangente

Eine waagrechte Tangente liegt vor, wenn die erste Ableitung den Wert null annimmt. Da die Exponentialfunktion nie den Wert null annimmt gilt also:

$$\begin{aligned}
& f'(x) = 0 \\
\Rightarrow\quad & x^2 - 6x + 1 = 0 \\
\Rightarrow\quad & x_{3;4} = \frac{6 \pm \sqrt{(-6)^2 - 4 \cdot 1 \cdot 1}}{2 \cdot 1} = \frac{6 \pm \sqrt{32}}{2} \\
\Longleftrightarrow\quad & x_{3;4} = \frac{6 \pm \sqrt{4 \cdot 8}}{2} = \frac{6 \pm 2\sqrt{8}}{2} \\
\Longleftrightarrow\quad & x_{3;4} = 3 \pm \sqrt{8} \\
\Longleftrightarrow\quad & x_3 \approx 0,17 \quad \text{und} \quad x_4 \approx 5,83
\end{aligned}$$

Zudem werden die Funktionswerte an diesen Stellen ermittelt:

$f(0,17) = (0,17^2 - 2 \cdot 0,17 - 3)e^{-0,5 \cdot 0,17} \approx -3,04$ $\qquad$ $f(5,83) = (5,83^2 - 2 \cdot 5,83 - 3)e^{-0,5 \cdot 5,83} \approx 1,05$

Art und Koordinaten der Punkte mit waagrechter Tangente

Um zu ermitteln um welche Art von Punkt es sich bei den Punkten mir waagrechter Tangente handelt, wird eine Monotonietabelle erstellt:

	$x < x_1$	$x = x_1$	$x_1 < x < x_2$	$x = x_2$	$x_2 < x$	Skizzen
$-0{,}5\,(x^2 - 6x + 1)$	$-$	0	$+$	0	$-$	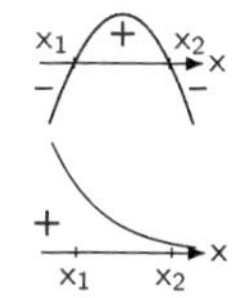
$e^{-0{,}5x}$	$+$	$+$	$+$	$+$	$+$	
$f'(x)$	$-$	0	$+$	0	$-$	
G_f	↘	TIP	↗	HOP	↘	

Die Koordinaten der Extrempunkte lauten somit $\underline{\underline{TIP\,(0{,}17\,|-3{,}04)}}$ und $\underline{\underline{HOP\,(5{,}83\,|\,1{,}05)}}$.

1.3 Für die graphische Darstellung wird teils unter Verwendung bisheriger Ergebnise eine Wertetabelle als Hilfestellung erstellt:

x	-2	-1	**0,17**	2	3	5	**5,83**	8	10	12
$f(x)$	13,59	0	**-3,04**	$-1{,}10$	0	0,99	**1,05**	0,82	0,52	0,29

Mithilfe dieser Werte kann nun die graphische Darstellung erfolgen (siehe nächste Seite).

1.4 **Berechnung der Koordinaten der Schnittpunkte**

Um die Schnittpunkte zu bestimmen werden die Funktionsterme gleichgesetzt:

$$f(x) = g(x)$$

$$(x^2 - 2x - 3)e^{-0{,}5x} = 5e^{-0{,}5x} \qquad |:e^{-0{,}5x}$$

$$\Longleftrightarrow \quad x^2 - 2x - 3 = 5 \qquad |-5$$

$$\Longleftrightarrow \quad x^2 - 2x - 8 = 0$$

$$\Rightarrow \quad x_{5;6} = \frac{2 \pm \sqrt{(-2)^2 - 4 \cdot 1 \cdot (-8)}}{2 \cdot 1}$$

$$\Longleftrightarrow \quad x_{5;6} = \frac{2 \pm \sqrt{36}}{2}$$

$$\Longleftrightarrow \quad x_5 = -2 \quad \text{und} \quad x_6 = 4$$

Für die Funktionswerte an diesen Stellen gilt:

$$g(-2) = 5e^{-0{,}5\cdot(-2)} = 5e \approx 13{,}59 \qquad g(4) = 5e^{-0{,}5\cdot 4} = 5e^{-2} \approx 0{,}68$$

Die Koordinaten der Schnittpunkte lauten also $\underline{\underline{(-2\,|\,13{,}59)}}$ und $\underline{\underline{(4\,|\,0{,}68)}}$.

Graphische Darstellung

Für die graphische Darstellung empfiehlt sich auch hier die Erstellung einer Wertetabelle:

x	-2	0	2	4	6	8	10	12
$g(x)$	13,59	5	1,84	0,68	0,25	0,09	0,03	0,01

Damit kann nun die graphische Darstellung, unter Verwendung der bisherigen Ergebnisse, erfolgen.

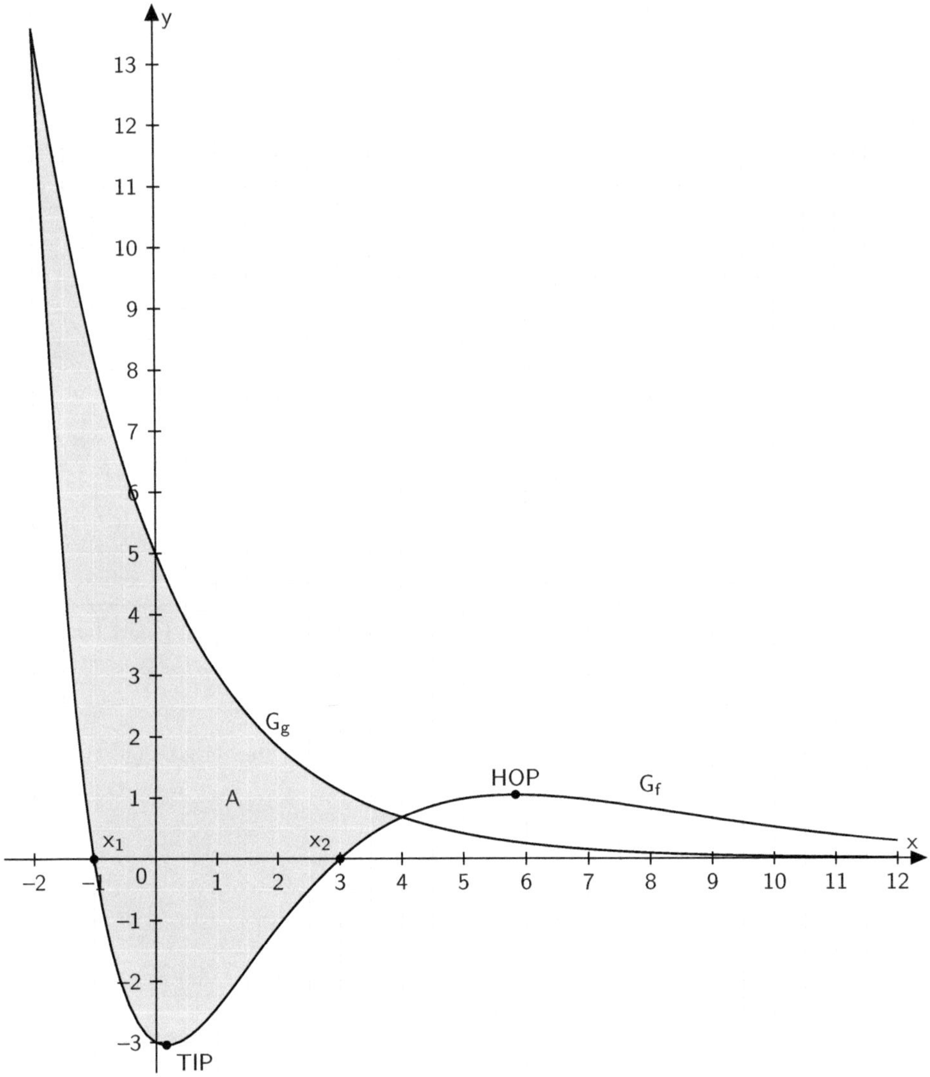

1.5 **Nachweis der Stammfunktion**

Um nachzuweisen, dass es sich bei F(x) um eine Stammfunktion von f(x) handelt, muss gezeigt werden, dass $F'(x) = f(x)$ gilt:

$$F(x) = -2e^{-0,5x}(x+1)^2$$

$$F'(x) = -2 \cdot \left[(e^{-0,5x})' \cdot (x+1)^2 + e^{-0,5x} \cdot ((x+1)^2)'\right] \quad \text{(Ansatz Produkt-/Kettenregel)}$$

$$= -2 \cdot \left(e^{-0,5x} \cdot (-0,5) \cdot (x+1)^2 + e^{-0,5x} \cdot 2 \cdot (x+1) \cdot 1\right) \quad \text{(Anwendung Produkt-/Kettenregel)}$$

$$= e^{-0,5x} \cdot (x+1)^2 - 4e^{-0,5x} \cdot (x+1) \quad \text{(Ausmultiplizieren)}$$

$$= e^{-0,5x} \cdot (x^2 + 2x + 1) - e^{-0,5x} \cdot (4x + 4) \quad \text{((}e^{-0,5x}\text{) ausklammern)}$$

$= (x^2 + 2x + 1 - 4x - 4)e^{-0,5x}$ (Zusammenfassen)
$= (x^2 - 2x - 3)e^{-0,5x}$
$= f(x)$

Demnach handelt es sich bei F(x) um eine Stammfunktion von f(x).

1.6 Kennzeichnung siehe Teilaufgabe 1.3

Berechnung der Flächenmaßzahl

Der Zeichnung bzw. aus der Berechnung zu 1.4 kann entnommen werden, dass das Flächenstück zwischen den berechneten Schnittpunkten $x = -2$ und $x = 4$ liegt und dass der Graph von g(x) in diesem Stück oberhalb des Graphs von f(x) verläuft. Damit gilt für die Flächenmaßzahl:

$$A = \int_{-2}^{4} (g(x) - f(x))dx = \int_{-2}^{4} (5e^{-0,5x} - f(x))dx = \left[-10e^{-0,5x} - F(x)\right]_{-2}^{4}$$
$$= \left[-10e^{-0,5x} - (-2e^{-0,5x}(x+1)^2\right]_{-2}^{4} = \left[(-10 + 2(x+1)^2)e^{-0,5x}\right]_{-2}^{4}$$
$$= (-10 + 2(4+1)^2)e^{-0,5\cdot 4} - \left((-10 + 2(-2+1)^2)e^{-0,5\cdot(-2)}\right)$$
$$\approx \underline{\underline{27,16\,[FE]}}$$

2.0 Gegeben ist nun die Funktion $h(x) = 0,25x + 0,75 + \frac{a}{x+b}$ mit $D_{h,max} \in \mathbb{R}$ und $a,b \in \mathbb{R}$, deren Graph in der Abbildung gegeben ist.

2.1 **Bestimmung der Grenzwerte**

Vorüberlegung: Bedeutung der „Termteile"

Zunächst werden die einzelnen Teile des Funktionstermes von h(x) betrachtet:

$$h(x) = \underbrace{0,25x + 0,75}_{} + \underbrace{\frac{a}{x+b}}_{}$$

ganzrationaler Teil („schiefe Asymptote") ≙ Term der Asymptote für $\lvert x\rvert \to \infty$ („Unendlichkeitsasymptote")	„echt" gebrochen rationaler Teil ≙ orientierter Abstand Graph G_h und Unendlichkeitsasymptote

Für die Bestimmung des Grenzwertes wird also ausgenutzt, dass sich der Graph G_h für $x \to \infty$ unendlich stark an die schiefe Asymptote annähert. Damit gilt für den gesuchten Grenzwert:

$$x \to \infty: \underbrace{h(x) - (0,25x + 0,75)}_{=\frac{a}{x+b}} \to 0$$

Desweiteren ergibt sich daraus, dass für $x \to \infty$ der Verlauf des Graphen von h(x) mit der schiefen Asymptote übereinstimmt. Demnach stimmt auch der Anstieg überein. Da der Anstieg der ersten Ableitung entspricht, gilt also:

$$x \to \infty: h'(x) = (0,25x + 0,75)' \to 0,25$$

2.2 Es kann abgelesen werden, dass jeweils genau für $x = 2$ und $x = 4$ die Gleichung $h(x) = 2$ erfüllt ist. Da der Graph dazwischen unterhalb von 2 verläuft, ist $h(x) < 2$ erfüllt für $\underline{\underline{x \in]2;\, 4[}}$.

2.3 **Bestimmen der Parameter a und b**

Wenn bei $x = 1$ eine senkrechte Asymptote liegt, so muss der Nenner im Funktionsterm an dieser Stelle den Wert null annehmen. Es gilt also:

$$1 + b = 0 \quad \Longleftrightarrow \quad b = -1$$

Der Wert des Parameters a kann ermittelt werden, indem man aus der Abbildung die Koordinaten eines Punktes abliest und diese dann einsetzt. Hier wurden die Koordinaten $h(0) = 0$ verwendet:

$$\begin{aligned} & h(0) = 0 \\ \Longleftrightarrow \quad & 0{,}25 \cdot 0 + 0{,}75 + \frac{a}{0-1} = 0 \\ \Longleftrightarrow \quad & 0{,}75 - a = 0 \qquad | + a \\ \Longleftrightarrow \quad & 0{,}75 = a \end{aligned}$$

Die Werte der Parameter lauten somit $\underline{\underline{a = 0{,}75}}$ und $\underline{\underline{b = -1}}$. Die Funktionsgleichung lautet dann

$$h(x) = 0{,}25x + 0{,}75 + \frac{0{,}75}{x-1}$$

2.4 **Definitionsbereich**

Die Logarithmusfunktion ist nur für Argumente größer als null definiert. Aus der Zeichnung kann nun entnommen werden, dass $h(x)$ im Bereich zwischen $x = -2$ und $x = 0$ (diese Werte nicht mit eingeschlossen), sowie für $x > 1$ Funktionswerte größer als null annimmt. Demnach lautet der Definitionsbereich $\underline{\underline{D_k =]-2;\, 0[\cup]1;\, \infty[}}$.

Gleichungen der senkrechten Asymptoten

Der Graph G_k wird eine senkrechte Asymptote aufweisen, wenn der Graph von $h(x)$ gegen null oder gegen unendlich läuft. Wie bereits beschrieben nimmt $h(x)$ für $x = -2$ und $x = 0$ den Wert null an. Da dies gleichermaßen die Ränder des Definitionsbereichs von $k(x)$ sind, liegen hier die ersten beiden senkrechten Asymptoten bei $\underline{\underline{x = -2}}$ und $\underline{\underline{x = 0}}$. Desweiteren läuft G_h für $x \to 1^+$ gegen unendlich. Da auch hier ein Rand des Definitionsbereichs von $k(x)$ liegt, lautet die Gleichung der dritten senkrechten Asymptote $\underline{\underline{x = 1}}$.

3.0 Betrachtet wird nun die Funktion $O(r) = \frac{5}{3}\pi r^2 + \frac{200}{r}$ mit $D_O =]0;\, 3{,}5]$, die die Oberfläche eines Edelstahlfläschchens in Abhängigkeit seines Radius r beschreibt.

3.1 **Verhalten für $r \to 0$**

Es wird eine Grenzwertbetrachtung durchgeführt:

$$r \to 0\colon\ O(r) = \underbrace{\frac{5}{3}\pi r^2}_{\to 0} + \underbrace{\frac{200}{r}}_{\to \infty} \to \infty$$

3.2 Zunächst wird die erste Ableitung der Funktion bestimmt:

Ermitteln der ersten Ableitung

$$O(r) = \frac{5}{3}\pi r^2 + \frac{200}{r} = \frac{5}{3}\pi r^2 + 200 \cdot r^{-1}$$

$$O'(r) = \frac{5}{3}\pi \cdot 2 \cdot r + 200 \cdot (-1) \cdot r^{-2}$$

$$= \frac{10}{3}\pi r - \frac{200}{r^2}$$

Um ein mögliches Minimum der Funktion finden zu können, werden nun die Nullstellen der ersten Ableitung ermittelt:

$$O'(r) = 0$$

$$\frac{10}{3}\pi r - \frac{200}{r^2} = 0 \qquad \left| + \frac{200}{r^2}\right.$$

$$\Longleftrightarrow \quad \frac{10}{3}\pi r = \frac{200}{r^2} \qquad | \cdot r^2$$

$$\Longleftrightarrow \quad \frac{10}{3}\pi r^3 = 200 \qquad \left| \cdot \frac{3}{10\pi}\right.$$

$$\Longleftrightarrow \quad r^3 = \frac{60}{\pi} \qquad |\sqrt[3]{\ }$$

$$\Longleftrightarrow \quad r = \sqrt[3]{\frac{60}{\pi}}$$

$$\Longleftrightarrow \quad r \approx 2{,}67$$

Ermitteln der zweiten Ableitung

Um zu bestimmen ob es sich hierbei tatsächlich um ein Minimum der Funktion handelt, wird zudem die zweite Ableitung der Funktion bestimmt:

$$O'(r) = \frac{10}{3}\pi r - \frac{200}{r^2} = \frac{10}{3}\pi r - 200r^{-2}$$

$$O''(r) = \frac{10}{3}\pi - 200 \cdot (-2) \cdot r^{-3}$$

$$= \frac{10}{3}\pi + \frac{400}{r^3}$$

Durch Einsetzen kann nun der Wert der zweiten Ableitung an der zu untersuchenden Stelle $r = 2{,}67$ bestimmt werden:

$$O''(2{,}67) = \frac{10}{3}\pi + \frac{400}{2{,}67^3} \approx 31{,}49 > 0$$

Der Wert der zweiten Ableitung an dieser Stelle ist positiv, es handelt sich also um einen **relativen** Tiefpunkt der Funktion. Da es zudem die einzige Extremalstelle ist und die Funktion O stetig ist, handelt es sich außerdem um einen **absoluten** Tiefpunkt der Funktion.

Ermitteln des minimalen Funktionswertes

Durch Einsetzen von $r = 2{,}67$ in die Funktion kann der zugehöriger minimale Wert der Oberfläche ermittelt werden:

$$\underline{\underline{O_{min}}} = O(2{,}67) = \frac{5}{3}\pi \cdot (2{,}67)^2 + \frac{200}{2{,}67} \approx \underline{\underline{112{,}23}} \quad \text{(q.e.d.)}$$

3.3 Gemäß der Vorgabe wird eine Wertetabelle erstellt:

r	1	1,5	2	2,5	3	3,5
O(r)	205,23	145,11	120,94	112,72	113,79	121,28

Mithilfe dieser Werte kann nun die grafische Darstellung erfolgen:

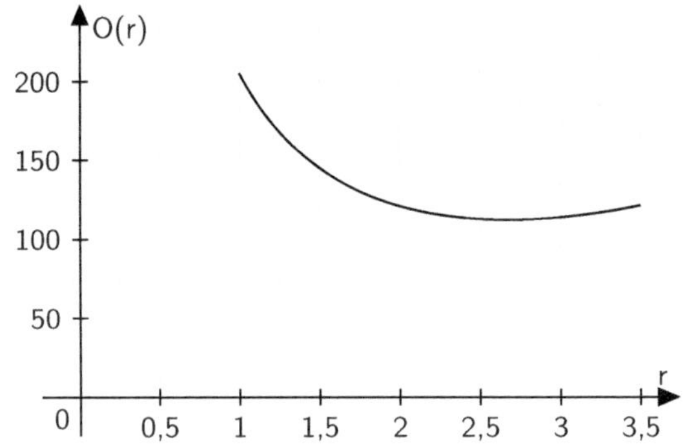

3.4 **Mehrbedarf an Edelstahlblech**

Zunächst wird die Oberfläche für den gegebenen Radius von r = 2 ausgerechnet:

$$O(2) = \frac{5}{3}\pi \cdot 2^2 + \frac{200}{2} = 120{,}94$$

Damit kann nun der prozentuale Mehrbedarf im Vergleich zu O_{min} ausgerechnet werden:

$$\frac{120{,}94}{112{,}23} = 1{,}0776$$

Dies entspricht einem Mehrbedarf von 107,76 % – 100 % = 7,76 %.

Zudem soll gezeigt werden, dass der Mehrbedarf für $r \in [2;\ 3{,}5]$ weniger als 10 % beträgt. Dazu wird der maximale Wert errechnet, der genau 10 % mehr entspricht:

$$O_{min} \cdot 1{,}10 = 112{,}23 \cdot 1{,}10 \approx 123{,}45$$

Es muss also gezeigt werden, dass für $r \in [2;\ 3{,}5]$ die Ungleichung $O(r) < 123{,}45$ erfüllt ist. Anhand der in Aufgabe 3.3 erstellten Wertetabelle und des gezeichneten Graphen kann man erkennen, dass die Funktionswerte für r = 2 und r = 3,5 kleiner als 123,45 sind. Zudem verläuft der Graph dazwischen unterhalb dieser Werte, somit ist die Ungleichung für $r \in [2;\ 3{,}5]$ erfüllt.

1.0 Gegeben ist die Funktion $f\colon x \longmapsto \dfrac{x^3-3x^2+4}{2(x-3)(x-2)}$ in der maximalen Definitionsmenge $D_f = \mathbb{R}\setminus\{2;3\}$.

1.1 Ermitteln Sie die Art der beiden Definitionslücken. **4 BE**

1.2 Zeigen Sie, dass gilt: $(x^3-3x^2+4):(x-2) = x^2-x-2$.
Untersuchen Sie die Funktion f auf Nullstellen. **4 BE**

1.3.0 Im Folgenden wird die Funktion $g\colon x \longmapsto \frac{1}{2}x + 1 + \frac{2}{x-3}$ mit der Definitionsmenge $D_g = \mathbb{R}\setminus\{3\}$ betrachtet. Ihr Graph heißt G_g.

1.3.1 Stellen Sie durch geeignete Umformung den Zusammenhang zwischen den Funktionen f aus 1.0 und g aus 1.3.0 her. Geben Sie die Bedeutung der Funktion g für die Funktion f an.
(**Hinweis:** Die Bedeutung der Funktion g für die Funktion f ist nicht mehr relevant nach LehrplanPLUS. Die Umformung im ersten Teil der Aufgabe kann dennoch berechnet werden.) **3 BE**

1.3.2 Geben Sie Nullstellen von g und die Gleichungen sowie die Art der Asymptoten des Graphen G_g an. **3 BE**

1.3.3 Ermitteln Sie die maximalen Monotonieintervalle der Funktion g und geben Sie Art und Koordinaten der Extrempunkte des Graphen G_g an.
[mögliches Teilergebnis: $g'(x) = \frac{1}{2} - \frac{2}{(x-3)^2}$] **7 BE**

1.3.4 Zeichnen Sie G_g mit seinen Asymptoten für $-2 \leq x \leq 8$ in ein kartesisches Koordinatensystem. **5 BE**

1.3.5 Bestimmen die Wertemenge der Ableitungsfunktion g'. **3 BE**

1.3.6 Der Graph G_g schließt mit der x-Achse ein endliches Flächenstück ein.
Berechnen Sie die Maßzahl dessen Flächeninhalts. **4 BE**

2.0 Betrachtet wird nun die Funktion $h\colon x \longmapsto \ln(2\cdot g(x))$ in der Definitionsmenge $D_h =]-1;\,2[\,\cup\,]3;\,\infty[$, wobei g(x) der Funktionsterm aus Teilaufgabe 1.3.0 ist. Der Graph von h heißt G_h.

2.1 Ermitteln Sie das Verhalten der Funktionswerte h(x) bei Annäherung an die Grenzen der Definitionsmenge. **4 BE**

2.2 Zeigen Sie, dass für die Wertemenge von h gilt: $W_h = \mathbb{R}\setminus\,]0;\,\ln(9)[$. Verwenden Sie dazu auch die bisherigen Ergebnisse von Aufgabe 1.3 und Aufgabe 2.1. **4 BE**

3.0 Zur Bekämpfung von Schädlingsfliegen werden auf einer Insel unfruchtbare Fliegen-Männchen ausgesetzt. Im Folgenden wird die gesamte Fliegenpopulation p in Abhängigkeit von der Zeit $t \geq 0$ durch $p(t) = 10 \cdot e^{-0{,}002t^2+0{,}06t+c}$ mit $c \in \mathbb{R}$ modelliert. Dabei ist $t = 0$ der Zeitpunkt, zu dem die Kiste mit den unfruchtbaren Fliegen-Männchen geöffnet wird. Die Population p wird in Millionen Stück und die Zeit t in Tagen angegeben. Auf das Mitführen von Einheiten kann verzichtet werden. Alle Ergebnisse sind auf zwei Nachkommastellen zu runden.

3.1 Beim Öffnen der Kiste beträgt die Gesamtpopulation inklusive der ausgesetzten Männchen 6,38 Millionen Fliegen. Berechnen Sie den Wert des Parameters c auf zwei Nachkommastellen gerundet.

[Ergebnis: $c = -0{,}45$] **2 BE**

3.2 Zeigen Sie, dass die Population nach einigen Tagen ihren absoluten Höchststand erreicht. Bestimmen Sie diesen Höchststand und den dazugehörigen Zeitpunkt.

[mögliches Teilergebnis: $\dot{p}(t) = (0{,}6 - 0{,}04t) \cdot e^{-0{,}002t^2+0{,}06t-0{,}45}$] **4 BE**

3.3 Zum Zeitpunkt $t_W = 30{,}81$ (Tage) weist die Funktion p eine Wendestelle auf (Nachweis nicht erforderlich). Berechnen Sie die Differenz $p(t_W + 0{,}5) - p(t_W - 0{,}5)$ und interpretieren Sie diesen Wert im Sachzusammenhang. **3 BE**

3.4 Zeichnen Sie für $0 \leq t \leq 60$ auch unter Verwendung aller bisherigen Ergebnisse den Graphen von p. Erreicht p den Wert 0,5 Millionen, gelten die Fliegen als ausgerottet. Bestimmen Sie diesen Zeitpunkt näherungsweise aus Ihrer Zeichnung.

Maßstab auf der t-Achse: $1\,\text{cm} \mathrel{\hat{=}} 5$ Tage,
Maßstab auf der p-Achse: $1\,\text{cm} \mathrel{\hat{=}} 1$ Million Fliegen. **6 BE**

3.5 Die durchschnittliche Population $\bar{p}$ über einen Zeitraum $[t_1;\, t_2]$ beträgt $\bar{p} = \frac{1}{t_2 - t_1} \cdot \int_{t_1}^{t_2} p(t)dt$.

Im Folgenden soll $\bar{p}$ über den Zeitraum [15; 35] geschätzt werden: Markieren Sie dazu ein geeignetes Flächenstück in der Zeichnung aus Teilaufgabe 3.4. Schätzen Sie die Maßzahl A dieses Flächenstücks aus der Zeichnung heraus ab und berechnen Sie damit einen Näherungswert für $\bar{p}$. **4 BE**

1.0 Gegeben ist die Funktion $f(x) = \dfrac{x^3 - 3x^2 + 4}{2(x-3)(x-2)}$ mit $D_f = \mathbb{R}\backslash\{2;3\}$.

1.1 **Art der Definitionslücken**

Die Definitionslücken $x = 2$ und $x = 3$ entsprechen den Nullstellen des Nennerpolynoms. Um die Art der Definitionslücken festzulegen werden die Werte des Zählerpolynoms $Z(x) = x^3 - 3x^2 + 4$ an diesen Stellen untersucht:

<u>x = 2:</u>

$$Z(2) = 2^3 - 3 \cdot 2^2 + 4 = 0$$

Bei $x = 2$ handelt es sich demnach um eine Nullstelle des Zählerpolynoms. Dementsprechend liegt hier eine **stetig behebbare** Definitionslücke vor, da die NST des Nennerpolynoms von einfacher Vielfachheit ist.

<u>x = 3:</u>

$$Z(3) = 3^3 - 3 \cdot 3^2 + 4 = 4$$

Das Zählerpolynom hat demnach an dieser Stelle keine Nullstelle. Da zudem eine einfache Nullstelle des Nennerpolynoms vorliegt, handelt es sich hierbei also um eine **Polstelle mit Vorzeichenwechsel**.

1.2 **Nachweis der gegebenen Gleichung**

Um die Gleichung nachzuweisen wird eine Polynomdivision durchgeführt:

$$\begin{array}{rrrrl}
 & (x^3 & -3x^2 & & +4) : (x-2) = x^2 - x - 2 \qquad \text{q.e.d} \\
- & (x^3 & -2x^2 & &) \\
\hline
 & & -x^2 & & +4 \\
 & -(& -x^2 & +2x &) \\
\hline
 & & & -2x & +4 \\
 & & -(& -2x & +4) \\
\hline
 & & & & 0
\end{array}$$

Nullstellen

Mögliche Nullstellen der Funktion liegen bei den Nullstellen des Zählerpolynoms. Gemäß der Polynomdivision gilt: $x^3 - 3x^2 + 4x = (x-2) \cdot (x^2 - x - 2)$, und somit kann bereits eine Nullstelle des Zählerpolynoms $x_1 = 2$ abgelesen werden. Die beiden weiteren Nullstellen des Zählerpolynoms werden mit der quadratischen Lösungsformel bestimmt:

$$\begin{aligned}
& x^2 - x - 2 = 0 \\
\Rightarrow \quad & x_{2;3} = \frac{1 \pm \sqrt{(-1)^2 - 4 \cdot 1 \cdot (-2)}}{2 \cdot 1} \\
\Longleftrightarrow \quad & x_{2;3} = \frac{1 \pm \sqrt{9}}{2} \\
\Longleftrightarrow \quad & x_{2;3} = \frac{1 \pm 3}{2} \\
\Longleftrightarrow \quad & x_2 = -1 \quad \text{und} \quad x_3 = 2
\end{aligned}$$

Zusätzlich muss jedoch der Definitionsbereich beachtet werden, denn es gilt $x_1 = x_3 = 2 \notin D_f$. Somit liegt die einzige Nullstelle der Funktion f bei $\underline{\underline{x_2 = -1}}$.

1.3.0 Untersucht wird nun die Funktion $g(x) = \frac{1}{2}x + 1 + \frac{2}{x-3}$ mit $D_g = \mathbb{R}\setminus\{3\}$.

1.3.1 **Zusammenhang zwischen den Funktionstermen**

Zunächst wird ausgehend vom Funktionsterm von f(x) die in Aufgabe 1.2 nachgewiesene Relation verwendet:

$$f(x) = \frac{x^3 - 3x^2 + 4}{2(x-3)(x-2)} = \frac{\cancel{(x-2)}(x^2 - x - 2)}{2(x-3)\cancel{(x-2)}} = \frac{1}{2} \cdot \frac{x^2 - x - 2}{x-3}$$

Für den so entstandenen Bruch kann nun eine Polynomdivision durchgeführt werden:

$$\begin{array}{rl} (x^2 - x - 2) : (x-3) & = x + 2 + \dfrac{4}{x-3} \\ -\ (x^2 - 3x\quad) & \\ \hline 2x - 2 & \\ -\ (2x - 6) & \\ \hline 4 & \end{array}$$

Damit gilt schließlich:

$$f(x) = \frac{1}{2} \cdot \frac{x^2 - x - 2}{x-3} = \frac{1}{2}\left(x + 2 + \frac{4}{x-3}\right) = \frac{1}{2}x + 1 + \frac{2}{x-3} = g(x) \qquad \text{q.e.d}$$

1.3.2 **Nullstellen**

Da es sich bei g(x) um die stetige Fortsetzung von f(x) handelt und nun auch $2 \in D_g$ gilt, ergeben sich die Nullstellen aus den Ergebnissen der letzten Teilaufgaben zu $\underline{\underline{x_1 = 2}}$ und $\underline{\underline{x_2 = -1}}$.

Gleichung und Art aller Asymptoten

Die Gleichungen können direkt aus der gegebenen Form des Funktionsterms von g(x) abgelesen werden. Aus dem ganzrationalen Teil $\frac{1}{2}x + 1$ ergibt sich die Gleichung einer **schiefen Asymptote** $\underline{\underline{y = \frac{1}{2}x + 1}}$. Aus dem echt gebrochenrationalen Teil $\frac{2}{x-3}$ des Funktionsterms folgt aus der Nullstelle des Nennerpolynoms zudem die Gleichung einer **senkrechten Asymptote** $\underline{\underline{x = 3}}$.

1.3.3 Zur Bestimmung der Monotonieintervalle wird zunächst u. a. mithilfe der Kettenregel die erste Ableitung ermittelt:

Ermitteln der ersten Ableitung

$$g(x) = \frac{1}{2}x + 1 + \frac{2}{x-3} = \frac{1}{2}x + 1 + 2 \cdot (x-3)^{-1}$$

$$g'(x) = \frac{1}{2} + 2 \cdot (-1)(x-3)^{-2} \cdot 1 \qquad \text{(Anwendung Kettenregel)}$$

$$= \frac{1}{2} - 2 \cdot (x-3)^{-2} \qquad \text{(Umformen und Zusammenfassen)}$$

$$= \frac{1}{2} - \frac{2}{(x-3)^2} \qquad \text{(Zur Kontrolle angegeben)}$$

Für die Bestimmung der Monotonieintervalle ist es hilfreich den Term der ersten Ableitung noch etwas umzuformen:

$$g'(x) = \frac{1}{2} - \frac{2}{(x-3)^2} = \frac{1 \cdot (x-3)^2}{2(x-3)^2} - \frac{2 \cdot 2}{2(x-3)^2} = \frac{(x-3)^2 - 4}{2(x-3)^2}$$

Bestimmen der Punkte mit waagrechter Tangente
Es werden nun die Nullstellen der ersten Ableitung gesucht, die den Nullstellen seines Zählerpolynoms entsprechen:

$$\begin{aligned} & g'(x) = 0 & \\ \Rightarrow\quad & (x-3)^2 - 4 = 0 & \mid +4 \\ \Longleftrightarrow\quad & (x-3)^2 = 4 & \mid \pm\sqrt{\ } \\ \Longleftrightarrow\quad & x - 3 = \pm 2 & \mid +3 \\ \Longleftrightarrow\quad & x_{1;2} = 3 \pm 2 & \\ \Longleftrightarrow\quad & x_1 = 1 \quad \text{und} \quad x_2 = 5 & \end{aligned}$$

Es werden zudem die Funktionswerte an diesen Stellen bestimmt:

$$g(1) = \frac{1}{2} \cdot 1 + 1 + \frac{2}{1-3} = 0{,}5 \qquad g(5) = \frac{1}{2} \cdot 5 + 1 + \frac{2}{5-3} = 4{,}5$$

Maximale Monotonieintervalle und Art und Koordinaten der möglichen Extrema
Es kann nun eine Vorzeichentabelle erstellt werden:

	$x < 1$	$x = 1$	$1 < x < 3$	$x = 3$	$3 < x < 5$	$x = 5$	$5 < x$	
$g'(x)$-Zähler: $(x-3)^2 - 4$	+	0	−	−	−	0	+	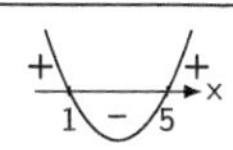
$g'(x)$-Nenner: $2(x-3)^2$	+	+	+	0	+	+	+	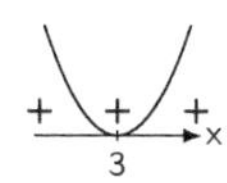
$g'(x)$	+	0	−	n. def.	−	0	+	
G_g	↗	HOP	↘	s. A.	↘	TIP	↗	

Demnach ist der Graph von $g(x)$ streng monoton steigend in den Intervallen $]-\infty; 1]$ und $[5; \infty[$ und streng monoton fallend in den Intervallen $[1; 3[$ und $]3; 5]$. Die Koordinaten der Extrempunkte lauten HOP $(1 \mid 0{,}5)$ und TIP $(5 \mid 4{,}5)$.

Aufgabenstellung: Die Funktion nimmt streng monoton zu und ab.

1.3.4 Die Zeichnung soll folgende Elemente enthalten:

- Graph G_g mit $g(x) = \frac{1}{2}x + 1 + \frac{2}{x-3}$
- Asymptoten: $x = 3$ und $y = \frac{1}{2}x + 1$

Für die graphische Darstellung wird eine Wertetabelle als Hilfestellung erstellt:

x	−2	0	1	2	2,5	3,5	4	5	6	8
g(x)	−0,4	0,33	0,5	0	−1,75	6,75	5	4,5	4,67	5,4

Mithilfe dieser Werte kann nun die grafische Darstellung erfolgen:

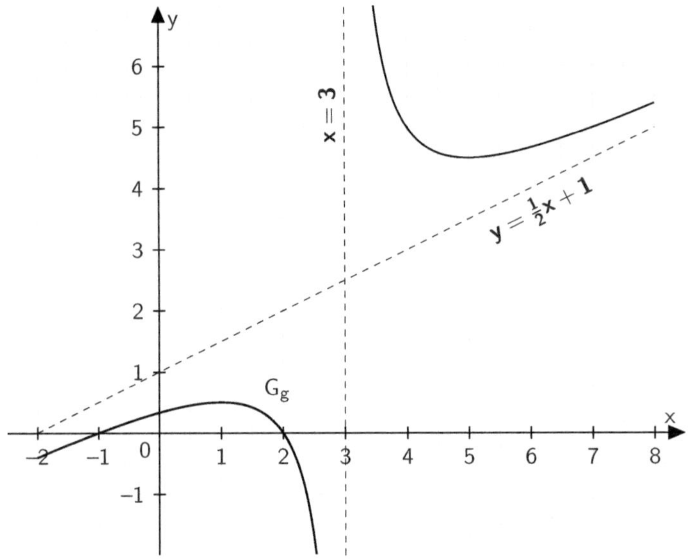

1.3.5 **Wertemenge**

Betrachtet wird der Term der ersten Ableitung in der Form $g'(x) = \frac{1}{2} - \frac{2}{(x-3)^2}$. Der Bruch wird nun separat betrachtet. Einerseits ist zu erkennen, dass der Bruch stets Werte größer als null annimmt. Zum anderen kann eine Grenzwertbetrachtung durchgeführt werden:

$$x \to 3^{\pm}: \frac{2}{\underbrace{(x-3)^2}_{\to 0}} \to \infty \qquad x \to \pm\infty: \frac{2}{\underbrace{(x-3)^2}_{\to\infty}} \to 0$$

Zusammenfassend gilt also: Von $\frac{1}{2}$ wird ein Wert abgezogen, der stets größer als null ist und gegen unendlich strebt. Damit lautet der Wertebereich der ersten Ableitung $W_{g'} = \left]-\infty; \frac{1}{2}\right[$.

1.3.6 **Ermitteln der Maßzahl des Flächenstücks**

Das beschriebene Flächenstück liegt zwischen den Nullstellen $x = -1$ und $x = 2$.

$$A = \int_{-1}^{2} \left(\frac{1}{2}x + 1 + \frac{2}{x-3}\right) dx = \left[\frac{1}{4}x^2 + x + 2\ln|x-3|\right]_{-1}^{2}$$

$$= \frac{1}{4} \cdot 2^2 + 2 + 2\ln|2-3| - \left(\frac{1}{4} \cdot (-1)^2 - 1 + 2\ln|-1-3|\right) = 1 + 2 + 2\underbrace{\ln(1)}_{=0} - \frac{1}{4} + 1 - 2\ln(4)$$

$$= 3{,}75 - 2\ln(4) = \underline{\underline{0{,}977\,[\text{FE}]}}$$

2.0 Betrachtet wird nun die Funktion $h(x) = \ln(2 \cdot g(x)) = \ln\left(x + 2 + \frac{4}{x-3}\right)$ mit $D_h =]-1; 2[\cup]3; \infty[$.

2.1 Verhalten an den Grenzen der Definitionsmenge

Die entsprechenden Grenzwerte werden bestimmt. Dafür werden auch die Ergebnisse der letzten Teilaufgaben verwendet, bzw. aus der Zeichnung von 1.3.4 abgelesen.

$$x \to -1^+: h(x) = \ln(\overbrace{2 \cdot \underbrace{g(x)}_{\to 0^+}}^{\to 0^+}) \to -\infty \qquad x \to 2^-: h(x) = \ln(\overbrace{2 \cdot \underbrace{g(x)}_{\to 0^+}}^{\to 0^+}) \to -\infty$$

$$x \to 3^+: h(x) = \ln(\overbrace{2 \cdot \underbrace{g(x)}_{\to +\infty}}^{\to +\infty}) \to \infty \qquad x \to \infty: h(x) = \ln(\overbrace{2 \cdot \underbrace{g(x)}_{\to +\infty}}^{\to +\infty}) \to \infty$$

2.2 Wertemenge

Die Wertemenge lässt sich über die Grenzwerte und die Extrempunkte der Funktion bestimmen. Dafür wird die erste Ableitung betrachtet:

$$h(x) = \ln(2g(x)) \quad \Longleftrightarrow \quad h'(x) = \frac{2g'(x)}{2g(x)} = \frac{g'(x)}{g(x)}$$

Es gilt somit $h'(x) = 0$ wenn $g'(x) = 0$ erfüllt ist. Demnach stimmen die Extremstellen von g und h in Art und Abszisse überein. Bei $x = 1$ liegt demnach ein Maximum und bei $x = 5$ ein Minimum von h dessen Funktionswerte noch bestimmt werden:

$$h(1) = \ln(2 \cdot g(1)) = \ln(2 \cdot 0{,}5) = \ln(1) = 0 \qquad \Rightarrow \quad \text{HOP}\,(1\,|\,0)$$
$$h(5) = \ln(2 \cdot g(5)) = \ln(2 \cdot 4{,}5) = \ln(9) \qquad \Rightarrow \quad \text{TIP}\,(5\,|\,\ln(9))$$

Im Intervall $]-1; 2[$ liegt ein Maximum mit Funktionswert 0 während die Funktionswerte an beiden Rändern gegen $-\infty$ laufen. Im Intervall $]3; \infty[$ liegt ein Minimum mit Funktionswert $\ln(9)$ während die Funktionswerte an beiden Rändern gegen $+\infty$ laufen. Zusammenfassend gilt für den Wertebereich:

$$\underline{\underline{W_h =]-\infty; 0] \cup [\ln(9); \infty[}} \quad \text{oder} \quad \underline{\underline{W_h = \mathbb{R} \setminus]0; \ln(9)[}}$$

3.0 Untersucht wird die Funktion $p(t) = 10 \cdot e^{-0{,}002t^2+0{,}06t+c}$ mit $c \in \mathbb{R}$, die die Population von Fliegen in Millionen Stück in Abhängigkeit der verstrichenen Zeit t in Tagen angibt.

3.1 Berechnen des Wertes des Parameters

Beim Öffnen, also zum Zeitpunkt $t = 0$ gilt $p(0) = 6{,}38$. Daraus folgt:

$$\begin{aligned} & p(0) = 6{,}38 & \\ \Longleftrightarrow \quad & 10 \cdot e^{-0{,}002 \cdot 0^2+0{,}06 \cdot 0+c} = 6{,}38 & |:10 \\ \Longleftrightarrow \quad & e^c = 0{,}638 & |\ln(\ ) \\ \Longleftrightarrow \quad & c = \ln(0{,}638) & \\ \Longleftrightarrow \quad & c \approx -0{,}45 & \end{aligned}$$

Der Wert des Parameters ergibt sich zu $\underline{\underline{c = -0{,}45}}$. Die Funktionsgleichung lautet demnach $p(t) = 10 \cdot e^{-0{,}002t^2+0{,}06t-0{,}45}$.

3.2 Gesucht ist das Maximum der Funktion. Dafür wird zunächst unter anderem mit der Kettenregel die erste Ableitung bestimmt:

Ermitteln der ersten Ableitung

$$\begin{aligned}
p(t) &= 10 \cdot e^{-0{,}002t^2+0{,}06t-0{,}45} \\
\dot{p}(t) &= \left[10 \cdot e^{-0{,}002t^2+0{,}06t-0{,}45} \cdot (-0{,}002t^2 + 0{,}06t - 0{,}45)'\right] && \text{(Ansatz Kettenregel)} \\
&= 10 \cdot e^{-0{,}002t^2+0{,}06t-0{,}45} \cdot (-0{,}002 \cdot 2t + 0{,}06) && \text{(Anwendung Kettenregel)} \\
&= 10 \cdot e^{-0{,}002t^2+0{,}06t-0{,}45} \cdot (0{,}06 - 0{,}004t) && \text{(Zusammenfassen)} \\
&= (0{,}6 - 0{,}04t) \cdot e^{-0{,}002t^2+0{,}06t-0{,}45} && \text{(Zur Kontrolle angegeben)}
\end{aligned}$$

Bestimmen der Stelle mit waagrechter Tangente
Als nächstes wird nun die Nullstelle der ersten Ableitung gesucht, da es sich dabei um eine mögliche Extremstelle der Funktion handelt. Da die Exponentialfunktion stets Werte größer als null annimmt, entspricht dies der Nullstelle des Faktors $(0{,}6 - 0{,}04t)$:

$$\begin{aligned}
&& \dot{p}(t) &= 0 \\
\iff && 0{,}6 - 0{,}04t &= 0 && \mid + 0{,}04t \\
\iff && 0{,}6 &= 0{,}04t && \mid : 0{,}04 \\
\iff && t_1 &= 15
\end{aligned}$$

Art und Koordinaten des möglichen Extrempunktes
Wie bereits erwähnt, sind die Funktionswerte der Exponentialfunktion stets größer als null. Das Vorzeichen der ersten Ableitung hängt also vom Vorzeichen des linearen Faktors $(0{,}6 - 0{,}04t)$ ab. Dabei handelt es sich um eine fallende Gerade, die in nebenstehender Skizze dargestellt ist.

Skizze

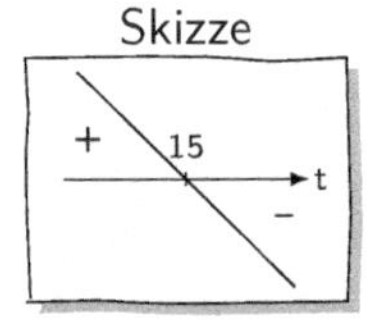

Demnach hat die erste Ableitung für $t < 15$ Werte größer null und für $t > 15$ Werte kleiner null. Somit ist G_p im Intervall $[0;\ 15]$ streng monoton steigend und im Intervall $[15;\ \infty[$ streng monoton fallend. Bei $t = 15$ liegt somit ein Maximum der Funktion. Da es der einzige Extremwert ist und die Funktion stetig ist, handelt es sich um das absolute Maximum der Funktion. Es wird der zugehörige Funktionswert berechnet:

$$p(15) = 10 \cdot e^{-0{,}002 \cdot 15^2+0{,}06 \cdot 15-0{,}45} = 10 \cdot e^0 = 10$$

Nach $\mathbf{t = 15}$ Tagen hat die Population den absoluten Höchststand von **10 Mio.** Fliegen erreicht.

3.3 **Berechnung und Interpretation des gegebenen Terms**
Zunächst wird der Wert des angegebenen Terms bestimmt:

$$\begin{aligned}
p(t_W + 0{,}5) - p(t_W - 0{,}5) &= p(31{,}31) - p(30{,}31) \\
&= 10e^{-0{,}002 \cdot 31{,}31^2+0{,}06 \cdot 31{,}31-0{,}45} - 10e^{-0{,}002 \cdot 30{,}31^2+0{,}06 \cdot 30{,}31-0{,}45} \\
&\approx 5{,}8741 - 6{,}2576 \approx -0{,}38
\end{aligned}$$

Interpretation im Sachzusammenhang
Es wurde die Differenz zweier Werte in der Umgebung der Wendestelle (stärkste Abnahme) berechnet. Dies bedeutet, dass in dieser Zeit, also um den 31. Tag, eine Abnahme in einer Größenordnung von 0,38 Millionen Fliegen innerhalb von 24 Stunden vorliegt.

3.4 Für die graphische Darstellung wird eine Wertetabelle als Hilfestellung erstellt:

t	0	10	15	20	30	40	50	60
$p(t)$	6,38	9,51	10	9,51	6,38	2,87	0,86	0,17

Mithilfe dieser Werte kann nun die grafische Darstellung erfolgen:

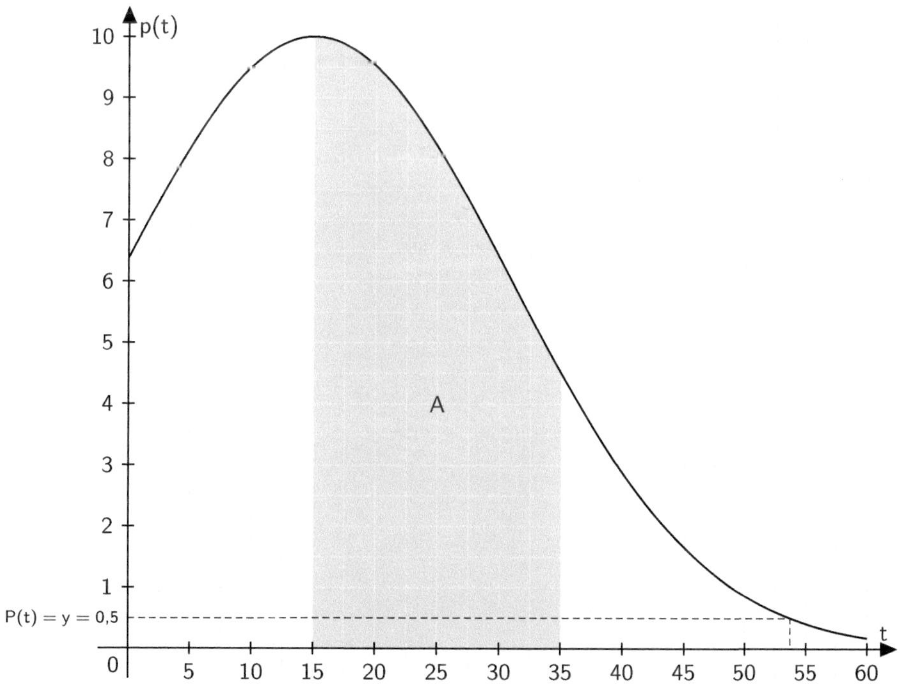

Der Wert von $P(t) = 0{,}5$ wurde in der Zeichnung markiert. Liest man den zugehörigen Abszissenwert ab, so kann man sagen, dass die Fliegen nach etwa 54 Tagen als ausgerottet gelten werden.

3.5 **Abschätzung des gesuchten Wertes**
Zunächst wurde die Fläche in der Zeichnung von 3.4 markiert.

Für die Abschätzung der Fläche A gibt es nun mehrere Möglichkeiten. Eine Möglichkeit ist es, die Anzahl der markierten Kästchen zu zählen, was zu näherungsweise 126 markierten Kästchen führt. Da die Kästchen jeweils einen halben Zentimeter Kantenlänge haben, ergeben 4 Kästchen einen Quadratzentimeter. Zudem muss der Maßstab beachtet werden, da auf der t-Achse der Maßstab 1 cm $\hat{=}$ 5 Tage gewählt werden sollte. Damit gilt:

$$A \approx 126 : 4 \cdot 5 = 157{,}5$$

Mit diesem abgeschätztem Wert kann nun ein Wert für die durchschnittliche Population des Zeitraums abgeschätzt werden:

$$\overline{p} = \frac{1}{t_2 - t_1} \cdot \int_{t_1}^{t_2} p(t)dt = \frac{1}{35-15} \cdot A \approx \frac{1}{20} \cdot 157{,}5 \approx 7{,}88$$

Die durchschnittliche Population über den Zeitraum [15; 35] beträgt etwa 7,88 Millionen.

1.0 *Aufgabe nicht mehr prüfungsrelevant nach LehrplanPLUS*

Apfelbauer AP, Birnenbauer BI, Kirschenbauer KI und Erdbeerbauer ER sind vier Obstbauern vom Bodensee, die untereinander die Obstsorten tauschen, um jeweils in ihrem Hofladen den Kunden verschiedene, gemischte Obstkisten anbieten zu können.

1.1 *Aufgabe nicht mehr prüfungsrelevant nach LehrplanPLUS*

Die vier Bauern sind untereinander und mit dem Markt nach dem Leontief-Modell verbunden. Die Inputmatrix ist

$$A = \begin{pmatrix} 0{,}6 & 0{,}1 & 0{,}05 & 0{,}05 \\ 0{,}07 & 0{,}7 & 0 & 0{,}03 \\ 0{,}1 & 0{,}1 & 0{,}3 & 0{,}1 \\ 0{,}2 & 0{,}05 & 0{,}15 & 0{,}5 \end{pmatrix}.$$

Die Gesamtproduktion von KI beträgt 200 ME (Mengeneinheiten), diejenige von ER 600 ME.

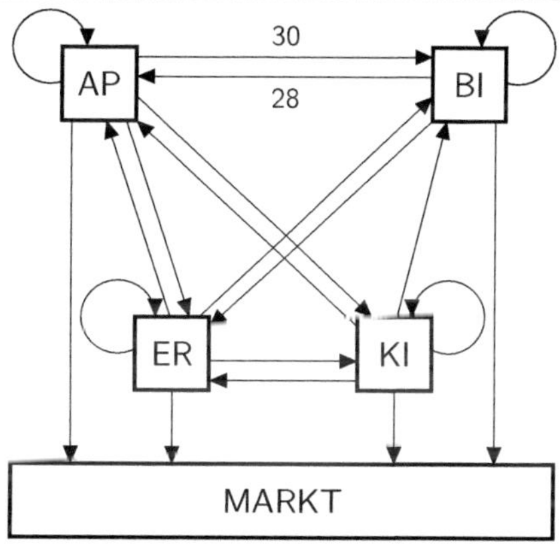

Übertragen Sie nebenstehendes Verflechtungsdiagramm auf Ihren Bearbeitungsbogen, berechnen Sie alle fehlenden Zahlenwerte und tragen Sie diese in Ihr Diagramm ein. (7 BE)

1.2.0 *Aufgabe nicht mehr prüfungsrelevant nach LehrplanPLUS*

Nach der Erdbeer-Saison steigt der Bauer ER aus dem gemeinsamen Tausch aus, während AP, BI und KI weiter zusammenarbeiten. Für die neue, veränderte Inputmatrix A^* gilt:

$$A^* = \begin{pmatrix} 0{,}6 & 0{,}1 & 0{,}05 \\ 0{,}07 & 0{,}7 & 0 \\ 0 & 0{,}1 & 0{,}3 \end{pmatrix}.$$

1.2.1 *Aufgabe nicht mehr prüfungsrelevant nach LehrplanPLUS*

Die Produktionszahlen ändern sich zum Saisonende und werden durch den Produktionsvektor

$$\vec{x} = \begin{pmatrix} 700 + 2k \\ 600 \\ 150 - k \end{pmatrix} \text{ mit } k \in \mathbb{R}_0^+ \text{ dargestellt.}$$

Berechnen Sie die Produktionsmengen der Bauern, wenn BI 124 ME an den Markt abgibt. (4 BE)

1.2.2 *Aufgabe nicht mehr prüfungsrelevant nach LehrplanPLUS*

Nach strukturellen Veränderungen in den Betrieben kalkulieren die Bauern AP, BI und KI für die kommende Saison eine Marktabgabe von 351 ME an Äpfeln, 157 ME Birnen und 76 ME Kirschen.

Bestimmen Sie die Mengen an Obst, die die Bauern bei gleichbleibender Verflechtung jeweils produzieren müssten, um die Konsummengen zu erreichen. (5 BE)

2.0 Im $\mathbb{R}^3$ sind die Punkte $A(2|2|-1)$, $B(0|-2|1)$ und $C_k(k|-2+k|-k)$ mit $k \in \mathbb{R}$ gegeben.

2.1 Die Punkte A und B legen die Gerade g fest, die Punkte C_k liegen auf der Geraden h. Geben Sie jeweils eine Gleichung der beiden Geraden an und untersuchen Sie die gegenseitige Lage der beiden Geraden. **6 BE**

2.2.0 Für die folgenden Teilaufgaben gilt $k = -3$. Es ergibt sich $C_{-3}(-3|-5|3)$.

2.2.1 Die Punkte A, B und C_{-3} legen die Ebene E fest. Bestimmen Sie je eine Gleichung der Ebene E in Parameter- und Koordinatenform.

[mögliches Teilergebnis: $E: x_1 + x_2 + 3x_3 - 1 = 0$] **5 BE**

2.2.2 Untersuchen Sie die Lagebeziehung der Ebene E mit der Ebene $F: \vec{x} = \begin{pmatrix} 2 \\ 2 \\ -1 \end{pmatrix} + r \cdot \begin{pmatrix} -5 \\ -7 \\ 4 \end{pmatrix} + t \cdot \begin{pmatrix} 1 \\ 3 \\ 6 \end{pmatrix}$ mit $r, t \in \mathbb{R}$ und bestimmen Sie gegebenenfalls eine Gleichung der Schnittgeraden. **3 BE**

2.2.3 Die Punkte A, B, C_{-3} und $D(3|5|5)$ legen ein Tetraeder fest (siehe Skizze).

Spiegelt man den Punkt C_{-3} am Punkt D, so erhält man den Punkte C^*_{-3}. Berechnen Sie die Koordinaten des Punktes C^*_{-3}. **2 BE**

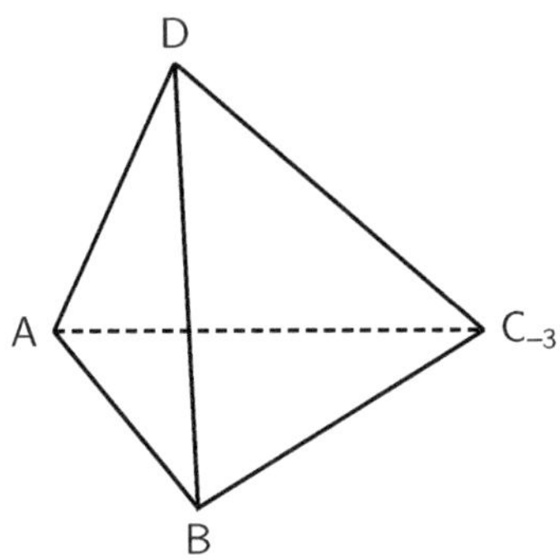

2.2.4 Der Punkt C^*_{-3} liegt in der Ebene F (Nachweis nicht erforderlich). Eine der Seitenflächen des Tetraeders liegt ganz in der Ebene F. Entscheiden Sie, welche der Flächen das ist und begründen Sie Ihre Entscheidung. **2 BE**

2.2.5 Der Punkt $S\left(-\frac{1}{3}\middle|-\frac{5}{3}\middle|1\right)$ ist Schwerpunkt des Dreiecks ABC_{-3}, der Punkt M ist Mittelpunkt der Kante $\overline{AB}$ und der Punkt N ist Mittelpunkt der Kante $\overline{DC_{-3}}$. Die Gerade MN und die Gerade DS schneiden sich im Punkt P.

Berechnen Sie Koordinaten des Punktes P. **6 BE**

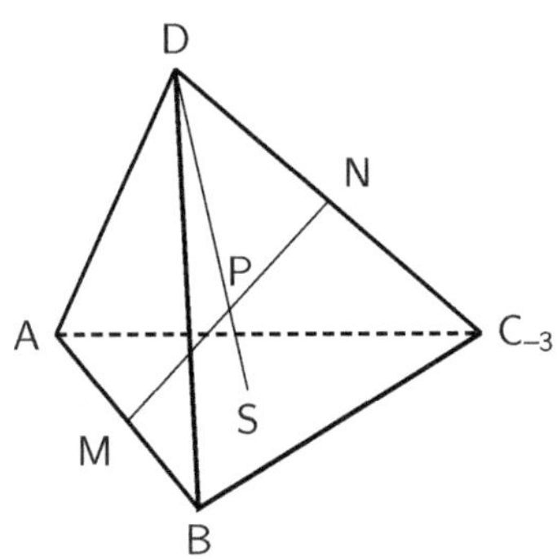

1.0 Aufgabe nicht mehr prüfungsrelevant nach LehrplanPLUS

1.1 Aufgabe nicht mehr prüfungsrelevant nach LehrplanPLUS

1.2.0 Aufgabe nicht mehr prüfungsrelevant nach LehrplanPLUS

1.2.1 Aufgabe nicht mehr prüfungsrelevant nach LehrplanPLUS

1.2.2 Aufgabe nicht mehr prüfungsrelevant nach LehrplanPLUS

2.0 Gegeben sind die Punkte $A(2\,|\,2\,|-1)$, $B(0\,|-2\,|\,1)$ und $C_k(k\,|-2+k\,|-k)$ mit $k \in \mathbb{R}$.

2.1 **Gleichungen der Geraden**

Die Punkte A und B legen die Gerade g fest:

$$g: \vec{x} = \overrightarrow{OA} + \lambda \cdot \overrightarrow{AB} = \begin{pmatrix} 2 \\ 2 \\ -1 \end{pmatrix} + \lambda \cdot \begin{pmatrix} 0-2 \\ -2-2 \\ 1-(-1) \end{pmatrix} = \begin{pmatrix} 2 \\ 2 \\ -1 \end{pmatrix} + \lambda \cdot \begin{pmatrix} -2 \\ -4 \\ 2 \end{pmatrix} \quad \text{mit } \lambda \in \mathbb{R}$$

Die Gleichung der Geraden h folgt direkt aus den Koordinaten der Punkte C_k:

$$h: \vec{x} = \overrightarrow{OC_k} = \begin{pmatrix} k \\ -2+k \\ -k \end{pmatrix} = \begin{pmatrix} 0 \\ -2 \\ 0 \end{pmatrix} + k \cdot \begin{pmatrix} 1 \\ 1 \\ -1 \end{pmatrix} \quad \text{mit } k \in \mathbb{R}$$

Untersuchen der gegenseitigen Lage

Beim Richtungsvektor von h, sind x_1- und x_2-Komponente gleich, die des Richtungsvektors von g unterscheiden sich jedoch. Die beiden Richtungsvektoren können somit keine Vielfachen voneinander sein und die Geraden somit nicht parallel verlaufen. Um den rechnerischen Nachweis zu erbringen, wird untersucht, ob die Richtungsvektoren $\vec{u}_g$ und $\vec{u}_h$ der Geraden g und h Vielfache voneinander sind:

$$\begin{pmatrix} -2 \\ -4 \\ 2 \end{pmatrix} = \mu \cdot \begin{pmatrix} 1 \\ 1 \\ -1 \end{pmatrix}$$

Aus Zeile I folgt $\mu = -2$, aus Zeile II jedoch $\mu = -4$, es ergibt sich ein Widerspruch. Die Richtungsvektoren und damit auch die Geraden liegen also nicht parallel.

Weiterhin müssen die Geraden auf einen Schnittpunkt untersucht werden, indem die Geradengleichungen gleichgesetzt werden:

$$\begin{pmatrix} 2 \\ 2 \\ -1 \end{pmatrix} + \lambda \cdot \begin{pmatrix} -2 \\ -4 \\ 2 \end{pmatrix} = \begin{pmatrix} 0 \\ -2 \\ 0 \end{pmatrix} + k \cdot \begin{pmatrix} 1 \\ 1 \\ -1 \end{pmatrix} \qquad \Big| - \begin{pmatrix} 2 \\ 2 \\ -1 \end{pmatrix} - k \cdot \begin{pmatrix} 1 \\ 1 \\ -1 \end{pmatrix}$$

$$\iff \quad \lambda \cdot \begin{pmatrix} -2 \\ -4 \\ 2 \end{pmatrix} - k \cdot \begin{pmatrix} 1 \\ 1 \\ -1 \end{pmatrix} = \begin{pmatrix} -2 \\ -4 \\ 1 \end{pmatrix}$$

Dieses Gleichungssystem kann mit dem Gauß-Algorithmus weiter umgeformt werden:

$$\begin{array}{c} \\ \text{I} \\ \text{II} \\ \text{III} \end{array} \begin{array}{c} \begin{array}{cc} \lambda & k \end{array} \\ \left(\begin{array}{cc|c} -2 & -1 & -2 \\ -4 & -1 & -4 \\ 2 & 1 & 1 \end{array}\right) \end{array}$$

$$\begin{array}{r} \\ \Rightarrow \text{II}' \\ \text{III}' \end{array} \left(\begin{array}{cc|c} -2 & -1 & -2 \\ 0 & 1 & 0 \\ 0 & 0 & -1 \end{array}\right) \qquad \begin{array}{l} \\ \text{II} - 2 \cdot \text{I} \\ \text{III} + \text{I} \end{array}$$

Die Umformung führt in Zeile III' zu einem Widerspruch, da $0k \neq -1$ ist. Da die Geraden also nicht parallel verlaufen und keinen Schnittpunkt besitzen, verlaufen sie **windschief** zueinander.

2.2.0 Es ist nun $k = -3$.

2.2.1 Für die Parameterform der Ebene, welche die Punkte A, B und C_{-3} enthält, benötigt man einen Aufpunkt, hier A, sowie zwei verschiedene Vektoren, die vom Aufpunkt abgehen.

$$E\colon \vec{x} = \overrightarrow{OA} + \sigma \cdot \overrightarrow{AB} + \tau \cdot \overrightarrow{AC_{-3}}, \quad \sigma, \tau \in \mathbb{R}$$
$$= \begin{pmatrix} 2 \\ 2 \\ -1 \end{pmatrix} + \sigma \begin{pmatrix} 0-2 \\ -2-2 \\ 1-(-1) \end{pmatrix} + \tau \begin{pmatrix} -3-2 \\ -5-2 \\ 3-(-1) \end{pmatrix} = \begin{pmatrix} 2 \\ 2 \\ -1 \end{pmatrix} + \sigma \begin{pmatrix} -2 \\ -4 \\ 2 \end{pmatrix} + \tau \begin{pmatrix} -5 \\ -7 \\ 4 \end{pmatrix}$$

Die Koordinatenform von E kann auf zwei Arten ermittelt werden.

Lösungsweg 1: Gauß-Algorithmus

$$E\colon \vec{x} = \begin{cases} x_1 = 2 - 2\sigma - 5\tau \\ x_2 = 2 - 4\sigma - 7\tau \\ x_3 = -1 + 2\sigma + 4\tau \end{cases} \iff \begin{array}{rl} -2\sigma - 5\tau & = x_1 - 2 \\ -4\sigma - 7\tau & = x_2 - 2 \\ 2\sigma + 4\tau & = x_3 + 1 \end{array}$$

$$\begin{array}{r} \\ \text{I} \\ \Rightarrow \text{II} \\ \text{III} \end{array} \begin{array}{c} \begin{array}{cc} \sigma & \tau \end{array} \\ \left(\begin{array}{cc|c} -2 & -5 & x_1 - 2 \\ -4 & -7 & x_2 - 2 \\ 2 & 4 & x_3 + 1 \end{array}\right) \end{array}$$

$$\begin{array}{r} \\ \Rightarrow \text{II}' \\ \text{III}' \end{array} \left(\begin{array}{cc|c} -2 & -5 & x_1 - 2 \\ 0 & 3 & x_2 - 2x_1 + 2 \\ 0 & -1 & x_3 + x_1 - 1 \end{array}\right) \qquad \begin{array}{l} \\ \text{II} - 2 \cdot \text{I} \\ \text{III} + \text{I} \end{array}$$

$$\begin{array}{r} \\ \Rightarrow \\ \text{III}'' \end{array} \left(\begin{array}{cc|c} -2 & -5 & x_1 - 2 \\ 0 & 3 & x_2 - 2x_1 + 2 \\ 0 & 0 & 3x_3 + 3x_1 - 3 + x_2 - 2x_1 + 2 \end{array}\right) \quad \begin{array}{l} \\ \\ 3 \cdot \text{III}' + \text{II}' \end{array}$$

Das Gleichungssystem ist nur lösbar wenn $x_1+x_2+3x_3-1=0$ erfüllt ist. Für die Ebenengleichung gilt also:

$$\underline{\underline{E\colon x_1+x_2+3x_3-1=0}}$$

<u>*Lösungsweg 2:* Eliminieren der Parameter</u>

$$\begin{aligned}
&\text{(I)} \quad x_1 = 2-2\sigma-5\tau \\
&\text{(II)} \quad x_2 = 2-4\sigma-7\tau \\
&\text{(III)} \quad x_3 = -1+2\sigma+4\tau && \Rightarrow \sigma = \tfrac{1}{2}x_3+\tfrac{1}{2}-2\tau \\
\sigma \text{ in (I)} : \text{(I')} \quad & x_1 = 2-(x_3+1-4\tau)-5\tau = 1-x_3-\tau && \Rightarrow \tau = 1-x_3-x_1 \\
\tau \text{ in } \sigma : \quad & \sigma = \tfrac{1}{2}x_3+\tfrac{1}{2}-2(1-x_3-x_1) = \tfrac{5}{2}x_3-\tfrac{3}{2}+2x_1 \\
\sigma,\tau \text{ in (II)} : \text{(II')} \quad & x_2 = 2-4(\tfrac{5}{2}x_3-\tfrac{3}{2}+2x_1)-7(1-x_3-x_1) \\
\Rightarrow \quad & 0 = 2-10x_3+6-8x_1-7+7x_3+7x_1-x_2 \\
\Rightarrow \quad & 0 = (-8+7)x_1-x_2+(-10+7)x_3+2+6-7 \mid \cdot(-1) \\
\Rightarrow & E : \underline{\underline{x_1+x_2+3x_3-1=0}}
\end{aligned}$$

2.2.2 Die Koordinaten der Ebene F werden Komponentenweise in die Ebenengleichung der Ebene E eingesetzt und dann umgeformt:

$$\begin{aligned}
&& x_1+x_2+3x_3 &= 1 \\
&\iff & (2-5r+t)+(2-7r+3t)+3\cdot(-1+4r+6t) &= 1 \\
&\iff & 2-5r+t+2-7r+3t-3+12r+18t &= 1 \\
&\iff & 1+0r+22t &= 1 && |-1 \\
&\iff & 22t &= 0 && |:22 \\
&\iff & t &= 0
\end{aligned}$$

Die Ebenen stimmen in den Punkten überein, wo $t=0$ ist. Eingesetzt in die Ebenengleichung ergibt sich daraus direkt die Gleichung der Schnittgeraden s:

$$s:\vec{x} = \begin{pmatrix}2\\2\\-1\end{pmatrix}+p\cdot\begin{pmatrix}-5\\-7\\4\end{pmatrix}+0\cdot\begin{pmatrix}1\\3\\6\end{pmatrix} = \underline{\underline{\begin{pmatrix}2\\2\\-1\end{pmatrix}+p\cdot\begin{pmatrix}-5\\-7\\4\end{pmatrix}}} \quad \text{mit } p\in\mathbb{R}$$

2.2.3 Man gelangt zum Punkt C^*_{-3}, indem man zum Ortsvektor von C_{-3} zweimal den Vektor $\overrightarrow{C_{-3}D}$ addiert:

$$\overrightarrow{OC^*_{-3}} = \overrightarrow{OC_{-3}}+2\overrightarrow{C_{-3}D} = \begin{pmatrix}-3\\-5\\3\end{pmatrix}+2\cdot\begin{pmatrix}3-(-3)\\5-(-5)\\5-3\end{pmatrix} = \begin{pmatrix}-3\\-5\\3\end{pmatrix}+2\cdot\begin{pmatrix}6\\10\\2\end{pmatrix} = \begin{pmatrix}9\\15\\7\end{pmatrix}$$

$$\Rightarrow \underline{\underline{C^*_{-3}\,(\,9\,|\,15\,|\,7)}}$$

2.2.4 Für die Entscheidung werden zwei Argumente aus den bisherigen Aufgaben gebildet:

- der Punkt A ist Aufpunkt der Ebenengleichung von F; es ist also $A \in F$; dies grenzt die Antwort auf die drei Ebenen ABD, $AC_{-3}D$ oder ABC_{-3} ein
- laut Angabe liegt C^*_{-3} in der Ebene F; gleichzeitig liegt der Punkt auch auf der Geraden DC_{-3}

Wertet man beide Argumente zusammen aus, so verbleibt als mögliche Seitenfläche nur noch $AC_{-3}D$, die komplett in der Ebene F liegen kann.

2.2.5 **Bestimmen der Koordinaten der Punkte**

Zunächst müssen die Koordinaten der Punkte M und N ermittelt werden. Es handelt sich dabei um die Mittelpunkte der Kanten $\overline{AB}$ und $\overline{DC_{-3}}$. Dann gilt für die Koordinaten der Punkte:

$$\overrightarrow{OM} = \overrightarrow{OA} + \frac{1}{2}\overrightarrow{AB} = \begin{pmatrix}2\\2\\-1\end{pmatrix} + \frac{1}{2}\cdot\begin{pmatrix}0-2\\-2-2\\1-(-1)\end{pmatrix} = \begin{pmatrix}2\\2\\-1\end{pmatrix} + \frac{1}{2}\cdot\begin{pmatrix}-2\\-4\\2\end{pmatrix} = \begin{pmatrix}1\\0\\0\end{pmatrix} \quad \Rightarrow M(1|0|0)$$

$$\overrightarrow{ON} = \overrightarrow{OD} + \frac{1}{2}\overrightarrow{DC_{-3}} = \begin{pmatrix}3\\5\\5\end{pmatrix} + \frac{1}{2}\cdot\begin{pmatrix}-3-3\\-5-5\\3-5\end{pmatrix} = \begin{pmatrix}3\\5\\5\end{pmatrix} + \frac{1}{2}\cdot\begin{pmatrix}-6\\-10\\-2\end{pmatrix} = \begin{pmatrix}0\\0\\4\end{pmatrix} \quad \Rightarrow N(0|0|4)$$

Aufstellen der Geradengleichungen

Mit den Koordinaten der Punkte können nun die beiden Geradengleichungen aufgestellt werden:

$$\text{Gerade MN: } \vec{x} = \overrightarrow{OM} + \nu\cdot\overrightarrow{MN} = \begin{pmatrix}1\\0\\0\end{pmatrix} + \nu\cdot\begin{pmatrix}0-1\\0-0\\4-0\end{pmatrix} = \begin{pmatrix}1\\0\\0\end{pmatrix} + \nu\cdot\begin{pmatrix}-1\\0\\4\end{pmatrix} \quad \text{mit } \nu \in \mathbb{R}$$

$$\text{Gerade DS: } \vec{x} = \overrightarrow{OD} + \phi\cdot\overrightarrow{DS} = \begin{pmatrix}3\\5\\5\end{pmatrix} + \phi\cdot\begin{pmatrix}-\frac{1}{3}-3\\-\frac{5}{3}-5\\1-5\end{pmatrix} = \begin{pmatrix}3\\5\\5\end{pmatrix} + \phi\cdot\begin{pmatrix}-\frac{10}{3}\\-\frac{20}{3}\\-4\end{pmatrix} \quad \text{mit } \phi \in \mathbb{R}$$

Berechnen der Koordinaten des Schnittpunktes

Um den Schnittpunkt zu finden, werden die beiden Geradengleichungen gleichgesetzt:

$$\begin{pmatrix}1\\0\\0\end{pmatrix} + \nu\cdot\begin{pmatrix}-1\\0\\4\end{pmatrix} = \begin{pmatrix}3\\5\\5\end{pmatrix} + \phi\cdot\begin{pmatrix}-\frac{10}{3}\\-\frac{20}{3}\\-4\end{pmatrix}$$

Zeilenweise gelesen ergeben sich so drei Gleichungen:

$$\begin{array}{ll} \text{I} & 1-\nu = 3-\frac{10}{3}\phi \\ \text{II} & 0 = 5-\frac{20}{3}\phi \\ \text{III} & 4\nu = 5-4\phi \end{array}$$

Aus Zeile II kann nun direkt ϕ bestimmt werden, da hier kein ν in der Gleichung vorkommt:

$$\begin{array}{rll} & 0 = 5-\frac{20}{3}\phi & \left|+\frac{20}{3}\phi\right. \\ \Longleftrightarrow & \frac{20}{3}\phi = 5 & \left|\cdot\frac{3}{20}\right. \end{array}$$

$$\iff \qquad \phi = \frac{3}{4}$$

Da laut Angabe gegeben ist, dass sich die Geraden in P schneiden, muss dafür kein weiterer Nachweis erbracht werden. Um die Koordinaten des Punktes zu bestimmen, wird der ermittelte Wert für ϕ in die Gleichung der Gerade DS eingesetzt:

$$\overrightarrow{OP} = \begin{pmatrix} 3 \\ 5 \\ 5 \end{pmatrix} + \frac{3}{4} \cdot \begin{pmatrix} -\frac{10}{3} \\ -\frac{20}{3} \\ -4 \end{pmatrix} = \begin{pmatrix} 0{,}5 \\ 0 \\ 2 \end{pmatrix} \qquad \Rightarrow \underline{\underline{P\,(\,0{,}5\,|\,0\,|\,2)}}$$

1.0 In einem kartesischen Koordinatensystem des $\mathbb{R}^3$ ist die Ebenenschar $F_{a;b}: ax_1 + bx_2 + 2x_3 - 2 = 0$ mit $a, b \in \mathbb{R}$ gegeben. Die Ebene E schneidet die x_1-Achse bei $x_1 = 2$ und die anderen beiden Achsen bei $x_2 = 1$ und $x_3 = 1$.

1.1 Bestimmen Sie je eine Gleichung der Ebene E in Parameter- und in Koordinatenform.
[mögliches Ergebnis: $E: x_1 + 2x_2 + 2x_3 - 2 = 0$] **5 BE**

1.2 Beschreiben Sie die besondere Lage der Ebenen $F_{a;b}$ im Koordinatensystem in Abhängigkeit von a und b. **3 BE**

1.3.0 Für $a = b = 1$ ergibt sich die Ebene $F_{1,1}$, im Folgenden Ebene F genannt.

1.3.1 Die Ebenen E und F schneiden sich in der Geraden h. Bestimmen Sie eine Gleichung von h.

[mögliches Ergebnis: $h: \vec{x} = \begin{pmatrix} 2 \\ 0 \\ 0 \end{pmatrix} + k \cdot \begin{pmatrix} -2 \\ 0 \\ 1 \end{pmatrix}$] **3 BE**

1.3.2 Bestimmen Sie die Koordinaten des Schnittpunkts S der Ebene F mit der x_2-Achse. Zeichnen Sie die Ebenen E und F sowie die Schnittgerade h in ein Koordinatensystem. **4 BE**

1.4.0 Ferner ist die Geradenschar $g_c: \vec{x} = \begin{pmatrix} 2 \\ -4 \\ 3 \end{pmatrix} + m \cdot \begin{pmatrix} c-1 \\ 1+c \\ -c \end{pmatrix}$ mit $c, m \in \mathbb{R}$ gegeben.

1.4.1 Zeigen Sie, dass es einen Wert für c gibt, für den die zugehörige Gerade g_c echt parallel zur Geraden h verläuft. **3 BE**

1.4.2 Untersuchen Sie die Lage der Geraden g_c zur Ebene E in Abhängigkeit von c. **4 BE**

2.0 *Aufgabe nicht mehr prüfungsrelevant nach LehrplanPLUS*
Die Wirtschaftssektoren U, V und W sind untereinander und mit dem Markt nach dem Leontief-Modell verbunden.

Es gilt die Inputmatrix $A = \begin{pmatrix} 0{,}8 & 0{,}2 & 0 \\ 0{,}25 & 0{,}05 \cdot t & 0{,}2 \\ 0{,}1 & 0{,}1 & 0{,}55 \end{pmatrix}$ mit $0 \le t \le 20$, $t \in \mathbb{R}$.

2.1 *Aufgabe nicht mehr prüfungsrelevant nach LehrplanPLUS*
Im 1. Quartal des Jahres produzierte Sektor U 1000 ME (Mengeneinheiten) seiner Waren und gab davon 4 % an den Markt ab. Sektor W produzierte 500 ME und Sektor V gab 10 ME an den Markt ab. Bestimmen Sie die Gesamtproduktion von Sektor V, die Marktabgabe von Sektor W sowie den passenden Wert für t. (6 BE)

2.2.0 *Aufgabe nicht mehr prüfungsrelevant nach LehrplanPLUS*
Für die folgenden Teilaufgaben gilt $t = 11$.

2.2.1 *Aufgabe nicht mehr prüfungsrelevant nach LehrplanPLUS*
Im folgenden Quartal ist die Marktabgabe $\vec{y} = (40\ 14\ 41)^T$ geplant. Berechnen Sie die Produktionszahlen der drei Sektoren für dieses Quartal. (5 BE)

2.2.2 *Aufgabe nicht mehr prüfungsrelevant nach LehrplanPLUS*
Im nächsten Quartal produziert Sektor U 1120 ME. Die Produktionsmengen von V und W verhalten sich wie 2:1. Jeder der drei Sektoren gibt mindestens 8 ME an den Markt ab. Untersuchen Sie für die Sektoren V und W, in welchem Bereich sich die jeweiligen Produktionszahlen bewegen, und geben Sie den Bereich der Marktabgabe von Sektor U an. (7 BE)

1.0 Gegeben ist die Ebenenschar $F_{a;b}: ax_1 + bx_2 + 2x_3 - 2 = 0$ mit $a,b \in \mathbb{R}$.

1.1 Aus den gegebenen Werten der Koordinaten beim Schnitt mit den Achsen können die Koordinaten der 3 Achsen-Schnittpunkte ermittelt werden, da hier jeweils die beiden anderen Koordinaten null sind:

$$\begin{aligned} x_1\text{-Achse bei } x_1 = 2 &\iff S_1(2\,|\,0\,|\,0) \\ x_2\text{-Achse bei } x_2 = 1 &\iff S_2(0\,|\,1\,|\,0) \\ x_3\text{-Achse bei } x_3 = 1 &\iff S_3(0\,|\,0\,|\,1) \end{aligned}$$

Daraus kann nun die Parametergleichung der Ebene aufstellen:

$$E: \vec{x} = \overrightarrow{OS_1} + r \cdot \overrightarrow{S_1S_2} + s \cdot \overrightarrow{S_1S_3} = \begin{pmatrix} 2 \\ 0 \\ 0 \end{pmatrix} + r \cdot \begin{pmatrix} 0-2 \\ 1-0 \\ 0-0 \end{pmatrix} + s \cdot \begin{pmatrix} 0-2 \\ 0-0 \\ 1-0 \end{pmatrix}$$

$$= \begin{pmatrix} 2 \\ 0 \\ 0 \end{pmatrix} + r \begin{pmatrix} -2 \\ 1 \\ 0 \end{pmatrix} + s \begin{pmatrix} -2 \\ 0 \\ 1 \end{pmatrix} \quad \text{mit } r,s \in \mathbb{R}$$

Die Koordinatenform von E kann auf die zwei üblichen Arten (Gauß, Eliminieren der Parameter) ermittelt werden. Da hier die Schnittpunkte mit den Koordinatenachsen gegeben sind, wird hier mit Möglichkeit 3 eine weitere für diesen Fall **sehr einfache** Methode betrachtet:

Lösungsweg 1: Gauß-Algorithmus

$$E: \vec{x} = \begin{cases} x_1 = 2 - 2r - 2s \\ x_2 = 0 + 1r + 0s \\ x_3 = 0 + 0r + 1s \end{cases} \iff \begin{aligned} -2r - 2s &= x_1 - 2 \\ r &= x_2 \\ s &= x_3 \end{aligned}$$

$$\begin{array}{r} \\ \text{I} \\ \Rightarrow \text{II} \\ \text{III} \end{array} \begin{array}{c} \begin{array}{cc} r & s \end{array} \\ \left(\begin{array}{cc|c} -2 & -2 & x_1 - 2 \\ 1 & 0 & x_2 \\ 0 & 1 & x_3 \end{array}\right) \end{array}$$

$$\begin{array}{r} \\ \Rightarrow \text{II}' \\ \text{III}' \end{array} \left(\begin{array}{cc|c} -2 & -2 & x_1 - 2 \\ 0 & -2 & 2x_2 + x_1 - 2 \\ 0 & 1 & x_3 \end{array}\right) \quad \begin{array}{c} \\ 2 \cdot \text{II} + \text{I} \\ \text{III} \end{array}$$

$$\begin{array}{r} \\ \Rightarrow \\ \text{III}'' \end{array} \left(\begin{array}{cc|c} -2 & -2 & x_1 - 2 \\ 0 & -2 & 2x_2 + x_1 - 2 \\ 0 & 0 & 2x_3 + 2x_2 + x_1 - 2 \end{array}\right) \quad \begin{array}{c} \\ \\ 2 \cdot \text{III}' + \text{II}' \end{array}$$

Das Gleichungssystem ist nur lösbar wenn $x_1 + 2x_2 + 2x_3 - 2 = 0$ erfüllt ist. Für die Ebenengleichung gilt also:

$$\underline{\underline{E: x_1 + 2x_2 + 2x_3 - 2 = 0}}$$

Lösungsweg 2: Eliminieren der Parameter

$$\text{(I)} \quad x_1 = 2 - 2r - 2s$$

$$\begin{array}{rll} (II) & x_2 = r & \Rightarrow r = x_2 \\ (III) & x_3 = s & \Rightarrow s = x_3 \\ \hline r,s \text{ in } (I):(I') & x_1 = 2 - 2x_2 - 2x_3 & \\ \Rightarrow & 0 = 2 - 2x_2 - 2x_3 - x_1 & |\cdot(-1) \\ \Rightarrow & 0 = -2 + 2x_2 + 2x_3 + x_1 & \\ \Rightarrow & E: \underline{\underline{x_1 + 2x_2 + 2x_3 - 2 = 0}} & \end{array}$$

Lösungsweg 3: Achsenabschnittsform

Die Achsenabschnittsform lautet im allgemeinen:

$$\frac{x_1}{a} + \frac{x_2}{b} + \frac{x_3}{c} = 1$$

Dabei sind a, b und c die Werte der Schnitte mit den jeweiligen Achsen, also ist hier $a = 2$ und $b = c = 1$. Demnach gilt für die Ebenengleichung:

$$\begin{array}{rcl} & \frac{x_1}{a} + \frac{x_2}{b} + \frac{x_3}{c} = 1 & \\ \Rightarrow & \frac{x_1}{2} + \frac{x_2}{1} + \frac{x_3}{1} = 1 & |\cdot 2 \\ \Longleftrightarrow & x_1 + 2x_2 + 2x_3 = 2 & |-2 \\ \Longleftrightarrow & x_1 + 2x_2 + 2x_3 - 2 = 0 & \end{array}$$

Auch so ergibt sich die Gleichung der Ebene $\underline{\underline{E: x_1 + 2x_2 + 2x_3 - 2 = 0}}$.

1.2 Es werden drei verschiedene Fälle unterschieden:

Fall 1: $a = 0,\ b \neq 0$

Die Gleichung der Ebenenschar lautet dann $bx_2 + 2x_3 - 2 = 0$. Da in der Gleichung kein x_1 enthalten ist, sind diese Ebenen alle echt parallel zur x_1-Achse.

Fall 2: $a \neq 0,\ b = 0$

Die Gleichung der Ebenenschar lautet dann $ax_1 + 2x_3 - 2 = 0$. Nun enthält die Gleichung kein x_2, entsprechend sind die Ebenen echt parallel zur x_2-Achse.

Fall 3: $a = 0,\ b = 0$

In diesem Fall lautet die Gleichung der Ebene $2x_3 - 2 = 0$. Nun enthält die Gleichung weder x_1, noch x_2. Es ergibt sich damit eine Ebene, die echt parallel zur x_1x_2-Ebene ist.

1.3.0 Im Folgenden ist $a = b = 1$. Damit ergibt sich die Gleichung der Ebene $F: x_1 + x_2 + 2x_3 - 2 = 0$.

1.3.1 Es bieten sich mehrere Möglichkeiten an, eine Gleichung der Schnittgeraden zu ermitteln:

Lösungsweg 1: Gauß-Algorithmus

Die Gleichungen der Ebenen lauten:

$$\begin{array}{ll} F: x_1 + x_2 + 2x_3 = 2 & (I) \\ E: x_1 + 2x_2 + 2x_3 = 2 & (II) \end{array}$$

Es wird nun das Gauß-Verfahren verwendet:

$$\begin{array}{r} \\ \text{I} \\ \text{II} \end{array}\begin{array}{c} x_1\ x_2\ x_3 \\ \left(\begin{array}{ccc|c} 1 & 1 & 2 & 2 \\ 1 & 2 & 2 & 2 \end{array}\right) \end{array}$$

$$\Longleftrightarrow \quad \begin{array}{r} \\ \text{II}' \end{array}\left(\begin{array}{ccc|c} 1 & 1 & 2 & 2 \\ 0 & 1 & 0 & 0 \end{array}\right) \quad \text{II} - \text{I}$$

Da nur zwei Gleichungen für drei Unbekannte gegeben sind, kann ein Parameter frei gewählt werden. Es wird $x_3 = k$ mit $k \in \mathbb{R}$ gesetzt. Aus Gleichung II' folgt außerdem direkt $x_2 = 0$. Beides wird nun in Gleichung I eingesetzt:

$$\begin{aligned} & & x_1 + x_2 + 2x_3 &= 2 & \\ &\Longleftrightarrow & x_1 + 0 + 2k &= 2 & \quad |-2k \\ &\Longleftrightarrow & x_1 &= 2 - 2k & \end{aligned}$$

Damit sind alle Koordinaten der Schnittgeraden bekannt, sodass für deren Gleichung gilt:

$$\underline{h : \vec{x}} = \begin{pmatrix} 2-2k \\ 0 \\ k \end{pmatrix} = \underline{\underline{\begin{pmatrix} 2 \\ 0 \\ 0 \end{pmatrix} + k \begin{pmatrix} -2 \\ 0 \\ 1 \end{pmatrix}}}$$

<u>*Lösungsweg 2:* Subtraktion der Ebenengleichungen</u>
Betrachtet werden die beiden Ebenengleichungen:

$$\begin{aligned} E &: x_1 + 2x_2 + 2x_3 - 2 = 0 \qquad (\text{I}) \\ F &: x_1 + x_2 + 2x_3 - 2 = 0 \qquad (\text{II}) \end{aligned}$$

Damit wird nun folgende Rechnung durchgeführt:

$$\begin{aligned} (\text{I}) - (\text{II}) \quad \Rightarrow \quad & x_1 + 2x_2 + 2x_3 - 2 - (x_1 + x_2 + 2x_3 - 2) = 0 \\ & \Longleftrightarrow \quad x_2 = 0 \end{aligned}$$

Es ergibt sich direkt $x_2 = 0$. Setzt man dann $x_3 = k$ mit $k \in \mathbb{R}$, so kann dies beides in Gleichung (I) eingesetzt werden:

$$\begin{aligned} & & x_1 + 2x_2 + 2x_3 - 2 &= 0 & \\ &\Longleftrightarrow & x_1 + 2 \cdot 0 + 2 \cdot k - 2 &= 0 & \\ &\Longleftrightarrow & x_1 + 2k - 2 &= 0 & \quad |-(2k-2) \\ &\Longleftrightarrow & x_1 &= 2 - 2k & \end{aligned}$$

Damit sind alle Koordinaten der Schnittgeraden bekannt, sodass für deren Gleichung gilt:

$$\underline{h : \vec{x}} = \begin{pmatrix} 2-2k \\ 0 \\ k \end{pmatrix} = \underline{\underline{\begin{pmatrix} 2 \\ 0 \\ 0 \end{pmatrix} + k \begin{pmatrix} -2 \\ 0 \\ 1 \end{pmatrix}}}$$

Lösungsweg 3: Komponentenweises Einsetzen
Alternativ können die Komponenten der Ebenengleichung E in die Gleichung der Ebene F eingesetzt werden:

$$\begin{aligned} & x_1 + x_2 + 2x_3 - 2 = 0 \\ \iff\quad & (2-2r-2s) + r + 2s - 2 = 0 \\ \iff\quad & -r = 0 \qquad | \cdot (-1) \\ \iff\quad & r = 0 \end{aligned}$$

Setzt man dies in die Gleichung der Ebene ein, so ergibt sich die Gleichung der Geraden h:

$$h: \vec{x} = \begin{pmatrix} 2 \\ 0 \\ 0 \end{pmatrix} + 0 \cdot \begin{pmatrix} -2 \\ 1 \\ 0 \end{pmatrix} + s \begin{pmatrix} -2 \\ 0 \\ 1 \end{pmatrix} = \begin{pmatrix} 2 \\ 0 \\ 0 \end{pmatrix} + k \begin{pmatrix} -2 \\ 0 \\ 1 \end{pmatrix} \quad \text{mit } k \in \mathbb{R}$$

1.3.2 **Schnittpunkt F mit x_2-Achse**
Um die Koordinaten des Schnittpunkts der Ebene F mit der x_2-Achse zu bestimmen, setzt man in der Gleichung der Ebene $x_1 = 0$ und $x_3 = 0$:

$$\begin{aligned} & x_1 + 2x_2 + 2x_3 - 2 = 0 \\ \iff\quad & 0 + 2x_2 + 2 \cdot 0 - 2 = 0 \qquad | + 2 \\ \iff\quad & 2x_2 = 2 \qquad | : 2 \\ \iff\quad & x_2 = 2 \end{aligned}$$

Die Koordinaten des Schnittpunkts lauten S (0 | 2 | 0).

Grafische Darstellung

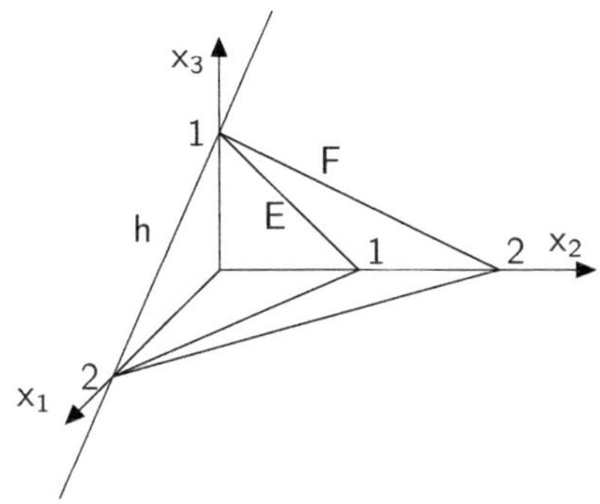

1.4.0 Gegeben ist außerdem die Geradenschar $g_c : \vec{x} = \begin{pmatrix} 2 \\ -4 \\ 3 \end{pmatrix} + m \cdot \begin{pmatrix} c-1 \\ 1+c \\ -c \end{pmatrix}$ mit $c, m \in \mathbb{R}$.

1.4.1 Damit die Geraden echt parallel verlaufen, müssen **zunächst** die Richtungsvektoren der beiden Geraden Vielfache voneinander sein:

$$\begin{pmatrix} c-1 \\ 1+c \\ -c \end{pmatrix} = \sigma \cdot \begin{pmatrix} -2 \\ 0 \\ 1 \end{pmatrix}$$

So ergeben sich zeilenweise drei Gleichungen. Aus Zeile II folgt:

$$\begin{aligned} 1 + c &= 0 \cdot \sigma \qquad |-1 \\ \Longleftrightarrow \quad c &= -1 \end{aligned}$$

Eingesetzt in Zeile I folgt:

$$\begin{aligned} -1 - 1 &= -2 \cdot \sigma \\ \Longleftrightarrow \quad -2 &= -2\sigma \qquad | : (-2) \\ \Longleftrightarrow \quad \sigma &= 1 \end{aligned}$$

Beides wird zur Kontrolle in Gleichung III eingesetzt:

$$\begin{aligned} -(-1) &= 1 \cdot 1 \\ \Longleftrightarrow \quad 1 &= 1 \end{aligned}$$

Dies führt zu einer wahren Aussage. Demnach sind die Richtungsvektoren für $c = -1$ Vielfache voneinander und die Geraden verlaufen zunächst parallel. Zudem soll gezeigt werden, dass sie **echt** parallel verlaufen. Dafür muss eine Punktprobe gemacht werden. Es wird also geprüft ob der Aufpunkt der Gerade g_{-1} auf der Geraden h liegt, indem die Koordinaten des Punktes gleich der Geradengleichung von h gesetzt werden:

$$\begin{pmatrix} 2 \\ -4 \\ 3 \end{pmatrix} = \begin{pmatrix} 2 \\ 0 \\ 0 \end{pmatrix} + k \cdot \begin{pmatrix} -2 \\ 0 \\ 1 \end{pmatrix}$$

Wieder ergeben sich zeilenweise drei Gleichungen. Die Gleichung in Zeile II lautet jedoch $-4 = 0 + 0 \cdot k$, ist also nicht erfüllbar. Die Punktprobe zeigt also das der Aufpunkt von g_{-1} nicht auf der Geraden h liegt. Demnach verlaufen die Geraden für $\underline{\underline{c = -1}}$ echt parallel.

1.4.2 Die Gerade und die Ebene E werden auf einen Schnittpunkt untersucht. Dafür werden nun die einzelnen Komponenten der ganzen Geradengleichung von g_c in die Ebenengleichung von E eingesetzt:

$$\begin{aligned} x_1 + 2x_2 + 2x_3 - 2 &= 0 \\ \Rightarrow \quad (2 + m(c-1)) + 2(-4 + m(1+c)) + 2(3 - mc) - 2 &= 0 \\ \Longleftrightarrow \quad 2 + mc - m - 8 + 2m + 2mc + 6 - 2mc - 2 &= 0 \\ \Longleftrightarrow \quad -2 + mc + m &= 0 \qquad | + 2 \\ \Longleftrightarrow \quad {}^{*} \; m(1+c) &= 2 \qquad | : (1+c) \quad (\text{mit } c \neq -1) \\ \Longleftrightarrow \quad m &= \frac{2}{1+c} \end{aligned}$$

Es ergibt sich ein Schnittpunkt für alle Werte $c \neq -1$. Für $c = -1$ ist die Gerade g_{-1} echt parallel zur Ebene E, da in * für $c = -1$ eine falsche Aussage $(0 = 2)$ entsteht.
Alternativ kann dies mit dem Ergebnis aus Teilaufgabe 1.4.1 begründet werden: Die Gerade h liegt in E. Wenn für $c = -1$ also die Gerade g_{-1} echt parallel zur Geraden h verläuft, so muss sie für diesen Wert auch echt parallel zur Ebene E verlaufen.

2.0 *Aufgabe nicht mehr prüfungsrelevant nach LehrplanPLUS*

2.1 *Aufgabe nicht mehr prüfungsrelevant nach LehrplanPLUS*

2.2.0 *Aufgabe nicht mehr prüfungsrelevant nach LehrplanPLUS*

2.2.1 *Aufgabe nicht mehr prüfungsrelevant nach LehrplanPLUS*

2.2.2 *Aufgabe nicht mehr prüfungsrelevant nach LehrplanPLUS*

1.0 Gegeben ist die Funktion $f\colon x \longmapsto \dfrac{0{,}5x^2 - 3x + 0{,}5}{x^2+1}$ mit der maximalen Definitionsmenge $D_f = \mathbb{R}$. Der Graph von f wird mit G_f bezeichnet.

1.1 Untersuchen Sie die Funktion f auf Nullstellen. **2 BE**

1.2 Geben Sie Art und Gleichung der Asymptote von G_f an und bestimmen Sie die Koordinaten möglicher gemeinsamer Punkte des Graphen G_f mit seiner Asymptote. **4 BE**

1.3 Ermitteln Sie Art und Koordinaten der Extrempunkte von G_f.

[Mögliches Teilergebnis: $f'(x) = \dfrac{3x^2-3}{(x^2+1)^2}$] **7 BE**

1.4 Zeichnen Sie den Graphen G_f und seine Asymptote im Bereich $-4 \leq x \leq 7$ in ein kartesisches Koordinatensystem. **5 BE**

1.5 Zeigen Sie, dass die Funktion $F\colon x \longmapsto 0{,}5x - 1{,}5 \cdot \ln(x^2+1)$ mit $D_F = \mathbb{R}$ eine Stammfunktion von f ist. **2 BE**

1.6 Der Graph der Funktion f, seine Asymptote und die Gerade mit der Gleichung $x = 3$ schließen ein endliches Flächenstück ein. Kennzeichnen Sie dieses Flächenstück in der Zeichnung der Teilaufgabe 1.4 und berechnen Sie die exakte Maßzahl seines Flächeninhalts. **4 BE**

1.7 Es gilt $\int\limits_{-3}^{3} (0{,}5 - f(x))\,dx = 0$ (Nachweis nicht nötig!). Deuten Sie dieses Ergebnis geometrisch.

2 BE

2.0 Gegeben ist die reelle Funktion h mit $h(x) = \ln(-x^2 + 2x)$ und der maximalen Definitionsmenge $D_h =]0;\,2[$. Ihr Graph wird mit G_h bezeichnet.

2.1 Bestimmen Sie die Nullstelle von h. Untersuchen Sie das Verhalten der Funktionswerte von h an den Rändern der Definitionsmenge. **5 BE**

2.2 Ermitteln Sie die maximalen Monotonieintervalle und bestimmen Sie Art und Koordinaten des Extrempunktes von G_h. **5 BE**

3.0 Die folgende Tabelle gibt die Entwicklung der Gesamtlänge aller Autobahnen in der Bundesrepublik Deutschland ab dem Jahresende 1950 bis 1990 an
(Quelle: Statistisches Bundesamt):

Jahr	1950	1955	1960	1965	1970	1975	1980	1985	1990
Länge	2128	2187	2551	3204	4110	5742	7292	8198	8822

Ausgehend von den Tabellenwerten kann die Gesamtlänge aller Autobahnen ab 1950 modelliert werden durch die reelle Funktion L mit der Gleichung $L(t) = \frac{7500 \cdot a}{a + e^{-k \cdot t}} + 2000$, wobei $t \geq 0$.
Dabei gibt t die Zeit in Jahren ab dem Jahresende 1950 und L(t) die Länge ds Autobahnnetzes in Kilometern an.
Bei Berechnungen kann auf die Verwendung von Einheiten verzichtet werden.
Runden Sie Ihre Ergebnisse sinnvoll.

3.1 Bestimmen Sie mithilfe der Werte aus den Jahren 1950 und 1990 die Werte der Parameter a und k.

[Ergebnisse: $a \approx 0{,}017$; $k \approx 0{,}16$] **4 BE**

3.2 Das Modell wird als aussagekräftig und realitätsnah eingestuft, wenn die berechneten Werte von den tatsächlichen um weniger als 5 % abweichen. Zur Überprüfung werden in der folgenden Tabelle die beiden Hilfsfunktionen U und O mit $U(t) = 0{,}95 \cdot L(t)$ bzw. $O(t) = 1{,}05 \cdot L(t)$ herangezogen.

Jahr	1950	1955	1960	1965	1970	1975	1980	1985	1990
U(t)	2019	2160							
Länge	2128	2187	2551	3204	4110	5742	7292	8198	8822
O(t)			2712						

Übertragen Sie die Tabelle auf Ihr Bearbeitungsblatt und berechnen Sie die fehlenden Werte. Beurteilen Sie, ob das Modell somit die genannten Kriterien erfüllt. **4 BE**

3.3 Bestimmen Sie das Jahr, in dem nach diesem Modell die Gesamtlänge von 7500 km überschritten wurde. **3 BE**

3.4 Berechnen Sie die Wendestelle t_W der Funktion L und geben Sie das zugehörige Jahr an.
Verwenden Sie hierzu ohne Nachweis $\ddot{L}(t) = \frac{-3{,}264e^{-0{,}16t}(0{,}017 - e^{-0{,}16t})}{(0{,}017 + e^{-0{,}16t})^3}$.

Berechnen Sie außerdem $\dot{L}(t_W)$ und interpretieren Sie die Ergebnisse im Sachzusammenhang. **6 BE**

3.5 Zeichnen Sie den Graphen der Funktion L für $0 \leq t \leq 40$ in ein geeignetes Koordinatensystem. **3 BE**

3.6 Bestimmen Sie den Grenzwert $\lim\limits_{t \to \infty} L(t)$ und interpretieren Sie diesen im Sachzusammenhang.
Tatsächlich ist die Gesamtlänge aller Autobahnen nach 1990 stärker angewachsen, als nach dem Modell zu erwarten gewesen wäre. Nennen Sie einen möglichen Grund hierfür. **4 BE**

1.0 Gegeben ist die Funktion $f(x) = \frac{0{,}5x^2 - 3x + 0{,}5}{x^2 + 1}$ mit maximaler Definitionsmenge $D_f = \mathbb{R}$.

1.1 **Nullstellen**

Um die Nullstellen einer gebrochenrationalen Funktion zu finden, werden die Nullstellen des Zählerterms bestimmt.

$$
\begin{aligned}
& & f(x) &= 0 \\
&\Longleftrightarrow & 0{,}5x^2 - 3x + 0{,}5 &= 0 \\
&\Longleftrightarrow & x_{1;2} &= \frac{-(-3) \pm \sqrt{(-3)^2 - 4 \cdot 0{,}5 \cdot 0{,}5}}{2 \cdot 0{,}5} \\
&\Longleftrightarrow & x_{1;2} &= \frac{3 \pm \sqrt{8}}{1} \\
&\Longleftrightarrow & \underline{\underline{x_1 = 3 - \sqrt{8}}} &\text{ oder } \underline{\underline{x_2 = 3 + \sqrt{8}}}
\end{aligned}
$$

1.2 **Art und Gleichung der Asymptote**

Da es keine Definitionslücke gibt, liegt auch keine senkrechte Asymptote vor. Da außerdem Zähler- und Nennergrad jeweils gleich sind, liegt eine waagrechte Asymptote vor. Deren Gleichung kann anhand der Leitkoeffizienten vor x^2 im Zähler- und im Nennerterm abgeleitet werden:

$$f(x) = \frac{0{,}5x^2 - 3x + 0{,}5}{x^2 + 1} = \frac{\mathbf{0{,}5}x^2 - 3x + 0{,}5}{\mathbf{1}x^2 + 1} \quad \Rightarrow \quad y = \frac{0{,}5}{1} = 0{,}5$$

Die Gleichung der waagrechten Asymptote lautet $\underline{\underline{y = 0{,}5}}$.

Gemeinsame Punkte von G_f mit seiner Asymptote

Um die Koordinaten möglicher gemeinsamer Punkte zu finden werden die Funktionsgleichungen von $f(x)$ und der Asymptote gleichgesetzt.

$$
\begin{aligned}
& & \frac{0{,}5x^2 - 3x + 0{,}5}{x^2 + 1} &= 0{,}5 & &| \cdot (x^2 + 1) \\
&\Longleftrightarrow & 0{,}5x^2 - 3x + 0{,}5 &= 0{,}5x^2 + 0{,}5 & &| - (0{,}5x^2 + 0{,}5) \\
&\Longleftrightarrow & -3x &= 0 & &| : (-3) \\
&\Longleftrightarrow & x_3 &= 0 & &
\end{aligned}
$$

Der gemeinsame Punkt liegt bei $x = 0$. Da die Asymptote den konstanten Funktionswert $y = 0{,}5$ besitzt, lauten die Koordinaten des gemeinsamen Punktes $\underline{\underline{S\,(0\,|\,0{,}5)}}$.

1.3 Für die Bestimmung der Extrempunkte der Funktion wird zunächst mithilfe der Quotientenregel die erste Ableitung ermittelt:

Ermitteln der ersten Ableitung

$$
\begin{aligned}
f(x) &= \frac{0{,}5x^2 - 3x + 0{,}5}{x^2 + 1} \\
f'(x) &= \left[\frac{(0{,}5x^2 - 3x + 0{,}5)' \cdot (x^2 + 1) - (0{,}5x^2 - 3x + 0{,}5) \cdot (x^2 + 1)'}{(x^2 + 1)^2}\right] \qquad \text{(Ansatz Quot.regel)}
\end{aligned}
$$

2019

$$= \frac{(0{,}5 \cdot 2x - 3) \cdot (x^2 + 1) - (0{,}5x^2 - 3x + 0{,}5) \cdot (2x)}{(x^2 + 1)^2} \qquad \text{(Anwendung)}$$

$$= \frac{x^3 + x - 3x^2 - 3 - x^3 + 6x^2 - x}{(x^2 + 1)^2} \qquad \text{(Zusammenfassen)}$$

$$= \frac{3x^2 - 3}{(x^2 + 1)^2} \qquad \text{(Zur Kontrolle angeg.)}$$

Ermitteln der Punkte mit waagrechter Tangente
Um diese zu finden werden die Nullstellen der ersten Ableitung gesucht.

$$\begin{aligned} f'(x) &= 0 \\ \Longleftrightarrow \quad 3x^2 - 3 &= 0 \qquad |+3 \\ \Longleftrightarrow \quad 3x^2 &= 3 \qquad |:3 \\ \Longleftrightarrow \quad x^2 &= 1 \qquad |\sqrt{\ } \\ \Longleftrightarrow \quad x_{4;5} &= \pm 1 \end{aligned}$$

Außerdem werden die Funktionswerte an diesen Stellen bestimmt:

$$f(-1) = \frac{0{,}5 \cdot (-1)^2 - 3 \cdot (-1) + 0{,}5}{(-1)^2 + 1} = \frac{4}{2} = 2 \qquad f(1) = \frac{0{,}5 \cdot 1^2 - 3 \cdot 1 + 0{,}5}{1^2 + 1} = \frac{-2}{2} = -1$$

Art und Koordinaten der Punkte mit waagrechter Tangente
Für die weitere Betrachtung wird eine Monotonietabelle erstellt:

x	$x < -1$	$x = -1$	$-1 < x < 1$	$x = 1$	$1 < x$	Skizzen
$3x^2 - 3$	+	0	−	0	+	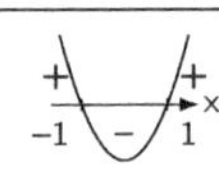
$(x^2 + 1)^2$	+	+	+	+	+	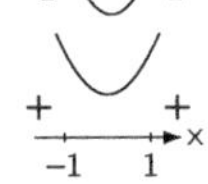
$f'(x)$	+	0	−	0	+	
G_f	↗	HOP	↘	TIP	↗	

Somit gibt es einen lokalen Hochpunkt $\underline{\underline{HOP(-1|2)}}$ und einen lokalen Tiefpunkt $\underline{\underline{TIP(1|-1)}}$.

1.4 Die Zeichnung soll folgende Elemente enthalten:

- Graph G_f mit $f(x) = \dfrac{0{,}5x^2 - 3x + 0{,}5}{x^2 + 1}$
- Asymptote: $y = 0{,}5$

Für die graphische Darstellung wird eine Wertetabelle als Hilfestellung erstellt:

x	−4	−2	−1	0	1	2	4	5,83	7
$f(x)$	1,21	1,7	2	0,5	−1	−0,7	−0,21	0	0,08

Mithilfe dieser Werte kann nun die grafische Darstellung erfolgen:

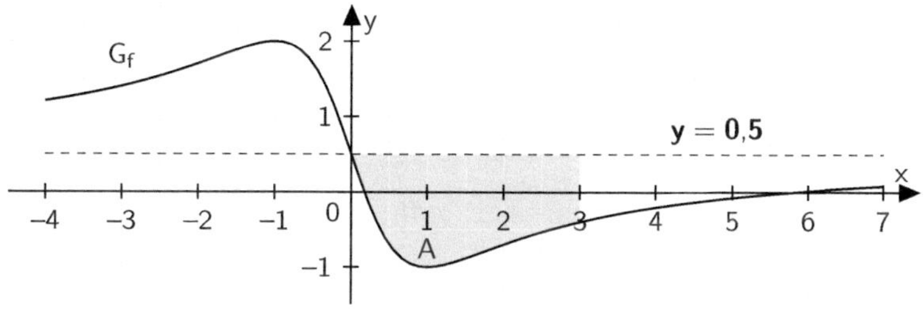

1.5 **Nachweis der Stammfunktion**
Es muss gezeigt werden, dass $F'(x) = f(x)$ gilt. Dafür wird die erste Ableitung von F mithilfe der Kettenregel ermittelt.

$$F(x) = 0{,}5x - 1{,}5 \cdot \ln(x^2 + 1)$$

$$F'(x) = \left[0{,}5 - 1{,}5 \cdot \frac{1}{x^2+1} \cdot (x^2+1)'\right] \qquad \text{(Ansatz Kettenregel)}$$

$$= 0{,}5 - 1{,}5 \cdot \frac{1}{x^2+1} \cdot 2x \qquad \text{(Anwendung)}$$

$$= \frac{0{,}5 \cdot (x^2+1)}{x^2+1} - \frac{3x}{x^2+1} \qquad \text{(Hauptnenner)}$$

$$= \frac{0{,}5x^2 - 3x + 0{,}5}{x^2+1}$$

$$= \underline{\underline{f(x)}} \quad \text{(q.e.d)}$$

1.6 Kennzeichnung siehe Teilaufgabe 1.4.

Berechnung der Flächenmaßzahl
Das Flächenstück liegt zwischen den Integrationsgrenzen $x = 0$ und $x = 3$. Die Asymptote verläuft oberhalb des Funktionsgraphen G_f, damit geht für die Flächenmaßzahl:

$$A = \int_0^3 (0{,}5 - f(x))dx = [0{,}5x - F(x)]_0^3 = [0{,}5x - 0{,}5x + 1{,}5 \cdot \ln(x^2+1)]_0^3$$

$$= 1{,}5 \cdot \ln(3^2+1) - 1{,}5 \cdot \ln(0^2+1) = \underline{\underline{1{,}5 \cdot \ln(10)}}\,[\text{FE}]$$

1.7 **Geometrische Interpretation**
Der Graph G_f, die Asymptote und die Geraden $x = -3$ und $x = 3$ schließen zwei Flächenstücke ein. Die Maßzahl einer der Flächen wurde in Aufgabe 1.6 berechnet. Hat nun das hier gegebene Integral den Wert null, so folgt, dass die beiden eingeschlossenen Flächenstücke den gleichen Flächeninhalt haben.

2.0 Betrachtet wird nun die Funktion $h(x) = \ln(-x^2 + 2x)$ mit maximaler Definitionsmenge $D_h =]0; 2[$.

2.1 **Nullstelle**

Allgemein gilt für den Logarithmus $\ln(1) = 0$, weshalb für die Nullstelle der Funktion $h(x)$ gilt:

$$
\begin{aligned}
& & h(x) &= 0 & \\
&\Longleftrightarrow & -x^2 + 2x &= 1 & \quad |-1 \\
&\Longleftrightarrow & -x^2 + 2x - 1 &= 0 & \\
&\Longleftrightarrow & x_{1;2} &= \frac{-2 \pm \sqrt{2^2 - 4 \cdot (-1) \cdot (-1)}}{2 \cdot (-1)} & \\
&\Longleftrightarrow & x_{1;2} &= \frac{-2 \pm 0}{-2} & \\
&\Longleftrightarrow & x_{1;2} &= 1 &
\end{aligned}
$$

Somit liegt eine doppelte Nullstelle der Funktion bei $\underline{\underline{x_{1;2} = 1}}$.

Verhalten der Funktionswerte an den Rändern der Definitionsmenge

Es wird eine Grenzwertbetrachtung durchgeführt:

$$x \to 0^+ : h(x) = \ln(\overbrace{-x^2 + 2x}^{\to 0^+}) \to -\infty$$

$$x \to 2^- : h(x) = \ln(\overbrace{-x^2 + 2x}^{\to 0^+}) \to -\infty$$

2.2 Für die Bestimmung von Monotonieintervallen und Extrempunkt wird zunächst mithilfe der Kettenregel die erste Ableitung berechnet:

Ermitteln der ersten Ableitung

$$
\begin{aligned}
h(x) &= \ln(-x^2 + 2x) \\
h'(x) &= \left[\frac{1}{-x^2 + 2x} \cdot (-x^2 + 2x)'\right] && \text{(Ansatz Kettenregel)} \\
&= \frac{1}{-x^2 + 2x} \cdot (-2x + 2) && \text{(Anwendung)} \\
&= \frac{-2x + 2}{-x^2 + 2x}
\end{aligned}
$$

Bestimmen der Punkte mit waagrechter Tangente

Es werden die Nullstellen der ersten Ableitung gesucht, die den Nullstellen des Zählerterms entsprechen:

$$
\begin{aligned}
& & h'(x) &= 0 & \\
&\Rightarrow & -2x + 2 &= 0 & \quad |-2 \\
&\Longleftrightarrow & -2x &= -2 & \quad |:(-2) \\
&\Longleftrightarrow & x_3 &= 1 &
\end{aligned}
$$

Der Funktionswert an dieser Stelle ergibt sich aus Teilaufgabe 2.1 zu $h(1) = 0$, da es sich um die Nullstelle handelt.

Maximale Monotonieintervalle und Art und Koordinaten des Extrempunktes
Es wird eine Vorzeichentabelle erstellt:

x	$0 < x < 1$	$x = 1$	$1 < x < 2$	Skizzen
$h'(x)$-Zähler: $-2x + 2$	$+$	0	$-$	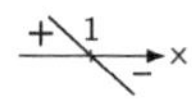
$h'(x)$-Nenner: $-x^2 + 2x$	$+$	$+$	$+$	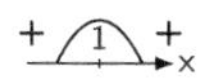
$h'(x)$	$+$	0	$-$	
G_h	$\nearrow$	HOP	$\searrow$	

Somit ist der Graph G_h streng monoton steigend in $]0;\ 1]$ und streng monoton fallend in $[1;\ 2[$. Die Koordinaten des Hochpunktes lauten $\underline{\underline{HOP\,(1\,|\,0)}}$

3.0 Gegeben ist die Funktion $L(t) = \frac{7500 \cdot a}{a + e^{-kt}} + 2000$ mit $t \geq 0$, die in Abhängigkeit der Zeit t in Jahren ab dem Jahresende 1950 die Länge des Autobahnnetzes in der Bundesrepublik Deutschland in Kilometern angibt.

3.1 **Berechnen der Werte der Parameter**
Aus der Tabelle kann die jeweilige Länge der Autobahn in den Jahren 1950 und 1990 entnommen werden. Für das Jahr 1950 ergibt sich also $L(0) = 2128$ und für das Jahr 1990 $L(40) = 8822$. Für den ersten Wert gilt dann:

$$
\begin{aligned}
& & L(0) &= 2128 & & \\
&\Longleftrightarrow & \frac{7500 \cdot a}{a + e^{-k \cdot 0}} + 2000 &= 2128 & &|-2000 \\
&\Longleftrightarrow & \frac{7500 \cdot a}{a + 1} &= 128 & &|\cdot (a+1) \\
&\Longleftrightarrow & 7500 \cdot a &= 128a + 128 & &|-128a \\
&\Longleftrightarrow & 7372 \cdot a &= 128 & &|:7372 \\
&\Longleftrightarrow & \underline{\underline{a \approx 0{,}017}} & & &
\end{aligned}
$$

Eingesetzt gilt damit weiterhin für den Funktionswert von 1990:

$$
\begin{aligned}
& & L(40) &= 8822 & & \\
&\Longleftrightarrow & \frac{7500 \cdot 0{,}017}{0{,}017 + e^{-40k}} + 2000 &= 8822 & &|-2000 \\
&\Longleftrightarrow & \frac{127{,}5}{0{,}017 + e^{-40k}} &= 6822 & &|\cdot (0{,}017 + e^{-40k}) \\
&\Longleftrightarrow & 127{,}5 &= 115{,}974 + 6822e^{-40k} & &|-115{,}974 \\
&\Longleftrightarrow & 11{,}526 &= 6822e^{-40k} & &|:6822
\end{aligned}
$$

$$\iff \quad e^{-40k} = \frac{11{,}526}{6822} \qquad |\ln(\ )$$

$$\iff \quad -40k = \ln\left(\frac{11{,}526}{6822}\right) \qquad |:(-40k)$$

$$\iff \quad k = -\frac{1}{40}\ln\left(\frac{11{,}526}{6822}\right)$$

$$\iff \quad \underline{\underline{k \approx 0{,}16}}$$

Die Funktionsgleichung lautet demnach $L(t) = \frac{127{,}5}{0{,}017 + e^{-0{,}16t}} + 2000$.

3.2 **Vervollständigen der Tabelle**

Durch Einsetzen in die Funktionsgleichung und jeweils Multiplikation mit Faktor 0,95 oder 1,05 erhält man die fehlenden Werte der Tabelle.

Jahr	1950	1955	1960	1965	1970	1975	1980	1985	1990
U(t)	2019	2160	2453	3024	3997	5330	6701	7752	8391
Länge	2128	2187	2551	3204	4110	5742	7292	8198	8822
O(t)	2232	2387	2712	3343	4418	5891	7406	8568	9274

Beurteilung des Modells

Die Werte der tatsächlichen Länge liegen stets im Intervall zwischen den jeweiligen Werten von $U(t)$ und $O(t)$. Demnach kann das Modell als realitätsnah eingestuft werden.

3.3 **Jahr, in dem die Gesamtlänge von 7500 km überschritten wird**

Es wird das Jahr gesucht, in dem $L(t) = 7500$ gilt.

$$L(t) = 7500$$

$$\iff \quad \frac{127{,}5}{0{,}017 + e^{-0{,}16t}} + 2000 = 7500 \qquad |-2000$$

$$\iff \quad \frac{127{,}5}{0{,}017 + e^{-0{,}16t}} = 5500 \qquad \cdot(0{,}017 + e^{-0{,}16t})$$

$$\iff \quad 127{,}5 = 93{,}5 + 5500e^{-0{,}16t} \qquad |-93{,}5$$

$$\iff \quad 34 = 5500e^{-0{,}16t} \qquad |:5500$$

$$\iff \quad e^{-0{,}16t} = \frac{34}{5500} \qquad |\ln(\ )$$

$$\iff \quad -0{,}16t = \ln\left(\frac{34}{5500}\right) \qquad |:(-0{,}16)$$

$$\iff \quad t = -\frac{\ln\left(\frac{34}{5500}\right)}{0{,}16}$$

$$\iff \quad t_1 \approx 31{,}79$$

Die Gesamtlänge von 7500 km wird nach Modell im Jahr $\underline{\underline{1982}}$ überschritten.

3.4 **Berechnen der Wendestelle**

Um eine Aussage über die Wendestelle zu treffen, wird der gegebene Term der zweiten Ableitung analysiert. Für den Nennerterm gilt dabei:

$$\underbrace{(\overbrace{0{,}017}^{>0}+\overbrace{e^{-0{,}16t}}^{>0})^3}_{>0}$$

Für den Zählerterm der zweiten Ableitung gilt:

$$\underbrace{-3{,}264\cdot\overbrace{e^{-0{,}16t}}^{>0}}_{<0}\cdot(0{,}017-e^{-0{,}16t})$$

Das Vorzeichen der zweiten Ableitung ist also nur abhängig vom Term $(0{,}017-e^{-0{,}16t})$. Entsprechend liegt die Nullstelle der zweiten Ableitung auch bei der Nullstelle dieses Terms:

$$\begin{aligned}
&& \ddot{L}(t) &= 0 && \\
\Rightarrow && 0{,}017-e^{-0{,}16t} &= 0 && |+e^{-0{,}16t}\\
\Longleftrightarrow && e^{-0{,}16t} &= 0{,}017 && |\ln(\;)\\
\Longleftrightarrow && -0{,}16t &= \ln(0{,}017) && |:(-0{,}16)\\
\Longleftrightarrow && t &= -\frac{\ln(0{,}017)}{0{,}16} && \\
\Longleftrightarrow && t_2 &\approx 25{,}47 &&
\end{aligned}$$

Somit ist t_2 von einfacher Vielfachheit.
Gemäß obiger Betrachtung wechselt hier das Vorzeichen der zweiten Ableitung. Demnach handelt es sich bei $\underline{\underline{t_W \approx 25{,}47}}$ also tatsächlich um die Wendestelle der Funktion. Im Sachzusammenhang folgt daraus, dass das Autobahnnetz im Jahr 1976 am stärksten gewachsen ist.

Ermitteln der ersten Ableitung
Mithilfe von Ketten- und Quotientenregel wird die erste Ableitung ermittelt:

$$\begin{aligned}
L(t) &= \frac{127{,}5}{0{,}017+e^{-0{,}16t}}+2000\\
\dot{L}(t) &= \left[\frac{(127{,}5)'\cdot(0{,}017+e^{-0{,}16t})-127{,}5\cdot(0{,}017+e^{0{,}16t})'}{(0{,}017+e^{-0{,}16t})^2}\right] && \text{(Ansatz Quot.-/Kettenregel)}\\
&= \frac{0-127{,}5\cdot e^{-0{,}16t}\cdot(-0{,}16)}{(0{,}017+e^{-0{,}16t})^2} && \text{(Anwendung)}\\
&= \frac{20{,}4e^{-0{,}16t}}{(0{,}017+e^{-0{,}16t})^2}
\end{aligned}$$

Für den Wert an der Wendestelle $t_W = 25{,}47$ folgt:

$$\dot{L}(t_W) = \frac{20{,}4\cdot e^{-0{,}16\cdot 25{,}47}}{(0{,}017+e^{-0{,}16\cdot 25{,}47})^2}\approx 300$$

Im Sachzusammenhang bedeutet dies, dass im Jahr 1976 nach Modell das stärkste Wachstum der Autobahn von etwa 300 km im Jahr erfolgte.

3.5 **Graphische Darstellung**
Für die graphische Darstellung wird eine Wertetabelle als Hilfestellung erstellt:

t	0	5	10	15	20	25	30	35	40
L(t)	2125	2273	2582	3184	4207	5610	7054	8160	8832

Mithilfe dieser Werte kann nun die grafische Darstellung erfolgen:

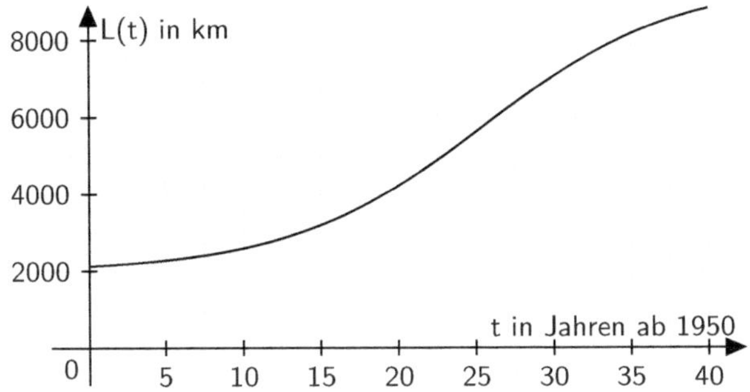

3.6 **Bestimmen des Grenzwertes**

$$t \to \infty: \ L(t) = \frac{127{,}5}{0{,}017 + \underbrace{e^{-0{,}16t}}_{\to 0}} + 2000 \to \frac{127{,}5}{0{,}017} + 2000 = \underline{\underline{9500}}$$

Interpretation im Sachzusammenhang und Gründe für stärkeres Wachstum

Im Sachzusammenhang bedeutet der Grenzwert, dass sich die Gesamtlänge der Autobahn nach Modell auf lange Sicht einem Wert von 9500 km annähert.

Mögliche Gründe für das tatsächlich auftretende stärkere Wachstum sind beispielsweise die deutsche Wiedervereinigung, die verstärkte Förderung oder Anbindung strukturschwacher Regionen etc.

1.0 Gegeben ist die Funktion $h\colon x \longmapsto \dfrac{x^3 + 3x^2 + 3x}{x^2 + 2x}$ in der maximalen Definitionsmenge $D_h \subset \mathbb{R}$.

1.1 Bestimmen Sie D_h, prüfen Sie h auf Nullstellen und folgern Sie daraus die Art der Definitionslücken. Untersuchen Sie das Verhalten der Funktionswerte bei Annäherung an die Definitionslücken. **7 BE**

1.2.0 Die Funktion $f\colon x \longmapsto \dfrac{x^2 + 3x + 3}{x + 2}$ mit $D_f = \mathbb{R}\setminus\{-2\}$ ist die stetige Fortsetzung der Funktion h (Nachweis nicht erforderlich). Ihr Graph wird mit G_f bezeichnet.
(**Hinweis:** Stetige Fortsetzung ist als Begriff nicht mehr relevant nach LehrplanPLUS. Da hier kein Nachweis erforderlich ist, kann die Aufgabe dennoch bearbeitet werden.)

1.2.1 Zeigen Sie, dass sich die Gleichung der Funktion f auch in der Form $f(x) = x + 1 + \dfrac{1}{x + 2}$ darstellen lässt und geben Sie jeweils die Gleichung und die Art aller Asymptoten von G_f an. **4 BE**

1.2.2 Untersuchen Sie, ob sich der Graph G_f für $x \to \infty$ von oben oder von unten der schiefen Asymptote annähert. **3 BE**

1.2.3 Ermitteln Sie die maximalen Monotonieintervalle sowie die Art und Koordinaten der Extrempunkte von G_f.

[Mögliches Teilergebnis: $f'(x) = \dfrac{x^2 + 4x + 3}{(x + 2)^2}$] **8 BE**

1.2.4 Zeichnen Sie den Graphen G_f und seine Asymptoten für $-4 \leq x \leq 5$ in ein kartesisches Koordinatensystem. **5 BE**

1.2.5 Berechnen Sie das bestimmte Integral $\int_0^4 (f(x) - (x + 1))\,dx$ auf zwei Nachkommastellen gerundet und schraffieren Sie die zugehörige Fläche im Koordinatensystem der Teilaufgabe 1.2.4. **5 BE**

2.0 Das Haber-Bosch-Verfahren dient zur Herstellung von Ammoniak, der wesentlicher Ausgangsstoff zur Düngemittelproduktion ist und deshalb eine außerordentliche Bedeutung für die Nahrungsversorgung der Weltbevölkerung besitzt. Die Ammoniakausbeute beim Haber-Bosch-Verfahren ist temperatur- und druckabhängig. Bei einem Druck von 300 bar und einem Temperaturbereich von $200°C \leq T \leq 700°C$ besteht eine funktionale Abhängigkeit zwischen der Ammoniakausbeute A in Prozent und der Temperatur T in °C. Die Funktion A mit der Gleichung $A(T) = \frac{7200}{72 + e^{0{,}0106T}}$ und der Definitionsmenge $D_A = [200; 700]$ beschreibt näherungsweise diesen Zusammenhang. Auf die Temperatureinheit °C und das Prozentzeichen % kann bei den Rechnungen verzichtet werden. Die Temperaturangaben sind auf ganze Zahlen zu runden.

2.1 Bestimmen Sie das Monotonieverhalten der Funktion A.

[Mögliches Teilergebnis: $A'(T) = \frac{-76{,}32e^{0{,}0106T}}{(72 + e^{0{,}0106T})^2}$] **4 BE**

2.2 Die folgende Berechnung der zweiten Ableitung enthält **einen** Fehler. Benennen Sie den Fehler in Worten und geben Sie den Term der zweiten Ableitung richtig an.

$$A''(T) = \frac{-76{,}32e^{0{,}0106T} \cdot 0{,}0106 \cdot (72 + e^{0{,}0106T})^2 - (-76{,}32e^{0{,}0106T}) \cdot 2 \cdot (72 + e^{0{,}0106T}) \cdot e^{0{,}0106T} \cdot 0{,}0106}{(72 + e^{0{,}0106T})^2}$$

$$A''(T) = \frac{-76{,}32e^{0{,}0106T} \cdot 0{,}0106 \cdot (72 + e^{0{,}0106T}) - (-76{,}32e^{0{,}0106T}) \cdot 2 \cdot e^{0{,}0106T} \cdot 0{,}0106}{72 + e^{0{,}0106T}}$$

$$A''(T) = \frac{-76{,}32e^{0{,}0106T} \cdot 0{,}0106 \cdot ((72 + e^{0{,}0106T}) - 2 \cdot e^{0{,}0106T})}{72 + e^{0{,}0106T}}$$

$$A''(T) = \frac{-76{,}32e^{0{,}0106T} \cdot 0{,}0106 \cdot (72 - e^{0{,}0106T})}{72 + e^{0{,}0106T}}$$

3 BE

2.3 Zeichnen Sie den Graphen der Funktion A für den angegebenen Temperaturbereich in ein geeignetes Koordinatensystem (Maßstab: 1 cm ≙ 50°C auf der Abszisse, 1 cm ≙ 10 % auf der Ordinate).
Lesen Sie die Koordinaten des Wendepunktes des Graphen der Funktion A näherungsweise aus der Zeichnung ab und interpretieren Sie diese im Sachzusammenhang. **6 BE**

3.0 Zwischen dem Alter einer Eiche in Jahren und ihrem Stammdurchmesser x in Metern besteht ein funktionaler Zusammenhang j, der modellhaft die Gleichung $j(x) = 80 \ln\left(\frac{60x}{3-x}\right)$ beschrieben ist. Der Schnitt durch den Stamm der Eiche wird dabei näherungsweise als Kreis angenommen. Der Durchmesser wird in einer Höhe von 1,30 m über dem Boden gemessen. Nebenstehende Abbildung zeigt den Graphen der Funktion j mit der Definitionsmenge $D_j = [0{,}067; 2{,}95]$. Der Graph G_j der Funktion j besitzt einen Wendepunkt. Die Altersangaben sind auf ganze Jahre zu runden. Auf die Mitführung von Einheiten kann verzichtet werden.

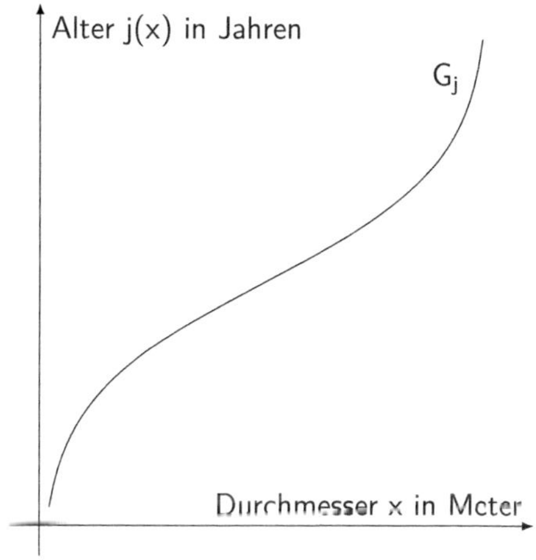

3.1 Bestimmen Sie das Alter einer Eiche, wenn in einer Höhe von 1,30 m der Umfang des Stammes 600 cm beträgt. **3 BE**

3.2 Ermitteln Sie die Wertemenge der Funktion j - auch unter Verwendung des Graphen von 3.0 - und interpretieren Sie Ihr Ergebnis im Sachzusammenhang. **4 BE**

3.3 Eine der folgenden vier Abbildungen zeigt den Graph der ersten Ableitungsfunktion j'. Geben Sie den Buchstaben des richtigen Graphen an und stützen Sie Ihre Wahl durch ein bekräftigendes Argument. Begründen Sie für jeden anderen Graphen mit einem stichhaltigen Argument, warum dieser nicht in Frage kommt.

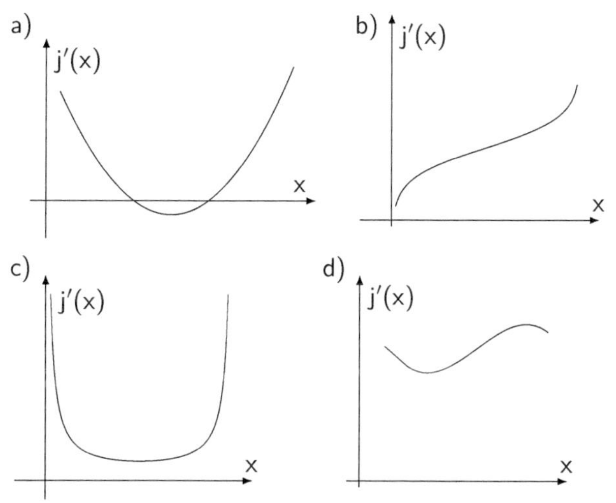

4 BE

3.4 Gegeben ist die Gleichung der zweiten Ableitung $j''(x) = \frac{-240(3-2x)}{(3x-x^2)^2}$ der Funktion j (Nachweis nicht erforderlich!). Berechnen Sie die Koordinaten des Wendepunktes W von G_j und erläutern Sie die Bedeutung im Sachzusammenhang. **4 BE**

1.0 Untersucht wird die Funktion $h(x) = \frac{x^3+3x^2+3x}{x^2+2x}$ mit $D_h \subset \mathbb{R}$.

1.1 **Definitionsmenge**

Die Einschränkung der Definitionsmenge entsteht, da nie durch null geteilt werden darf und der Nennerterm somit ungleich null sein muss.

$$\begin{aligned} & x^2 + 2x \neq 0 \\ \iff \quad & x(x+2) \neq 0 \\ \iff \quad & x_1 \neq 0 \quad \text{und} \quad x_2 \neq -2 \end{aligned}$$

Damit lautet die Definitionsmenge $D_h = \mathbb{R}\setminus\{-2{,}0\}$.

Nullstellen

Die Nullstellen der Funktion entsprechen den Nullstellen des Zählerterms. Dafür gilt:

$$\begin{aligned} & h(x) = 0 \\ \Rightarrow \quad & x^3 + 3x^2 + 3x = 0 \\ \iff \quad & x(x^2 + 3x + 3) = 0 \end{aligned}$$

Damit kann die vermeintliche Nullstelle $x_3 = 0$ abgelesen werden, allerdings handelt es sich dabei **nicht** um eine Nullstelle, da $0 \notin D_h$ ist. Für den verbleibenden quadratischen Term wird die Diskriminante untersucht:

$$D = 3^2 - 4 \cdot 1 \cdot 3 = -3 < 0$$

Da $D < 0$ ist, hat auch der quadratische Term keine Nullstelle. Somit besitzt $h(x)$ **keine** Nullstelle.

Art der Definitionslücke

Aus der Betrachtung der Nullstellen können Rückschlüsse auf die Art der Definitionslücke gezogen werden.

Bei $x_1 = 0$ handelt es sich um eine Nullstelle von Zähler- und von Nennerterm ungleicher Vielfachheit, demnach liegt hier eine stetig behebbare Definitionslücke vor, da der dazugehörige Linearfaktor x komplett aus N(x) gekürzt werden kann.

An der Stelle $x_2 = -2$ liegt eine einfache Nullstelle des Nennerterms vor, sodass hier der Nennerterm einen Vorzeichenwechsel hat, der Zählerterm aber keine Nullstelle aufweißt. Damit handelt sich bei dieser Definitionslücke um eine Unendlichkeitsstelle 1. Ordnung mit Vorzeichenwechsel.

Verhalten der Funktionswerte bei Annäherung an die Definitionslücken

Für die Annäherung an die behebbare Definitionslücke $x = 0$ gilt:

$$x \to 0^{\pm}: h(x) = \frac{\not{x}(x^2+3x+3)}{\not{x}(x+2)} = \frac{\overbrace{x^2+3x+3}^{\to 3}}{\underbrace{x+2}_{\to 2}} \to \underline{\underline{\frac{3}{2}}}$$

Für Annäherung an die Unendlichkeitsstelle 1. Ordnung mit Vorzeichenwechsel bei $x = -2$ wird links- und rechtsseitiger Grenzwert unterschieden:

$$x \to -2^-: h(x) = \frac{\overbrace{x^3+3x^2+3x}^{\to -2}}{\underbrace{x^2+2x}_{\to 0^+}} \to \underline{\underline{-\infty}} \qquad x \to -2^+: h(x) = \frac{\overbrace{x^3+3x^2+3x}^{\to -2}}{\underbrace{x^2+2x}_{\to 0^-}} \to \underline{\underline{+\infty}}$$

1.2.0 Gegeben ist nun die Funktion $f(x) = \frac{x^2 + 3x + 3}{x + 2}$ mit $D_f = \mathbb{R} \backslash \{-2\}$ als stetige Fortsetzung der Funktion h.

1.2.1 **Nachweis des alternativen Funktionsterms**
Um den gegebenen Funktionsterm nachzuweisen wird eine Polynomdivision durchgeführt.

$$\begin{array}{rrrl} & (x^2 & +3x & +3) : (x+2) = \overbrace{x+1}^{\text{ganzrat.Teil}} + \overbrace{\frac{1}{x+2}}^{\text{echt gebr.rat.Teil}} \\ - & (x^2 & +2x &) \\ \hline & & x & +3 \\ & - & (x & +2) \\ \hline & & & 1 \end{array}$$

q.e.d

Gleichung und Art aller Asymptoten
Die Gleichungen folgen aus der alternativen Darstellung des Funktionsterms. Aus dem ganzrationalen Anteil ergibt sich die Gleichung einer **schiefen Asymptote** $\underline{\underline{y = x + 1}}$. Aus dem echt gebrochenrationalen Teil des Funktionsterms folgt aus der Nullstelle des Nennerpolynoms zudem die Gleichung einer **senkrechten Asymptote** zu $\underline{\underline{x = -2}}$.

1.2.2 **Untersuchen der Annäherung an die schiefe Asymptote**
Zur Betrachtung wird eine Differenzfunktion d(x) eingeführt, die dem Funktionsterm von f(x) abzüglich der Gleichung der schiefen Asymptote ist:

$$d(x) = x + 1 + \frac{1}{x+2} - (x + 1) = \frac{1}{x+2}$$

Dafür wird nun eine Grenzwertbetrachtung für $x \to \infty$ durchgeführt.

$$x \to \infty: d(x) = \frac{\overbrace{1}^{>0}}{\underbrace{x+2}_{\to\infty}} \to 0^+$$

Somit findet die Annäherung des Graphen G_f an die schiefe Asymptote von oben statt.

1.2.3 Zur Bestimmung der Monotonieintervalle wird zunächst mithilfe der Quotientenregel die erste Ableitung bestimmt:

Ermitteln der ersten Ableitung

$$\begin{aligned} f(x) &= \frac{x^2 + 3x + 3}{x + 2} \\ f'(x) &= \left[\frac{(x^2 + 3x + 3)' \cdot (x + 2) - (x^2 + 3x + 3) \cdot (x + 2)'}{(x + 2)^2}\right] && \text{(Ansatz Quotientenregel)} \\ &= \frac{(2x + 3) \cdot (x + 2) - (x^2 + 3x + 3) \cdot 1}{(x + 2)^2} && \text{(Anwendung)} \end{aligned}$$

$$= \frac{2x^2 + 4x + 3x + 6 - x^2 - 3x - 3}{(x+2)^2} \qquad \text{(Zusammenfassen)}$$

$$= \frac{x^2 + 4x + 3}{(x+2)^2} \qquad \text{(Zur Kontrolle angegeben)}$$

Bestimmen der Punkte mit waagrechter Tangente
Es werden die Nullstellen der ersten Ableitung gesucht, welche den Nullstellen des Zählerpolynoms entsprechen:

$$\begin{aligned} f'(x) &= 0 \\ \Rightarrow \quad x^2 + 4x + 3 &= 0 \\ \iff \quad x_{1;2} &= \frac{-4 \pm \sqrt{4^2 - 4 \cdot 1 \cdot 3}}{2 \cdot 1} \\ \iff \quad x_{1;2} &= \frac{-4 \pm \sqrt{4}}{2} \\ \iff \quad x_1 = -3 \quad &\text{oder} \quad x_2 = -1 \end{aligned}$$

Zudem wird der Funktionswert an diesen Stellen bestimmt:

$$f(-3) = -3 + 1 + \frac{1}{-3+2} = -3 \qquad f(-1) = -1 + 1 + \frac{1}{-1+2} = 1$$

Maximale Monotonieintervalle und Art und Koordinaten der möglichen Extrema
Es kann nun eine Vorzeichentabelle betrachtet werden:

	$x < -3$	$x = -3$	$-3 < x < -2$	$x = -2$	$-2 < x < -1$	$x = -1$	$-1 < x$	
$f'(x)$-Zähler: $x^2 + 4x + 3$	+	0	−	−	−	0	+	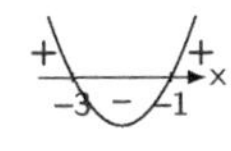
$f'(x)$-Nenner: $(x+2)^2$	+	+	+	0	+	+	+	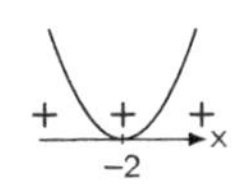
$f'(x)$	+	0	−	n. def.	−	0	+	
G_f	↗	HOP	↘	s. A.	↘	TIP	↗	

Somit ist der Graph G_f in den Intervallen $]-\infty; -3]$ und $[-1; \infty[$ streng monoton steigend und in den Intervallen $[-3; -2[$ und $]-2; -1]$streng monoton fallend. Die Koordinaten der Extrempunkte lauten $\underline{\underline{HOP(-3 \mid -3)}}$ und $\underline{\underline{TIP(-1 \mid 1)}}$.

1.2.4 Die Zeichnung soll folgende Elemente enthalten:

- Graph G_f mit $f(x) = \frac{x^2 + 3x + 3}{x + 2}$
- Asymptoten: $x = -2$ und $y = x + 1$

Für die graphische Darstellung wird eine Wertetabelle als Hilfestellung erstellt:

x	−4	−3	−2,5	−1,5	−1	0	2	4	5
f(x)	−3,5	−3	−3,5	1,5	1	1,5	3,25	5,17	6,14

Mithilfe dieser Werte kann nun die grafische Darstellung erfolgen:

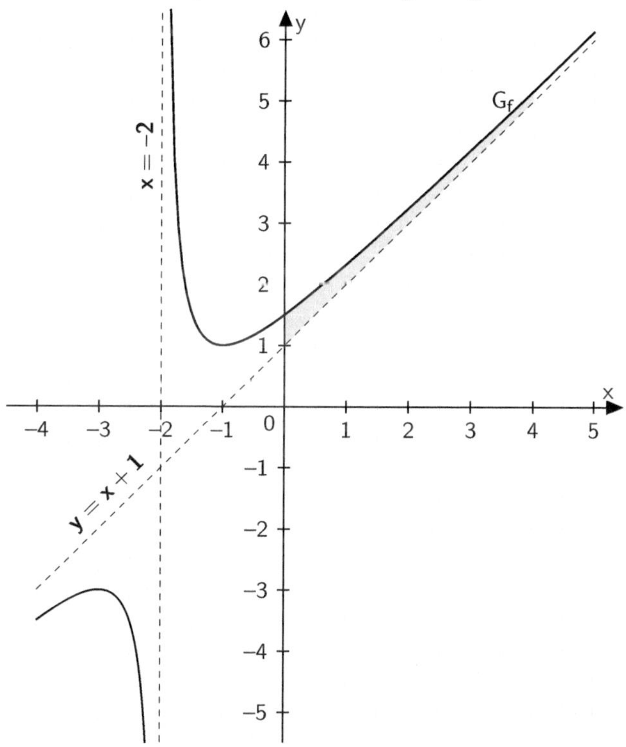

2019

1.2.5 Gegeben ist das Integral über f(x) abzüglich (x − 1), was dem Funktionsterm der Asymptote entspricht. Somit handelt es sich bei dem Integral um die Berechnung des Flächenstücks zwischen G_f und der schiefen Asymptote, welches innerhalb der Integrationsgrenzen x = 0 und x = 4 liegt. Markierung siehe Teilaufgabe 1.2.4.

Berechnen des bestimmten Integrals

$$A = \int_0^4 (f(x) - (x+1))dx = \int_0^4 \left(\frac{1}{x+2}\right) dx = [\ln(|x+2|)]_0^4$$

$$= \ln(6) - \ln(2) = \ln\left(\frac{6}{2}\right) = \ln(3) \approx \underline{\underline{1,10}}\,[\text{FE}]$$

2.0 Gegeben ist die Funktion $A(T) = \frac{7200}{72 + e^{0,0106T}}$ mit $D_A = [200;\, 700]$, die in Abhängigkeit der Temperatur T in °C die Ammoniakausbeute in Prozent angibt.

2.1 **Monotonieverhalten**

Zunächst wird mithilfe von Quotienten- und Kettenregel die erste Ableitung bestimmt.

$$A(T) = \frac{7200}{72 + e^{0{,}0106T}}$$

$$A'(T) = \left[\frac{(7200)' \cdot (72 + e^{0{,}0106T}) - 7200 \cdot (72 + e^{0{,}0106T})'}{(72 + e^{0{,}0106T})^2}\right] \quad \text{(Ansatz Ketten-/Quotientenregel)}$$

$$= \frac{-7200 \cdot e^{0{,}0106T} \cdot 0{,}0106}{(72 + e^{0{,}0106T})^2} \quad \text{(Anwendung)}$$

$$= \frac{-76{,}32e^{0{,}0106T}}{(72 + e^{0{,}0106T})^2} \quad \text{(Zur Kontrolle angegeben)}$$

Für den Zählerterm der ersten Ableitung gilt:

$$\underbrace{\overbrace{-76{,}32}^{<0} \cdot \overbrace{e^{0{,}0106T}}^{>0}}_{<0}$$

Für den Nennerterm gilt:

$$\underbrace{(\overbrace{72}^{>0} + \overbrace{e^{0{,}0106T}}^{>0})^2}_{>0}$$

Wenn der Zählerterm stets kleiner null und der Nennerterm stets größer null ist, dann ist $A'(T) < 0$ und G_A ist streng monoton fallend auf D_A.

2.2 **Benennen des Fehlers in Worten**

Zur Berechnung der zweiten Ableitung wurde hier die Quotientenregel verwendet. Bei dieser wird der Nennerterm jedoch quadriert. Da bereits der Nennerterm der ersten Ableitung die Potenz zwei hat und nun erneut quadriert wird, müsste der Nennerterm der zweiten Ableitung in der ersten Zeile die Potenz vier haben.

Term der zweiten Ableitung

Wenn der Nennerterm in der ersten Zeile die Potenz vier haben müsste und dann einmal gekürzt wird, so müsste er am Ende noch die Potenz drei haben. Damit lautet der richtige Term der zweiten Ableitung:

$$\underline{\underline{A''(T) = \frac{-76{,}32e^{0{,}0106T} \cdot 0{,}0106 \cdot (72 - e^{0{,}0106T})}{(72 + e^{0{,}0106T})^3}}}$$

2.3 **Graphische Darstellung**

Für die graphische Darstellung wird eine Wertetabelle als Hilfestellung erstellt:

T	200	300	400	500	600	700
A(T)	89,6	75,0	50,9	26,4	11,1	4,1

Mithilfe dieser Werte kann nun die grafische Darstellung erfolgen:

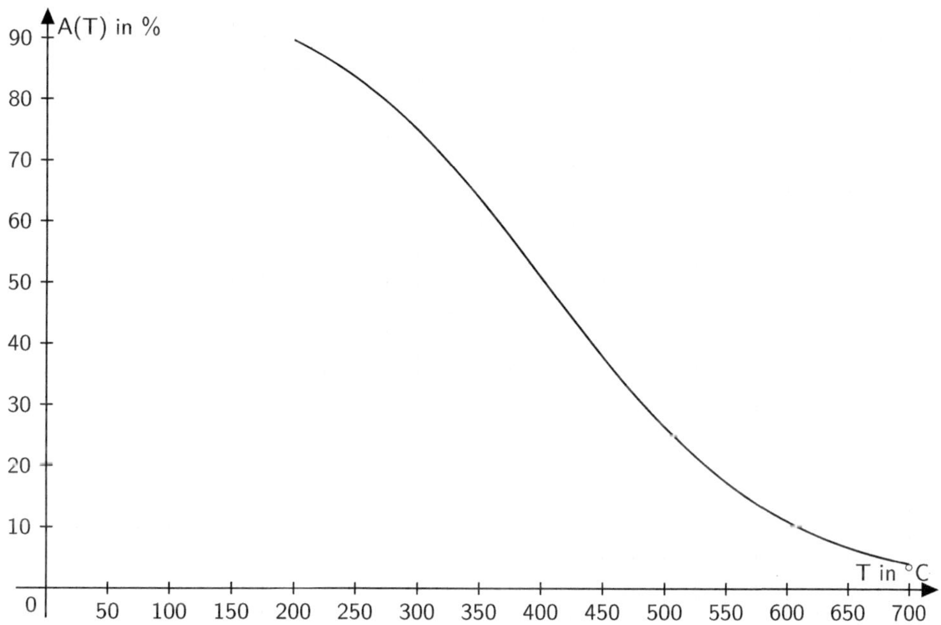

Ablesen der Koordinaten des Wendepunktes und Interpretation
Liest man aus der Darstellung ab, so liegt der Wendepunkt etwa bei WEP (400 | 50).

Zum einen bedeuten die Koordinaten des Punktes, dass die Ausbeute bei einer Temperatur von 400 °C bei etwa 50 % liegt. Zum anderen ist die Bedeutung des Wendepunktes im Sachzusammenhang, dass die Ausbeute in diesem Bereich bei Temperaturerhöhung am stärksten abnimmt.

3.0 Gegeben ist der funktionale Zusammenhang $j(x) = 80 \cdot \ln\left(\frac{60x}{3-x}\right)$ mit $D_j = [0{,}067;\ 2{,}95]$, der in Abhängigkeit des Stammdurchmessers x einer Eiche in Metern das Alter der Eiche angibt.

3.1 **Alter der Eiche**
Aus dem Umfang u wird zunächst der Durchmesser x bestimmt:

$$u = \pi \cdot x \qquad | : \pi$$

$$\Longleftrightarrow \qquad x = \frac{u}{\pi} = \frac{6}{\pi}$$

Es kann nun das Alter dieses Durchmessers bestimmt werden:

$$j\left(\frac{6}{\pi}\right) = 80 \cdot \ln\left(\frac{60 \cdot \frac{6}{\pi}}{3 - \frac{6}{\pi}}\right) \approx 372$$

Das Alter der Eiche liegt nach Modell bei <u>372</u> Jahren.

3.2 **Wertemenge**
Aus der Darstellung ist zu entnehmen, dass der Graph von j streng monoton steigend auf

dem Definitionsbereich ist. Daraus folgt, dass das Minimum der Funktion am linken Rand der Definitionsmenge und das Maximum der Funktion am rechten Rand der Definitionsmenge liegt. Diese Werte werden jeweils berechnet:

$$j(0{,}067) = 80 \cdot \ln\left(\frac{60 \cdot 0{,}067}{3 - 0{,}067}\right) \approx 25$$
$$j(2{,}95) = 80 \cdot \ln\left(\frac{60 \cdot 2{,}95}{3 - 2{,}95}\right) \approx 654$$

Die Wertemenge der Funktion lautet also $\underline{\underline{W_j = [25;\ 654]}}$, was bedeutet, dass das Modell im Alter von ca. 25 bis ca. 654 Jahren Gültigkeit hat.

3.3 Zunächst werden alle Graphen aufgelistet, die nicht in Frage kommen. Dazu werden jeweils zwei mögliche Begründungen angegeben.

a) Die erste Ableitung hat hier negative Werte, was bedeuten würde, dass G_j zwischendurch fallend ist, was nicht der Fall ist.
Zudem weißt die erste Ableitung Nullstellen auf, sodass G_j Stellen mit waagrechter Tangenten haben müsste. Auch diese gibt es nicht.

b) Die Werte von $j'(x)$ nehmen hier für größere x immer weiter zu, was bedeuten würde, dass G_j immer steiler ansteigen müsste. Dies ist jedoch nicht der Fall.
Aus den Angaben ist bekannt, dass G_j einen Wendepunkt besitzt, weshalb der Graph der ersten Ableitung $j'(x)$ einen Extrempunkt besitzen muss, was hier nicht der Fall ist.

d) Hier nehmen die Funktionswerte von $j'(x)$ für größere x wieder ab, was bedeutet, dass auch das Wachstum von G_j für große x abnehmen müsste. In der Darstellung sieht man allerdings, dass das Wachstum von G_j zum Ende hin zunimmt.
Laut Angabe weißt G_j genau einen Wendepunkt auf, weshalb der Graph von $j'(x)$ auch genau einen Extrempunkt haben sollte. Der Graph von $j'(x)$ weißt in diesem Fall allerdings zwei Extrempunkte auf.

Demnach ist **c)** der richtige Graph. Argumente, die dies Begründen sind zum Beispiel:

- $j'(x)$ ist stets positiv, da G_j streng monoton steigend ist.
- Für zunehmende x sind die Werte der Ableitung $j'(x)$ zunächst größer, nehmen dann ab und schließlich wieder zu. Dies entspricht dem Verlauf von G_j, da dieser zunächst eine große Steigung hat, diese dann kleiner wird und für große x wieder zunimmt.
- Die Minimalstelle von $j'(x)$ entspricht in der Position der Wendestelle von G_j.

3.4 **Berechnen der Koordinaten des Wendepunktes**
Es wird zunächst die Nullstelle der zweiten Ableitung berechnet. Diese entspricht der Nullstelle des Zählerterms der zweiten Ableitung.

$$\begin{aligned} & & j''(x) &= 0 & \\ &\Rightarrow & -240(3-2x) &= 0 & \\ &\Rightarrow & 3-2x &= 0 & &\mid -3 \\ &\Longleftrightarrow & -2x &= -3 & &\mid :(-2) \\ &\Longleftrightarrow & x &= 1{,}5 & \end{aligned}$$

Da dies die einzige Nullstelle der zweiten Ableitung ist, und diese in der Definitionsmenge liegt, handelt es sich hierbei um den Wendepunkt der Funktion, da G_j laut Angabe genau einen Wendepunkt besitzt. Zudem wird der Funktionswert an dieser Stelle ermittelt:

$$j(1{,}5) = 80 \cdot \ln\left(\frac{60 \cdot 1{,}5}{3 - 1{,}5}\right) \approx 328$$

Die Koordinaten des Wendepunktes lauten also $\underline{\underline{WEP\,(1{,}5\,|\,328)}}$.

Bedeutung im Sachzusammenhang
Bei einem Durchmesser von 1,5 m und einem Alter von 328 Jahren ist die Zunahme des Alters bei zunehmende? Stammdurchmesser am geringsten. Somit kann das Alter des Baumes bei ca. 1,5 m Stammdurchmesser am genauesten bestimmt werden.

1.0 Im $\mathbb{R}^3$ sind die Vektoren $\vec{a} = \begin{pmatrix} 2 \\ -3 \\ 0 \end{pmatrix}$, $\vec{b} = \begin{pmatrix} 2 \\ 0 \\ -4 \end{pmatrix}$ und $\vec{c}_a = \begin{pmatrix} 1 \\ a-1 \\ 0 \end{pmatrix}$ mit $a \in \mathbb{R}$ gegeben.

1.1 Untersuchen Sie, für welche Werte von a die Vektoren $\vec{a}, \vec{b}$ und $\vec{c}_a$ eine Basis des $\mathbb{R}^3$ bilden. **4 BE**

1.2 Für diese Teilaufgabe gilt $a = 5$. Stellen Sie den Vektor $\vec{d} = \begin{pmatrix} -4 \\ -2 \\ -4 \end{pmatrix}$ als Linearkombination von $\vec{a}, \vec{b}$ und $\vec{c}_5$ dar. **3 BE**

1.3 Der Punkt $P(2|0|0)$ und die Vektoren $\vec{a}$ und $\vec{b}$ legen die Ebene F fest. Ermitteln Sie eine Gleichung für F in Parameter- und Koordinatenform.

[Mögliches Teilergebnis: $F\colon 6x_1 + 4x_2 + 3x_3 = 12$] **4 BE**

1.4 Berechnen Sie die Schnittpunkte von F mit den Koordinatenachsen und veranschaulichen Sie die Ebene F in einem Koordinatensystem. **4 BE**

1.5 Gegeben ist die Geradenschar $g_a\colon \vec{x} = \begin{pmatrix} 1 \\ 2 \\ 3 \end{pmatrix} + \mu \begin{pmatrix} 1 \\ a-1 \\ 0 \end{pmatrix}$ mit $a, \mu \in \mathbb{R}$. Bestimmen Sie die gegenseitige Lage von g_a und F in Abhängigkeit von a. Bei der Bearbeitung können auch die Ergebnisse der Teilaufgabe 1.1 verwendet werden. **5 BE**

1.6.0 Gegeben sind die Punkte $A(2|-3|0)$, $B(2|0|-4)$, $D(-4|-2|-4)$ und $E(-4|-5|0)$ in einem kartesischen Koordinatensystem des $\mathbb{R}^3$.

1.6.1 Zeigen Sie, dass das Viereck DBAE ein Parallelogramm ist und begründen Sie, dass das Parallelogramm nicht in der Ebene F aus Teilaufgabe 1.3 liegt.

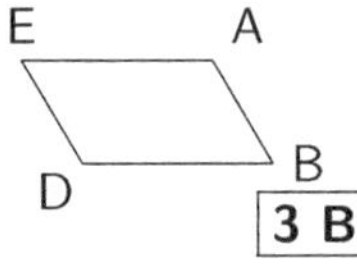

3 BE

1.6.2 Das Viereck $D^*B^*A^*E^*$ geht durch Parallelverschiebung um den Vektor $\vec{u} = \begin{pmatrix} -\frac{4}{3} \\ 4 \\ 3 \end{pmatrix}$ aus dem Viereck DBAE hervor. Werden die Punkte DBAE und die Punkte $D^*B^*A^*E^*$ gemäß der Skizze verbunden, entsteht ein Prisma.
Überprüfen Sie rechnerisch, ob sich die Diagonalen DA^* und BE^* des Prismas schneiden und geben Sie gegebenenfalls die Koordinaten des Schnittpunktes an.

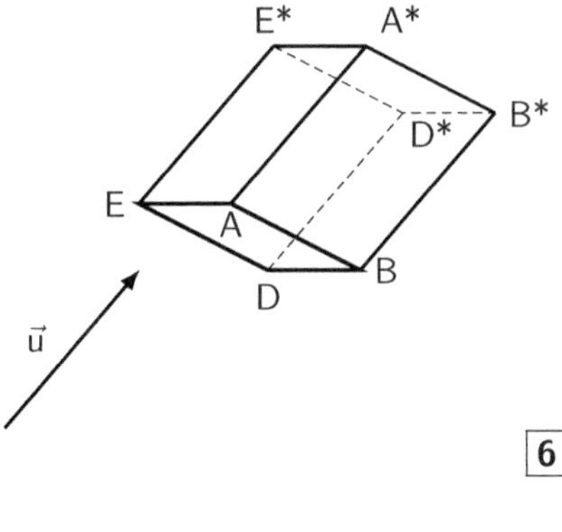

6 BE

2.0 *Aufgabe nicht mehr prüfungsrelevant nach LehrplanPLUS*

Die Sektoren S_1, S_2 und S_3 eines Industrieunternehmens sind untereinander und mit dem Markt nach dem Leontief-Modell verflochten. Für die laufende Produktionsperiode ergibt sich folgende Tabelle (alle Angaben in Mengeneinheiten ME):

	S_1	S_2	S_3	Markt	Gesamtproduktion
S_1	64	48	a	16	160
S_2	48	b	8	16	80
S_3	48	16	64	32	160

2.1 *Aufgabe nicht mehr prüfungsrelevant nach LehrplanPLUS*

Ermitteln Sie die Werte von a und b und geben Sie deren Bedeutung im Sinne der vorliegenden Thematik an. (2 BE)

2.2 *Aufgabe nicht mehr prüfungsrelevant nach LehrplanPLUS*

In der nächsten Produktionsperiode müssen 27 ME als Eilauftrag von Sektor S_1 an den Markt geliefert werden. Die Sektoren S_2 und S_3 liefern deswegen nichts an den Markt.
Ermitteln Sie die zu dieser Produktionsperiode gehörenden Produktionszahlen, wenn die Inputmatrix mit $A=\begin{pmatrix} 0,4 & 0,6 & 0,2 \\ 0,3 & 0,1 & 0,05 \\ 0,3 & 0,2 & 0,4 \end{pmatrix}$ gegeben ist. (4 BE)

2.3 *Aufgabe nicht mehr prüfungsrelevant nach LehrplanPLUS*

Auf lange Sicht ist eine Verdreifachung der Gesamtprokduktion der Sektoren S_1 und S_3 gegenüber der Situation aus 2.0 geplant. Bestimmen Sie, in welchem Intervall sich dann die möglichen Produktionszahlen von S_2 bewegen. (5 BE)

1.0 Gegeben sind die Vektoren $\vec{a} = \begin{pmatrix} 2 \\ -3 \\ 0 \end{pmatrix}$, $\vec{b} = \begin{pmatrix} 2 \\ 0 \\ -4 \end{pmatrix}$ und $\vec{c}_a = \begin{pmatrix} 1 \\ a-1 \\ 0 \end{pmatrix}$ mit $a \in \mathbb{R}$.

1.1 **Werte von a, für die eine Basis gebildet wird**

Es wird die Gleichung $r \cdot \vec{a} + s \cdot \vec{b} + t \cdot \vec{c} = 0$ untersucht. Wenn dieses nur die triviale Lösung $r = s = t = 0$ besitzt, sind die Vektoren linear unabhängig und bilden eine Basis. Dies wird mithilfe des Gauß-Algorithmus überprüft.

$$r \cdot \begin{pmatrix} 2 \\ -3 \\ 0 \end{pmatrix} + s \cdot \begin{pmatrix} 2 \\ 0 \\ -4 \end{pmatrix} + t \cdot \begin{pmatrix} 1 \\ a-1 \\ 0 \end{pmatrix} = 0 \Rightarrow \left\{ \begin{array}{llll} 2r & +2s & +1t & = 0 \\ -3r & +0s & +(a-1)t & = 0 \\ 0r & -4s & +0t & = 0 \end{array} \right.$$

$$\begin{array}{c} \\ \text{I} \\ \Rightarrow \text{II} \\ \text{III} \end{array} \begin{array}{c} \begin{array}{ccc} r & s & t \end{array} \\ \left(\begin{array}{ccc|c} 2 & 2 & 1 & 0 \\ -3 & 0 & a-1 & 0 \\ 0 & -4 & 0 & 0 \end{array}\right) \end{array}$$

$$\Rightarrow \begin{array}{c} \\ \text{II}' \\ \text{III}' \end{array} \left(\begin{array}{ccc|c} 2 & 2 & 1 & 0 \\ 0 & 6 & 2a+1 & 0 \\ 0 & -4 & 0 & 0 \end{array}\right) \qquad \begin{array}{l} \\ 2 \cdot \text{II} + 3 \cdot \text{I} \\ \text{III} \end{array}$$

$$\Rightarrow \begin{array}{c} \\ \\ \text{III}'' \end{array} \left(\begin{array}{ccc|c} 2 & 2 & 1 & 0 \\ 0 & 6 & 2a+1 & 0 \\ 0 & 0 & 4a+2 & 0 \end{array}\right) \qquad \begin{array}{l} \\ \\ 3 \cdot \text{III}' + 2 \cdot \text{II}' \end{array}$$

Es wird nun explizit die dritte Zeile betrachtet, da daran entschieden werden kann, ob die Vektoren linear unabhängig sind.

$$\begin{array}{rrl} & 4a + 2 = 0 & \quad |-2 \\ \Longleftrightarrow & 4a = -2 & \quad |:4 \\ \Longleftrightarrow & a = -\frac{1}{2} & \end{array}$$

Für $a = -\frac{1}{2}$ wären alle Einträge in Zeile III'' gleich null. Das Gleichungssystem würde unendlich viele Lösungen besitzen und die Vektoren würden keine Basis bilden. Für alle Werte $\underline{\underline{a \neq -\frac{1}{2}}}$ sind die Vektoren somit voneinander linear unabhängig und bilden eine Basis des $\mathbb{R}^3$.

1.2 **Darstellung als Linearkombination**

Um zur Darstellung des Vektors $\vec{d}$ als Linearkombination von $\vec{a}$, $\vec{b}$ und $\vec{c}$ zu gelangen, muss folgende Gleichung gelöst werden:

$$\lambda_1 \cdot \vec{a} + \lambda_2 \cdot \vec{b} + \lambda_3 \cdot \vec{c}_5 = \vec{d}$$

Um diese Gleichung zu lösen bieten sich zwei Möglichkeiten an:

<u>*Möglichkeit 1:* Gauß-Algorithmus</u>

$$\lambda_1 \cdot \begin{pmatrix} 2 \\ -3 \\ 0 \end{pmatrix} + \lambda_2 \cdot \begin{pmatrix} 2 \\ 0 \\ -4 \end{pmatrix} + \lambda_3 \cdot \begin{pmatrix} 1 \\ 4 \\ 0 \end{pmatrix} = \begin{pmatrix} -4 \\ -2 \\ -4 \end{pmatrix} \Rightarrow \left\{ \begin{array}{llll} 2\lambda_1 & +2\lambda_2 & +1\lambda_3 & = -4 \\ -3\lambda_1 & +0\lambda_2 & +4\lambda_3 & = -2 \\ 0\lambda_1 & -4\lambda_2 & +0\lambda_3 & = -4 \end{array} \right.$$

$$\begin{array}{r} \\ \mathrm{I} \\ \Rightarrow \mathrm{II} \\ \mathrm{III} \end{array} \begin{array}{c} \lambda_1 \ \lambda_2 \ \lambda_3 \\ \left(\begin{array}{ccc|c} 2 & 2 & 1 & -4 \\ -3 & 0 & 4 & -2 \\ 0 & -4 & 0 & -4 \end{array}\right) \end{array}$$

$$\begin{array}{r} \\ \Rightarrow \mathrm{II}' \\ \mathrm{III}' \end{array} \left(\begin{array}{ccc|c} 2 & 2 & 1 & -4 \\ 0 & 6 & 11 & -16 \\ 0 & -4 & 0 & -4 \end{array}\right) \qquad \begin{array}{l} \\ 2 \cdot \mathrm{II} + 3 \cdot \mathrm{I} \\ \mathrm{III} \end{array}$$

$$\begin{array}{r} \\ \Rightarrow \\ \mathrm{III}'' \end{array} \left(\begin{array}{ccc|c} 2 & 2 & 1 & -4 \\ 0 & 6 & 11 & -16 \\ 0 & 0 & 22 & -44 \end{array}\right) \qquad \begin{array}{l} \\ \\ 3 \cdot \mathrm{III}' + 2 \cdot \mathrm{II}' \end{array}$$

Aus Zeile III" folgt:

$$\begin{aligned} 22\lambda_3 &= -44 \qquad &|:22 \\ \Longleftrightarrow \quad \underline{\lambda_3} &\underline{= -2} \end{aligned}$$

Eingesetzt in Zeile II' folgt:

$$\begin{aligned} 6\lambda_2 + 11\lambda_3 &= -16 \\ \Longleftrightarrow \quad 6\lambda_2 - 22 &= -16 \qquad &|+22 \\ \Longleftrightarrow \quad 6\lambda_2 &= 6 \qquad &|:6 \\ \Longleftrightarrow \quad \underline{\lambda_2} &\underline{= 1} \end{aligned}$$

Beides eingesetzt in Zeile I:

$$\begin{aligned} 2\lambda_1 + 2\lambda_2 + \lambda_3 &= -4 \\ \Longleftrightarrow \quad 2\lambda_1 + 2 - 2 &= -4 \qquad &|:2 \\ \Longleftrightarrow \quad \underline{\lambda_1} &\underline{= -2} \end{aligned}$$

Damit lässt sich Vektor $\vec{d}$ also darstellen als:

$$\underline{\underline{\vec{d} = -2 \cdot \vec{a} + \vec{b} - 2 \cdot \vec{c}_5}}$$

Möglichkeit 2: Einsetzungsverfahren

Betrachtet man die Gleichung, die gelöst werden muss mit den gegebenen Vektoren:

$$\lambda_1 \cdot \begin{pmatrix} 2 \\ -3 \\ 0 \end{pmatrix} + \lambda_2 \cdot \begin{pmatrix} 2 \\ 0 \\ -4 \end{pmatrix} + \lambda_3 \cdot \begin{pmatrix} 1 \\ 4 \\ 0 \end{pmatrix} = \begin{pmatrix} -4 \\ -2 \\ -4 \end{pmatrix},$$

dann fällt bei Betrachtung der x_3-Komponente auf, dass sich direkt ein Wert für λ_2 ergibt:

$$\begin{aligned} -4\lambda_2 &= -4 \qquad &|:(-4) \\ \Longleftrightarrow \quad \underline{\lambda_2} &\underline{= 1} \end{aligned}$$

Eingesetzt in die zeilenweise resultierenden Gleichungen der x_1- und x_2-Komponente, ergeben sich zwei weitere Gleichungen, die mithilfe des Einsetzungsverfahren gelöst werden können:

$$\mathrm{I} \qquad 2\lambda_1 + 2\lambda_2 + \lambda_3 = -4$$

$$
\begin{aligned}
&\Longleftrightarrow & 2\lambda_1 + 2 + \lambda_3 &= -4 & &|-2\\
&\Longleftrightarrow & 2\lambda_1 + \lambda_3 &= -6 & &|-2\lambda_1\\
&\Longleftrightarrow & \lambda_3 &= -6 - 2\lambda_1 & &\\
&\text{II} & -3\lambda_1 + 4\lambda_3 &= -2 & &(\lambda_3 \text{ einsetzen})\\
&\Longleftrightarrow & -3\lambda_1 + 4(-6 - 2\lambda_1) &= -2 & &\\
&\Longleftrightarrow & -11\lambda_1 - 24 &= -2 & &|+24\\
&\Longleftrightarrow & -11\lambda_1 &= 22 & &|:(-11)\\
&\Longleftrightarrow & \underline{\lambda_1} &\underline{= -2} & &(\text{einsetzen in } \lambda_3)\\
&\Longleftrightarrow & \lambda_3 &= -6 - 2\cdot(-2) & &\\
&\Longleftrightarrow & \underline{\lambda_3} &\underline{= -2} & &
\end{aligned}
$$

Damit lässt sich Vektor $\vec{d}$ also darstellen als:

$$\underline{\underline{\vec{d} = -2\cdot\vec{a} + \vec{b} - 2\cdot\vec{c}_5}}$$

1.3 **Gleichung in Parameterform**

Die Gleichung in Parameterform ergibt sich in diesem Falle direkt, indem der Punkte P als Aufpunkt und die beiden Vektoren $\vec{a}$ und $\vec{b}$, die in der Ebene liegen als Spannvektoren verwendet werden. Dann gilt für die Gleichung:

$$
\begin{aligned}
F: \vec{x} &= \overrightarrow{OP} + \sigma\cdot\vec{a} + \tau\cdot\vec{b} \quad \sigma,\tau \in \mathbb{R}\\
&= \underline{\underline{\begin{pmatrix}2\\0\\0\end{pmatrix} + \sigma\begin{pmatrix}2\\-3\\0\end{pmatrix} + \tau\begin{pmatrix}2\\0\\-4\end{pmatrix}}}
\end{aligned}
$$

Gleichung in Koordinatenform

Die Koordinatenform von F kann auf zwei Arten ermittelt werden.

<u>*Lösungsweg 1:* Gauß-Algorithmus</u>

$$
F: \vec{x} = \begin{cases} x_1 = 2 + 2\sigma + 2\tau\\ x_2 = 0 - 3\sigma + 0\tau\\ x_3 = 0 + 0\sigma - 4\tau \end{cases} \Longleftrightarrow \begin{aligned} 2\sigma + 2\tau &= x_1 - 2\\ -3\sigma + 0\tau &= x_2\\ 0\sigma - 4\tau &= x_3 \end{aligned}
$$

$$
\begin{array}{c} \\ \text{I}\\ \Rightarrow \text{II}\\ \text{III} \end{array}
\begin{array}{c} \sigma \quad \tau \\ \left(\begin{array}{cc|c} 2 & 2 & x_1 - 2\\ -3 & -0 & x_2\\ 0 & -4 & x_3 \end{array}\right) \end{array}
$$

$$
\Rightarrow \begin{array}{c} \\ \text{II}'\\ \text{III}' \end{array} \left(\begin{array}{cc|c} 2 & 2 & x_1 - 2\\ 0 & 6 & 3x_1 + 2x_2 - 6\\ 0 & -4 & x_3 \end{array}\right) \qquad 2\cdot\text{II} + 3\cdot\text{I}
$$

$$
\Rightarrow \begin{array}{c} \\ \\ \text{III}'' \end{array} \left(\begin{array}{cc|c} 2 & 2 & x_1 - 2\\ 0 & 6 & 3x_1 + 2x_2 - 6\\ 0 & 0 & 6x_1 + 4x_2 + 3x_3 - 12 \end{array}\right) \quad 3\cdot\text{III}' + 2\cdot\text{II}'
$$

Das Gleichungssystem ist nur lösbar wenn $6x_1 + 4x_2 + 3x_3 - 12 = 0$ erfüllt ist. Für die Ebenengleichung gilt also:

$$\underline{\underline{F: 6x_1 + 4x_2 + 3x_3 - 12 = 0}}$$

<u>*Lösungsweg 2:* Eliminieren der Parameter</u>

$$\begin{aligned}
&(\text{I}) \quad x_1 = 2 + 2\sigma + 2\tau \\
&(\text{II}) \quad x_2 = 0 - 3\sigma + 0\tau && \Rightarrow \sigma = -\tfrac{1}{3}x_2 \\
&(\text{III}) \quad x_3 = 0 + 0\sigma - 4\tau && \Rightarrow \tau = -\tfrac{1}{4}x_3
\end{aligned}$$

$$\begin{aligned}
\sigma, \tau \text{ in (I)} : (\text{I}') \quad & x_1 = 2 + 2 \cdot (-\tfrac{1}{3}x_2) + 2 \cdot (-\tfrac{1}{4}x_2) \\
\Rightarrow \quad & 0 = -x_1 + 2 \cdot (-\tfrac{1}{3}x_2) + 2 \cdot (-\tfrac{1}{4}x_2) + 2 | \cdot (-6) \\
\Rightarrow & F : \underline{\underline{6x_1 + 4x_2 + 3x_3 - 12 = 0}}
\end{aligned}$$

1.4 **Schnittpunkte mit den Koordinatenachsen**

Die Koordinaten der Schnittpunkte der Ebene mit den Koordinatenachsen erhält man, indem man in der Ebenengleichung jeweils zwei Koordinaten gleich null setzt.

x_1-Achse: setze $x_2 = x_3 = 0 \Rightarrow 6x_1 = 12 \Rightarrow x_1 = 2 \Rightarrow \underline{\underline{S_1(2|0|0)}}$

x_2-Achse: setze $x_1 = x_3 = 0 \Rightarrow 4x_x = 12 \Rightarrow x_2 = 3 \Rightarrow \underline{\underline{S_2(0|3|0)}}$

x_3-Achse: setze $x_1 = x_2 = 0 \Rightarrow 3x_3 = 12 \Rightarrow x_3 = 4 \Rightarrow \underline{\underline{S_3(0|0|4)}}$

Veranschaulichung

Für eine graphische Darstellung werden die berechneten Koordinaten der Schnittpunkte mit den Koordinatenachsen verwendet.

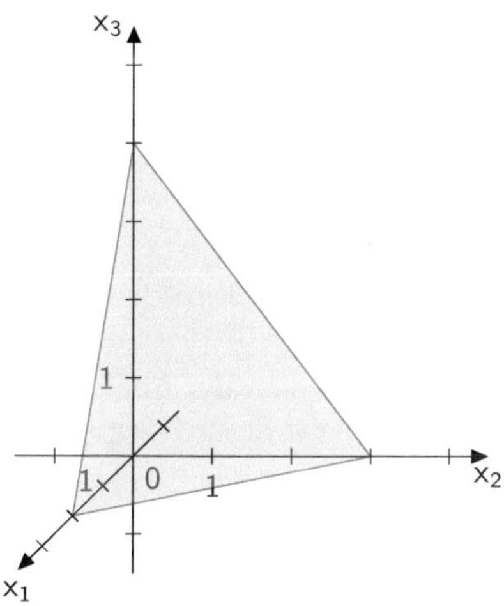

1.5 **Gegenseitige Lage von g_a und F**

Um die gegenseitige Lage zu bestimmen, werden die Ergebnisse aus Teilaufgabe 1.1 verwendet, bei der die lineare (Un-)abhängigkeit der Vektoren $\vec{a}$, $\vec{b}$ und $\vec{c}_a$ untersucht wurde. Diese werden verwendet, da die Vektoren $\vec{a}$ und $\vec{b}$ Spannvektoren der Ebene F sind und der Vektor $\vec{c}_a$ der Richtungsvektor der Geradenschar g_a ist. Dafür werden die entsprechenden Fälle unterschieden:

Fall 1: $a \neq -\frac{1}{2}$

In diesem Fall sind die Vektoren $\vec{a}$, $\vec{b}$ und $\vec{c}_a$ linear unabhängig und liegen somit nicht in einer Ebene. Konkret bedeutet dies, dass Geradenschar und Ebene nicht parallel verlaufen. Für $a \neq -\frac{1}{2}$ haben g_a und F demzufolge einen Schnittpunkt.

Fall 2: $a = -\frac{1}{2}$

Die Vektoren $\vec{a}$, $\vec{b}$ und $\vec{c}_{-\frac{1}{2}}$ sind linear abhängig und liegen somit alle in einer Ebene. Das heißt, dass $g_{-\frac{1}{2}}$ parallel zur Ebene F liegt. Weiterhin muss in diesem Fall noch betrachtet werden, ob die Gerade echt parallel zu F liegt, oder in der Ebene liegt. Dafür wird eine Punktprobe durchgeführt, indem die Koordinaten des Aufpunktes der Gerade in die Ebenengleichung eingesetzt werden:

$$6 \cdot 1 + 4 \cdot 2 + 3 \cdot 3 = 23 \neq 12$$

Der Aufpunkt der Gerade liegt nicht in der Ebene F. Demnach sind die Gerade $g_{-\frac{1}{2}}$ und die Ebene F für $a = -\frac{1}{2}$ echt parallel.

1.6.0 Gegeben sind die Punkte $A(2 \mid -3 \mid 0)$, $B(2 \mid 0 \mid -4)$, $D(-4 \mid -2 \mid -4)$ und $E(-4 \mid -5 \mid 0)$.

1.6.1 **Nachweis des Parallelogramm**

Entsprechend der gegebenen Skizze, muss gezeigt werden, dass zwei gegenüberliegende Seiten des Parallelogramms parallel und gleich lang sind. Um dies zu zeigen, wird untersucht, ob zwei gegenüberliegende Vektoren, also $\overrightarrow{BA}$ und $\overrightarrow{DE}$ oder $\overrightarrow{DB}$ und $\overrightarrow{EA}$ jeweils identisch sind.

$$\overrightarrow{BA} = \begin{pmatrix} 2-2 \\ -3-0 \\ 0-(-4) \end{pmatrix} = \begin{pmatrix} 0 \\ -3 \\ 4 \end{pmatrix} \qquad \overrightarrow{DE} = \begin{pmatrix} -4-(-4) \\ -5-(-2) \\ 0-(-4) \end{pmatrix} = \begin{pmatrix} 0 \\ -3 \\ 4 \end{pmatrix}$$

$$\overrightarrow{DB} = \begin{pmatrix} 2-(-4) \\ 0-(-2) \\ -4-(-4) \end{pmatrix} = \begin{pmatrix} 6 \\ 2 \\ 0 \end{pmatrix} \qquad \overrightarrow{EA} = \begin{pmatrix} 2-(-4) \\ -3-(-5) \\ 0-0 \end{pmatrix} = \begin{pmatrix} 6 \\ 2 \\ 0 \end{pmatrix}$$

Demnach ist gezeigt, dass $\overrightarrow{BA} = \overrightarrow{DE}$ und $\overrightarrow{DB} = \overrightarrow{EA}$ ist. Die jeweils gegenüberliegenden Seiten sind also parallel und gleich lang. Es handelt sich also um ein Parallelogramm.

(Hinweis: als Nachweis genügt Zeigen der Gleichheit **eines** Vektorenpaars)

Lage des Parallelogramms bezüglich der Ebene F

Es wird geprüft, ob der Punkt A in der Ebene F liegt, indem dessen Koordinaten in die Gleichung der Ebene F eingesetzt werden:

$$6 \cdot 2 + 4 \cdot (-3) + 3 \cdot 0 = 0 \neq 12$$

Die Punktprobe ist nicht erfüllt. Somit liegt der Punkt A und damit auch das Parallelogramm nicht in der Ebene F.

1.6.2 **Gegenseitige Lage der Diagonalen DA* und BE***

Als erstes werden die Koordinaten der Punkte A* und E* bestimmt, welche durch Verschiebung der Punkte A und E um $\vec{u}$ hervorgehen:

$$\overrightarrow{OA^*} = \overrightarrow{OA} + \vec{u} = \begin{pmatrix} 2 \\ -3 \\ 0 \end{pmatrix} + \begin{pmatrix} -\frac{4}{3} \\ 4 \\ 3 \end{pmatrix} = \begin{pmatrix} \frac{2}{3} \\ 1 \\ 3 \end{pmatrix} \quad \Rightarrow \quad A^*\left(\frac{2}{3}\middle|1\middle|3\right)$$

$$\overrightarrow{OE^*} = \overrightarrow{OE} + \vec{u} = \begin{pmatrix} -4 \\ -5 \\ 0 \end{pmatrix} + \begin{pmatrix} -\frac{4}{3} \\ 4 \\ 3 \end{pmatrix} = \begin{pmatrix} -\frac{16}{3} \\ -1 \\ 3 \end{pmatrix} \quad \Rightarrow \quad E^*\left(-\frac{16}{3}\middle|-1\middle|3\right)$$

Damit wird nun jeweils eine Gleichung der Geraden bestimmt die durch die entsprechenden Eckpunkte verlaufen.

$$g_{DA^*}: \vec{x} = \overrightarrow{OD} + r \cdot \overrightarrow{DA^*} = \begin{pmatrix} -4 \\ -2 \\ -4 \end{pmatrix} + r \begin{pmatrix} \frac{2}{3} - (-4) \\ 1 - (-2) \\ 3 - (-4) \end{pmatrix} = \begin{pmatrix} -4 \\ -2 \\ -4 \end{pmatrix} + r \begin{pmatrix} \frac{14}{3} \\ 3 \\ 7 \end{pmatrix} \quad r \in \mathbb{R}$$

$$g_{BE^*}: \vec{x} = \overrightarrow{OB} + t \cdot \overrightarrow{BE^*} = \begin{pmatrix} 2 \\ 0 \\ -4 \end{pmatrix} + t \begin{pmatrix} -\frac{16}{3} - 2 \\ -1 - 0 \\ 3 - (-4) \end{pmatrix} = \begin{pmatrix} 2 \\ 0 \\ -4 \end{pmatrix} + t \begin{pmatrix} -\frac{22}{3} \\ -1 \\ 7 \end{pmatrix} \quad t \in \mathbb{R}$$

Um die gegenseitige Lage der beiden Geraden, und damit die der Diagonalen, zu bestimmen, wird zunächst überprüft, ob die Richtungsvektoren Vielfache voneinander sind. Dazu wird untersucht, ob es eine Zahl u gibt, die die Gleichung

$$\begin{pmatrix} \frac{14}{3} \\ 3 \\ 7 \end{pmatrix} = u \cdot \begin{pmatrix} -\frac{22}{3} \\ -1 \\ 7 \end{pmatrix}$$

erfüllt. Aus der zweiten Zeile ergibt sich dabei direkt $u = -3$ und aus der dritten $u = 1$, was ein Widerspruch ist. Die Richtungsvektoren sind somit keine Vielfachen und die Diagonalen damit nicht parallel, was gemäß der Skizze bereits zu erwarten war. Somit verlaufen die Geraden windschief, oder schneiden sich in einem Punkt. Um dies weiter zu untersuchen, werden die Geradengleichungen gleichgesetzt:

$$\begin{aligned} \begin{pmatrix} -4 \\ -2 \\ -4 \end{pmatrix} + r \begin{pmatrix} \frac{14}{3} \\ 3 \\ 7 \end{pmatrix} &= \begin{pmatrix} 2 \\ 0 \\ -4 \end{pmatrix} + t \begin{pmatrix} -\frac{22}{3} \\ -1 \\ 7 \end{pmatrix} && \left| - \begin{pmatrix} -4 \\ -2 \\ -4 \end{pmatrix} \right. \\ \iff \quad r \begin{pmatrix} \frac{14}{3} \\ 3 \\ 7 \end{pmatrix} &= \begin{pmatrix} 6 \\ 2 \\ 0 \end{pmatrix} + t \begin{pmatrix} -\frac{22}{3} \\ -1 \\ 7 \end{pmatrix} && \left| - t \begin{pmatrix} -\frac{22}{3} \\ -1 \\ 7 \end{pmatrix} \right. \\ \iff \quad r \begin{pmatrix} \frac{14}{3} \\ 3 \\ 7 \end{pmatrix} + t \begin{pmatrix} \frac{22}{3} \\ 1 \\ -7 \end{pmatrix} &= \begin{pmatrix} 6 \\ 2 \\ 0 \end{pmatrix} \end{aligned}$$

Zeilenweise ergeben sich so drei Gleichungen. Aus Zeile III folgt:

$$\begin{aligned} 7r - 7t &= 0 && | + 7t \\ \iff \quad 7r &= 7t && | : 7 \\ \iff \quad r &= t \end{aligned}$$

Dies wird in Zeile II eingesetzt:

$$3r + t = 2$$

$$\begin{aligned} \Longleftrightarrow \quad 3t + t &= 2 \qquad |:4 \\ \Longleftrightarrow \quad t &= \frac{1}{2} \end{aligned}$$

Aus Zeile II und III folgt $r = t = \frac{1}{2}$. Das Gleichungssystem ist jedoch nur gelöst, wenn diese Lösung auch Zeile I erfüllt. In diese wird eingesetzt:

$$\frac{14}{3}r + \frac{22}{3}t = \frac{14}{3} \cdot \frac{1}{2} + \frac{22}{3} \cdot \frac{1}{2} = \frac{18}{3} = 6$$

Auch die erste Zeile ist erfüllt. Somit schneiden sich die beiden Diagonalen in einem Punkt S. Um dessen Koordinaten zu erhalten, wird $r = \frac{1}{2}$ oder $t = \frac{1}{2}$ in die jeweilige Geradengleichung eingesetzt:

$$\overrightarrow{OS} = \begin{pmatrix} -4 \\ -2 \\ -4 \end{pmatrix} + \frac{1}{2} \cdot \begin{pmatrix} \frac{14}{3} \\ 3 \\ 7 \end{pmatrix} = \begin{pmatrix} -\frac{5}{3} \\ -\frac{1}{2} \\ -\frac{1}{2} \end{pmatrix} \quad \Rightarrow \quad \underline{\underline{S\left(-\frac{5}{3} \middle| -\frac{1}{2} \middle| -\frac{1}{2}\right)}}$$

2019

2.1 *Aufgabe nicht mehr prüfungsrelevant nach LehrplanPLUS*

2.2 *Aufgabe nicht mehr prüfungsrelevant nach LehrplanPLUS*

2.3 *Aufgabe nicht mehr prüfungsrelevant nach LehrplanPLUS*

1.0 Im $\mathbb{R}^3$ sind die Punkte $A(3|2|4)$, $B(3|-2|2)$ und die Gerade $g: \vec{x} = \begin{pmatrix}2\\1\\3\end{pmatrix} + r\begin{pmatrix}0\\2\\1\end{pmatrix}$ mit $r \in \mathbb{R}$ gegeben.

1.1 Die Gerade h verläuft durch die Punkte A und B. Ermitteln Sie eine Gleichung der Geraden h und geben Sie die besondere Lage der Geraden g im Koordinatensystem an. **2 BE**

1.2 Untersuchen Sie die gegenseitige Lage der Geraden g und h. **2 BE**

1.3 Die beiden Geraden g und h spannen die Ebene E auf. Ermitteln Sie eine Gleichung dieser Ebene in Koordinatenform.

[Mögliches Ergebnis: $E: x_1 + x_2 - 2x_3 + 3 = 0$] **4 BE**

1.4 Der Punkt $C(2|1|3)$ ist der Aufpunkt der Geraden g. Bestimmen Sie die Koordinaten des Punktes A^*, der sich durch Spiegelung von A an C ergibt, und begründen Sie ohne weitere Rechnung, dass der Punkt A^* in der Ebene E liegt. **3 BE**

1.5 Fertigen Sie eine aussagekräftige Skizze an, in der die gegenseitige Lage der Ebene E, der Geraden g und h sowie der Punkte A, A^* und C erkennbar ist.
Verwenden Sie kein Koordinatensystem. **3 BE**

1.6 Gegeben ist die Ebenenschar $F_a: x_1 + a^2x_2 - 2x_3 + a + 2 = 0$ mit $a \in \mathbb{R}$. Untersuchen Sie die gegenseitige Lage der Ebenen E und F_a in Abhängigkeit von a. **4 BE**

2.0 *Aufgabe nicht mehr prüfungsrelevant nach LehrplanPLUS*
Ein landwirtschaftlicher Betrieb (L), eine Mühle (M) und eine Bäckerei (B) sind untereinander und mit dem Markt nach dem Leontief-Modell verbunden. Folgende Verflechtungstabelle stellt die Beziehungen zwischen den einzelnen Sektoren dar (alle Angaben in Mengeneinheiten ME):

	L	M	B	Markt	Gesamtproduktion
L	40	80	a	40	200
M	0	20	120	60	b
B	20	0	40	c	160

2.1 *Aufgabe nicht mehr prüfungsrelevant nach LehrplanPLUS*
Bestimmen Sie die Werte von a, b und c und geben Sie deren Bedeutung im Sinne der vorliegenden Thematik an. (3 BE)

2.2 *Aufgabe nicht mehr prüfungsrelevant nach LehrplanPLUS*
Beim landwirtschaftlichen Betrieb beträgt der gesamte Erlös 240.000 €.
Dabei erzielt er pro ME am Markt doppelt so viel wie er von der Bäckerei bzw. Mühle erhält. Berechnen Sie, wie hoch die Einnahmen des landwirtschaftlichen Betriebs am Markt pro ME sind. (4 BE)

2.3.0 *Aufgabe nicht mehr prüfungsrelevant nach LehrplanPLUS*
Der landwirtschaftliche Betrieb stellt seinen Hof auf biologischen Anbau um und produziert deshalb ein Viertel ME weniger als bisher. Die Mühle produziert infolgedessen 40 ME weniger als bisher.

2.3.1 *Aufgabe nicht mehr prüfungsrelevant nach LehrplanPLUS*
Bestimmen Sie, in welchem Intervall sich dann die möglichen Produktionszahlen der Bäckerei bewegen. (6 BE)

2.3.2 *Aufgabe nicht mehr prüfungsrelevant nach LehrplanPLUS*
Durch die Umstellung lässt sich am Markt ein höherer Preis für die Produkte von L von nun 3.000 € pro ME erzielen. Weiterhin zahlen die Abnehmer Mühle und Bäckerei jeweils die Hälfte des Marktpreises für eine ME von L. Prüfen Sie, ob die Umstellung zu einer Verringerung der Einnahmen führt (vgl. Teilaufgabe 2.2), wenn man davon ausgeht, dass die Bäckerei 60 ME insgesamt produziert. (4 BE)

2.4 *Aufgabe nicht mehr prüfungsrelevant nach LehrplanPLUS*
Nach der erfolgreichen Umstellung auf Bio-Anbau verkauft der landwirtschaftliche Betrieb im folgenden Jahr mehr in seinem Hofladen, sodass die Marktabgabe auf 52 ME steigt. Sowohl die Mühle als auch die Bäckerei hingegen leiden an starker sich im Umland ansiedelnder Konkurrenz. Deshalb gibt die Mühle nur noch 39 ME und die Bäckerei 78 ME an den Markt ab. Bestimmen Sie die daraus resultierenden Produktionszahlen der drei Betriebe. (5 BE)

1.0 Gegeben sind die Punkte $A(3|2|4)$ und $B(3|-2|2)$, sowie die Gerade $g\colon \vec{x} = \begin{pmatrix}2\\1\\3\end{pmatrix} + r \cdot \begin{pmatrix}0\\2\\1\end{pmatrix}$ mit $r \in \mathbb{R}$.

1.1 **Gleichung der Gerade h**

Die Gleichung der Gerade ergibt sich aus den Koordinaten der Punkte A und B:

$$h\colon \vec{x} = \overrightarrow{OA} + s \cdot \overrightarrow{AB} = \begin{pmatrix}3\\2\\4\end{pmatrix} + s \begin{pmatrix}3-3\\-2-2\\2-4\end{pmatrix} = \underline{\underline{\begin{pmatrix}3\\2\\4\end{pmatrix} + s \begin{pmatrix}0\\-4\\-2\end{pmatrix}}} \quad s \in \mathbb{R}$$

Besondere Lage im Koordinatensystem der Gerade g

Die x_1-Komponente des Richtungsvektors der Gerade g ist gleich null. Somit verläuft die Gerade g parallel zur x_2x_3-Ebene. Da die x_1-Komponente des Aufpunkts von g außerdem ungleich null ist, verläuft die Gerade g **echt** parallel zur x_2x_3-Ebene.

1.2 **Gegenseitige Lage von g und h**

Zunächst wird überprüft, ob die Richtungsvektoren der beiden Geraden Vielfache voneinander sind; ob es also einen Wert für u gibt, der die Gleichung

$$\begin{pmatrix}0\\2\\1\end{pmatrix} = u \cdot \begin{pmatrix}0\\-4\\-2\end{pmatrix}$$

erfüllt. Aus Zeile III ergibt sich $u = -\frac{1}{2}$, was auch in die zweite Zeile eingesetzt eine korrekte Lösung ist. Da die erste Zeile $0 = u \cdot 0$ für alle u erfüllt ist. Demnach sind die beiden Richtungsvektoren Vielfache voneinander und die beiden Geraden verlaufen parallel. Weiterhin muss untersucht werden, ob die geraden echt parallel oder identisch verlaufen. Dazu wird geprüft, ob Punkt A als Aufpunkt der Gerade h auf der Gerade g liegt, indem die Geradengleichung von g mit dem Ortsvektor von A gleichgesetzt wird:

$$\begin{pmatrix}3\\2\\4\end{pmatrix} = \begin{pmatrix}2\\1\\3\end{pmatrix} + r \begin{pmatrix}0\\2\\1\end{pmatrix}$$

Allerdings kann direkt aus der ersten Zeile $3 = 2 + 0r$ geschlossen werden, dass es keine Lösung gibt und es sich somit um eine falsche Aussage handelt. Der Punkt A liegt also nicht auf der Gerade g. Demnach verlaufen die Geraden g und h **echt** parallel.

1.3 **Gleichung der Ebene in Koordinatenform**

Um die Ebenengleichung in Koordinatenform zu ermitteln wird zunächst eine Gleichung der Ebene in Parameterform bestimmt. Dabei werden Aufpunkt und Richtungsvektor der Gerade g als Aufpunkt und Spannvektor der Ebene verwendet. Als zweiter Spannvektor der Ebene wird der Vektor zwischen den beiden Aufpunkten der Geraden g und h gewählt:

$$E: \vec{x} = \begin{pmatrix}2\\1\\3\end{pmatrix} + m \begin{pmatrix}0\\2\\1\end{pmatrix} + n \begin{pmatrix}3-2\\2-1\\4-3\end{pmatrix} = \begin{pmatrix}2\\1\\3\end{pmatrix} + m \begin{pmatrix}0\\2\\1\end{pmatrix} + n \begin{pmatrix}1\\1\\1\end{pmatrix} \quad m,n \in \mathbb{R}$$

2019

Die Koordinatenform von E kann nun auf zwei Arten ermittelt werden.

Lösungsweg 1: Gauß-Algorithmus

$$E: \vec{x} = \begin{cases} x_1 = 2 + 0m + 1n \\ x_2 = 1 + 2m + 1n \\ x_3 = 3 + 1m + 1n \end{cases} \iff \begin{aligned} 0m + 1n &= x_1 - 2 \\ 2m + 1n &= x_2 - 1 \\ 1m + 1n &= x_3 - 3 \end{aligned}$$

$$\begin{matrix} & \\ \mathrm{I} \\ \Rightarrow \mathrm{II} \\ \mathrm{III} \end{matrix} \begin{matrix} m & n & \\ \end{matrix}$$

$$\begin{matrix} \mathrm{I} \\ \Rightarrow \mathrm{II} \\ \mathrm{III} \end{matrix} \left(\begin{array}{cc|c} 0 & 1 & x_1 - 2 \\ 2 & 1 & x_2 - 1 \\ 1 & -1 & x_3 - 3 \end{array}\right)$$

$$\begin{matrix} \\ \Rightarrow \mathrm{II}' \\ \mathrm{III}' \end{matrix} \left(\begin{array}{cc|c} 0 & 1 & x_1 - 2 \\ 2 & 1 & x_2 - 1 \\ 0 & 1 & -x_2 + 2x_3 - 5 \end{array}\right) \qquad 2 \cdot \mathrm{III} - \mathrm{II}$$

$$\begin{matrix} \\ \Rightarrow \\ \mathrm{III}'' \end{matrix} \left(\begin{array}{cc|c} 0 & 1 & x_1 - 2 \\ 2 & 1 & x_2 - 1 \\ 0 & 0 & -x_1 - x_2 + 2x_3 - 3 \end{array}\right) \qquad \mathrm{III}' - \mathrm{I}$$

Das Gleichungssystem ist nur lösbar wenn $-x_1 - x_2 + 2x_3 - 3 = 0$ erfüllt ist. Mit (-1) multipliziert folgt daraus für die Ebenengleichung also:

$$\underline{\underline{E: x_1 + x_2 - 2x_3 + 3 = 0}}$$

Lösungsweg 2: Eliminieren der Parameter

$$\begin{aligned}
&(\mathrm{I}) \quad x_1 = 2 + 0m + 1n && \Rightarrow n = x_1 - 2 \\
&(\mathrm{II}) \quad x_2 = 1 + 2m + 1n \\
&(\mathrm{III}) \quad x_3 = 3 + 1m + 1n \\
\hline
n \text{ in } (\mathrm{III}) : \ &(\mathrm{III}') \quad x_3 = 3 + m + x_1 - 2 \\
&\Rightarrow m = -x_1 + x_3 - 1 \\
\hline
m, n \text{ in } (\mathrm{II}) : \ &(\mathrm{II}') \quad x_2 = 1 + 2 \cdot (-x_1 + x_3 - 1) + (x_1 - 2) \\
&\Rightarrow 0 = -x_1 - x_2 + 2x_3 - 3 && | \cdot (-1) \\
&\Rightarrow E : \underline{\underline{x_1 + x_2 - 2x_3 + 3 = 0}}
\end{aligned}$$

1.4 **Koordinaten des Spiegelpunktes**

Der Vektor $\overrightarrow{AC}$ beschreibt die Verbindung von Punkt A zu Punkt C. Um zum Punkt A^* zu gelangen, wird dieser Verbindungsvektor zweimal zum Ortsvektor von A addiert.

$$\overrightarrow{OA^*} = \overrightarrow{OA} + 2 \cdot \overrightarrow{AC} = \begin{pmatrix} 3 \\ 2 \\ 4 \end{pmatrix} + 2 \cdot \begin{pmatrix} 2-3 \\ 1-2 \\ 3-4 \end{pmatrix} = \begin{pmatrix} 1 \\ 0 \\ 2 \end{pmatrix} \quad \Rightarrow \quad \underline{\underline{A^*(1|0|2)}}$$

Da C der Aufpunkt von g und A der Aufpunkt von h ist, und g und h jeweils in der Ebene E liegen, liegen auch die Punkte A und C in der Ebene E. Mit A und C muss demnach auch A^* in der Ebene E liegen.

1.5 **Skizze der gegenseitigen Lage**

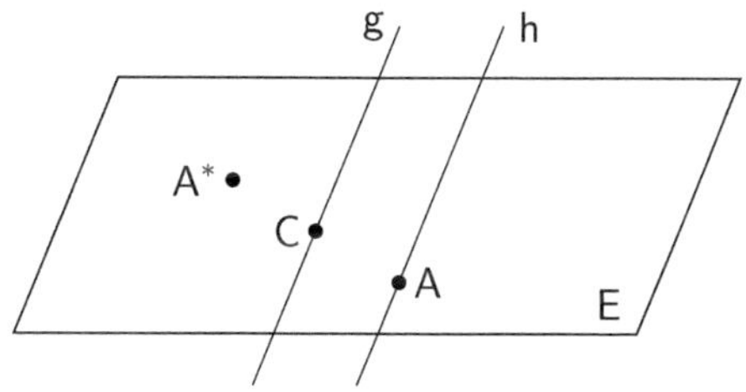

1.6 **Lagebeziehung der Ebenen**

Es werden die beiden Ebenengleichungen verglichen:

$$E: x_1 + x_2 - 2x_3 + 3 = 0$$
$$F_a: x_1 + a^2x_2 - 2x_3 + a + 2 = 0$$

Es fällt auf, dass die Koeffizienten vor der x_1- und der x_3-Komponente in beiden Fällen gleich sind. Interessant sind demnach die Fälle, in denen zusätzlich die Koeffizienten vor der x_2-Komponente gleich sind, da dann die Ebenen parallel liegen (echt parallel oder identisch). Sollen diese gleich sein gilt:

$$a^2 = 1 \qquad | \pm\sqrt{\ }$$
$$\Longleftrightarrow \qquad a = \pm 1$$

Anhand dessen können nun drei Fälle unterschieden werden.

Fall 1: $a = 1$

In diesem Fall lauten die Ebenengleichungen:

$$E: x_1 + x_2 - 2x_3 + 3 = 0$$
$$F_1: x_1 + x_2 - 2x_3 + 3 = 0$$

Für $a = 1$ sind die Ebenen also identisch.

Fall 2: $a = -1$

Dafür gilt:

$$E: x_1 + x_2 - 2x_3 + 3 = 0$$
$$F_{-1}: x_1 + x_2 - 2x_3 + 1 = 0$$

Der Koeffizient vor x_1-, x_2- und x_3-Komponente ist jeweils gleich, die Konstante ist jedoch verschieden. Demnach sind die Ebenen für $a = -1$ echt parallel.

Fall 3: $a \neq \pm 1$

In diesem Fall verlaufen die Ebenen nicht parallel. Demnach schneiden sie sich in einer Schnittgeraden.

2.1 *Aufgabe nicht mehr prüfungsrelevant nach LehrplanPLUS*

2.2 *Aufgabe nicht mehr prüfungsrelevant nach LehrplanPLUS*

2.3.1 *Aufgabe nicht mehr prüfungsrelevant nach LehrplanPLUS*

2.3.2 *Aufgabe nicht mehr prüfungsrelevant nach LehrplanPLUS*

2.4 *Aufgabe nicht mehr prüfungsrelevant nach LehrplanPLUS*

1.0 Nebenstehende Abbildung zeigt den Graphen der ersten Ableitung $f'(x)$ einer Funktion $f(x)$ mit $D_f = D_{f'} = \mathbb{R}\setminus\{-1; 1\}$.

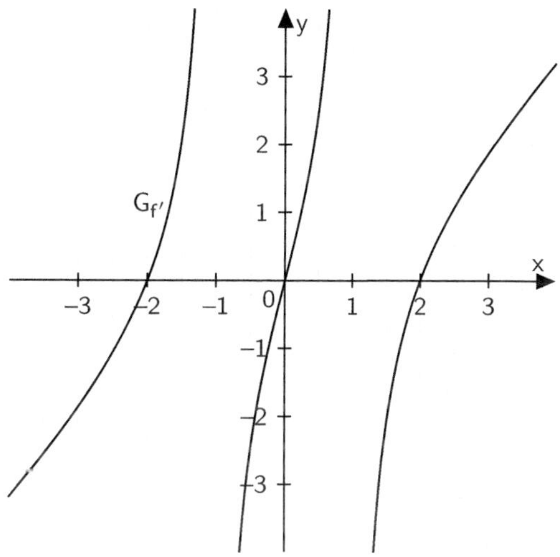

1.1 Schließen Sie aus dem Verlauf des Graphen der Ableitung auf die maximalen Monotonieintervalle des Graphen von f und geben Sie diese, sowie die Abszisse und die Art möglicher Extremstellen an. (Hinweis: außerhalb des gezeigten Ausschnittes der Abbildung liegt keine weitere Änderungen des Monotonieverhaltens des Graphen von f vor.) **3 BE**

1.2 Ermitteln Sie, welcher der folgenden Funktionsgleichungen zum abgebildeten Funktionsgraphen passt und geben Sie für die anderen eine Begründung, wieso diese nicht zur Abbildung passen.

$$f_1'(x) = \frac{x^2-4}{x+1} \qquad f_2'(x) = \frac{x^3-2x^2}{x^2+1} \qquad f_3'(x) = \frac{x^3-4x}{x^2-1} \qquad f_4'(x) = \frac{x^3+4x}{x^2-3}$$

4 BE

1.3 Weisen Sie nach, dass für die Ableitung von $f_1'(x)$ aus der letzten Teilaufgabe gilt:

$$f_1''(x) = 1 + \frac{3}{x^2+2x+1}$$

4 BE

1.4 Überprüfen Sie den Graphen der Funktion $f_4'(x)$ auf Symmetrie zum Koordinatensystem. **2 BE**

2.0 Gegeben sind die folgenden Funktionen:

$$h(x) = x^2 \cdot e^{-x} \qquad k(x) = \frac{x^2-3}{x+7} \qquad \ell(x) = \ln(x^2+1)$$

Dabei ist $D_h \subseteq \mathbb{R}$, $D_k \subseteq \mathbb{R}$ und $D_\ell \subseteq \mathbb{R}$.

2.1.0 Die folgenden Teilaufgaben stellen Aussagen dar. Geben Sie jeweils für jede Teilaufgabe für alle oben genannten Funktionen an, ob die Aussage auf diese zutrifft oder nicht.

2.1.1 Die Definitionsmenge der Funktion ist $\mathbb{R}$. **2 BE**

2.1.2 Die Funktion hat eine Nullstelle bei $x = 0$. **2 BE**

2.1.3 Für $x \to \infty$ streben die Funktionswerte gegen positiv unendlich. **2 BE**

2.2 Zeigen Sie, dass $H(x) = (-x^2 - 2x - 2) \cdot e^{-x}$ eine Stammfunktion von $h(x)$ ist und vereinfachen Sie damit den Term $h'(x) - H(x)$ so weit wie möglich. **4 BE**

1.1 Aus der Abbildung kann folgendes abgelesen werden:

- in den Intervallen $]-\infty; -2[$, $]-1; 0[$ und $]1; 2[$ verläuft der Graph der Ableitung unterhalb der x-Achse
- in den Intervallen $]-2; -1[$, $]0; 1[$ und $]2; \infty[$ verläuft der Graph der Ableitung oberhalb der x-Achse
- bei $x = -2$, $x = 0$ und $x = 2$ liegen Nullstellen der ersten Ableitung vor

Mit dem gegebenen Definitionsbereich und dem Hinweis aus der Angabe ergeben sich daraus die maximalen Monotonieintervalle des Graphen von f. Dieser ist in den Intervallen $]-\infty; -2]$, $]-1; 0]$ und $]1; 2]$ streng monoton fallend und in den Intervallen $[-2; -1[$, $[0; 1[$ und $[2; \infty[$ streng monoton steigend. Entsprechend liegt jeweils bei $\underline{\underline{x = -2}}$, $\underline{\underline{x = 0}}$ und $\underline{\underline{x = 2}}$ ein Tiefpunkt des Funktionsgraphen.

1.2 Die einzelnen Funktionsgleichungen lassen sich jeweils anhand der Nullstellen ausschließen. Diese können aus der Abbildung zu $x = -2$, $x = 0$ und $x = 2$ abgelesen werden. Da es sich bei allen Termen um gebrochenrationale Funktionen handelt, müssten diese Nullstellen die Nullstellen des Zählerterms sein.

Für $f_1'(x)$ ist der Zählerterm $x^2 - 4$. Für diesen ist $x = 0$ keine Nullstelle, weshalb diese Funktion nicht infrage kommt.
Für $f_2'(x)$ ist der Zählerterm $x^3 - 2x^2$. Bei $x = -2$ nimmt dieser den Wert $(-2)^3 - 2 \cdot (-2)^2 = -16 \neq 0$ an, sodass hier an dieser Stelle keine Nullstelle vorliegen würde.
Für $f_4'(x)$ ist der Zählerterm $x^3 + 4x$, bei dem $x = 2$ keine Nullstelle wäre, sodass auch dieser Funktionsterm nicht infrage kommt.

Die passende Funktionsgleichung muss also $f_3'(x)$ sein, da für diese auch alle abgelesenen Nullstellen zu den Nullstellen des Zählerterms passen. Zudem sind die abgelesenen Polstellen $x = -1$ und $x = 1$ Nullstellen des Nennerterms, was ebenfalls passt.

1.3 Die Ableitung wird mithilfe der Quotientenregel bestimmt:

$$
\begin{aligned}
f_1'(x) &= \frac{x^2 - 4}{x + 1} \\
f_1''(x) &= \left[\frac{(x^2 - 4)' \cdot (x + 1) - (x^2 - 4) \cdot (x + 1)'}{(x + 1)^2}\right] && \text{(Ansatz Quotientenregel)} \\
&= \frac{2x \cdot (x + 1) - (x^2 - 4) \cdot 1}{(x + 1)^2} && \text{(Anwendung)} \\
&= \frac{2x^2 + 2x - x^2 + 4}{x^2 + 2x + 1} && \text{(Zusammenfassen)} \\
&= \frac{x^2 + 2x + 4}{x^2 + 2x + 1} && \text{(Umschreiben d. Zählerterms)} \\
&= \frac{x^2 + 2x + 1 + 3}{x^2 + 2x + 1} && \text{(Aufteilen des Bruchs)} \\
&= \frac{x^2 + 2x + 1}{x^2 + 2x + 1} + \frac{3}{x^2 + 2x + 1} \\
&= 1 + \frac{3}{x^2 + 2x + 1} && \text{(q.e.d.)}
\end{aligned}
$$

1.4 Um auf Symmetrie zum Koordinatensystem zu prüfen, wird $f_4'(-x)$ betrachtet:

$$f_4'(-x) = \frac{(-x)^3 + 4 \cdot (-x)}{(-x)^2 - 3} = \frac{-x^3 - 4x}{x^2 - 3} = -\frac{x^3 + 4x}{x^2 - 3} = -f_4'(x)$$

Wegen $f_4'(-x) = -f_4'(x)$ liegt Punktsymmetrie zum Koordinatenursprung vor.

2.1.1 Die Aussage, dass die Definitionsmenge der Funktion $\mathbb{R}$ ist, trifft auf die Funktionen h(x) und $\ell(x)$ zu.

Begründung (nicht gefordert):
Weder x^2 noch die Exponentialfunktion e^{-x} weisen eine Einschränkung der Definitionsmenge auf, sodass auch für deren Produkt, also h(x) keine vorliegt und $D_h = \mathbb{R}$ gilt.
Da nie durch null dividiert werden darf, darf auch der Nennerterm der gebrochenrationalen Funktion k(x) niemals null werden. Dies wäre jedoch für $x = -7$ der Fall, sodass $D_k = \mathbb{R}\setminus\{-7\}$ ist.
Das Argument der Logarithmusfunktion muss stets größer null sein. Da es sich dabei mit $x^2 + 1$ jedoch um eine nach oben geöffnete Parabel ohne Nullstelle handelt, ist dies für alle $x \in \mathbb{R}$ erfüllt und es ist $D_\ell = \mathbb{R}$.

2.1.2 Die Aussage, dass eine Nullstelle bei $x = 0$ vorliegt, trifft auf die Funktionen h(x) und $\ell(x)$ zu.

Begründung (nicht gefordert):
Es kann jeweils die Stelle $x = 0$ in die Funktionsgleichungen eingesetzt werden:

$$h(0) = 0^2 \cdot e^{-0} = 0 \qquad k(0) = \frac{0^2 - 3}{0 + 7} = -\frac{3}{7} \qquad \ell(0) = \ln(0^2 + 1) = \ln(1) = 0$$

2.1.3 Die Aussage, dass die Funktionswerte für $x \to \infty$ gegen positiv unendlich streben, trifft auf die Funktionen k(x) und $\ell(x)$ zu.

Begründung (nicht gefordert):
Für die Funktion h(x) gilt:

$$x \to \infty: h(x) = \overbrace{x^2}^{\to\infty} \cdot \overbrace{e^{-x}}^{\to 0} \to 0 \quad \text{(da e-Fkt. dominiert)}$$

Für k(x) gilt:

$$x \to \infty: k(x) = \frac{\overbrace{x^2 - 3}^{\to\infty}}{\underbrace{x + 7}_{\to\infty}} \to \infty$$

Hier ist entscheidend, dass der Zählergrad größer als der Nennergrad ist.
Für die Funktion $\ell(x)$ gilt schließlich:

$$x \to \infty: \ell(x) = \ln(\overbrace{x^2 + 1}^{\to\infty}) \to \infty$$

Muster

2.2 **Nachweis der Stammfunktion**

Es muss gezeigt werden, dass $H'(x) = h(x)$ ist. Die Ableitung wird mithilfe von Ketten- und Produktregel berechnet:

$$\begin{aligned}
H(x) &= (-x^2 - 2x - 2) \cdot e^{-x} \\
H'(x) &= \left[(-x^2 - 2x - 2)' \cdot e^{-x} + (-x^2 - 2x - 2) \cdot (e^{-x})'\right] && \text{(Ansatz Produkt-/Kettenregel)} \\
&= (-2x - 2) \cdot e^{-x} + (-x^2 - 2x - 2) \cdot e{-}x \cdot (-1) && \text{(Anwendung)} \\
&= (-2x - 2) \cdot e^{-x} - (-x^2 - 2x - 2) \cdot e^{-x} && (e^{-x} \text{ ausklammern}) \\
&= (-2x - 2 + x^2 + 2x + 2) \cdot e^{-x} && \text{(Zusammenfassen)} \\
&= x^2 \cdot e^{-x} = h(x) \quad \text{(q.e.d.)}
\end{aligned}$$

Vereinfachung des gegebenen Terms

Mit Produkt- und Kettenregel wird zunächst $h'(x)$ bestimmt:

$$\begin{aligned}
h(x) &= x^2 \cdot e^{-x} \\
h'(x) &= \left[(x^2)' \cdot e^{-x} + x^2 \cdot (e^{-x})'\right] && \text{(Ansatz Produkt-/Kettenregel)} \\
&= 2x \cdot e^{-x} + x^2 \cdot e^{-x} \cdot (-1) && \text{(Anwendung)} \\
&= 2x \cdot e^{-x} - x^2 \cdot e^{-x} && (e^{-x} \text{ ausklammern}) \\
&= (-x^2 + 2x) \cdot e^{-x}
\end{aligned}$$

Damit kann in den gegebenen Terms eingesetzt und möglichst weit vereinfacht werden:

$$\begin{aligned}
h'(x) - H(x) &= (-x^2 + 2x) \cdot e^{-x} - (-x^2 - 2x - 2) \cdot e^{-x} = (-x^2 + 2x + x^2 + 2x + 2) \cdot e^{-x} \\
&= \underline{\underline{(4x + 2) \cdot e^{-x}}}
\end{aligned}$$

1.0 Gegeben ist die Funktion $f(x) = \ln\left(\frac{x+1}{x-2}\right)$ mit $D_f \subset \mathbb{R}$.

1.1 Ermitteln Sie die Definitionsmenge der Funktion f(x). **3 BE**

1.2 Kreuzen Sie denjenigen Term an, der eine mögliche erste Ableitung der Funktion f(x) sein kann.

☐ $f'(x) = \frac{x-2}{(x+1)^2}$

☐ $f'(x) = \frac{1}{\ln\left(\frac{x+1}{x-2}\right)} \cdot \frac{x+1}{x-2}$

☐ $f'(x) = -\frac{x^2-x-2}{3}$

☐ $f'(x) = -\frac{3}{(x-2)(x+1)}$

☐ $f'(x) = \frac{x^2+3x-2}{(x-2)^2}$

3 BE

1.3 Untersuchen Sie das Verhalten der Funktionswerte der Funktion f(x) für $x \to \infty$. **2 BE**

2.0 Nebenstehende Abbildung zeigt den Graphen der Funktion g′(x), welche die erste Ableitung der Funktion g(x) mit $D_g = \mathbb{R} \setminus \{0\}$ ist.

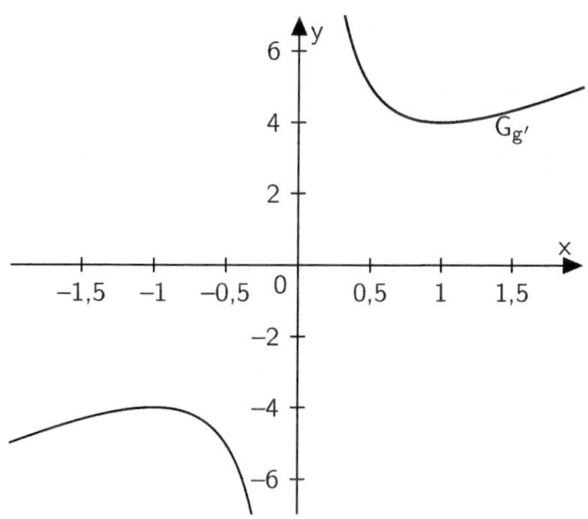

2.1 Geben Sie die maximalen Monotonieintervalle des Graphen von g(x) an. **3 BE**

2.2 Geben Sie die Abszisse aller Wendepunkte des Graphen von g(x) an. **2 BE**

2.3 Ermitteln Sie die Gleichung einer Tangente an den Graphen von g(x) an der Stelle $x = -1$. Der Graph von g(x) verläuft durch den Punkt $(-1 \mid 1)$. **4 BE**

2.4 Geben Sie einen Term der dargestellten Funktion g′(x) an, wenn diese vom Typ $g'(x) = ax + \frac{2}{x}$ ist. **2 BE**

2.5 Bestimmen Sie die exakten Werte der Abszissen der Schnittpunkte des Graphen der zweiten Ableitung von g(x) mit der Geraden $y = -4$. **3 BE**

1.0 Untersucht wird die Funktion $f(x) = \ln\left(\frac{x+1}{x-2}\right)$.

1.1 **Definitionsmenge**

Für die Funktion muss erfüllt sein, dass das Argument des Logarithmus, also der Bruch, stets größer als null sein muss. Zunächst werden die Nullstellen von Zähler- und Nennerterm bestimmt:

$$x+1=0 \iff x=-1$$
$$x-2=0 \iff x=2$$

Nun wird eine Vorzeichentabelle betrachtet, anhand derer über das Vorzeichen des Bruches entschieden werden kann.

x	$x<-1$	$x=-1$	$-1<x<2$	$x=2$	$2<x$
$x+1$	$-$	0	$+$	$+$	$+$
$x-2$	$-$	$-$	$-$	0	$+$
$\frac{x+1}{x-2}$	$+$	0	$-$	n.def.	$+$

Die Funktion f(x) ist definiert, wo der Bruch größer null ist. Demnach ergibt sich die Definitionsmenge zu $D_f =]-\infty; -1[\cup]2; \infty[$ oder $D_f = \mathbb{R} \setminus [-1; 2]$.

1.2 **Term der ersten Ableitung**

Mithilfe von Ketten- und Quotientenregel wird die erste Ableitung bestimmt:

$$f(x) = \ln\left(\frac{x+1}{x-2}\right)$$

$$f'(x) = \left[\frac{1}{\frac{x+1}{x-2}} \cdot \left(\frac{x+1}{x-2}\right)'\right] \qquad \text{(Ansatz Kettenregel)}$$

$$= \left[\frac{x-2}{x+1} \cdot \frac{(x+1)' \cdot (x-2) - (x+1) \cdot (x-2)'}{(x-2)^2}\right] \qquad \text{(Ansatz Quotientenregel)}$$

$$= \frac{x-2}{x+1} \cdot \frac{1 \cdot (x-2) - (x+1) \cdot 1}{(x-2)^2} \qquad \text{(Anwendung)}$$

$$= \frac{\cancel{x-2}}{x+1} \cdot \frac{x-2-x-1}{(x-2)^{\cancel{2}1}} \qquad \text{(Kürzen)}$$

$$= \frac{1}{x+1} \cdot \frac{x-2-x-1}{x-2} \qquad \text{(Zusammenfassen)}$$

$$= -\frac{3}{(x+1) \cdot (x-2)}$$

Demnach ist die vierte Antwortmöglichkeit $f'(x) = -\frac{3}{(x-2)(x+1)}$ korrekt.

1.3 **Verhalten der Funktionswerte für $x \to \infty$**

Um das Verhalten der Funktionswerte zu bestimmen, wird zunächst das Verhalten des Bruches für $x \to \infty$ untersucht.

$$x \to \infty : \frac{\overbrace{x+1}^{\to\infty}}{\underbrace{x-2}_{\to\infty}}$$

Es handelt sich um einen gebrochenrationalen Term, bei dem Zähler- und Nennergrad gleich sind. In diesem Falle entscheiden die Leitkoeffizienten vor der höchsten Potenz von x über den Grenzwert, sodass gilt:

$$x \to \infty : \frac{\mathbf{1}x+1}{\mathbf{1}x-2} \to \frac{1}{1} = 1 \quad \Rightarrow \quad x \to \infty : f(x) = \ln\underbrace{\left(\frac{x+1}{x-2}\right)}_{\to 1} \to 0$$

2.1 **Maximale Monotonieintervalle**

Gegeben ist der Graph der ersten Ableitung. Dieser verlauft für $x < 0$ unterhalb der x-Achse und $g'(x)$ hat hier negative Funktionswerte. Für $x > 0$ verläuft der Graph der ersten Ableitung oberhalb der x-Achse, sodass $g'(x)$ hier positive Werte annimmt. Entsprechend ist der Graph von g im Intervall $]-\infty; 0[$ streng monoton fallend und im Intervall $]0; \infty[$ streng monoton steigend.

2.2 **Abszisse aller Wendepunkte**

Die Wendepunkte des Graphen von $g(x)$ liegen dort, wo die erste Ableitung Extremstellen aufweißt. Aus der gegebenen Zeichnung kann abgelesen werden, dass der Graph von $g'(x)$ bei $x = -1$ einen Hochpunkt und bei $x = 1$ einen Tiefpunkt aufweißt. Entsprechend ergeben sich die Abszissen der Wendepunkte des Graphen von $g(x)$ zu $\underline{\underline{x = -1}}$ und $\underline{\underline{x = 1}}$.

2.3 **Gleichung der Tangente**

Als Ansatz für die Funktionsgleichung der Tangente wird die allgemeine Form einer linearen Funktion $t(x) = m \cdot x + n$ angesetzt. Der Anstieg m der Tangente an die Stelle $x = -1$ entspricht dem Anstieg des Funktionsgraphen an dieser Stelle. Dieser Anstieg wird von der ersten Ableitung repräsentiert. Aus der gegebenen Darstellung kann der Anstieg an der Stelle $x = -1$ zu $\underline{m = -4}$ abgelesen werden. Mit dem Punkt $(-1 \mid 1)$ ist zudem der Funktionswert an dieser Stelle gegeben. Auch die Tangente muss durch diesen Punkt verlaufen, sodass der Anstieg und die Koordinaten des Punktes in die allgemeine Form eingesetzt werden können:

$$\begin{aligned} & y = m \cdot x + n \\ \Rightarrow \quad & 1 = -4 \cdot (-1) + n \qquad | -4 \\ \Longleftrightarrow \quad & \underline{n = -3} \end{aligned}$$

Die Gleichung der Tangente lautet $\underline{\underline{t(x) = -4x - 3}}$.

2.4 **Term der ersten Ableitung**

Aus der Darstellung kann ein Punkt gefunden werden, durch den der Graph von $g'(x)$ verläuft, zum Beispiel der Punkt $(-1 \mid -4)$. Setzt man dies in die gegebene Gleichung ein, kann der Wert des Parameters a bestimmt werden:

$$
\begin{aligned}
& & y &= ax + \frac{2}{x} & \\
&\Rightarrow & -4 &= a \cdot (-1) + \frac{2}{(-1)} & \\
&\Longleftrightarrow & -4 &= -a - 2 & &| + a \\
&\Longleftrightarrow & -4 + a &= -2 & &| + 4 \\
&\Longleftrightarrow & a &= 2 &
\end{aligned}
$$

Der Term der ersten Ableitung ergibt sich zu $\underline{\underline{g'(x) = 2x + \frac{2}{x}}}$.

2.5 **Abszisse des Schnittpunktes**

Zunächst wird die zweite Ableitung $g''(x)$ ermittelt.

$$
\begin{aligned}
g'(x) &= 2x + \frac{2}{x} = 2x + 2 \cdot x^{-1} \\
g''(x) &= 2 + 2 \cdot (-1) \cdot x^{-2} = 2 - \frac{2}{x^2}
\end{aligned}
$$

Durch Gleichsetzen werden die Abszissen der Schnittpunkte bestimmt:

$$
\begin{aligned}
& & 2 - \frac{2}{x^2} &= -4 & &| - 2 \\
&\Longleftrightarrow & -\frac{2}{x^2} &= -6 & &| \cdot (-x^2) \\
&\Longleftrightarrow & 2 &= 6x^2 & &| : 6 \\
&\Longleftrightarrow & x^2 &= \frac{1}{3} & &| \sqrt{\ } \\
&\Longleftrightarrow & \underline{\underline{x_{1;2}}} &\underline{\underline{= \pm\sqrt{\frac{1}{3}}}} &
\end{aligned}
$$

Im $\mathbb{R}^3$ sind die Punkte $P_n(1-n\,|\,3\,|\,4n)$ mit $n \in \mathbb{R}$, die Punkte $Q(3\,|\,3\,|\,-8)$ und $R(4\,|\,7\,|\,4)$, sowie die Ebene F mit der Gleichung $F: 2x_1 + 7x_2 - 3x_3 + 5 = 0$ gegeben.

1 Die Punkte P_n liegen alle auf der Geraden g. Geben Sie eine Gleichung dieser Geraden an. **2 BE**

2 Prüfen Sie, ob der Punkt Q auf der Geraden g liegt. **2 BE**

3 Die Gerade g und der Punkt R spannen eine Ebene E auf. Bestimmen Sie eine Gleichung dieser Ebene. **2 BE**

4 Bestimmen Sie die Koordinaten des Schnittpunktes S der Gerade g mit der Ebene F. **3 BE**

5 Geben Sie ohne weitere Rechnung die Gleichung der Gerade j durch die Punkte Q und S an. **1 BE**

6 Bestimmen Sie die Koordinaten der Schnittpunkte der Ebene F mit den Koordinatenachsen. **2 BE**

1 Da alle Punkte P_n auf g liegen, gilt für die Gleichung der Geraden:

$$g: \vec{x} = \overrightarrow{OP_n} = \begin{pmatrix} 1-n \\ 3 \\ 4n \end{pmatrix} = \underline{\underline{\begin{pmatrix} 1 \\ 3 \\ 0 \end{pmatrix} + n \cdot \begin{pmatrix} -1 \\ 0 \\ 4 \end{pmatrix}}} \quad \text{mit } n \in \mathbb{R}$$

2 Um zu prüfen, ob der Punkt Q auf der Geraden g liegt, wird der Ortsvektor von Q mit der Geradengleichung von g gleichgesetzt:

$$\begin{pmatrix} 3 \\ 3 \\ -8 \end{pmatrix} = \begin{pmatrix} 1 \\ 3 \\ 0 \end{pmatrix} + n \cdot \begin{pmatrix} -1 \\ 0 \\ 4 \end{pmatrix}$$

Zeilenweise ergeben sich so drei Gleichungen. Für die erste Zeile gilt:

$$\begin{aligned} &\text{(I)} & 3 &= 1 + n \cdot (-1) & &| + n \\ &\Longleftrightarrow & 3 + n &= 1 & &| - 3 \\ &\Longleftrightarrow & n &= -2 \end{aligned}$$

Aus der zweiten Zeile folgt:

$$\text{(II)} \qquad 3 = 3 + 0 \cdot n = 3$$

Die zweite Zeile ist demnach unabhängig von n erfüllt. In die Gleichung der dritten Zeile wird der Wert für n eingesetzt, der aus der ersten Zeile ermittelt wurde:

$$\text{(III)} \qquad -8 = 0 + n \cdot 4 = 0 + (-2) \cdot 4 = -8$$

Auch hier ergibt sich mit $n = -2$ eine wahre Aussage. Demnach liegt der Punkt Q auf der Geraden g.

3 Als Stützvektor der Ebene wird der Ortsvektor der Geraden g und als einer der Spannvektoren der Richtungsvektor der Geraden g verwendet. Als zweiter Stützvektor der Ebene wird der Verbindungsvektor zwischen dem Ortsvektor der Geraden und dem Punkt R verwendet, sodass für die Gleichung der Ebene gilt:

$$E: \vec{x} = \begin{pmatrix} 1 \\ 3 \\ 0 \end{pmatrix} + \sigma \cdot \begin{pmatrix} -1 \\ 0 \\ 4 \end{pmatrix} + \tau \cdot \left(\overrightarrow{OR} - \begin{pmatrix} 1 \\ 3 \\ 0 \end{pmatrix} \right) = \underline{\underline{\begin{pmatrix} 1 \\ 3 \\ 0 \end{pmatrix} + \sigma \cdot \begin{pmatrix} -1 \\ 0 \\ 4 \end{pmatrix} + \tau \cdot \begin{pmatrix} 3 \\ 4 \\ 4 \end{pmatrix}}} \quad \text{mit } \sigma, \tau \in \mathbb{R}$$

4 Um die Koordinaten des Schnittpunktes zu bestimmen, werden die Komponenten der Geradengleichung in die Ebene F eingesetzt:

$$\begin{aligned} & & 2x_1 + 7x_2 - 3x_3 + 5 &= 0 \\ &\Rightarrow & 2 \cdot (1-n) + 7 \cdot (3) - 3 \cdot (4n) + 5 &= 0 \\ &\Longleftrightarrow & 2 - 2n + 21 - 12n + 5 &= 0 \\ &\Longleftrightarrow & 28 - 14n &= 0 & &| + 14n \end{aligned}$$

$$\iff \quad 28 = 14n \quad |:14$$
$$\iff \quad n = 2$$

Setzt man diesen Wert für n in die Gleichung der Geraden ein, ergeben sich die Koordinaten des Schnittpunktes:

$$\overrightarrow{OS} = \begin{pmatrix} 1 \\ 3 \\ 0 \end{pmatrix} + 2 \cdot \begin{pmatrix} -1 \\ 0 \\ 4 \end{pmatrix} = \begin{pmatrix} -1 \\ 3 \\ 8 \end{pmatrix} \quad \Rightarrow \quad \underline{\underline{S(-1|3|8)}}$$

5 Da der Punkt Q auf der Geraden g liegt und der Punkt S, weil es der Schnittpunkt von g und F ist, ebenfalls auf g liegt, ist die Gerade j zwischen Q und S die Gerade g, sodass gilt:

$$\underline{\underline{j\colon \vec{x} = \begin{pmatrix} 1 \\ 3 \\ 0 \end{pmatrix} + m \cdot \begin{pmatrix} -1 \\ 0 \\ 4 \end{pmatrix}}} \quad \text{mit } m \in \mathbb{R}$$

6 Um den Schnittpunkt mit einer Achse zu bestimmen, werden jeweils die anderen beiden Koordinaten in der Ebenengleichung gleich null gesetzt.

Schnitt mit x_1-Achse: $x_2 = x_3 = 0 \quad \Rightarrow \quad 2x_1 + 5 = 0 \quad \Rightarrow \quad x_1 = -\frac{5}{2} \quad \Rightarrow \quad \underline{\underline{\left(-\frac{5}{2}\middle|0\middle|0\right)}}$

Schnitt mit x_2-Achse: $x_1 = x_3 = 0 \quad \Rightarrow \quad 7x_2 + 5 = 0 \quad \Rightarrow \quad x_2 = -\frac{5}{7} \quad \Rightarrow \quad \underline{\underline{\left(0\middle|-\frac{5}{7}\middle|0\right)}}$

Schnitt mit x_3-Achse: $x_1 = x_2 = 0 \quad \Rightarrow \quad -3x_3 + 5 = 0 \quad \Rightarrow \quad x_3 = \frac{5}{3} \quad \Rightarrow \quad \underline{\underline{\left(0\middle|0\middle|\frac{5}{3}\right)}}$

1 Im $\mathbb{R}^3$ sind die drei Punkte $P(0|3|2)$, $Q(4|-4|6)$ und P' gegeben, wobei es sich bei P' um den Spiegelpunkt von P, gespiegelt am Koordinatenursprung, handelt. Zeigen Sie, dass die Punkte P und P' die gleiche Entfernung vom Punkt Q haben. Bestimmen Sie außerdem die Größe des Winkels, den die Vektoren $\overrightarrow{OP}$ und $\overrightarrow{OQ}$ einschließen. **4 BE**

2.0 Gegeben sind die Geraden $g\colon \vec{x} = \begin{pmatrix}3\\0\\0\end{pmatrix} + \lambda \cdot \begin{pmatrix}0\\1\\0\end{pmatrix}$ mit $\lambda \in \mathbb{R}$ und $h\colon \vec{x} = \mu \cdot \begin{pmatrix}2\\0\\0\end{pmatrix}$ mit $\mu \in \mathbb{R}$ und die Ebenen $E\colon x_1 + 4 = 0$ und $F\colon \vec{x} = \begin{pmatrix}-4\\2\\3\end{pmatrix} + p \cdot \begin{pmatrix}-2\\-3\\-2\end{pmatrix} + q \cdot \begin{pmatrix}6\\1\\4\end{pmatrix}$ mit $p, q \in \mathbb{R}$.

2.1 Geben Sie die besondere Lage der Geraden g und h, sowie der Ebene E im Koordinatensystem an. **3 BE**

2.2 Untersuchen Sie, ob sich die Geraden g und h, die Gerade g und die Ebene E, sowie die Gerade h und die Ebene E schneiden und geben Sie gegebenenfalls die Koordinaten des Schnittpunktes an. **2 BE**

2.3 Die beiden Ebenen E und F schneiden sich in einer Schnittgeraden s. Ermitteln Sie eine Gleichung dieser Geraden. **3 BE**

Muster

1 **Nachweis des gleichen Abstandes**
Da es sich bei P′ um den Spiegelpunkt von P am Koordinatenursprung handelt, müssen die Vorzeichen der einzelnen Koordinaten des Punktes relativ zu P getauscht werden. Es ist also $P'(0\,|-3\,|-2)$. Für die Vektoren zwischen den Punkten gilt dann:

$$\overrightarrow{PQ} = \overrightarrow{OQ} - \overrightarrow{OP} = \begin{pmatrix} 4-0 \\ -4-3 \\ 6-2 \end{pmatrix} = \begin{pmatrix} 4 \\ -7 \\ 4 \end{pmatrix} \qquad \overrightarrow{P'Q} = \overrightarrow{OQ} - \overrightarrow{OP'} = \begin{pmatrix} 4-0 \\ -4-(-3) \\ 6-(-2) \end{pmatrix} = \begin{pmatrix} 4 \\ -1 \\ 8 \end{pmatrix}$$

Es werden nun die Beträge der Vektoren $\overrightarrow{PQ}$ und $\overrightarrow{P'Q}$ berechnet:

$$|\overrightarrow{PQ}| = \sqrt{4^2 + (-7)^2 + 4^2} = \sqrt{81} = 9 \qquad |\overrightarrow{P'Q}| = \sqrt{4^2 + (-1)^2 + 8^2} = \sqrt{81} = 9$$

Die Werte sind gleich, demnach sind die Entfernungen von P und P′ zu Q jeweils gleich.

Eingeschlossener Winkel
Um eine Aussage zur Größe des WInkels treffen zu können wird zunächst das Skalarprodukt berechnet:

$$\overrightarrow{OP} \circ \overrightarrow{OQ} = \begin{pmatrix} 0 \\ 3 \\ 2 \end{pmatrix} \circ \begin{pmatrix} 4 \\ -4 \\ 6 \end{pmatrix} = 0 \cdot 4 + 3 \cdot (-4) + 2 \cdot 63 = 0 - 12 + 12 = 0$$

Da das Skalarprodukt den Wert null hat, stehen die beiden Vektoren senkrecht aufeinander. Der eingeschlossene Winkel hat demnach eine Größe von $\underline{\underline{90°}}$.

2.1 Da **nur** die x_2-Komponente des Richtungsvektors der Geraden g nicht null ist, verläuft die Gerade g parallel zur x_2-Achse. Da mit dem Ortsvektor zudem eine Verschiebung um 3 in x_1-Richtung vorliegt, verläuft die Gerade g **echt** parallel zur x_2-Achse.

Bei der Geraden h liegt keine Verschiebung in Form eines Ortsvektors vor, beim Richtungsvektor ist **nur** die x_1-Komponente von null verschieden. Somit verläuft die Gerade h identisch zur x_1-Achse.

Die Gleichung der Ebene lässt sich umformen zu $x_1 = -4$. Die Ebene liegt also echt parallel zur x_2x_3-Ebene.

Muster

2.2 **Gegenseitige Lage von g und h**
Da die Gerade h identisch zur x_1-Achse verläuft und der Ortsvektor der Gerade g einen Punkt auf der x_1-Achse beschreibt, handelt es sich dabei um den Schnittpunkt beider Geraden am Punkt $S(3\,|\,0\,|\,0)$.

Gegenseitige Lage von g und E
Da g echt parallel zur x_2-Achse und E parallel zur x_2x_3-Ebene liegt, ist auch g parallel zu E. Außerdem ist die Gerade g um 3 Einheiten in Richtung x_1 verschoben, während für die Ebene $x_1 = -4$ gilt. Somit verläuft g echt parallel zu E und es liegt kein Schnittpunkt vor.

Gegenseitige Lage von h und E
Da E parallel zur x_2x_3-Ebene liegt und h identisch mit der x_1-Achse verläuft, verläuft h senkrecht zu E und es gibt einen Schnittpunkt. Da h identisch mit der x_1-Achse ist, muss der Schnittpunkt auf dieser Achse liegen, sodass für die Koordinaten des Schnittpunktes $x_2 = 0$ und $x_3 = 0$ gelten muss. Da der Punkt außerdem auf der Ebene mit $x_1 = -4$ liegt, ergeben sich die Koordinaten des Schnittpunktes von h und E zu $\underline{\underline{(-4\,|\,0\,|\,0)}}$.

2.3 Um zur Gleichung der Schnittgeraden zu gelangen, werden die Koordinaten der Ebene F komponentenweise in die Gleichung von E einsetzt:

$$\begin{aligned} & x_1 + 4 = 0 & \\ \iff \quad & -4 - 2p + 6q + 4 = 0 & \\ \iff \quad & -2p + 6q = 0 & \quad \mid -6q \\ \iff \quad & -2p = -6q & \quad \mid : (-2) \\ \iff \quad & p = 3q & \end{aligned}$$

Setzt man $\sigma = q$ folgt $p = 3q = 3\sigma$. Beides wird in die Gleichung der Ebene F eingesetzt um zur Gleichung der Schnittgeraden s zu gelangen:

$$\begin{aligned} s : \vec{x} &= \begin{pmatrix} -4 \\ 2 \\ 3 \end{pmatrix} + 3 \cdot \sigma \cdot \begin{pmatrix} -2 \\ -3 \\ -2 \end{pmatrix} + \sigma \cdot \begin{pmatrix} 6 \\ 1 \\ 4 \end{pmatrix} = \begin{pmatrix} -4 \\ 2 \\ 3 \end{pmatrix} + \sigma \cdot \begin{pmatrix} -6+6 \\ -9+1 \\ -6+4 \end{pmatrix} \\ &= \underline{\underline{\begin{pmatrix} -4 \\ 2 \\ 3 \end{pmatrix} + \sigma \cdot \begin{pmatrix} 0 \\ -8 \\ -2 \end{pmatrix}}} \quad \text{mit } \sigma \in \mathbb{R} \end{aligned}$$

Muster

1.0 Gegeben ist die Funktion $f: x \longmapsto \ln(x^2 + 2x)$ in der maximalen Definitionsmenge $D_f \subset \mathbb{R}$. Ihr Graph wird mit G_f bezeichnet.

1.1 Bestimmen Sie D_f und untersuchen Sie das Verhalten der Funktionswerte an den Rändern des Definitionsbereichs. **5 BE**

1.2 Untersuchen Sie die Funktion f auf Nullstellen. **2 BE**

1.3 Ermitteln Sie die maximalen Monotonieintervalle von G_f.

$\left[\text{Mögliches Teilergebnis: } f'(x) = \frac{2x+2}{x^2+2x}\right]$ **4 BE**

1.4 Zeichnen Sie G_f für $-4 \leq x \leq 4$ in ein kartesisches Koordinatensystem. **2 BE**

1.5 Ermitteln Sie den exakten Wert des Integrals $A = \int_1^3 f(x)dx$. **6 BE**

2.0 Der Verlauf der Lufttemperatur an einem Sommertag lässt sich näherungsweise darstellen durch eine Funktion L, die gegeben ist durch $L(t) = 14{,}7 \cdot e^{-0{,}03(t-7{,}5)^2} + 13{,}4$. Dabei gibt L die Lufttemperatur in °C und t die Zeit in Stunden nach Beginn der Beobachtung nach Sonnenaufgang (morgens 6 Uhr) an.

Das Modell ist gültig für den Zeitraum $t \in [0; 16]$ und beschreibt demnach den Verlauf der Temperatur im Zeitraum von 6 Uhr bis 22 Uhr.

Auf das Mitführen von Einheiten bei den Rechnungen kann verzichtet werden. Sofern nicht anders angegeben sind die Ergebnisse auf zwei Nachkommastellen zu runden.

2.1 Bestimmen Sie Temperaturmaximum und -minimum des Modellzeitraumes.

[Mögliches Teilergebnis: $\dot{L}(t) = -0{,}441 \cdot (2t - 15) \cdot e^{-0{,}03(t-7{,}5)^2}$] **7 BE**

2.2 Berechnen Sie den Wert des Terms $\frac{L(5) - L(0)}{5}$ und interpretieren Sie diesen im Sachzusammenhang. **3 BE**

2.3 Bestimmen Sie den Zeitpunkt der größten Temperaturzunahme. **6 BE**

2.4 Stellen Sie den Verlauf der Lufttemperatur im Modellzeitraum graphisch dar.
Maßstab x-Achse: 2 h $\triangleq$ 1 cm; Maßstab y-Achse: 5°C $\triangleq$ 1 cm **3 BE**

2.5 Die Klimaanlage eines Kaufhauses schaltet sich automatisch ein, wenn die Lufttemperatur über 20°C steigt und wieder ab, wenn die Temperatur wieder unter diesen Wert fällt.

Geben Sie die Uhrzeiten, zu denen sich die Anlage ein- und abschaltet auf ganze Minuten gerundet an. **5 BE**

1.0 Betrachtet wird die Funktion $f(x) = \ln(x^2 + 2x)$.

1.1 **Definitionsmenge**

Der Logarithmus ist nur für Argumente größer als null definiert, sodass $x^2 + 2x > 0$ gelten muss. Zunächst wird bestimmt an welchen Stellen $x^2 + 2x = 0$ gilt:

$$x^2 + 2x = 0 \quad \Longleftrightarrow \quad x(x+2) = 0 \quad \Rightarrow \quad x = -2 \quad \text{oder} \quad x = 0$$

Der Verlauf des Graphen zu $x^2 + 2x$ ist in nebenstehender Skizze gezeigt. Die Bedingung $x^2 + 2x > 0$ ist also für $x < -2$ oder $x > 0$ erfüllt. Die Definitionsmenge der Funktion f ergibt sich also zu

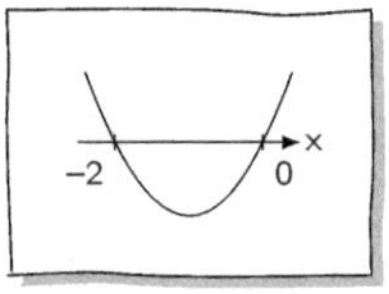

$$\underline{\underline{D_f =]-\infty; -2[\cup]0; \infty[}} \quad \text{bzw.} \quad \underline{\underline{D_f = \mathbb{R} \setminus [-2; 0]}}$$

Verhalten der Funktionswerte an den Rändern des Definitionsbereichs

Das Verhalten der Funktionswerte ergibt sich jeweils aus dem Verhalten des Arguments, weshalb dieses jeweils separat betrachtet wird:

$$x \to -\infty: (x^2 + 2x) \to \infty \quad \Rightarrow \quad x \to -\infty: f(x) = \ln(\underbrace{x^2 + 2x}_{\to\infty}) \to \infty$$

$$x \to -2^-: (x^2 + 2x) \to 0^+ \quad \Rightarrow \quad x \to -2^-: f(x) = \ln(\underbrace{x^2 + 2x}_{\to 0^+}) \to -\infty$$

$$x \to 0^+: (x^2 + 2x) \to 0^+ \quad \Rightarrow \quad x \to 0^+: f(x) = \ln(\underbrace{x^2 + 2x}_{\to 0^+}) \to -\infty$$

$$x \to \infty: (x^2 + 2x) \to \infty \quad \Rightarrow \quad x \to \infty: f(x) = \ln(\underbrace{x^2 + 2x}_{\to\infty}) \to \infty$$

1.2 **Nullstellen**

Da allgemein $\ln(1) = 0$ gilt, gilt für die Nullstellen der Funktion:

$$\begin{aligned}
& f(x)0 \\
\Rightarrow \quad & x^2 + 2x = 1 \qquad | -1 \\
\Longleftrightarrow \quad & x^2 + 2x - 1 = 0 \\
\Rightarrow \quad & x_{1;2} = \frac{-2 \pm \sqrt{2^2 - 4 \cdot 1 \cdot (-1)}}{2 \cdot 1} \\
\Longleftrightarrow \quad & x_{1;2} = \frac{-2}{2} \pm \frac{\sqrt{8}}{2} \\
\Longleftrightarrow \quad & x_{1;2} = -1 \pm \sqrt{\frac{8}{4}} \\
\Longleftrightarrow \quad & \underline{\underline{x_1 = -1 - \sqrt{2}}} \quad \text{oder} \quad \underline{\underline{x_2 = -1 + \sqrt{2}}}
\end{aligned}$$

1.3 **Ermitteln der ersten Ableitung**

Mithilfe der Kettenregel wird die erste Ableitung der Funktion berechnet:

$$f(x) = \ln(x^2 + 2x)$$

$$
\begin{aligned}
f'(x) &= \left[(x^2+2x)' \cdot \frac{1}{x^2+2x}\right] && \text{(Ansatz Kettenregel)}\\
&= (2x+2) \cdot \frac{1}{x^2+2x} && \text{(Anwendung)}\\
&= \frac{2x+2}{x^2+2x} && \text{(Zur Kontrolle angegeben)}
\end{aligned}
$$

Maximale Monotonieintervalle
Zunächst wird die Nullstelle der ersten Ableitung bestimmt, die hier der Nullstelle der Zählerterms entspricht:

$$
\begin{aligned}
& & 2x+2 &= 0 && |-2\\
&\Longleftrightarrow & 2x &= -2 && |:2\\
&\Longleftrightarrow & x &= -1 &&
\end{aligned}
$$

Dieser Wert liegt außerhalb des Definitionsbereiches. Um über die maximalen Monotonieintervalle entscheiden zu können wird unter Berücksichtigung der Definitionsmenge eine Vorzeichentabelle erstellt, in der Zähler- und Nennerterm der Ableitung jeweils separat bzgl. ihres Vorzeichens betrachtet werden.

x	$x < -2$	$-2 \leq x \leq 0$	$0 < x$	Skizzen
$f'(x)$-Zähler: $2x+2$	$-$		$+$	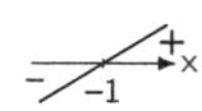
$f'(x)$-Nenner: x^2+2x	$+$		$+$	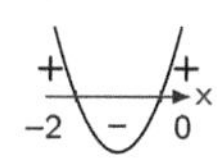
$f'(x)$	$-$	n. def.	$+$	
G_f	↘	n. def.	↗	

Somit ist G_f im Intervall $]-\infty; -2[$ streng monoton fallend und im Intervall $]0; \infty[$ streng monoton wachsend.

1.4 Graphische Darstellung

Für die graphische Darstellung wird eine Wertetabelle als Hilfestellung erstellt:

x	-4	-3	$-1-\sqrt{2}$	$-2{,}1$	$0{,}1$	$-1+\sqrt{2}$	1	2	4
$f(x)$	2,08	1,10	0	−1,56	−1,56	0	1,10	2,08	3,18

Mithilfe dieser Werte kann nun die grafische Darstellung erfolgen:

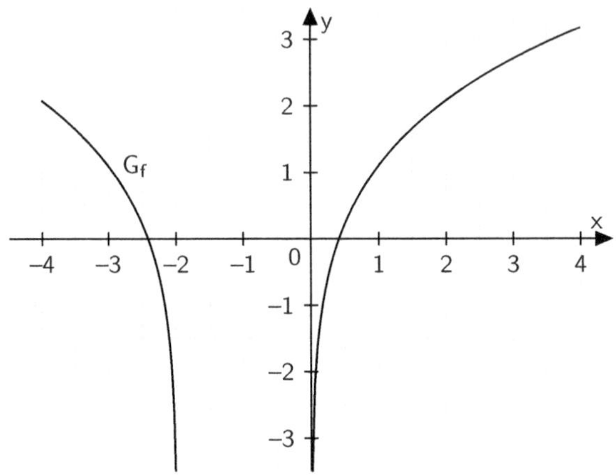

1.5 Zunächst wird das Integral unbestimmt, also ohne Integrationsgrenzen berechnet. Dafür wird der Term mit eins multipliziert und dann partiell integriert.

$$\begin{aligned}\int f(x)dx &= \int 1 \cdot f(x)dx = x \cdot f(x) - \int x \cdot f'(x)dx = x\ln(x^2+2x) - \int \frac{2x^2+2x}{x^2+2x}dx \\ &= x\ln(x^2+2x) - \int \frac{2x^2+2x+2x-2x}{x^2+2x}dx \\ &= x\ln(x^2+2x) - \int \left(\frac{2x^2+4x}{x^2+2x} - \frac{2x}{x^2+2x}\right)dx \\ &= x\ln(x^2+2x) - \int \left(2 - \frac{2}{x+2}\right)dx = x\ln(x^2+2x) - 2x + 2\ln|x+2| + C\end{aligned}$$

Alternative Lösung

Auch hier wird zunächst partiell integriert. Statt den Integranden nach Ausführen der partiellen Integration zu erweitern, kann jedoch auch zunächst gekürzt und dann eine Polynomdivision durchgeführt werden.

$$\begin{aligned}\int f(x)dx &= \int 1 \cdot f(x)dx = x \cdot f(x) - \int x \cdot f'(x)dx = x\ln(x^2+2x) - \int \frac{2x^{\cancel{2}1} + 2\cdot\cancel{x}}{x^{\cancel{2}1} + 2\cdot\cancel{x}}dx \\ &= x\ln(x^2+2x) - \int \frac{2x+2}{x+2}dx\end{aligned}$$

Für den Integranden folgt die Polynomdivision:

$$\begin{array}{l} (2x \quad +2) \ : (x+2) = 2 + \dfrac{-2}{x+2} \\ \underline{-(2x \quad +4)} \\ \qquad\quad -2 \end{array}$$

Damit gilt weiterhin für das Integral:

$$\begin{aligned}\int f(x)dx &= x\ln(x^2+2x) - \int \frac{2x+2}{x+2}dx = x\ln(x^2+2x) - \int \left(2 + \frac{-2}{x+2}\right)dx \\ &= x\ln(x^2+2x) - 2x + 2\ln|x+2| + C\end{aligned}$$

Für die Berechnung des gegebenen bestimmten Integrals entfällt die Integrationskonstante C.

$$\begin{aligned} A &= \int_1^3 f(x)dx = \left[x\ln(x^2+2x) - 2x + 2\ln(x+2)\right]_1^3 \\ &= 3\cdot\ln(3^2+2\cdot3) - 2\cdot3 + 2\cdot\ln(3+2) - (1\cdot\ln(1^2+2\cdot1) - 2\cdot1 + 2\cdot\ln(1+2)) \\ &= 3\cdot\ln(15) - 6 + 2\cdot\ln(5) - \ln(3) + 2 - 2\cdot\ln(3) \\ &= \underline{\underline{3\cdot\ln(15) - 4 + 2\cdot\ln(5) - 3\cdot\ln(3)}} \end{aligned}$$

2.0 Untersucht wird die Funktion $L(t) = 14{,}7\cdot e^{-0{,}03(t-7{,}5)^2} + 13{,}4$ mit $t \in [0;\ 16]$, die in Abhängigkeit der Zeit t in Stunden nach 6 Uhr morgens die Lufttemperatur in °C angibt.

2.1 **Ermitteln der ersten Ableitung**

Zunächst wird mithilfe der Kettenregel die erste Ableitung bestimmt:

$$\begin{aligned} L(t) &= 14{,}7\cdot e^{-0{,}03(t-7{,}5)^2} + 13{,}4 \\ \dot{L}(t) &= \left[14{,}7\cdot e^{-0{,}03(t-7{,}5)^2}\cdot(-0{,}03(t-7{,}5)^2)'\right] && \text{(Ansatz Kettenregel)} \\ &= \left[14{,}7\cdot e^{-0{,}03(t-7{,}5)^2}\cdot(-0{,}03(t^2-15t+56{,}25))'\right] && \text{(Anwendung)} \\ &= 14{,}7\cdot e^{-0{,}03(t-7{,}5)^2}\cdot(-0{,}03\cdot(2t-15)) && \text{(Zusammenfassen)} \\ &= -0{,}441\cdot(2t-15)\cdot e^{-0{,}03(t-7{,}5)^2} && \text{(Zur Kontrolle angegeben)} \end{aligned}$$

Maximum und Minimum im Modellzeitraum

Zunächst wird die Nullstelle der ersten Ableitung bestimmt. Da die Exponentialfunktion niemals null wird, entspricht dies der Nullstelle des linearen Terms:

$$\begin{aligned} && \dot{L}(t) &= 0 & \\ \Rightarrow && 2t - 15 &= 0 & |+15 \\ \Longleftrightarrow && 2t &= 15 & |:2 \\ \Longleftrightarrow && t &= 7{,}5 & \end{aligned}$$

Für das weitere Vorgehen wird nun eine Vorzeichentabelle der ersten Ableitung betrachtet:

t	$0 \le t < 7{,}5$	$t = 7{,}5$	$7{,}5 < t \le 16$
$-0{,}441\cdot e^{-0{,}03(t-7{,}5)^2}$	−	−	−
$2t - 15$	−	0	+
$\dot{L}(t)$	+	0	−
G_L	↗	HOP	↘

Skizze 2t − 15:

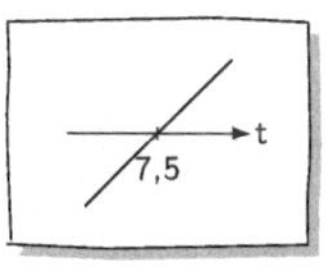

Dabei bezeichnet G_L den Graphen der Funktion L(t). Da im Zeitraum kein weiterer Vorzeichenwechsel der ersten Ableitung vorliegt, liegt bei t = 7,5 das absolute Maximum der Funktion vor.

$$L(7{,}5) = 14{,}7\cdot e^{-0{,}03(7{,}5-7{,}5)^2} + 13{,}4 = 14{,}7\cdot 1 + 13{,}4 = 28{,}10$$

Muster

Das Temperaturmaximum im Zeitraum beträgt $\underline{\underline{28{,}10^\circ C}}$.

Das Minimum im Zeitraum muss demnach am Rand des Definitionsbereichs liegen. An beiden Rändern wird der Funktionswert berechnet:

$$L(0) = 14{,}7 \cdot e^{-0{,}03(0-7{,}5)^2} + 13{,}4 \approx 16{,}12$$
$$L(16) = 14{,}7 \cdot e^{-0{,}03(16-7{,}5)^2} + 13{,}4 \approx 15{,}08$$

Das Temperaturminimum beträgt also $\underline{\underline{15{,}08^\circ C}}$.

2.2 **Berechnung des Wertes und Interpretation im Sachzusammenhang**

$$\frac{L(5) - L(0)}{5} = \frac{14{,}7 \cdot e^{-0{,}03(5-7{,}5)^2} + 13{,}4 - (14{,}7 \cdot e^{-0{,}03(0-7{,}5)^2} + 13{,}4)}{5} \approx 1{,}89$$

Der Wert entspricht der Berechnung von $\frac{\Delta L}{\Delta t}$ für die ersten fünf Stunden. Im Sachzusammenhang gibt dieser Wert an, dass die Lufttemperatur in den ersten fünf Stunden des Modellzeitraums um etwa 1,89°C pro Stunde zunimmt.

2.3 **Ermitteln der zweiten Ableitung**

Aus dem Term der ersten Ableitung wird mithilfe von Ketten- und Produktregel die zweite Ableitung bestimmt:

$$\dot{L}(t) = -0{,}441 \cdot (2t - 15) \cdot e^{-0{,}03(t-7{,}5)^2}$$
$$\ddot{L}(t) = -0{,}441 \cdot \left[(2t-15)' \cdot e^{-0{,}03(t-7{,}5)^2} + (2t-15) \cdot (e^{-0{,}03(t-7{,}5)^2})'\right] \quad \text{(Ans. Prod.r.)}$$
$$= -0{,}441 \cdot \left[2 \cdot e^{-0{,}03(t-7{,}5)^2} + (2t-15) \cdot e^{-0{,}03(t-7{,}5)^2} \cdot (-0{,}03 \cdot (t-7{,}5)^2)'\right] \quad \text{(Ans. Kett.r.)}$$
$$= -0{,}441 \cdot \left(2 \cdot e^{-0{,}03(t-7{,}5)^2} + (2t-15) \cdot e^{-0{,}03(t-7{,}5)^2} \cdot (-0{,}03(2t-15))\right) \quad \text{(Anwendung)}$$
$$= -0{,}441 \cdot \left(2 \cdot e^{-0{,}03(t-7{,}5)^2} + (-0{,}03(2t-15)^2) \cdot e^{-0{,}03(t-7{,}5)^2}\right) \quad \text{(ausklammern)}$$
$$= -0{,}441 \cdot \left((2 - 0{,}03(2t-15)^2) \cdot e^{-0{,}03(t-7{,}5)^2}\right) \quad \text{(bin. Formel)}$$
$$= -0{,}441 \cdot \left((2 - 0{,}03(4t^2 - 60t + 225)) \cdot e^{-0{,}03(t-7{,}5)^2}\right) \quad \text{(zusammenf.)}$$
$$= 0{,}441 \cdot (0{,}12t^2 - 1{,}8t + 4{,}75) \cdot e^{-0{,}03(t-7{,}5)^2}$$

Zeitpunkt größter Temperaturzunahme

Die größte Temperaturzunahme entspricht dem Maximum der ersten Ableitung. Um dieses zu finden werden zunächst die Nullstellen der zweiten Ableitung ermittelt. Da die Exponentialfunktion nie null wird, entspricht dies den Nullstellen des quadratischen Terms:

$$\ddot{L}(t) = 0$$
$$\Rightarrow \quad 0{,}12t^2 - 1{,}8t + 4{,}75 = 0$$
$$\Rightarrow \quad t_{1;2} = \frac{1{,}8 \pm \sqrt{(-1{,}8)^2 - 4 \cdot 0{,}12 \cdot 4{,}75}}{2 \cdot 0{,}12}$$
$$\Longleftrightarrow \quad t_{1;2} = \frac{1{,}8}{0{,}24} \pm \frac{\sqrt{0{,}96}}{0{,}24}$$

$$\Longleftrightarrow \qquad t_1 \approx 3{,}42 \quad \text{oder} \quad t_2 \approx 11{,}58$$

Für die weitere Betrachtung wird eine Vorzeichentabelle erstellt:

t	$0 \le t < t_1$	$t = t_1$	$t_1 < t < t_2$	$t = t_2$	$t_2 < t \le 16$
$0{,}441 \cdot e^{-0{,}03(t-7{,}5)^2}$	+	+	+	+	+
$0{,}12t^2 - 1{,}8t + 4{,}75$	+	0	−	0	+
$\ddot{L}(t)$	+	0	−	0	+
$G_{\dot{L}}$	↗	HOP	↘	TIP	↗

Skizze $0{,}12t^2 - 1{,}8t + 4{,}75$:

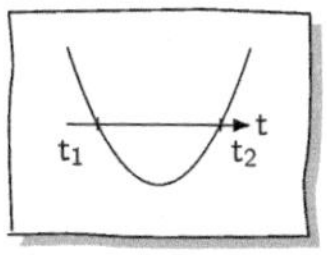

Aus der Vorzeichentabelle ergibt sich ein Hochpunkt der ersten Ableitung bei t_1. Demnach ist der Zeitpunkt der größten Temperaturzunahme erreicht nach $\underline{\underline{t = 3{,}42}}$ Stunden.

2.4 **Graphische Darstellung**

Für die graphische Darstellung wird eine Wertetabelle als Hilfestellung erstellt:

t	0	2	4	6	8	10	12	14	16
$L(t)$	16,12	19,33	23,58	27,14	27,99	25,59	21,41	17,54	15,08

Mithilfe dieser Werte kann nun die grafische Darstellung erfolgen:

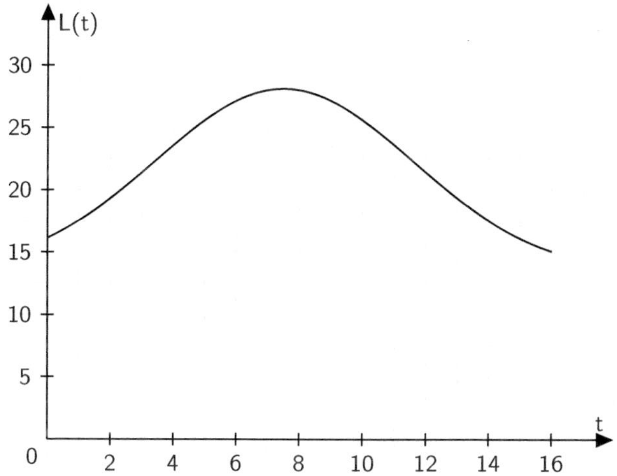

2.5 **Uhrzeit der Ein- und Abschaltung**

Zunächst wird bestimmt, für welche Werte von t die Temperatur genau bei 20°C liegt.

$$L(t) = 20$$

$$\Longleftrightarrow \qquad 14{,}7 \cdot e^{-0{,}03(t-7{,}5)^2} + 13{,}4 = 20 \qquad | -20$$

$$\Longleftrightarrow \qquad 14{,}7 \cdot e^{-0{,}03(t-7{,}5)^2} = 6{,}6 \qquad | : 14{,}7$$

$$
\begin{aligned}
\Longleftrightarrow \quad && e^{-0,03(t-7,5)^2} &= \frac{6,6}{14,7} && |\ln(\,) \\
\Longleftrightarrow \quad && -0,03(t-7,5)^2 &= \ln\left(\frac{6,6}{14,7}\right) && |:(-0,03) \\
\Longleftrightarrow \quad && (t-7,5)^2 &= -\frac{1}{0,03}\cdot\ln\left(\frac{6,6}{14,7}\right) && |\sqrt{\ } \\
\Longleftrightarrow \quad && t_{3;4}-7,5 &= \pm\sqrt{-\frac{1}{0,03}\cdot\ln\left(\frac{6,6}{14,7}\right)} && |+7,5 \\
\Longleftrightarrow \quad && t_{3;4} &= 7,5\pm\sqrt{-\frac{1}{0,03}\cdot\ln\left(\frac{6,6}{14,7}\right)} && \\
\Rightarrow \quad && t_3 &\approx 2,33 \quad \text{oder} \quad t_4 \approx 12,67 &&
\end{aligned}
$$

Aus der Monotonie oder der graphischen Darstellung ergibt sich, dass sich die Anlage zum Zeitpunkt t_3 einschaltet und zum Zeitpunkt t_4 wieder abschaltet. Da explizit die Uhrzeit gefragt ist, müssen diese Werte nun noch in eine Uhrzeit umgerechnet werden:

Einschalten: $t_3 = 2,33 \mathrel{\hat{=}} 2\,\text{h}$ und $0,33 \cdot 60\,\text{min} = 2\,\text{h}$ und $20\,\text{min}$
$\Rightarrow$ Uhrzeit: 6 Uhr $+\,2\,\text{h}$ und $20\,\text{min}$ = 8:20 Uhr

Abschalten: $t_4 = 12,67 \mathrel{\hat{=}} 12\,\text{h}$ und $0,67 \cdot 60\,\text{min} = 12\,\text{h}$ und $40\,\text{min}$
$\Rightarrow$ Uhrzeit: 6 Uhr $+\,12\,\text{h}$ und $40\,\text{min}$ = 18:40 Uhr

1.0 In einem Snowpark wird als neue Attraktion ein kurzer Steilhang errichtet. Dieser soll zunächst flach beginnen, dann sehr steil fallen und im Auslauf wieder flacher werden.

Die Modellfunktion, nach der der Steilhang modelliert werden soll, ist gegeben durch $s(x) = \frac{5}{1+e^{2x}} - 2{,}5$. Dabei gibt x die horizontale Position und der Funktionswert s(x) die Höhe über dem Niveau des restlichen Areals in Metern an. Die konstante Verschiebung von −2,5 wurde vom Planungsbüro dabei bewusst gewählt, da so ein Teil des Steilhangs oberhalb und ein Teil unterhalb des Niveaus des restlichen Parks liegt und so beim Aufschütten des oberen Teils direkt das ausgehobene Material des unteren Teils verwendet werden kann.

Sofern nicht anders angegeben, sind alle Ergebnisse auf zwei Nachkommastellen zu runden. Auf das Mitführen von Einheiten bei den Rechnungen kann verzichtet werden.

1.1 Das Planungsbüro schlägt vor, sich die natürlichen Begebenheiten zunutze zu machen und einen bereits vorhanden Hang als Basis für den geplanten Steilhang zu verwenden. Dafür wird für drei potentielle Hänge ein Profil vermessen. Der Hang eignet sich, wenn die Höhe an allen Stellen nicht mehr als 10 % vom Modell abweicht.

Vervollständigen Sie die folgende Tabelle und entscheiden Sie, welcher Hang als Basis für den Steilhang geeignet ist.

x	−2,5	−1,5	−0,5	0,5	1,5	2,5
s(x)						
s(x) + 10 %						
s(x) − 10 %						
Hang 1	2,3	2,3	1,3	−0,5	−2,3	−2,8
Hang 2	2,2	2,1	1,1	−1,2	−2,2	−2,3
Hang 3	2,6	2,4	1,7	−1,2	−2,2	−2,3

4 BE

1.2 Anhand der berechneten Werte vermutet das Planungsbüro, dass die Modellfunktion s(x) symmetrisch ist, was die Produktion der Stützstruktur erleichtern würde. Weisen Sie rechnerisch nach, dass Punktsymmetrie zum Punkt $(0\,|\,0)$ vorliegt. **3 BE**

1.3.0 Da das Feedback zum neuen Steilhang nicht positiv genug ausfällt, soll die Attraktion erweitert werden. Dafür soll entsprechend nebenstehender Skizze ein neuer Auslauf aufgeschüttet werden, der mehr Möglichkeiten bietet als ein ebener Auslauf. Der in der Skizze gestrichelte Steilhang wird im Intervall [−4; 4] weiterhin durch die Funktion s(x) beschrieben.

Skizze:

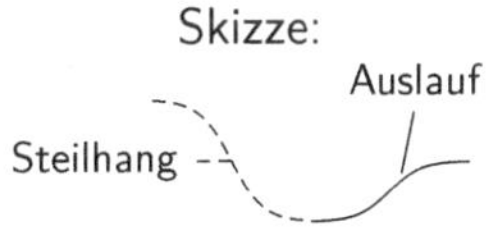

Der Auslauf wird im Intervall [4; 12] beschrieben durch eine Funktion $a(x) = \frac{b}{1+e^{-2x+c}} + d$ mit $b, c, d \in \mathbb{R}$, die ebenfalls in Abhängigkeit der horizontalen Position x die Höhe a(x) in Metern angibt. Bei $x = 4$ stimmen die Höhe von Steilhang und Auslauf im Rahmen der Rundungsgenauigkeit überein.

1.3.1 Die Funktion a(x) geht aus s(x) hervor, indem der Graph von s(x)

- an der y-Achse gespiegelt,
- entlang der y-Achse auf die Hälfte gestaucht wird (die konstante Verschiebung –2,5 soll jedoch erhalten bleiben und nicht mit gestaucht werden) und
- um 8 m nach rechts verschoben wird.

Bestimmen Sie daraus die Werte der Parameter b, c und d. **4 BE**

Im Folgenden ist $b = 2{,}5$; $c = 16$ und $d = -2{,}5$.

1.3.2 Zeigen Sie rechnerisch, dass der Absolutwert der Steigung des Graphen von s(x) bei $x = 0$ größer ist als der des Graphen von a(x) bei $x = 8$. **5 BE**

1.3.3 Stellen Sie die gesamte Anlage in Form der Graphen von s(x) und a(x) in den angegebenen Intervallen graphisch dar.
Maßstab x-Achse: $2\,\text{m} \mathrel{\hat{=}} 1\,\text{cm}$; Maßstab y-Achse: $1\,\text{m} \mathrel{\hat{=}} 1\,\text{cm}$ **4 BE**

1.3.4 In einer Höhe von $y = -1$ soll sowohl auf dem Steilhang als auch auf dem Auslauf mit einem speziellen Verfahren ein Werbeaufdruck auf dem Schnee aufgebracht werden. Ermitteln Sie die exakte horizontale Position dieser beiden Werbungen rechnerisch. **3 BE**

1.3.5 Um die nötige Menge an Schnee zu ermitteln, die für das Aufschütten des Auslaufs benötigt wird, muss die Fläche unter der Modellkurve bekannt sein. Da relativ zur Unterkante des Steilhangs bei $y = -2{,}5$ aufgeschüttet wird, entspricht dies dem Integral $\int_4^{12} (a(x) + 2{,}5)dx$. Berechnen Sie die Maßzahl der beschriebenen Fläche indem Sie den exakten Wert dieses Integrals bestimmen. **7 BE**

2.0 Gegeben ist die Funktion $g(x) = e^{\ln((x-5)^2)+6x}$ mit der Definitionsmenge $D_g =]5; \infty[$.

2.1 Zeigen Sie, dass sich der Funktionsterm alternativ darstellen lässt als $g(x) = (x^2 - 10x + 25) \cdot e^{6x}$. **3 BE**

2.2.0 Betrachtet wird nun weiterhin die Funktion $f(x) = (x^2 - 10x + 25) \cdot e^{6x}$ mit $D_f = \mathbb{R}$. **3 BE**

2.2.1 Untersuchen Sie die Funktion auf Nullstellen und das Verhalten der Funktionswerte für $x \to \pm\infty$. **3 BE**

2.2.2 Geben Sie einen Term der Ableitungsfunktion $f'(x)$ und eine integralfreie Form des Terms $\int 108 \cdot f(x)dx$ an. **7 BE**

Muster

1.0 Betrachtet wird die Funktion $s(x) = \frac{5}{1+e^{2x}} - 2{,}5$, die in Abhängigkeit der horizontalen Position x die Höhe eines Steilhangs angibt.

1.1 Die Werte der Tabelle werden durch Einsetzen bestimmt, was am Beispiel $x = -2{,}5$ gezeigt wird.

$$s(-2{,}5) = \frac{5}{1+e^{2\cdot(-2{,}5)}} - 2{,}5 \approx 2{,}47$$
$$„s(-2{,}5)+10\,\%“ = s(-2{,}5)\cdot 1{,}1 \approx 2{,}71$$
$$„s(-2{,}5)-10\,\%“ = s(-2{,}5)\cdot 0{,}9 \approx 2{,}22$$

Vollständige Tabelle:

x	−2,5	−1,5	−0,5	0,5	1,5	2,5
s(x)	2,47	2,26	1,16	−1,16	−2,26	−2,47
s(x) + 10 %	2,71	2,49	1,27	−1,27	−2,49	−2,71
s(x) − 10 %	2,22	2,04	1,04	−1,04	−2,04	−2,2
Hang 1	2,3	2,3	1,3	−0,5	−2,3	−2,8
Hang 2	2,2	2,1	1,1	−1,2	−2,2	−2,3
Hang 3	2,6	2,4	1,7	−1,2	−2,2	−2,3

Nur bei Hang 2 liegen alle gemessenen Werte innerhalb des Intervalls von 10 % um den berechneten Wert, weshalb dieser Wert für den Steilhang ausgewählt werden sollte.

1.2 **Nachweis der Symmetrie**

Für Punktsymmetrie muss gezeigt werden, dass $s(-x) = -s(x)$ gilt:

$$\begin{aligned} s(-x) &= \frac{5}{1+e^{-2x}} - 2{,}5 = \frac{5}{1+e^{-2x}}\cdot\frac{e^{2x}}{e^{2x}} - 2{,}5 = \frac{5e^{2x}}{e^{2x}+1} - 2{,}5 = \frac{5e^{2x}}{e^{2x}+1} - \frac{2{,}5(e^{2x}+1)}{e^{2x}+1} \\ &= \frac{5e^{2x} - 2{,}5 - 2{,}5e^{2x}}{e^{2x}+1} = \frac{2{,}5e^{2x} - 2{,}5}{e^{2x}+1} = \frac{2{,}5e^{2x} - 2{,}5 + 2{,}5 - 2{,}5}{e^{2x}+1} \\ &= \frac{-5 + 2{,}5e^{2x} + 2{,}5}{e^{2x}+1} = \frac{-5}{e^{2x}+1} + 2{,}5\cdot\frac{e^{2x}+1}{e^{2x}+1} = \frac{-5}{e^{2x}+1} + 2{,}5 \\ &= -s(x) \quad \text{(q.e.d)} \end{aligned}$$

1.3.0 Die Modellfunktion des Steilhangs ist nun gegeben im Intervall $x \in [-4; 4]$. Zusätzlich wird die Funktion $a(x) = \frac{b}{1+e^{-2x+c}} + d$ betrachtet, die im Intervall [4; 12] die Form des Auslaufs beschreibt.

1.3.1 **Ermitteln der Parameter**

Laut Angabe geht a(x) aus s(x) hervor, indem die beschriebenen Schritte auf den Graphen angewendet werden. Spiegelung an der y-Achse wird erreicht, indem im Funktionsterm an jeder

Muster

Stelle „x" durch „-x" ersetzt wird:

$$\frac{5}{1+e^{2x}} - 2{,}5 \quad \Rightarrow \quad \frac{5}{1+e^{-2x}} - 2{,}5$$

Weiterhin soll entlang der y-Achse auf die Hälfte gestaucht werden. Dazu wird der Term mit 0,5 multipliziert:

$$\frac{5}{1+e^{-2x}} - 2{,}5 \quad \Rightarrow \quad 0{,}5 \cdot \left(\frac{5}{1+e^{-2x}} - 2{,}5\right) = \frac{2{,}5}{1+e^{-2x}} - 1{,}25$$

Dabei wird jedoch gefordert, dass die konstante Verschiebung nicht mit gestaucht werden soll und –2,5 bleibt:

$$\frac{2{,}5}{1+e^{-2x}} - 1{,}25 \quad \Rightarrow \quad \frac{2{,}5}{1+e^{-2x}} - 2{,}5$$

Abschließend ist gegeben, das der Graph um 8 m, also im Modell um 8 Einheiten nach rechts verschoben wird. Dies wird im Funktionsgraph dadurch erreicht, dass an jeder Stelle „x" durch „(x-8)" ersetzt wird.

$$\frac{2{,}5}{1+e^{-2x}} - 2{,}5 \quad \Rightarrow \quad \frac{2{,}5}{1+e^{-2(x-8)}} - 2{,}5 = \frac{2{,}5}{1+e^{-2x+16}} - 2{,}5$$

Daraus können die gesuchten Parameter abgelesen werden zu $\underline{\underline{b = 2{,}5}}$, $\underline{\underline{c = 16}}$ und $\underline{\underline{d = -2{,}5}}$.

1.3.2 **Ermitteln der ersten Ableitung**

Für beide Funktionen wird mithilfe von Ketten- und Quotientenregel die erste Ableitung ermittelt.

$$\begin{aligned}
s(x) &= \frac{5}{1+e^{2x}} - 2{,}5 \\
s'(x) &= \left[\frac{(5)' \cdot (1+e^{2x}) - 5 \cdot (1+e^{2x})'}{(1+e^{2x})^2}\right] && \text{(Ansatz Quotientenregel)} \\
&= \left[\frac{0 - 5 \cdot e^{2x} \cdot (2x)'}{(1+e^{2x})^2}\right] && \text{(Ansatz Kettenregel)} \\
&= \frac{0 - 5 \cdot e^{2x} \cdot 2}{(1+e^{2x})^2} && \text{(Anwendung)} \\
&= \frac{-10e^{2x}}{(1+e^{2x})^2}
\end{aligned}$$

$$\begin{aligned}
a(x) &= \frac{2{,}5}{1+e^{-2x+16}} - 2{,}5 \\
a'(x) &= \left[\frac{(2{,}5)' \cdot (1+e^{-2x+16}) - 2{,}5 \cdot (1+e^{-2x+16})'}{(1+e^{-2x+16})^2}\right] && \text{(Ansatz Quotientenregel)} \\
&= \left[\frac{0 - 2{,}5 \cdot e^{-2x+16} \cdot (-2x+16)'}{(1+e^{-2x+16})^2}\right] && \text{(Ansatz Kettenregel)} \\
&= \frac{0 - 2{,}5 \cdot e^{-2x+16} \cdot (-2)}{(1+e^{-2x+16})^2} && \text{(Anwendung)} \\
&= \frac{5e^{-2x+16}}{(1+e^{-2x+16})^2}
\end{aligned}$$

Absolutwert der Steigungen
Durch Einsetzen kann der Absolutwert der Steigung an den angegebenen Stellen ermittelt werden.

$$|s'(0)| = \left|\frac{-10e^{2\cdot 0}}{(1+e^{2\cdot 0})^2}\right| = \left|\frac{-10\cdot 1}{(1+1)^2}\right| = \left|\frac{-10}{4}\right| = 2{,}5$$
$$|a'(8)| = \left|\frac{5e^{-2\cdot 8+16}}{(1+e^{-2\cdot 8+16})^2}\right| = \left|\frac{5\cdot 1}{(1+1)^2}\right| = \left|\frac{5}{4}\right| = 1{,}25$$

Demnach ist der Absolutwert der Steigung des Graphen von s(x) bei x = 0 größer als der des Graphen von a(x) bei x = 8.

1.3.3 **Graphische Darstellung**
Für die graphische Darstellung wird jeweils eine Wertetabelle als Hilfestellung erstellt:

x	−4	−3	−2	−1	0	1	2	3	4
s(x)	2,50	2,49	2,41	1,90	0	−1,90	−2,41	−2,49	−2,50

x	4	5	6	7	8	9	10	11	12
a(x)	−2,50	−2,49	−2,46	−2,20	−1,25	−0,30	−0,04	−0,01	−0,00

Mithilfe dieser Werte kann nun die grafische Darstellung erfolgen:

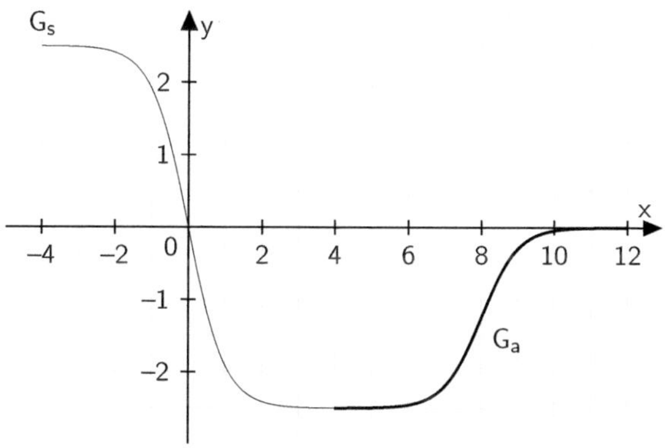

1.3.4 Gesucht ist jeweils die Stelle, an der die Gleichungen s(x) = −1 und a(x) = −1 gelöst werden.

$$s(x) = -1$$
$$\iff \quad \frac{5}{1+e^{2x}} - 2{,}5 = -1 \qquad | + 2{,}5$$
$$\iff \quad \frac{5}{1+e^{2x}} = 1{,}5 \qquad | \cdot (1+e^{2x})$$
$$\iff \quad 5 = 1{,}5 \cdot (1+e^{2x})$$
$$\iff \quad 5 = 1{,}5 + 1{,}5e^{2x} \qquad | - 1{,}5$$
$$\iff \quad 3{,}5 = 1{,}5e^{2x}$$

$$\begin{aligned}
\Longleftrightarrow\quad & \frac{7}{2} = \frac{3}{2}e^{2x} && \left|\cdot\frac{2}{3}\right. \\
\Longleftrightarrow\quad & \frac{7}{3} = e^{2x} && |\ln(\,) \\
\Longleftrightarrow\quad & 2x = \ln\left(\frac{7}{3}\right) && \left|\cdot\frac{1}{2}\right. \\
\Longleftrightarrow\quad & \underline{\underline{x = \frac{1}{2}\ln\left(\frac{7}{3}\right)}}
\end{aligned}$$

Analoge Berechnung für $a(x) = -1$:

$$\begin{aligned}
& a(x) = -1 \\
\Longleftrightarrow\quad & \frac{2{,}5}{1+e^{-2x+16}} - 2{,}5 = -1 && |+2{,}5 \\
\Longleftrightarrow\quad & \frac{2{,}5}{1+e^{-2x+16}} = 1{,}5 && |\cdot(1+e^{-2x+16}) \\
\Longleftrightarrow\quad & 2{,}5 = 1{,}5\cdot(1+e^{-2x+16}) \\
\Longleftrightarrow\quad & 2{,}5 = 1{,}5 + 1{,}5e^{-2x+16} && |-1{,}5 \\
\Longleftrightarrow\quad & 1 = 1{,}5e^{-2x+16} \\
\Longleftrightarrow\quad & 1 = \frac{3}{2}e^{-2x+16} && \left|\cdot\frac{2}{3}\right. \\
\Longleftrightarrow\quad & \frac{2}{3} = e^{-2x+16} && |\ln(\,) \\
\Longleftrightarrow\quad & -2x+16 = \ln\left(\frac{2}{3}\right) && |-16 \\
\Longleftrightarrow\quad & -2x = \ln\left(\frac{2}{3}\right) - 16 && \left|\cdot\left(-\frac{1}{2}\right)\right. \\
\Longleftrightarrow\quad & \underline{\underline{x = -\frac{1}{2}\ln\left(\frac{2}{3}\right) + 8}}
\end{aligned}$$

1.3.5 **Unbestimmtes Integral**

Für den zu integrierenden Term gilt:

$$a(x) + 2{,}5 = \frac{2{,}5}{1+e^{-2x+16}} - 2{,}5 + 2{,}5 = \frac{2{,}5}{1+e^{-2x+16}}$$

Da der Exponentialterm ausschließlich im Nenner vorkommt, wird der Bruch für die Integration mit e^{2x} erweitert.

$$\frac{2{,}5}{1+e^{-2x+16}} = \frac{2{,}5}{1+e^{-2x+16}}\cdot\frac{e^{2x}}{e^{2x}} = \frac{2{,}5e^{2x}}{e^{2x}+e^{16}} = 2{,}5\cdot\frac{e^{2x}}{e^{2x}+e^{16}}$$

Bei dem Term $2{,}5\cdot\frac{e^{2x}}{e^{2x}+e^{16}}$ ist der Zähler ein Vielfaches der Ableitung des Nenners. Als „Werkzeug" zur Lösung wird daher der ln verwendet.

$$\int(a(x)+2{,}5)dx = \int 2{,}5\cdot\frac{e^{2x}}{e^{2x}+e^{16}}dx = 2{,}5\cdot\int\frac{e^{2x}}{e^{2x}+e^{16}}dx$$

$$= 2{,}5 \cdot \int 0{,}5 \cdot \underbrace{\frac{2e^{2x}}{e^{2x}+e^{16}}}_{\substack{\text{Zähler ist}\\ \text{Ableitung des}\\ \text{Nenners}}} dx = 1{,}25 \cdot \ln|e^{2x}+e^{16}| + C$$

Bestimmtes Integral

Die Betragsstriche entfallen, da der Term $e^{2x} + e^{16}$ stets positiv ist. Die Integrationskonstante $C \in \mathbb{R}$ entfällt im folgenden Schritt, da nun bestimmt integriert wird:

$$\int_4^{12}(a(x)+2{,}5)dx = \left[\frac{5}{4}\cdot\ln(e^{2x}+e^{16})\right]_4^{12} = \frac{5}{4}\cdot\ln(e^{24}+e^{16}) - \frac{5}{4}\cdot\ln(e^{8}-e^{16})$$
$$= \frac{5}{4}\cdot(\ln(e^{24}+e^{16}) - \ln(e^{8}-e^{16}))$$

Zur weiteren Umformung werden Logarithmen- und Exponentialgesetze angewandt:

$$\int_4^{12}(a(x)+2{,}5)dx = \frac{5}{4}\cdot(\ln(e^{24}+e^{16}) - \ln(e^{8}-e^{16})) = \frac{5}{4}\cdot\ln\left(\frac{e^{24}+e^{16}}{e^{8}+e^{16}}\right)$$
$$= \frac{5}{4}\ln\left(e^{8}\cdot\frac{e^{16}+e^{8}}{e^{16}+e^{8}}\right) = \frac{5}{4}\ln(e^{8}\cdot 1) = \frac{5}{4}\ln(e^{8}) = \frac{5}{4}\cdot 8 = \frac{40}{4} = \underline{\underline{10}}\,[m^2]$$

2.0 Betrachtet wird die Funktion $g(x) = e^{\ln((x-5)^2)+6x}$ mit $D_g =]5;\,\infty[$.

2.1 **Nachweis des alternativen Funktionsterms**

$$g(x) = e^{\ln((x-5)^2)+6x} = e^{\ln((x-5)^2)} \cdot e^{6x}$$

Für $x > 5$ ist $(x-5)^2 > 0$, weshalb für den Funktionsterm gilt:

$$g(x) = e^{\ln((x-5)^2)} \cdot e^{6x} = (x-5)^2 \cdot e^{6x} = (x^2-10x+25)\cdot e^{6x} \quad \text{(q.e.d.)}$$

2.2.0 Betrachtet wird nun $f(x) = (x^2-10x+25)\cdot e^{6x}$ mit $D_f = \mathbb{R}$.

2.2.1 **Nullstellen**

Da die Exponentialfunktion niemals null wird, entsprechen die Nullstellen der Funktion den Nullstellen des quadratischen Terms. Aus Aufgabe 2.1 ergibt sich, dass $(x^2-10x+25) = (x-5)^2$ ist. Daran kann direkt eine doppelte Nullstelle $\underline{\underline{x_{1;2} = 5}}$ abgelesen werden.

Alternativ kann die Mitternachtsformel verwendet werden:

$$x_{1;2} = \frac{-(-10)\pm\sqrt{(-10)^2-4\cdot 1\cdot 25}}{2\cdot 1} = \frac{10\pm\sqrt{0}}{2} = \underline{\underline{5}}$$

Verhalten der Funktionswerte für $x \to \pm\infty$

$$x \to -\infty:\ f(x) = \overbrace{(x^2-10x+25)}^{\to\infty}\cdot\overbrace{e^{6x}}^{\to 0} \to 0 \quad \text{(da e-Fkt. dominiert)}$$
$$x \to \infty:\ f(x) = \overbrace{(x^2-10x+25)}^{\to\infty}\cdot\overbrace{e^{6x}}^{\to\infty} \to \infty$$

2.2.2 **Ableitungsfunktion**

Mithilfe der Ketten- und Produktregel wird die erste Ableitung der Funktion bestimmt:

$$
\begin{aligned}
f(x) &= (x^2 - 10x + 25) \cdot e^{6x} \\
f'(x) &= \left[(x^2 - 10x + 25)' \cdot e^{6x} + (x^2 - 10x + 25) \cdot (e^{6x})'\right] && \text{(Ansatz Produktregel)} \\
&= (2x - 10) \cdot e^{6x} + (x^2 - 10x + 25) \cdot e^{6x} \cdot 6 && \text{(Anwendung)} \\
&= (2x - 10) \cdot e^{6x} + (6x^2 - 60x + 150) \cdot e^{6x} && (e^{6x} \text{ ausklammern}) \\
&= (2x - 10 + 6x^2 - 60x + 150) \cdot e^{6x} && \text{(Zusammenfassen)} \\
&= \underline{\underline{(6x^2 - 58x + 140) \cdot e^{6x}}}
\end{aligned}
$$

Integralfreie Form des gegebenen Terms

$$\int 108 \cdot f(x)dx = 108 \cdot \int f(x)dx = 108 \cdot \int (x^2 - 10x + 25)dx$$

Aus Gründen der Übersichtlichkeit wird der Faktor 108 erst am Schluss wieder hinzugefügt und das Integral nun separat berechnet. Um dieses zu berechnen wird partiell integriert:

$$u = x^2 - 10x + 25 \quad \Rightarrow \quad u' = 2x - 10 \qquad\qquad v' = e^{6x} \quad \Rightarrow \quad v = \frac{1}{6}e^{6x}$$

Damit gilt:

$$
\begin{aligned}
\int (x^2 - 10x + 25)dx &= (x^2 - 10x + 25) \cdot \frac{1}{6}e^{6x} - \int (2x - 10) \cdot \frac{1}{6}e^{6x}dx \\
&= (x^2 - 10x + 25) \cdot \frac{1}{6}e^{6x} - \frac{1}{6}\int (2x - 10) \cdot e^{6x}dx = \ldots
\end{aligned}
$$

An dieser Stelle wird erneut partiell integriert:

$$u = 2x - 10 \quad \Rightarrow \quad u' = 2 \qquad\qquad v' = e^{6x} \quad \Rightarrow \quad v = \frac{1}{6}e^{6x}$$

Damit gilt weiterhin:

$$
\begin{aligned}
\ldots &= (x^2 - 10x + 25) \cdot \frac{1}{6}e^{6x} - \frac{1}{6}\left((2x - 10) \cdot \frac{1}{6}e^{6x} - \int 2 \cdot \frac{1}{6}e^{6x}dx\right) \\
&= (x^2 - 10x + 25) \cdot \frac{1}{6}e^{6x} - \frac{1}{36} \cdot (2x - 10) \cdot e^{6x} + \frac{1}{18}\int e^{6x}dx \\
&= (x^2 - 10x + 25) \cdot \frac{1}{6}e^{6x} - \frac{1}{36} \cdot (2x - 10) \cdot e^{6x} + \frac{1}{18} \cdot e^{6x} \cdot \frac{1}{6} \\
&= (x^2 - 10x + 25) \cdot \frac{1}{6}e^{6x} - \frac{1}{36} \cdot (2x - 10) \cdot e^{6x} + \frac{1}{108} \cdot e^{6x}
\end{aligned}
$$

An dieser Stelle wird wieder der Faktor 108 hinzugefügt, sodass insgesamt gilt:

$$
\begin{aligned}
\int 108 \cdot f(x)dx &= 108 \cdot \left((x^2 - 10x + 25) \cdot \frac{1}{6}e^{6x} - \frac{1}{36} \cdot (2x - 10) \cdot e^{6x} + \frac{1}{108} \cdot e^{6x}\right) \\
&= 18 \cdot (x^2 - 10x + 25) \cdot e^{6x} - 3 \cdot (2x - 10) \cdot e^{6x} + e^{6x} \\
&= (18x^2 - 180x + 450) \cdot e^{6x} - (6x - 30) \cdot e^{6x} + e^{6x} \\
&= (18x^2 - 180x + 450 - 6x + 30 + 1) \cdot e^{6x} \\
&= \underline{\underline{18x^2 - 186x + 481) \cdot e^{6x}}}
\end{aligned}
$$

Muster

Die nebenstehende Abbildung zeigt die Skizze (nicht maßstabsgetreu) eines Rechteckflügels, der im Strömungskanal auf seine aerodynamischen Eigenschaften getestet werden soll. Er lässt sich wie dargestellt im $\mathbb{R}^3$ beschreiben durch die Punkte A, B, C und D, die die Flügelunterseite bilden und die Punkte P, Q(1 | 8 | 1,6), R und S, die die Flügeloberseite bilden. Flügeloberseite und -unterseite sind parallel.

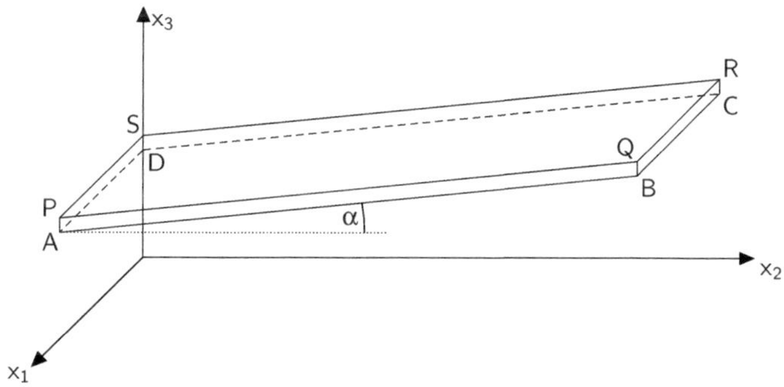

Punkt P liegt senkrecht über Punkt A, S senkrecht über D, Q senkrecht über B und R senkrecht über C. Der Flügel ist in den Punkten A, P, S und D in der x_1x_3-Ebene befestigt und zwar so, dass er in einem bestimmten Winkel α zur Horizontalen nach oben geneigt ist.
Koordinaten werden in Meter angegeben. Die Punkte A und D befinden sich genau 1 m über dem Boden, der durch die x_1x_2-Ebene beschrieben wird. Es gilt außerdem $\overline{AP} = 0{,}2$ m als Flügelhöhe und $\overline{AD} = 1$ m als Flügeltiefe.
Auf das Mitführen von Einheiten kann verzichtet werden.

1 Bestimmen Sie die Koordinaten aller Punkte.
[Zwischenergebnis: S (0 | 0 | 1,2) ; P (1 | 0 | 1,2)] **3 BE**

2 Die Flügeloberseite wird beschrieben durch die Ebene E. Bestimmen Sie eine Gleichung dieser Ebene in Koordinatenform. **4 BE**

3 Ermitteln Sie die Größe des Winkels α zwischen Flügelunterseite und der Horizontalen auf zwei Nachkommastellen genau. **3 BE**

4 Bestimmen Sie die Maßzahl des Flächeninhalts der Flügeloberseite ebenfalls auf zwei Nachkommastellen genau. **3 BE**

5 Eine weitere wichtige Größe zur Analyse von Flügeln ist die sogenannte 25 %-Linie. Diese verläuft parallel zur Vorderkante SR auf der Oberseite des Flügels bei dem 0,25-fachen der Flügeltiefe, also näher an SR als an PQ. Bestimmen Sie eine Gleichung der Geraden f auf der diese Linie verläuft. **4 BE**

6.0 Im Punkt W (0,9 | 6,276 | 4) an der Decke des Strömungskanals befindet sich ein Sensor, der die Bewegung des Flügels analysiert.

6.1 Bestimmen Sie den Punkt K, der in der Ebene E liegt und den kürzesten Abstand zum Punkt W hat. **4 BE**

6.2 Prüfen Sie, ob der Punkt K auf der Flügeloberseite oder in der Ebene E aber außerhalb des Flügels liegt. **2 BE**

Muster

1 **Koordinaten aller Punkte**
Begonnen wird an der Ecke von Punkt D. Dieser befindet sich auf der x_3-Achse und in einer Höhe von 1 m über dem Boden, hat also die Koordinaten $\underline{\underline{D(0\,|\,0\,|\,1)}}$.

Höhe und x_2-Koordinaten von D und A sind gleich, der Punkt A ist zusätzlich um die Flügeltiefe 1 m in x_1-Richtung verschoben. Daraus ergeben sich dessen Koordinaten zu $\underline{\underline{A(1\,|\,0\,|\,1)}}$.

Die Punkte P und S befinden sich jeweils senkrecht 0,2 m über A und D, weshalb $\underline{\underline{P(1\,|\,0\,|\,1{,}2)}}$ und $\underline{\underline{S(0\,|\,0\,|\,1{,}2)}}$ gilt.

Aus den gegebenen Koordinaten $Q(1\,|\,8\,|\,1{,}6)$ ergeben sich wiederum aus der Flügeltiefe von 1 m die Koordinaten $\underline{\underline{R(0\,|\,8\,|\,1{,}6)}}$.

Da die Punkte Q und R nun jeweils senkrecht 0,2 m über B und C liegen ergeben sich schließlich deren Koordinaten zu $\underline{\underline{B(1\,|\,8\,|\,1{,}4)}}$ und $\underline{\underline{C(0\,|\,8\,|\,1{,}4)}}$.

2 **Ebenengleichung in Parameterform**
Um die Gleichung in Koordinatenform zu finden, wird zunächst eine Gleichung in Parameterform aufgestellt. Diese wird aus den Koordinaten der Punkte S, P und R ermittelt, da diese alle in der Ebene liegen:

$$E: \vec{x} = \overrightarrow{OS} + p \cdot \overrightarrow{SP} + q \cdot \overrightarrow{SR} = \begin{pmatrix} 0 \\ 0 \\ 1{,}2 \end{pmatrix} + p \cdot \begin{pmatrix} 1-0 \\ 0-0 \\ 1{,}2-1{,}2 \end{pmatrix} + q \cdot \begin{pmatrix} 0-0 \\ 8-0 \\ 1{,}6-1{,}2 \end{pmatrix}$$
$$= \begin{pmatrix} 0 \\ 0 \\ 1{,}2 \end{pmatrix} + p \cdot \begin{pmatrix} 1 \\ 0 \\ 0 \end{pmatrix} + q \cdot \begin{pmatrix} 0 \\ 8 \\ 0{,}4 \end{pmatrix} \quad \text{mit } p,q \in \mathbb{R}$$

Ebenengleichung in Koordinatenform
Aus den Kreuzprodukt der Spannvektoren der Ebene wird der Normalenvektor der Ebene E bestimmt:

$$\vec{n}_E = \begin{pmatrix} 1 \\ 0 \\ 0 \end{pmatrix} \times \begin{pmatrix} 0 \\ 8 \\ 0{,}4 \end{pmatrix} = \begin{pmatrix} 0 \cdot 0{,}4 - 0 \cdot 8 \\ 0 \cdot 0 - 1 \cdot 0{,}4 \\ 1 \cdot 8 - 0 \cdot 0 \end{pmatrix} = \begin{pmatrix} 0 \\ -0{,}4 \\ 8 \end{pmatrix}$$

Mit dem Normalenvektor der Ebene und den Koordinaten des Punktes S, der in der Ebene liegt, kann nun zunächst die Normalenform der Ebene aufgestellt werden, die dann zur Koordinatenform umgeformt wird:

$$E: \vec{n}_E \circ (\vec{x} - \overrightarrow{OS}) = \begin{pmatrix} 0 \\ -0{,}4 \\ 8 \end{pmatrix} \circ \begin{pmatrix} x_1 - 0 \\ x_2 - 0 \\ x_3 - 1{,}2 \end{pmatrix} = 0x_1 - 0{,}4x_2 + 8x_3 - 9{,}6 = 0$$
$$\Rightarrow \quad \underline{\underline{E: -0{,}4x_2 + 8x_3 - 9{,}6 = 0}}$$

3 **Größe des Winkels α**
Da α der Winkel zwischen AB und der Horizontalen ist und AP in der x_1x_3-Ebene liegt, gilt:

$$\alpha + \sphericalangle PAB = 90^\circ \quad \Longleftrightarrow \quad \alpha = 90^\circ - \sphericalangle PAB$$

Muster

Der Winkel $\sphericalangle PAB$ wird eingeschlossen von den Vektoren $\overrightarrow{AP}$ und $\overrightarrow{AB}$, sodass für diesen gilt:

$$\cos\sphericalangle PAB = \frac{\overrightarrow{AP}\circ\overrightarrow{AB}}{|\overrightarrow{AP}||\overrightarrow{AB}|} = \frac{\begin{pmatrix}0\\0\\0{,}2\end{pmatrix}\circ\begin{pmatrix}0\\8\\0{,}4\end{pmatrix}}{\sqrt{0^2+0^2+0{,}2^2}\cdot\sqrt{0^2+8^2+0{,}4^2}} = \frac{0{,}08}{0{,}2\cdot\sqrt{64{,}16}}$$

$$\Rightarrow \quad \sphericalangle PAB \approx 87{,}14°$$

Daraus ergibt sich die gesuchte Größe zu $\alpha = 90° - 87{,}14° = \underline{\underline{2{,}86°}}$.

4 **Maßzahl des Flächeninhalts der Flügeloberseite**

Bei der Flügeloberseite handelt es sich um ein Rechteck mit den Seitenlängen $|\overrightarrow{SP}|$ und $|\overrightarrow{SR}|$, sodass für die Flächenmaßzahl A_{SPQR} der Flügeloberseite gilt:

$$A_{SPQR} = |\overrightarrow{SP}|\cdot|\overrightarrow{SR}| = \left|\begin{pmatrix}1\\0\\0\end{pmatrix}\right|\cdot\left|\begin{pmatrix}0\\8\\0{,}4\end{pmatrix}\right| = \sqrt{1^2+0^2+0^2}\cdot\sqrt{0^2+8^2+0{,}4^2} = 1\cdot\sqrt{64{,}16}$$

$$\approx \underline{\underline{8{,}01}}\,[\mathrm{m}^2]$$

5 **Geradengleichung der 25 %-Linie**

Als Ortsvektor der Gerade, auf welcher die 25 %-Linie liegt, wird der des Punktes gewählt, der genau bei 25 % der Strecke zwischen S und P liegt, sodass für diesen gilt:

$$\overrightarrow{OS} + 0{,}25\cdot\overrightarrow{SP} = \begin{pmatrix}0\\0\\1{,}2\end{pmatrix} + 0{,}25\cdot\begin{pmatrix}1\\0\\0\end{pmatrix} = \begin{pmatrix}0{,}25\\0\\1{,}2\end{pmatrix}$$

Da die Linie parallel zur Vorderkante SR laufen soll, kann $\overrightarrow{SR}$ als Richtungsvektor der Gerade verwendet werden. Insgesamt ergibt sich somit die Gleichung der gesuchten Geraden:

$$\underline{\underline{f\colon \vec{x} = \begin{pmatrix}0{,}25\\0\\1{,}2\end{pmatrix} + \sigma\cdot\begin{pmatrix}0\\8\\0{,}4\end{pmatrix}}} \quad \text{mit } \sigma\in\mathbb{R}$$

6.1 **Koordinaten des Punktes** K

Der Punkt K soll in der Ebene E liegen und den kürzesten Abstand zu Punkt W haben. Um diesen zu finden wird die Gleichung einer Hilfsgeraden h aufgestellt, die durch den Punkt W verläuft (Ortsvektor) und senkrecht zur Ebene E steht (Richtungsvektor ist Normalenvektor der Ebene):

$$h\colon \vec{x} = \overrightarrow{OW} + \tau\cdot\vec{n}_E = \begin{pmatrix}0{,}9\\6{,}276\\4\end{pmatrix} + \tau\cdot\begin{pmatrix}0\\-0{,}4\\8\end{pmatrix} \quad \text{mit } \tau\in\mathbb{R}$$

Der Punkt K muss also in der Ebene E und zudem auf der Hilfsgeraden h liegen, entspricht also deren Schnittpunkt. Um diesen zu bestimmen wird die Gleichung der Hilfsgeraden komponentenweise in die Ebenengleichung eingesetzt:

$$E\colon\ -0{,}4x_2 + 8x_3 - 9{,}6 = 0$$

$$
\begin{aligned}
\Rightarrow \quad & -0{,}4(6{,}276-0{,}4\tau)+8(4+8\tau)-9{,}6=0 \\
\Longleftrightarrow \quad & -2{,}5104+0{,}16\tau+32+64\tau-9{,}6=0 \\
\Longleftrightarrow \quad & 19{,}8896+64{,}16\tau=0 && |-19{,}8896 \\
\Longleftrightarrow \quad & 64{,}16\tau=-19{,}8896 && |:64{,}16 \\
\Longleftrightarrow \quad & \tau=-0{,}31
\end{aligned}
$$

Setzt man diesen Wert in die Gleichung der Hilfsgerade ein, ergeben sich die Koordinaten des Punktes K:

$$\overrightarrow{OK} = \begin{pmatrix} 0{,}9 \\ 6{,}276 \\ 4 \end{pmatrix} - 0{,}31 \cdot \begin{pmatrix} 0 \\ -0{,}4 \\ 8 \end{pmatrix} = \begin{pmatrix} 0{,}9 \\ 6{,}4 \\ 1{,}52 \end{pmatrix} \quad \Rightarrow \quad \underline{\underline{K(0{,}9\,|\,6{,}4\,|\,1{,}52)}}$$

6.2 Setzt man in die Parameterform der Ebene $p = q = 0$, gelangt man zum Ortsvektor von S, setzt man $p = q = 1$ gelangt man zum Ortsvektor von Q. Entsprechend decken die Werte dazwischen die restlichen Positionen der Flügeloberseite ab. Damit ein Punkt auf der Flügeloberseite ist, muss also $0 \leq p \leq 1$ **und** $0 \leq q \leq 1$ gelten.
Setzt man den Ortsvektor von K mit dem Vektor der Ebene E gleich, so gilt:

$$\begin{pmatrix} 0{,}9 \\ 6{,}4 \\ 1{,}52 \end{pmatrix} = \begin{pmatrix} 0 \\ 0 \\ 1{,}2 \end{pmatrix} + p \cdot \begin{pmatrix} 1 \\ 0 \\ 0 \end{pmatrix} + q \cdot \begin{pmatrix} 0 \\ 8 \\ 0{,}4 \end{pmatrix}$$

Zeilenweise ergeben sich drei Gleichungen. Aus der ersten Zeile folgt $0{,}9 = p$. Aus der zweiten Zeile folgt weiterhin:

$$
\begin{aligned}
& 6{,}4 = 8q && |:8 \\
\Longleftrightarrow \quad & q = 0{,}8
\end{aligned}
$$

Die Parameter ergeben sich für Punkt K zu $p = 0{,}9$ und $q = 0{,}8$. Gemäß den ermittelten Kriterien liegt der Punkt also auf der Flügeloberseite.

Muster

In einem kartesischen Koordinatensystem des $\mathbb{R}^3$ sind die Punkte $A(1\,|\,0\,|-4)$, $B(1\,|\,3\,|-6)$, $C(0\,|\,1\,|-1)$ und $P_a(1\,|\,4+3a\,|\,3a)$ mit $a \in \mathbb{R}$ sowie die Ebene $F: 2x_1 + 2x_2 + 4x_3 + 14 = 0$ gegeben.

1 Die Punkte A, B und C spannen eine Ebene E auf. Bestimmen Sie eine Gleichung der Ebene in Koordinatenform.
[mögliches Ergebnis: $E: 11x_1 + 2x_2 + 3x_3 + 1 = 0$] **4 BE**

2 Bestimmen Sie eine Gleichung der Schnittgeraden s der Ebenen E und F. **5 BE**

3 Zeigen Sie, dass es ein a gibt, für welches der Punkt P_a sowohl in der Ebene E und F liegt, geben Sie diesen Wert an und schließen Sie sodann auf die Lage dieses Punktes zur Gerade s. **3 BE**

4 Bestimmen Sie einen Wert für $a > 0$, sodass die Pyramide, die von den Punkten A, B, C und P_a gebildet wird ein Volumen von $V_{ABCP_a} = 5\,\text{VE}$ hat. **4 BE**

5 Der Koordinatenursprung O, der Punkt C und der Punkt P_{-1} mit $a = -1$ spannen ein Dreieck auf. Berechnen Sie die Größen der Innenwinkel des Dreiecks auf zwei Nachkommastellen genau. **4 BE**

6 Bestimmen Sie den Wert für a, bei dem der Abstand zwischen Koordinatenursprung und Punkt P_a minimal wird. **3 BE**

Muster

1 **Ebenengleichung in Parameterform**

Um die Gleichung in Koordinatenform zu finden, wird zunächst eine Gleichung in Parameterform aufgestellt. Diese wird aus den Koordinaten der Punkte A, B und C ermittelt, da diese alle in der Ebene liegen:

$$E: \vec{x} = \overrightarrow{OA} + p \cdot \overrightarrow{AB} + q \cdot \overrightarrow{AC} = \begin{pmatrix} 1 \\ 0 \\ -4 \end{pmatrix} + p \cdot \begin{pmatrix} 1-1 \\ 3-0 \\ -6-(-4) \end{pmatrix} + q \cdot \begin{pmatrix} 0-1 \\ 1-0 \\ -1-(-4) \end{pmatrix}$$

$$= \begin{pmatrix} 1 \\ 0 \\ -4 \end{pmatrix} + p \cdot \begin{pmatrix} 0 \\ 3 \\ -2 \end{pmatrix} + q \cdot \begin{pmatrix} -1 \\ 1 \\ 3 \end{pmatrix} \quad \text{mit } p,q \in \mathbb{R}$$

Ebenengleichung in Koordinatenform

Aus den Kreuzprodukt der Spannvektoren der Ebene wird der Normalenvektor der Ebene E bestimmt:

$$\vec{n}_E = \begin{pmatrix} 0 \\ 3 \\ -2 \end{pmatrix} \times \begin{pmatrix} -1 \\ 1 \\ 3 \end{pmatrix} = \begin{pmatrix} 3 \cdot 3 - (-2) \cdot 1 \\ (-2) \cdot (-1) - 0 \cdot 3 \\ 0 \cdot 1 - 3 \cdot (-1) \end{pmatrix} = \begin{pmatrix} 11 \\ 2 \\ 3 \end{pmatrix}$$

Mit dem Normalenvektor der Ebene und den Koordinaten des Punktes A, der in der Ebene liegt, kann nun zunächst die Normalenform der Ebene aufgestellt werden, die dann zur Koordinatenform umgeformt wird:

$$E: \vec{n}_E \circ (\vec{x} - \overrightarrow{OA}) = \begin{pmatrix} 11 \\ 2 \\ 3 \end{pmatrix} \circ \begin{pmatrix} x_1 - 1 \\ x_2 - 0 \\ x_3 - (-4) \end{pmatrix} = 11x_1 + 2x_2 + 3x_3 + 1 = 0$$

$$\Rightarrow \quad \underline{\underline{E: 11x_1 + 2x_2 + 3x_3 + 1 = 0}}$$

2 **Gleichung der Schnittgeraden**

Möglichkeit 1: Ebenen in Koordinatenform:

Die Gleichungen der Ebenen lauten:

$$F: 2x_1 + 2x_2 + 4x_3 = -14 \quad \text{(I)}$$
$$E: 11x_1 + 2x_2 + 3x_3 = -1 \quad \text{(II)}$$

Es wird nun das Gauß-Verfahren verwendet:

$$\begin{array}{c} \\ \text{I} \\ \text{II} \end{array} \begin{array}{c} \begin{matrix} x_1 & x_2 & x_3 \end{matrix} \\ \left(\begin{array}{ccc|c} 2 & 2 & 4 & -14 \\ 11 & 2 & 3 & -1 \end{array}\right) \end{array}$$

$$\Longleftrightarrow \quad \begin{array}{c} \\ \text{II}' \end{array} \left(\begin{array}{ccc|c} 2 & 2 & 4 & -14 \\ 38 & 2 & 0 & 38 \end{array}\right) \quad 4 \cdot \text{II} - 3 \cdot \text{I}$$

In Gleichung II' kommen nun nur noch zwei Unbekannte vor. Dafür wird nun $x_1 = \sigma$ mit $\sigma \in \mathbb{R}$ gesetzt. Eingesetzt in Gleichung II' folgt:

$$38\sigma + 2x_2 = 38 \qquad | - 38\sigma$$

$$\begin{aligned} \Longleftrightarrow \quad 2x_2 &= 38 - 38\sigma && \mid :2 \\ \Longleftrightarrow \quad x_2 &= 19 - 19\sigma \end{aligned}$$

Die gefundenen Terme für x_1 und x_2 können nun in Gleichung I eingesetzt werden:

$$\begin{aligned} 2\sigma + 2(19 - 19\sigma) + 4x_3 &= -14 \\ \Longleftrightarrow \quad -36\sigma + 38 + 4x_3 &= -14 && \mid -38 \\ \Longleftrightarrow \quad -36\sigma + 4x_3 &= -52 && \mid +36\sigma \\ \Longleftrightarrow \quad 4x_3 &= -52 + 36\sigma && \mid :4 \\ \Longleftrightarrow \quad x_3 &= -13 + 9\sigma \end{aligned}$$

Damit ist jede der Komponenten bekannt, sodass sich eine Gleichung der Schnittgerade ergibt:

$$s: \vec{x} = \begin{pmatrix} \sigma \\ 19 - 19\sigma \\ -13 + 9\sigma \end{pmatrix} = \underline{\underline{\begin{pmatrix} 0 \\ 19 \\ -13 \end{pmatrix} + \sigma \cdot \begin{pmatrix} 1 \\ -19 \\ 9 \end{pmatrix}}} \quad \text{mit } \sigma \in \mathbb{R}$$

Möglichkeit 2: Einsetzen der Ebene in Parameterform:
Die in Aufgabe 1 bestimmte Gleichung der Ebene E in Parameterform kann komponentenweise in die Gleichung der Ebene F eingesetzt werden:

$$\begin{aligned} F: 2x_1 + 2x_2 + 4x_3 + 14 &= 0 \\ \Rightarrow \quad 2 \cdot (1 - q) + 2 \cdot (3p + q) + 4 \cdot (-4 - 2p + 3q) + 14 &= 0 \\ \Longleftrightarrow \quad 2 - 2q + 6p + 2q - 16 - 8p + 12q + 14 &= 0 \\ \Longleftrightarrow \quad -2p + 12q &= 0 && \mid -12q \\ \Longleftrightarrow \quad -2p &= -12q && \mid :(-2) \\ \Longleftrightarrow \quad p &= 6q \end{aligned}$$

Setzt man $q = \sigma$ und $p = 6q = 6\sigma$ in die Parameterform der Ebene E ein, ergibt sich die Gleichung der Schnittgeraden:

$$s: \vec{x} = \begin{pmatrix} 1 \\ 0 \\ -4 \end{pmatrix} + 6\sigma \cdot \begin{pmatrix} 0 \\ 3 \\ -2 \end{pmatrix} + \sigma \cdot \begin{pmatrix} -1 \\ 1 \\ 3 \end{pmatrix} = \underline{\underline{\begin{pmatrix} 1 \\ 0 \\ -4 \end{pmatrix} + \sigma \cdot \begin{pmatrix} -1 \\ 19 \\ -9 \end{pmatrix}}} \quad \text{mit } \sigma \in \mathbb{R}$$

3 Damit der Punkt P_a in einer Ebene liegt, müssen dessen Koordinaten die Ebenengleichung erfüllen. Deshalb werden die Koordinaten zunächst in die Ebene E eingesetzt:

$$\begin{aligned} E: 11x_1 + 2x_2 + 3x_3 + 1 &= 0 \\ \Rightarrow \quad 11 \cdot 1 + 2 \cdot (4 + 3a) + 3 \cdot 3a + 1 &= 0 \\ \Longleftrightarrow \quad 11 + 8 + 6a + 9a + 1 &= 0 \\ \Longleftrightarrow \quad 20 + 15a &= 0 && \mid -20 \\ \Longleftrightarrow \quad 15a &= -20 && \mid :15 \\ \Longleftrightarrow \quad a &= -\frac{4}{3} \end{aligned}$$

Für $\underline{\underline{a = -\frac{4}{3}}}$ liegt der Punkt $P_{-\frac{4}{3}}$ in der Ebene E. Ebenso wird in die Ebene F eingesetzt:

$$\begin{aligned}
& & F: 2x_1 + 2x_2 + 4x_3 + 14 &= 0 & \\
&\Rightarrow & 2 \cdot 1 + 2 \cdot (4 + 3a) + 4 \cdot 3a + 14 &= 0 & \\
&\Longleftrightarrow & 2 + 8 + 6a + 12a + 14 &= 0 & \\
&\Longleftrightarrow & 24 + 18a &= 0 & \quad |-24 \\
&\Longleftrightarrow & 18a &= -24 & \quad |:18 \\
&\Longleftrightarrow & a &= -\frac{4}{3} &
\end{aligned}$$

Für $\underline{\underline{a = -\frac{4}{3}}}$ liegt der Punkt $P_{-\frac{4}{3}}$ also ebenfalls in der Ebene F.

Da der Punkt für diesen Wert von a sowohl in der Ebene E, als auch in der Ebene F liegt, muss er **auf der Schnittgerade** der beiden Ebenen liegen, bei welcher es sich um die Gerade s aus der letzten Teilaufgabe handelt.

4 Die Pyramide mit den Eckpunkten A, B, C und P_a wird aufgespannt von folgenden Vektoren:

$$\overrightarrow{AB} = \begin{pmatrix} 0 \\ 3 \\ -2 \end{pmatrix} \qquad \overrightarrow{AC} = \begin{pmatrix} -1 \\ 1 \\ -3 \end{pmatrix} \qquad \overrightarrow{AP_a} = \begin{pmatrix} 0 \\ 4+3a \\ 4+3a \end{pmatrix}$$

Damit gilt für das Volumen der Pyramide in Abhängigkeit von a:

$$\begin{aligned}
V &= \frac{1}{6} \cdot |\overrightarrow{AB} \circ (\overrightarrow{AC} \times \overrightarrow{AP_a})| = \frac{1}{6} \cdot \left| \begin{pmatrix} 0 \\ 3 \\ -2 \end{pmatrix} \circ \begin{pmatrix} 1 \cdot (4+3a) - 3 \cdot (4+3a) \\ 3 \cdot 0 - (-1) \cdot (4+3a) \\ -1 \cdot (4+3a) - 1 \cdot 0 \end{pmatrix} \right| \\
&= \frac{1}{6} \cdot \left| \begin{pmatrix} 0 \\ 3 \\ -2 \end{pmatrix} \circ \begin{pmatrix} -8-6a \\ 4+3a \\ -4-3a \end{pmatrix} \right| = \frac{1}{6} \cdot |3 \cdot (4+3a) - 2 \cdot (-4-3a)| \\
&= \frac{1}{6} \cdot |12 + 9a + 8 + 6a| = \frac{1}{6} \cdot |20 + 15a|
\end{aligned}$$

Da für diese Aufgabe $a > 0$ gelten soll, entfallen die Betragsstriche und es kann ein Wert für a gefunden werden, sodass $V = 5\,\text{VE}$ gilt:

$$\begin{aligned}
& & V &= 5 & \\
&\Rightarrow & \frac{1}{6} \cdot (20 + 15a) &= 5 & \quad |\cdot 6 \\
&\Longleftrightarrow & 20 + 15a &= 30 & \quad |-20 \\
&\Longleftrightarrow & 15a &= 10 & \quad |:15 \\
&\Longleftrightarrow & \underline{\underline{a}} &\underline{\underline{= \frac{2}{3}}} &
\end{aligned}$$

5 Es wird das Dreieck zwischen den Punkten $O\,(0\,|\,0\,|\,0)$, $C\,(0\,|\,1\,|\,-1)$ und $P_{-1}\,(1\,|\,1\,|\,-3)$ betrachtet.

Muster

Es werden zwei der drei Innenwinkel des Dreiecks OCP_{-1} berechnet, da sich daraus direkt der dritte Innenwinkel ergibt.
Der Innenwinkel α bei Punkt O wird eingeschlossen von den Vektoren $\overrightarrow{OC}$ und $\overrightarrow{OP_{-1}}$:

$$\cos\alpha = \frac{\overrightarrow{OC} \circ \overrightarrow{OP_{-1}}}{|\overrightarrow{OC}||\overrightarrow{OP_{-1}}|} = \frac{\begin{pmatrix} 0 \\ 1 \\ -1 \end{pmatrix} \circ \begin{pmatrix} 1 \\ 1 \\ -3 \end{pmatrix}}{\sqrt{0^2 + 1^2 + (-1)^2} \cdot \sqrt{1^2 + 1^2 + (-3)^2}} = \frac{4}{\sqrt{2 \cdot 11}}$$

$$\Rightarrow \quad \alpha \approx \underline{\underline{31{,}48^\circ}}$$

Der Innenwinkel β bei Punkt C wird eingeschlossen von den Vektoren $\overrightarrow{CO}$ und $\overrightarrow{CP_{-1}}$:

$$\cos\beta = \frac{\overrightarrow{CO} \circ \overrightarrow{CP_{-1}}}{|\overrightarrow{CO}||\overrightarrow{CP_{-1}}|} = \frac{\begin{pmatrix} 0 \\ -1 \\ 1 \end{pmatrix} \circ \begin{pmatrix} 1 \\ 0 \\ -2 \end{pmatrix}}{\sqrt{0^2 + (-1)^2 + 1^2} \cdot \sqrt{1^2 + 0^2 + (-2)^2}} = \frac{-2}{\sqrt{2 \cdot 5}}$$

$$\Rightarrow \quad \beta \approx \underline{\underline{129{,}23^\circ}}$$

Daraus ergibt sich Winkel γ bei Punkt P_{-1} zu $\gamma = 180^\circ - 31{,}48^\circ - 129{,}23^\circ = \underline{\underline{19{,}29^\circ}}$.

6 Für den Abstand d zwischen Koordinatenursprung und Punkt P_a gilt in Abhängigkeit von a:

$$d = |\overrightarrow{OP_a}| = \sqrt{1^2 + (4+3a)^2 + (3a)^2} = \sqrt{1 + 16 + 24a + 9a^2 + 9a^2} = \sqrt{18a^2 + 24a + 7}$$

Dieser Abstand wird minimal, wenn der quadratische Term unter der Wurzel minimal wird. Für diesen Term $t(a) = 18a^2 + 24a + 7$ gilt für die erste Ableitung:

$$t'(a) = 36a + 24 \quad \Rightarrow \quad t'(a) = 0 \quad \Longleftrightarrow \quad a = -\frac{2}{3}$$

Da es sich bei dem Term t(a) um eine nach oben geöffnete Parabel handelt, muss an der ermittelten Stelle ein Minimum der Funktion und damit auch ein Minimum des Abstandes vorliegen. Demnach ist der Abstand zwischen dem Koordinatenursprung und dem Punkt $P_{-\frac{2}{3}}$ mit $\underline{\underline{a = -\frac{2}{3}}}$ minimal.

Muster

1.0 Gegeben sind die Funktionen $a: x \mapsto \frac{1}{2}x + \frac{2}{x}$ mit $D_a = \mathbb{R} \setminus \{0\}$ und $b: x \mapsto \frac{1}{2}x$ mit $D_b = \mathbb{R}$. Der Graph der Funktion a heißt G_a und der Graph der Funktion b heißt G_b. In der Abbildung ist ein Teil des Graphen G_a für $x > 0$ und der Graph G_b dargestellt. G_b ist die schräge Asymptote von G_a.

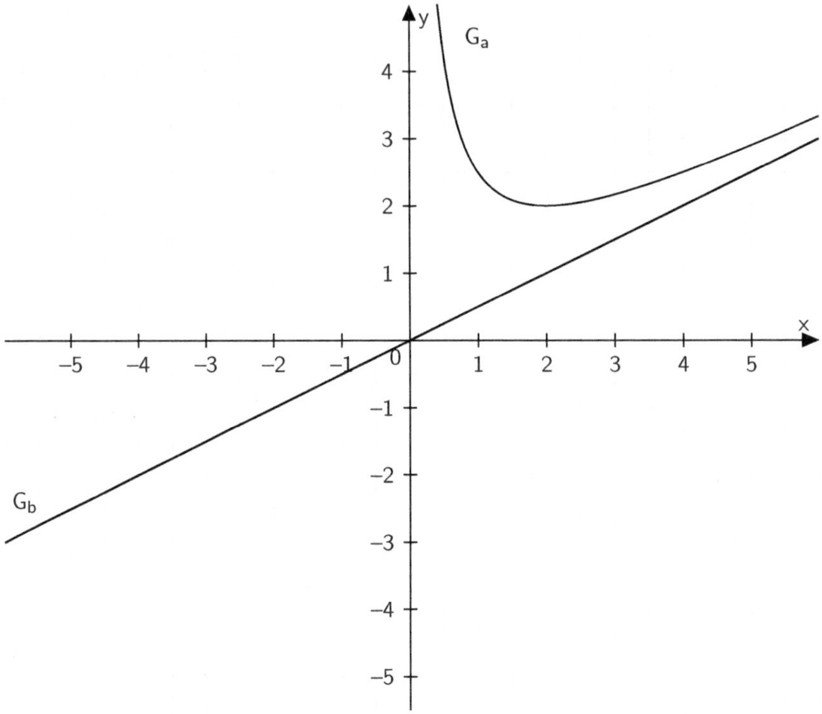

1.1 Zeigen Sie, dass der vollständige Graph G_a punktsymmetrisch bezüglich des Koordinatenursprungs ist. **2 BE**

1.2 Geben Sie die Art und die ganzzahligen Koordinaten der relativen Extrempunkte von G_a an und zeichnen Sie G_a für $x < 0$ in das Koordinatensystem von 1.0 ein. **3 BE**

1.3 Bestimmen Sie die Gleichung der Tangente an G_a im Punkt $P(1 \mid a(1))$. **3 BE**

2 Von einer gebrochen-rationalen Funktion c mit der Definitionsmenge $D_c = \mathbb{R} \setminus \{-1; 1\}$ und ihrem Graphen G_c sind die folgenden Eigenschaften bekannt:

- Die Funktion c hat eine Unendlichkeitsstelle mit Vorzeichenwechsel bei $x = 1$.
- Die Funktion c hat eine stetig behebbare Definitionslücke bei $x = -1$.
- Die Funktion c hat die einzige Nullstelle $x = 2$ mit der Vielfachheit zwei.
- Es gilt: $P(-3 \mid 5) \in G_c$

Bestimmen Sie die Gleichung der Funktion c so, dass die genannten Eigenschaften erfüllt sind. **4 BE**

2020

3.0 Gegeben sind in ihren maximalen Definitionsmengen die reellen Funktionen

$f: x \mapsto \ln(x)$,

$g: x \mapsto x \cdot \ln(x^2)$ und

$h: x \mapsto \frac{1}{x} \cdot \ln(x-1)$.

Die Abbildung zeigt die Graphen der Funktionen f, g und h.

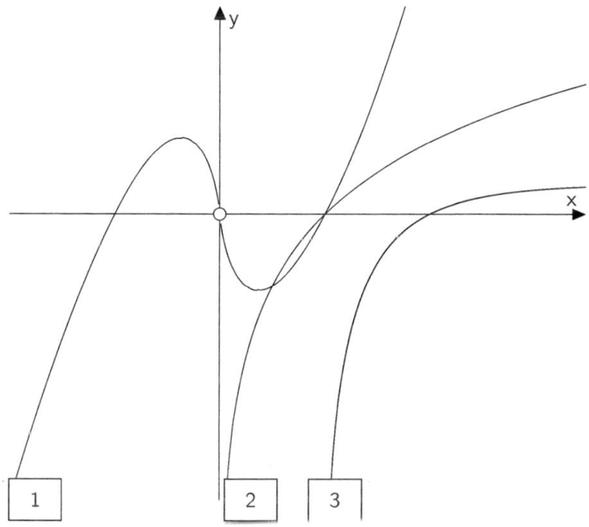

3.1 Ordnen Sie jeder Funktion den richtigen Graphen zu und geben Sie zu allen drei Funktionen jeweils die Definitionsmenge an. **4 BE**

3.2 Graph 1 und Graph 2 schließen im IV. Quadranten eine endliche Fläche ein. Beschreiben Sie ohne die Rechnungen durchzuführen, wie Sie die Maßzahl dieser Fläche ermitteln können. **3 BE**

4 Die Abbildung zeigt den Graphen der quadratischen Funktion q mit dem Scheitel $S(1\,|\,2)$.

Für die Funktion r gilt: $r(x) = e^{q(x)}$.
Für beide Funktionen gilt:
$D_q = D_r = \mathbb{R}$

Bestimmen Sie mithilfe der Abbildung die Wertemenge der Funktion r.
Begründen Sie dabei Ihre Vorgehensweise. **3 BE**

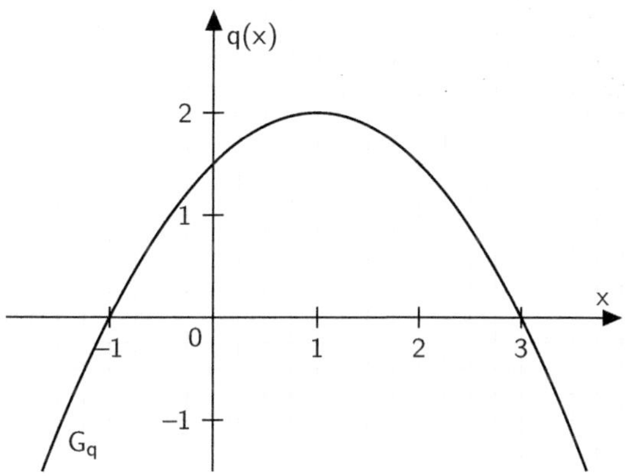

1.1 **Nachweis der Punktsymmetrie**

Betrachtet wird der Term a(−x):

$$a(-x) = \frac{1}{2} \cdot (-x) + \frac{2}{(-x)} = -\frac{1}{2}x - \frac{2}{x} = -\left(\frac{1}{2}x + \frac{2}{x}\right) = -a(x)$$

Es gilt $a(-x) = -a(x)$, was als Kriterium für Punktsymmetrie zum Koordinatenursprung erfüllt sein muss. Da zusätzlich die Definitionsmenge $D_a = \mathbb{R}\setminus\{0\}$ symmetrisch zu $x = 0$ ist, ist der vollständige Graph von G_a punktsymmetrisch bezüglich des Koordinatenursprungs.

1.2 **Art und Koordinaten der relativen Extrempunkte**

Da die Koordinaten der Extrempunkte laut Angabe ganzzahlig sind, können diese aus der gegebenen Abbildung abgelesen werden. Die Koordinaten des relativen Tiefpunktes ergeben sich anhand des in der Abbildung gegebenen Teils des Graphen zu TIP (2 | 2). Aufgrund der Punktsymmetrie gibt es demnach einen relativen Hochpunkt HOP (− 2 | − 2).

Vollständige Darstellung des Graphen von a

Aus dem gegebenen Teil des Graphen können Punkte abgelesen werden, die dann aufgrund der Punktsymmetrie auf den zweiten Teil des Graphen übertragen werden können.
Bsp.: Auf dem gegebenen Teil des Graphen liegt der Punkt (4 | 2,5). Auf dem noch zu zeichnendem Teil liegt demnach der Punkt (− 4 | − 2,5). Auf diese Art und Weise abgelesene Wertepaare werden in folgender Tabelle dargestellt.

x	−6	−5	−4	−3	−2	−1	−0,5
a(x)	−3,3	−2,9	−2,5	−2,2	−2	−2,5	−4,2

Komplette Darstellung:

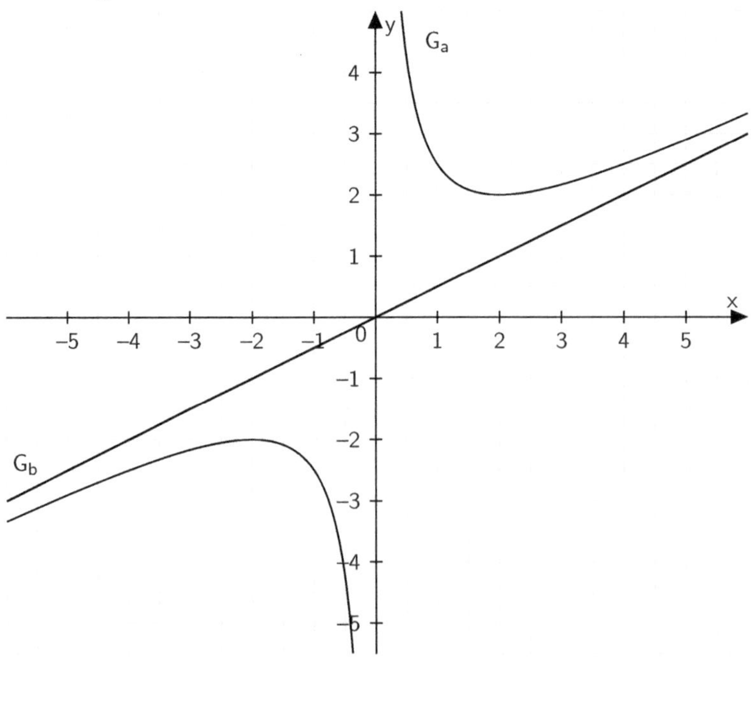

1.3 **Ermitteln der ersten Ableitung**

Um die Steigung der Tangente zu bestimmen, wird zunächst die erste Ableitung der Funktion ermittelt:

$$a(x) = \frac{1}{2}x + \frac{2}{x} = \frac{1}{2}x + 2x^{-1}$$
$$a'(x) = \frac{1}{2} + 2 \cdot (-1) \cdot x^{-2} = \frac{1}{2} - \frac{2}{x^2}$$

Gleichung der Tangente

Durch Einsetzen in a(x) und a′(x) können nun der Funktionswert und die Steigung bei $x = 1$ ermittelt werden:

$$a(1) = \frac{1}{2} \cdot 1 + \frac{2}{1} = 2{,}5 \qquad a'(1) = \frac{1}{2} - \frac{2}{1^2} = -1{,}5$$

Beides wird nun in die allgemeine Gleichung $t(x) = mx + t$ eingesetzt:

$$\begin{aligned} & t(x) = mx + t \\ \Rightarrow\quad & 2{,}5 = -1{,}5 \cdot 1 + t \qquad | + 1{,}5 \\ \Longleftrightarrow\quad & t = 4 \end{aligned}$$

Die Gleichung der Tangente lautet $\underline{\underline{t(x) = -1{,}5x + 4}}$.

2 **Gleichung der Funktion**

Als Grundform der Gleichung wird ein Bruch für die gebrochen-rationale Funktion mit einem Vorfaktor $k \in \mathbb{R}$ angesetzt:

$$c(x) = k \cdot \frac{\dots}{\dots}$$

Aus den Angaben können dann folgende Informationen entnommen werden:

- Unendlichkeitsstelle mit VZW bei $x = 1$, bedeutet, $x = 1$ ist Nullstelle des Nenner-, aber nicht des Zählerterms:

$$c(x) = k \cdot \frac{\dots}{(x-1) \cdot \dots}$$

- stetig behebbare Definitionslücke bei $x = -1$, bedeutet, $x = -1$ ist Nullstelle von Zähler- und Nennerterm:

$$c(x) = k \cdot \frac{(x+1) \cdot \dots}{(x-1) \cdot (x+1)}$$

- einzige Nullstelle mit Vielfachheit zwei bei $x = 2$, bedeutet, dass $x = 2$ doppelte Nullstelle des Zähler- aber nicht Nennerterms ist:

$$c(x) = k \cdot \frac{(x+1) \cdot (x-2)^2}{(x-1) \cdot (x+1)}$$

- mit dem gegebenen Punkt P (− 3 | 5) kann nun ein Wert des Vorfaktors k bestimmt werden:

$$
\begin{aligned}
&& c(-3) &= 5 \\
\iff && k \cdot \frac{(-3+1)\cdot(-3-2)^2}{(-3-1)\cdot(-3+1)} &= 5 \\
\iff && k \cdot \frac{(-2)\cdot 25}{(-4)\cdot(-2)} &= 5 \\
\iff && k \cdot \frac{-50}{8} &= 5 \qquad \left| \cdot \left(-\frac{8}{50}\right)\right. \\
\iff && k &= 5 \cdot \left(-\frac{8}{50}\right) \\
\iff && k &= -\frac{4}{5}
\end{aligned}
$$

Die Funktionsgleichung lautet demnach $\underline{\underline{c(x) = -\frac{4}{5} \cdot \frac{(x+1)\cdot(x-2)^2}{(x-1)\cdot(x+1)}}}$.

3.1 **Definitionsmengen**

Es ist leichter zunächst die Definitionsmengen zuzuordnen und die Graphen anhand dieses Kriteriums zuzuordnen. Relevant ist dabei für alle Funktionen, dass der Logarithmus nur für Argumente > 0 definiert ist.
$f(x)$: Wegen $\ln(x)$ muss $x > 0$ sein. Die Definitionsmenge lautet $\underline{\underline{D_f =]0; \infty[}}$.

$g(x)$: Das Argument des Logarithmus $\ln(x^2)$ ist x^2. $x^2 > 0$ ist erfüllt für alle Werte außer $x = 0$. Daher muss nur dieser Wert aus der Definitionsmenge ausgeschlossen werden und es ist $\underline{\underline{D_g = \mathbb{R}\setminus\{0\}}}$.

$h(x)$: Wegen $\ln(x-1)$ muss $x-1 > 0$ sein, also $x > 1$, was zudem $x \neq 0$ aufgrund des gegebenen Bruches erfüllt. Es ist $\underline{\underline{D_h =]1; \infty[}}$.

Zuordnung der Funktionsgraphen

Graph 1 ist lediglich bei $x = 0$ nicht definiert, sehr wohl aber für negative Zahlen. Wegen $D_g = \mathbb{R}\setminus\{0\}$ handelt es sich dabei also um den Graphen von $g(x)$.
Graph 2 schmiegt sich von rechts an die y-Achse an, was zu der Definitionsmenge $D_f =]0; \infty[$ passt. Es handelt sich also um den Graphen von $f(x)$.
Folglich ist Graph 3 der von $h(x)$, dessen Verlauf zudem die Definitionsmenge $D_h =]1; \infty[$ widerspiegelt.

3.2 **Beschreibung der Berechnung der Flächenmaßzahl**

Es handelt sich um das Flächenstück zwischen den Funktionsgraphen von $f(x)$ (Graph 2) und $g(x)$ (Graph 1). Gemäß dem Ansatz „obere minus untere Funktion“ muss dann die Differenz $h(x) = f(x) - g(x)$ integriert werden und eine Stammfunktion F, G beziehungsweise die Differenz $H(x)$ daraus gefunden werden.
Die Integrationsgrenzen x_1 und x_2 ergeben sich aus den Schnittstellen von G_f und G_g durch Gleichsetzen der beiden Funktionsgleichungen $f(x) = g(x)$ und Auflösen nach x.
In die ermittelte Stammfunktion können dann gemäß der Regel „obere minus untere Grenze“ die

Integrationsgrenzen eingesetzt und so eine Maßzahl der Fläche ermittelt werden. Ein Term zu Berechnung des Integrals lautet demnach:

$$\int_{x_1}^{x_2} \underbrace{(f(x) - g(x))}_{h(x)} dx = [\underbrace{F(x) - G(x)}_{H(x)}]_{x_1}^{x_2} = H(x_2) - H(x_1)$$

4 **Wertemenge von r**

Gegeben ist der Graph der Funktion q(x). Es soll die Verkettung $r(x) = e^{q(x)}$ mit $D_q = D_r = \mathbb{R}$ betrachtet werden.
Die Wertemenge von q(x) kann aus der Abbildung abgelesen werden. Da die Parabel nach unten geöffnet ist und der Scheitelpunkt einen Funktionswert von y = 2 hat, lautet diese $W_q =]-\infty; 2]$.
Betrachtet man die erste Ableitung $r'(x) = e^{q(x)} \cdot q'(x)$ und beachtet außerdem, dass der Term $e^{q(x)}$ stets größer null ist, ergibt sich, dass die ersten Ableitung $q'(x)$ und $r'(x)$ im Vorzeichen übereinstimmen. Demnach sind das Monotonieverhalten und Art und x-Koordinaten der Extrempunkte von q(x) und r(x) gleich.
Wegen $x \to \pm\infty$: $q(x) \to -\infty$ gilt $x \to \pm\infty$: $r(x) \to 0^+$. Somit ist allgemein $r(x) > 0$.
Das Maximum von r(x) liegt ebenfalls bei x = 1. Da hier q(1) = 2 gilt, ist $r(1) = e^{q(1)} = e^2$.
Der absolute Hochpunkt von r(x) hat also die Koordinaten $HOP\,(1\,|\,e^2)$.
Aus $r(x) > 0$ und dem absoluten Hochpunkt von r(x) bei $HOP\,(1\,|\,e^2)$ ergibt sich die Wertemenge zu $\underline{\underline{W_r =]0; e^2]}}$.

1.0 Für die Vektoren $\vec{a}_k$, $\vec{b}$ und $\vec{c}$ mit $k \in \mathbb{R}$ im $\mathbb{R}^3$ gilt:

$$\vec{a}_k = \begin{pmatrix} -1 \\ 0 \\ 2k \end{pmatrix} \quad \text{und} \quad \vec{b} \times \vec{c} = \begin{pmatrix} 1 \\ 2 \\ -2 \end{pmatrix}$$

1.1 Bestimmen Sie die Maßzahl des Flächeninhalts des von den Vektoren $\vec{b}$ und $\vec{c}$ aufgespannten Dreiecks. **2 BE**

1.2 Ermitteln Sie, für welchen Wert für k die Vektoren $\vec{a}_k$, $\vec{b}$ und $\vec{c}$ linear abhängig sind. **2 BE**

2.0 In einem kartesischen Koordinatensystem des $\mathbb{R}^3$ sind die Ebenen $E : x_1 + 3x_3 = 0$ und die Gerade $g : \vec{x} = \begin{pmatrix} -1 \\ 0 \\ 1 \end{pmatrix} + \lambda \cdot \begin{pmatrix} 2 \\ 1 \\ 0 \end{pmatrix}$ mit $\lambda \in \mathbb{R}$ gegeben.

2.1 Geben Sie jeweils die besondere Lage von g und E im Koordinatensystem an. **2 BE**

2.2 Ermitteln Sie die Koordinaten eines Punkte D, der von der Ebene E den Abstand $d = \sqrt{10}$ LE besitzt. **2 BE**

3.0 Die Abbildung zeigt ein Prisma, bei dem die beiden parallelen und deckungsgleichen Trapeze ABFE und DCGH senkrecht auf der Grundfläche ABCD stehen.

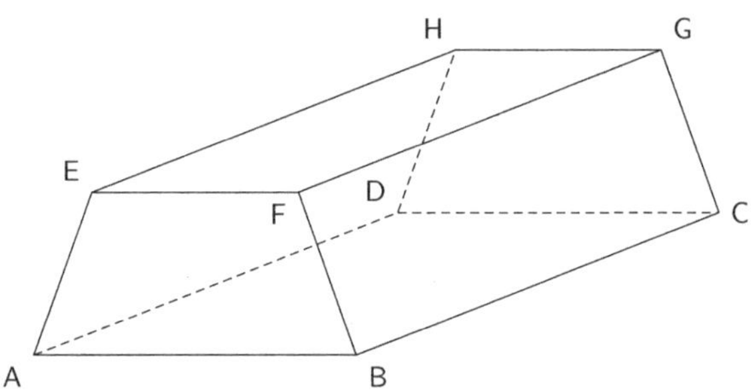

3.1 Nehmen Sie Stellung zu folgender Aussage:
„Das Volumen des Prismas berechnet sich mittels der Formel $V = \left|\overrightarrow{AD} \circ (\overrightarrow{AE} \times \overrightarrow{AB})\right|$." **2 BE**

3.2 Begründen Sie anhand des beschriebenen Prismas, wie viele Lösungen die Gleichung $\lambda_1 \cdot \overrightarrow{AB} + \lambda_2 \cdot \overrightarrow{AD} + \lambda_3 \cdot \overrightarrow{HG} = \vec{0}$ mit den Unbekannten $\lambda_1, \lambda_2, \lambda_3 \in \mathbb{R}$ besitzt. **2 BE**

1.1 **Maßzahl des Flächeninhaltes**

Die Maßzahl des Flächeninhalts eines Dreiecks, welches von zwei Vektoren aufgespannt wird, ergibt sich aus der Hälfte des Betrags des Vektorproduktes der beiden Vektoren. Dieses ist in diesem Fall bereits in der Angabe gegeben, sodass für die Flächenmaßzahl A gilt:

$$A = \frac{1}{2} \cdot |\vec{b} \times \vec{c}| = \frac{1}{2} \cdot \left| \begin{pmatrix} 1 \\ 2 \\ -2 \end{pmatrix} \right| = \frac{1}{2} \cdot \sqrt{1^2 + 2^2 + (-2)^2} = \frac{1}{2} \cdot \sqrt{1+4+4} = \underline{\underline{\frac{3}{2}}} \text{[FE]}$$

1.2 **Wert für k, bei dem die Vektoren linear abhängig sind**

Wenn das Spatprodukt dreier Vektoren gleich null ist, liegen sie in einer Ebene und sind somit linear abhängig. Es kann also untersucht werden, für welchen Wert k das Spatprodukt gleich null ist:

$$\begin{aligned} & \vec{a}_k \circ (\vec{b} \times \vec{c}) = 0 \\ \Longleftrightarrow\quad & \begin{pmatrix} -1 \\ 0 \\ 2k \end{pmatrix} \circ \begin{pmatrix} 1 \\ 2 \\ -2 \end{pmatrix} = 0 \\ \Longleftrightarrow\quad & -1 \cdot 1 + 0 \cdot 2 + 2k \cdot (-2) = 0 \\ \Longleftrightarrow\quad & -1 - 4k = 0 \qquad | +1 \\ \Longleftrightarrow\quad & -4k = 1 \qquad | : (-4) \\ \Longleftrightarrow\quad & k = -\frac{1}{4} \end{aligned}$$

Für $\underline{\underline{k = -\frac{1}{4}}}$ sind die Vektoren linear abhängig.

2.1 **Besondere Lage von g**

Die x_3-Komponente des Richtungsvektors von g ist 0. Demnach verläuft g parallel zur x_1x_2-Ebene. Da der Ortsvektor von g eine x_3-Komponente $\neq 0$ aufweist, verläuft g **echt parallel** zur x_1x_2-Ebene.

Besondere Lage von E

Da x_2 in der Ebenengleichung von E nicht vorkommt und keine konstante Verschiebung vorliegt, **enthält E die x_2-Achse**.

2.2 **Koordinaten des Punktes D**

Der Normalenvektor $\vec{n}_E = \begin{pmatrix} 1 \\ 0 \\ 3 \end{pmatrix}$ kann direkt aus der gegebenen Form der Ebenengleichung von E abgelesen werden. Da nach Teilaufgabe 2.1 zudem bekannt ist, dass E die x_2-Achse enthält, liegt insbesondere auch der Koordinatenursprung in E. Mit diesem Punkt als Ortsvektor und dem Normalenvektor der Ebene wird die Gleichung einer Hilfsgerade h aufgestellt, die senkrecht zur

2020

Ebene durch den Punkt O (0 | 0 | 0) verläuft:

$$h\colon \vec{x} = \begin{pmatrix}0\\0\\0\end{pmatrix} + \lambda \cdot \begin{pmatrix}1\\0\\3\end{pmatrix} \quad \text{mit } \lambda \in \mathbb{R}$$

Der Abstand d des Punktes D von der Ebene entspricht damit dem Abstand vom Ursprung. Da dieser $d = \sqrt{10}$ LE entsprechen soll, gilt mit der Gleichung der Gerade:

$$\begin{aligned} & & d &= \sqrt{10} \\ \Rightarrow & & \left|\lambda \cdot \begin{pmatrix}1\\0\\3\end{pmatrix}\right| &= \sqrt{10} \\ \Longleftrightarrow & & \sqrt{\lambda^2 + 0^2 + (3\lambda)^2} &= \sqrt{10} \\ \Longleftrightarrow & & \sqrt{10\lambda^2} &= \sqrt{10} \\ \Longleftrightarrow & & \lambda \cdot \sqrt{10} &= \sqrt{10} \qquad | : \sqrt{10} \\ \Longleftrightarrow & & \lambda &= 1 \end{aligned}$$

Setzt man $\lambda = 1$ in die Geradengleichung ein, ergeben sich die Koordinaten des Punktes D:

$$\overrightarrow{OD} = 1 \cdot \begin{pmatrix}1\\0\\3\end{pmatrix} \quad \Rightarrow \quad \underline{\underline{D(1|0|3)}}$$

3.1 **Widerlegen der gegebenen Aussage**

Die gegebene Formel beschreibt das Spatprodukt dreier Vektoren. Mit diesem könnte das Volumen des Spates/Parallelepipeds berechnet werden, denn diese drei Vektoren aufspannen. Bei dem gezeigten Körper handelt es sich allerdings nicht um einen Spat (alle Seiten sind Parallelogramme), sondern um ein Prisma (Grund-/Deckfläche ist ein Trapez). Demnach kann das Volumen nicht mit der Formel berechnet werden.

3.2 **Anzahl der Lösungen der Gleichung**

Die beiden Vektoren $\overrightarrow{AB}$ und $\overrightarrow{HG}$ sind jeweils obere oder untere Seite eines der beiden parallelen und deckungsgleichen Trapeze. Damit sind die beiden Vektoren kollinear und damit die drei Vektoren der Gleichung $\overrightarrow{AB}$, $\overrightarrow{AD}$ und $\overrightarrow{HG}$ komplanar. Da die drei Vektoren somit linear abhängig sind, besitzt das zugehörige, gegebene Gleichungssystem **unendlich viele** Lösungen.

1.0 Gegeben ist die Funktion $f: x \longmapsto \frac{x^2}{x-1}$ mit der Definitionsmenge $D_f = \mathbb{R}\setminus\{1\}$. Der Graph der Funktion heißt G_f. Nebenstehende Abbildung zeigt einen Teil von G_f mit seinen Asymptoten.

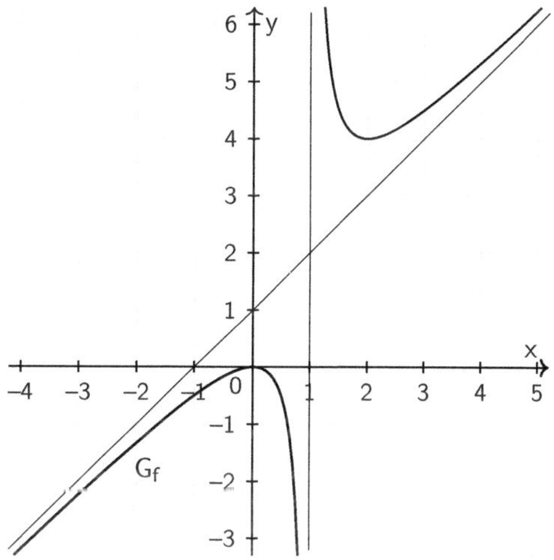

1.1 Bestätigen Sie die schiefe Asymptote von G_f und die Nullstelle von f durch Rechnung. **4 BE**

1.2 Geben Sie mithilfe der Abbildung die maximalen Monotonieintervalle sowie die Wertemenge der Funktion f an. Entnehmen Sie hierzu der Abbildung ganzzahlige Werte. **3 BE**

2.0 Gegeben ist die reelle Funktion $g : x \mapsto \ln(f(x)) = \ln\left(\frac{x^2}{x-1}\right)$ mit der maximalen Definitionsmenge $D_g =]1; +\infty[$. Der Graph von g wird mit G_g bezeichnet. Für die folgenden Teilaufgaben dürfen die Ergebnisse der Aufgabe 1 verwendet werden.

2.1 Entscheiden Sie, ob die Funktion g Nullstellen besitzt und begründen Sie ihre Entscheidung. **2 BE**

2.2 Untersuchen Sie das Verhalten der Funktionswerte von g an den Rändern der Definitionsmenge und geben Sie die Gleichung der Asymptote von G_g an. **3 BE**

2.3 Bestimmen Sie Art und Koordinaten des Extrempunktes von G_g. **4 BE**

2.4 Zeichnen Sie den Graphen G_g und seine Asymptote unter Verwendung der bisherigen Ergebnisse und weiterer geeigneter Funktionswerte für $1 < x \leq 6$ in ein kartesisches Koordinatensystem. **4 BE**

2.5 Gegeben ist die Stammfunktion $G : x \mapsto -x + 2x \cdot \ln(x) - (x-1) \cdot \ln(x-1)$ mit $D_g =]1; +\infty[$ der Funktion g (Nachweis nicht erforderlich). Berechnen Sie die Maßzahl des Flächenstücks, das von G_g, der x-Achse sowie den beiden Geraden mit den Gleichungen $x = 2$ und $x = 3$ eingeschlossen wird. Runden Sie Ihr Ergebnis auf zwei Nachkommastellen und kennzeichnen Sie das Flächenstück im Koordinatensystem der Teilaufgabe 2.4. **3 BE**

3.0 Um die Wirksamkeit eines Medikaments zu untersuchen, wird nach dessen Einnahme die Konzentration im Blut der Patienten gemessen. Diese kann näherungsweise durch die Funktion $k : t \mapsto 0{,}75t \cdot e^{-0{,}25t+2}$ mit $t \in \mathbb{R}_0^+$ beschrieben werden. Dabei gibt der Funktionswert von k die Konzentration des Medikaments im Blut des Patienten in Milligramm pro Liter $\left[\frac{mg}{\ell}\right]$ und die Variable t die Zeit in Stunden [h] nach der Einnahme des Medikaments an. Auf das Mitführen von Einheiten kann verzichtet werden. Runden Sie die Ergebnisse sinnvoll.

3.1 Ermitteln Sie, nach wie vielen Stunden nach der Einnahme gemäß der gewählten Modellfunktion die maximale Konzentration des Medikaments im Blut erreicht ist und berechnen Sie diese maximale Konzentration. **5 BE**

3.2 Berechnen Sie mithilfe partieller Integration den Wert des bestimmten Integrals $\frac{1}{2}\int_0^{20} k(t)\,dt$ und interpretieren Sie das Ergebnis im Sachzusammenhang. **6 BE**

3.3 Zeichnen Sie den Graphen der Funktion k in ein kartesisches Koordinatensystem im Intervall $0 \leq t \leq 25$. Maßstab für beide Achsen: 1 LE = 0,5 cm.
Übersteigt die Konzentration des verabreichten Medikaments im Blut des Patienten $6\frac{mg}{\ell}$ können Nebenwirkungen auftreten. Ermitteln Sie näherungsweise mit Hilfe des Graphen von k, in welchem Zeitraum nach der Einnahme damit zu rechnen ist. **4 BE**

3.4.0 Um Nebenwirkungen zu vermindern, plant der Hersteller des Medikaments geringer zu dosieren. Es soll vier Stunden nach der Einnahme als Höchstwert eine Konzentration von $5\frac{mg}{\ell}$ im Blut auftreten. Die Konzentration im Blut lässt sich dann mit einer Funktionsgleichung der Art $g(t) = c \cdot t \cdot e^{-0{,}25+2}$ mit $t \in \mathbb{R}_0^+$; $c \in \mathbb{R}$ modellhaft darstellen. Dabei gibt der Funktionswert von g die Konzentration des Medikaments im Blut des Patienten in Milligramm pro Liter $\left[\frac{mg}{\ell}\right]$ und die Variable t die Zeit in Stunden [h] nach der Einnahme an.

3.4.1 Bestimmen Sie den Wert des Parameters c. **2 BE**

3.4.2 Einem Patienten wird verordnet, sechs Stunden nach der Ersteinnahme das Medikament nochmals einzunehmen. Die Konzentration im Blut entspricht dann modellhaft den Funktionswerten der Funktion h mit $h(t) = 0{,}46 \cdot e^{-0{,}25t+2} + 0{,}46(t-6) \cdot e^{-0{,}25(t-6)+2}$ mit $t \in \mathbb{R}$ und $t \geq 6$. Die Abbildung zeigt den Graphen G_h der Funktion h. Untersuchen Sie, ob der Patient bei dieser Verordnung mit Nebenwirkungen (siehe Teilaufgabe 3.3) zu rechnen hat. **3 BE**

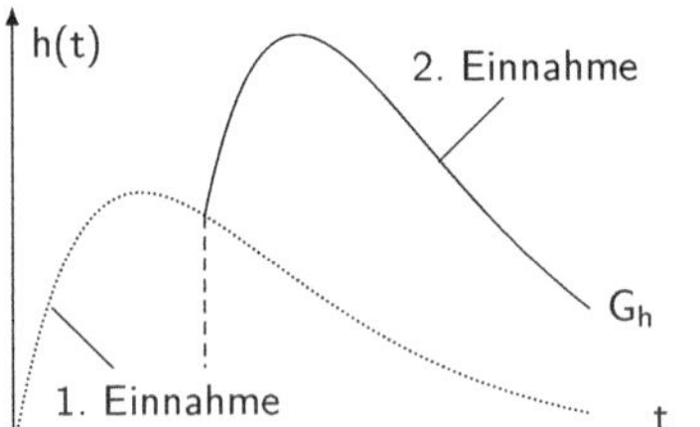

1.0 Gegeben ist die Funktion $f(x) = \frac{x^2}{x-1}$ mit $D_f = \mathbb{R}\setminus\{1\}$.

1.1 **Schiefe Asymptote**

Um die Gleichung der schiefen Asymptote zu ermitteln wird eine Polynomdivision durchgeführt:

$$\begin{array}{l} x^2 \quad : (x-1) = x + 1 + \frac{1}{x-1} \\ \underline{-(x^2 \quad -x \quad)} \\ \quad x \\ \quad \underline{-(x \quad -1)} \\ \qquad 1 \end{array}$$

Der ganzrationale Teil entspricht der Gleichung der Tangente $\underline{\underline{y = x + 1}}$. Da dies einer Gerade mit Steigung 1 und Verschiebung um 1 in y-Richtung entspricht, stimmt dies mit der Zeichnung überein.

Nullstelle

Die Nullstellen der Funktion entsprechen den Nullstellen des Zählerterms.

$$\begin{aligned} f(x) &= 0 \\ \Rightarrow \quad x^2 &= 0 \\ \Longleftrightarrow \quad x_{1;2} &= 0 \end{aligned}$$

Bei $\underline{\underline{x_{1;2} = 0}}$ liegt demnach eine doppelte Nullstelle der Funktion, was ebenfalls mit der gegebenen Abbildung übereinstimmt.

1.2 **Maximale Monotonieintervalle**

Der Zeichnung kann entnommen werden, dass die Funktion f in $]-\infty; 0]$ und $[2; \infty[$ streng monoton zunehmend und in $[0; 1[$ und $]1; 2]$ streng monoton abnehmend ist.

Wertemenge

Die Wertemenge umfasst alle Werte in $\mathbb{R}$, ausgenommen die, die zwischen 0 und 4 liegen, sodass $\underline{\underline{W_f =]-\infty; 0] \cup [4; \infty[}}$ ist.

2.0 Betrachtet wird nun die Funktion $g(x) = \ln(f(x)) = \ln\left(\frac{x^2}{x-1}\right)$ mit $D_g =]1; \infty[$.

2.1 **Nullstellen**

Für den Logarithmus gilt $\ln(1) = 0$. Eine Nullstelle der Funktion g(x) läge also dort, wo $f(x) = 1$ ist. Nach Teilaufgabe 1.2 ist jedoch $W_f =]-\infty; 0] \cup [4; \infty[$, sodass $1 \notin W_f$ ist. Da f(x) also nie den Wert 1 annimmt, besitzt g auch keine Nullstellen.

2.2 **Verhalten an den Rändern der Definitionsmenge**

Es wird jeweils das Verhalten von f(x) untersucht (zum Beispiel anhand der gegebenen Abbildung) und daraus resultierend das Verhalten von g(x):

$$x \to 1^+: \quad f(x) \to \infty \qquad \Rightarrow \qquad x \to 1^+: \quad g(x) = \ln(\underbrace{f(x)}_{\to\infty}) \to \infty$$

$$x \to \infty: \quad f(x) \to \infty \qquad \Rightarrow \qquad x \to \infty: \quad g(x) = \ln(\underbrace{f(x)}_{\to\infty}) \to \infty$$

Gleichung der Asymptote

Aus dem Verhalten von g für $x \to 1^+$ ergibt sich die Gleichung einer senkrechten Asymptote zu $\underline{\underline{x = 1}}$.

2.3 **Ermitteln der ersten Ableitung**

Mithilfe der Kettenregel wird die erste Ableitung bestimmt:

$$g(x) = \ln(f(x))$$

$$g'(x) = \frac{1}{f(x)} \cdot f'(x) = \frac{f'(x)}{f(x)}$$

Art und Koordinaten des Extrempunktes

Eine weitere explizite Berechnung der Ableitung ist nicht notwendig, da aus den Informationen zu f(x) gefolgert werden kann. Da g(x) nur für $x > 1$ definiert ist, gilt für alles $x \in D_g$: $f(x) > 0$. Damit stimmen $f'(x)$ und $g'(x)$ im Vorzeichen und damit f(x) und g(x) in ihrem Monotonieverhalten überein. Aus 1.2 folgt dann, dass g(x) in]1; 2] streng monoton abnimmt und in [2; ∞[streng monoton zunimmt. Damit liegt bei $x = 2$ ein Tiefpunkt von g(x). Für die Ermittlung des Funktionswertes kann wieder ein Wert aus der Abbildung in 1.0 abgelesen werden:

$$g(2) = \ln(f(2)) = \ln(4)$$

Somit besitzt G_g einen Tiefpunkt mit den Koordinaten $\underline{\underline{TIP\,(2\,|\,\ln(4))}}$.

2.4 Die Zeichnung soll folgende Elemente enthalten:

- Graph G_g mit $g(x) = \ln(f(x)) = \ln\left(\frac{x^2}{x-1}\right)$
- Asymptote: $x = 1$

Für die graphische Darstellung wird eine Wertetabelle als Hilfestellung erstellt:

x	1,1	1,5	2	3	4	5	6
g(x)	2,49	1,50	1,39	1,50	1,67	1,83	1,97

Mithilfe dieser Werte kann nun die grafische Darstellung erfolgen:

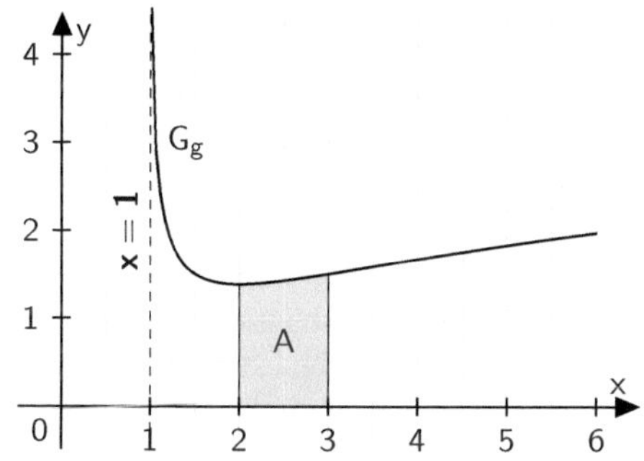

2.5 Kennzeichnung des Flächenstücks siehe Teilaufgabe 2.4

Maßzahl des Flächenstücks

Zur Berechnung der Flächenmaßzahl wird die gegebene Stammfunktion und als Integrationsgrenzen die Werte x = 2 und x = 3 verwendet. Für die Flächenmaßzahl gilt dann:

$$A = \int_2^3 g(x)dx = [G(x)]_2^3 = G(3) - G(2)$$

Die Werte werden zunächst separat berechnet:

$$\begin{aligned} G(3) &= -3 + 2 \cdot 3 \cdot \ln(3) - (3-1) \cdot \ln(3-1) \\ &= -3 + 6\ln(3) - 2\ln(2) \\ G(2) &= -2 + 2 \cdot 2 \cdot \ln(2) - (2-1) \cdot \ln(2-1) \\ &= -2 + 4\ln(2) - 1 \cdot \underbrace{\ln(1)}_{=0} \\ &= -2 + 4\ln(2) \end{aligned}$$

Für die Flächenmaßzahl gilt damit:

$$\begin{aligned} A &= G(3) - G(2) = (-3 + 6\ln(3) - 2\ln(2)) - (-2 + 4\ln(2)) \\ &= -3 + 6\ln(3) - 2\ln(2) + 2 - 4\ln(2) = -1 + 6\ln(3) - 6\ln(2) \\ &= \underline{\underline{1{,}43}}\,[FE] \end{aligned}$$

3.0 Die gegebene Funktion $k(t) = 0{,}75t \cdot e^{-0{,}25t+2}$ mit $t \in \mathbb{R}_0^+$ beschreibt die Konzentration eines Medikamentes im Blut eines Patienten in $\frac{mg}{\ell}$ nach einer bestimmten Zeit t (in Stunden) nach der Einnahme.

3.1 **Ermitteln der ersten Ableitung**

Die erste Ableitung wird mithilfe von Produkt- und Kettenregel berechnet:

$$k(t) = 0{,}75t \cdot e^{-0{,}25t+2}$$

$$\dot{k}(t) = \left[(0{,}75t)' \cdot e^{-0{,}25t+2} + 0{,}75t \cdot (e^{-0{,}25t+2})'\right] \qquad \text{(Ansatz Produktregel)}$$

$$= \left[(0{,}75)\cdot e^{-0{,}25t+2} + 0{,}75t\cdot e^{-0{,}25t+2}\cdot(-0{,}25t+2)'\right] \qquad \text{(Ansatz Kettenregel)}$$
$$= 0{,}75\cdot e^{-0{,}25t+2} + 0{,}75t\cdot e^{-0{,}25t+2}\cdot(-0{,}25) \qquad \text{(Anwendung)}$$
$$= 0{,}75\cdot e^{-0{,}25t+2} - 0{,}1875t\cdot e^{-0{,}25t+2} \qquad (e^{-0{,}25t+2}\text{ ausklammern})$$
$$= (-0{,}1875t + 0{,}75)\cdot e^{-0{,}25t+2}$$

Zeitpunkt und Wert der maximalen Konzentration

Zunächst wird die Nullstelle der ersten Ableitung berechnet. Da die Exponentialfunktion nie null wird ($e^{-0{,}25t+2} \neq 0$), entspricht dies der Nullstelle des linearen Terms:

$$\dot{k}(t) = 0$$
$$\Rightarrow \quad -0{,}1875t + 0{,}75 = 0 \qquad |-0{,}75$$
$$\Longleftrightarrow \quad -0{,}1875t = -0{,}75 \qquad |:(-0{,}1875)$$
$$\Longleftrightarrow \quad t_1 = 4$$

Es kann nun eine Vorzeichentabelle erstellt werden:

t	$0 \leq t < 4$	$t = 4$	$4 < t$	Skizzen
$-0{,}1875t + 0{,}75$	+	0	–	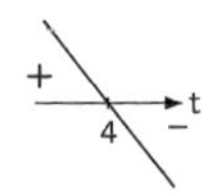
$e^{-0{,}25t+2}$	+	+	+	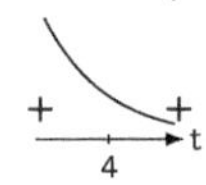
$\dot{k}(t)$	+	0	–	
G_k	↗	HOP	↘	

Das einzige Maximum, also der Zeitpunkt mit maximaler Konzentration liegt bei $t = 4$. Es wird zudem der Funktionswert an dieser Stelle ermittelt:

$$k(4) = 0{,}75\cdot 4\cdot e^{-0{,}25\cdot 4+2} = 3e^{-1+2} = 3e \approx 8{,}15$$

Die absolute maximale Konzentration von $\underline{\underline{8{,}15}}\,[\frac{mg}{\ell}]$ ist nach $\underline{4}$ Stunden erreicht.

3.2 **Lösen des unbestimmten Integrals**

Zunächst wird mittels partieller Integration das unbestimmte Integral berechnet. Dabei wird folgenden Schritten gefolgt:

1. Schritt: Festlegung von u und v′ im gegebenen integral. Die Auswahl wird anhand der Faustregel „für v′ werden Exponentialfunktionen bevorzugt“ getroffen:

$$\int \underbrace{0{,}75t}_{u}\cdot\underbrace{e^{-0{,}25t+2}}_{v'}\,dt \quad\Rightarrow\quad u(t) = 0{,}75t \quad v'(t) = e^{-0{,}25t+2}$$

2. Schritt: Bestimmen der Terme von u′ und v:

$$u(t) = 0{,}75t \quad\Rightarrow\quad u'(t) = 0{,}75$$
$$v'(t) = e^{-0{,}25t+2} \quad\Rightarrow\quad v(t) = \frac{1}{-0{,}25}e^{-0{,}25t+2} = -4e^{-0{,}25t+2}$$

3. Schritt: Einsetzen gemäß der Formel:

$$\int u(t)\cdot v'(t)dt = u(t)\cdot v(t) - \int v(t)\cdot u'(t)dt$$

$$\int 0{,}75t\cdot e^{-0{,}25t+2}dt = 0{,}75t\cdot(-4e^{-0{,}25t+2}) - \int 0{,}75\cdot(-4e–0{,}25t+2)dt$$

$$= -3te^{-0{,}25t+2} + 3\int e^{-0{,}25t+2}dt$$

$$= -3te^{-0{,}25t+2} + 3\cdot\frac{1}{-0{,}25}\cdot e^{-0{,}25t+2} + C$$

$$= -3te^{-0{,}25t+2} - 12e^{-0{,}25t+2} + C = (-3t-12)e^{-0{,}25t+2} + C$$

Wert des bestimmten Integrals

Da nun bestimmt integriert wird, entfällt die Integrationskonstante $C \in \mathbb{R}$:

$$\frac{1}{20}\int_0^{20} k(t)dt = \frac{1}{20}\left[(-3t-12)e^{-0{,}25t+2}\right]_0^{20}$$

$$= \frac{1}{20}\left((-3\cdot 20-12)e^{-0{,}25\cdot 20+2} - \left((-3\cdot 0-12)e^{-0{,}25\cdot 0+2}\right)\right)$$

$$= \frac{1}{20}\left(-72e^{-3} + 12e^{2}\right) \approx \underline{\underline{4{,}25}}$$

Interpretation im Sachzusammenhang

Die Konzentration des Medikamentes im Blut des Patienten beträgt in den ersten 20 Stunden nach der Einnahme im Mittel $4{,}25\,\frac{mg}{\ell}$.

3.3 Graphische Darstellung

Für die graphische Darstellung wird eine Wertetabelle als Hilfestellung erstellt:

t	0	2	4	8	12	16	20	25
k(t)	0	6,72	8,15	6	3,31	1,62	0,75	0,27

Mithilfe dieser Werte kann nun die graphische Darstellung erfolgen:

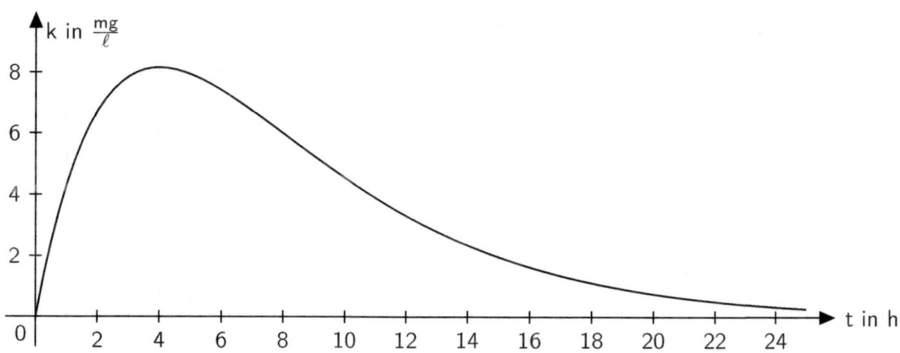

Zeitraum mit Nebenwirkungen

Der Zeitraum, in dem k(t) größer als 6 ist, beginnt etwa bei t = 1,6 und endet bei t = 8. Demnach ist im Zeitraum $\underline{\underline{t \in]1{,}6;\,8[}}$ mit Nebenwirkungen zu rechnen.

3.4.1 **Wert des Parameters**

Es soll 4 Stunden nach der Einnahme der Höchstwert von 5 $\frac{\text{mg}}{\ell}$ erreicht werden. Es ist also $g(4) = 5$ und damit:

$$\begin{aligned} && g(4) &= 5 \\ \Longleftrightarrow && c \cdot 4 \cdot e^{-0{,}25\cdot 4+2} &= 5 \\ \Longleftrightarrow && 4c \cdot e^{1} &= 5 \qquad |:(4e) \\ \Longleftrightarrow && c &= \frac{5}{4e} \\ \Longleftrightarrow && \underline{\underline{c}} &\underline{\underline{\approx 0{,}46}} \end{aligned}$$

3.4.2 **Untersuchen, ob mit Nebenwirkungen zu rechnen ist**

Für den Nachweis, dass mit Nebenwirkungen zu rechnen ist, reicht ein Funktionswert größer als 6. Es wird der Funktionswert für $t = 10$ berechnet:

$$\begin{aligned} h(10) &= 0{,}46 \cdot 10 \cdot e^{-0{,}25\cdot 10+2} + 0{,}46 \cdot (10-6) \cdot e^{-0{,}25\cdot(10-6)+2} \\ &= 4{,}6 \cdot e^{-0{,}5} + 1{,}84 \cdot e^{1} \approx 7{,}79 \end{aligned}$$

Der Wert von 6 $\frac{\text{mg}}{\ell}$ ist überschritten. Demnach ist mit Nebenwirkungen zu rechnen.

1.0 Gegeben ist die Funktion $h : x \mapsto h(x) = \dfrac{3x^2 - 2x}{-2x^3 + 4x}$ mit der maximalen Definitionsmenge $D_h \subset \mathbb{R}$. Der Graph der Funktion h heißt G_h.

1.1 Bestimmen Sie D_h, die Nullstelle von h und geben Sie die Art der Definitionslücken von h an. **6 BE**

1.2 Geben Sie die Gleichungen aller Asymptoten des Graphen G_h an. **3 BE**

1.3.0 Gegeben ist die Funktion $f : x \mapsto f(x) = \dfrac{3x - 2}{-2x^2 + 4}$ mit der maximalen Definitionsmenge $D_f \subset \mathbb{R}$. Der Graph der Funktion f heißt G_f.

1.3.1 Geben Sie die maximale Definitionsmenge von f an und zeigen Sie, dass $h(x) = f(x)$ für alle $x \in D_h \cap D_f$ gilt. **2 BE**

1.3.2 Bestimmen Sie die maximalen Monotonieintervalle des Graphen G_f.
[Mögliches Teilergebnis: $f'(x) = \dfrac{6x^2 - 8x + 12}{(2x^2 - 4)^2}$] **6 BE**

1.3.3 Zeichnen Sie die Asymptoten von G_f in ein kartesisches Koordinatensystem und fertigen Sie unter Verwendung der bisherigen Ergebnisse und weiterer geeigneter Funktionswerte eine Skizze des Graphen G_f an. **4 BE**

1.3.4 Erstellen Sie eine Wertetabelle der ersten Ableitungsfunktion f' für $-0{,}5 \leq x \leq 1{,}25$ mit der Schrittweite $\Delta x = 0{,}25$ auf zwei Nachkommastellen gerundet. Begründen Sie mithilfe der Wertetabelle, dass G_f einen Wendepunkt besitzen muss. Entscheiden Sie, in welchem Quadranten dieser Wendepunkt liegt und begründen Sie diese Entscheidung. **5 BE**

2.0 Forschungsergebnisse betonen die Bedeutung des Wachstums des menschlichen Gehirns für die Entwicklung kognitiver Fähigkeiten. Das durchschnittliche Gehirnvolumen des Menschen nach der Geburt bis zum Ende des sechsten Lebensjahres kann näherungsweise durch die Funktion $V: t \mapsto \frac{1263}{1 + 2{,}5 \cdot e^{-a \cdot t}}$ mit $t \in [0;\, 6]$ sowie $a \in \mathbb{R}^+$ modelliert werden.

Dabei entspricht V(t) dem Gehirnvolumen in Millilitern (ml) zum Zeitpunkt t in Jahren nach der Geburt. In den Rechnungen kann auf die Mitführung von Einheiten verzichtet werden, in den Antworten sind diese zu berücksichtigen.

2.1 Am fünften Geburtstag ($t = 5$) beträgt das durchschnittliche Gehirnvolumen des Menschen etwa 1260 ml. Berechnen Sie hiermit den Wert der Konstante a. Runden Sie das Ergebnis auf eine Nachkommastelle.
[Ergebnis: $a \approx 1{,}4$] **3 BE**

2.2 In einer Untersuchung kurz nach der Geburt wird bei einem ausgewählten Kind ein Gehirnvolumen von 390 ml festgestellt.
Berechnen Sie das durchschnittliche Volumen des Gehirns bei der Geburt laut dem Modell sowie die prozentuale Abweichung des bei der Untersuchung gemessenen Wertes vom Volumenwert des Modells. **2 BE**

2.3 Zeigen Sie, dass für die Volumenwachstumsgeschwindigkeit nach dem Modell gilt:

$$\dot{V}(t) = \frac{4420{,}5 \cdot e^{-1{,}4t}}{(1 + 2{,}5 \cdot e^{-1{,}4t})^2}$$

Begründen Sie mathematisch, dass das Gehirnvolumen echt monoton zunimmt, und berechnen Sie das durchschnittliche Gehirnvolumen nach dem Modell am Ende des 6. Lebensjahres. **5 BE**

2.4 Zeichnen Sie unter Verwendung der bisherigen Ergebnisse und weiterer geeigneter Funktionswerte den Graphen der Funktion V für $0 \leq t \leq 6$ in ein kartesisches Koordinatensystem. **4 BE**

1.0 Gegeben ist die Funktion $h(x) = \frac{3x^2 - 2x}{-2x^3 + 4x}$ mit maximaler Definitionsmenge $D_h \subset \mathbb{R}$.

1.1 Zunächst werden die Nullstellen des Nennerterms bestimmt.

$$\begin{aligned} \text{Nennerterm:} \quad & -2x^3 + 4x = 0 \\ \iff \quad & x(-2x^2 + 4) = 0 \\ \iff \quad & x = 0 \quad \text{oder} \quad -2x^2 + 4 = 0 \\ \iff \quad & x = 0 \quad \text{oder} \quad x^2 = 2 \\ \iff \quad & x_1 = 0 \quad \text{oder} \quad x_{2;3} = \pm\sqrt{2} \end{aligned}$$

Da der Nennerterm nie gleich null werden darf, ist $\underline{\underline{D_h = \mathbb{R}\backslash\left\{-\sqrt{2}; 0; \sqrt{2}\right\}}}$.

Nullstellen

Die Nullstellen der Funktion ergeben sich aus den Nullstellen des Zählerterms:

$$\begin{aligned} \text{Zählerterm:} \quad & 3x^2 - 2x = 0 \\ \iff \quad & x(3x - 2) = 0 \\ \iff \quad & x = 0 \quad \text{oder} \quad 3x - 2 = 0 \\ \iff \quad & x_4 = 0 \quad \text{oder} \quad x_5 = \frac{2}{3} \end{aligned}$$

Wegen $D_h = \mathbb{R}\backslash\left\{-\sqrt{2}; 0; \sqrt{2}\right\}$ ist $x_4 = 0$ **keine** Nullstelle der Funktion. Einzige Nullstelle ist damit $\underline{\underline{x_5 = \frac{2}{3}}}$.

Art der Definitionslücken

Bei $x_{2;3} = \pm\sqrt{2}$ liegen jeweils einfache Nullstellen ausschließlich des Nennerterms vor. Hier liegen Polstellen mit Vorzeichenwechsel vor.
Da $x_1 = x_4 = 0$ eine einfache Nullstelle von Zähler- und Nennerterm ist, handelt es sich um eine hebbare Definitionslücke.

1.2 **Gleichung aller Asymptoten**

Da bei $x = \pm\sqrt{2}$ jeweils eine Polstelle mit Vorzeichenwechsel liegt, ergeben sich die Gleichungen zweier senkrechter Asymptoten zu $\underline{\underline{x = -\sqrt{2}}}$ und $\underline{\underline{x = \sqrt{2}}}$.

Vergleicht man Zählergrad (ZG = 2) und Nennergrad (NG = 3) der Funktion, so ist ZG < NG. Damit läuft der Funktionsgraph für $x \to \pm\infty$ gegen null, sodass $\underline{\underline{y = 0}}$ die Gleichung einer weiteren, waagrechten Asymptote ist.

1.3.0 Gegeben ist nun $f(x) = \frac{3x - 2}{-2x^2 + 4}$ mit maximaler Definitionsmenge $D_f \subset \mathbb{R}$.

1.3.1 **Definitionsmenge**

Der Nennerterm muss stets ungleich null sein. Für dessen Nullstellen gilt jedoch:

$$\begin{aligned} & -2x^2 + 4 = 0 && |-4 \\ \Longleftrightarrow \quad & -2x^2 = -4 && |:(-2) \\ \Longleftrightarrow \quad & x^2 = 2 && |\sqrt{\ } \\ \Longleftrightarrow \quad & x_{6;7} = \pm\sqrt{2} && \end{aligned}$$

Die maximale Definitionsmenge ist $\underline{\underline{D_f = \mathbb{R}\setminus\left\{-\sqrt{2}; \sqrt{2}\right\}}}$.

Nachweis von h(x)=f(x)

Für alle $x \in D_h \cap D_f$ kann folgende Umformung durchgeführt werden:

$$h(x) = \frac{3x^2 - 2x}{-2x^3 + 4x} = \frac{\cancel{x}(3x-2)}{\cancel{x}(-2x^2+4)} = \frac{3x-2}{-2x^2+4} = f(x) \qquad \text{q.e.d.}$$

1.3.2 **Ermitteln der ersten Ableitung**

Mithilfe der Quotientenregel wird die erste Ableitung bestimmt:

$$\begin{aligned} f(x) &= \frac{3x-2}{-2x^2+4} \\ f'(x) &= \left[\frac{(3x-2)' \cdot (-2x^2+4) - (3x-2) \cdot (-2x^2+4)'}{(-2x^2+4)^2}\right] && \text{(Ansatz Quotientenregel)} \\ &= \frac{(3) \cdot (-2x^2+4) - (3x-2) \cdot (-2 \cdot 2x)}{(-2x^2+4)^2} && \text{(Anwendung)} \\ &= \frac{-6x^2 + 12 - (-12x^2 + 8x)}{(-2x^2+4)^2} && \text{(Zusammenfassen)} \\ &= \frac{6x^2 - 8x + 12}{(-2x^2+4)^2} && \text{(Zur Kontrolle angegeben)} \end{aligned}$$

Maximale Monotonieintervalle

Es werden nun die Nullstellen der ersten Ableitung berechnet, die den Nullstellen des Zählerterms der ersten Ableitung entsprechen:

$$\begin{aligned} & f'(x) = 0 \\ \Rightarrow \quad & 6x^2 - 8x + 12 = 0 \\ \Longleftrightarrow \quad & x_{8;9} = \frac{-(-8) \pm \sqrt{(-8)^2 - 4 \cdot 6 \cdot 12}}{2 \cdot 6} \\ \Longleftrightarrow \quad & x_{8;9} = \frac{8 \pm \sqrt{64 - 288}}{12} \end{aligned}$$

Die Diskriminante (Term unter der Wurzel) ist negativ. Damit existieren keine Nullstellen des Zählerterms und damit auch keine der ersten Ableitung. Über das Monotonieverhalten wird dann durch Überlegungen oder mit einer Vorzeichentabelle entschieden.

<u>*Möglichkeit 1:* Überlegungen</u>

Der Zählerterm der ersten Ableitung entspricht einer nach oben geöffneten Parabel, die, weil keine Nullstellen existieren, stets oberhalb der x-Achse verläuft. Der Zählerterm ist also stets positiv.

Der Nennerterm wird aufgrund des Quadrates niemals negativ. Wegen $-\sqrt{2}; \sqrt{2} \notin D_f$ und damit $-\sqrt{2}; \sqrt{2} \notin D_{f'}$ wird der Nennerterm zudem auch niemals null und ist somit ebenfalls stets positiv. Die erste Ableitung ist also stets positiv. Unter Berücksichtigung des Definitionsbereichs ist G_f demnach streng monoton steigend in den Intervallen $\left]-\infty; -\sqrt{2}\right[$, $\left]-\sqrt{2}; \sqrt{2}\right[$ und $\left]\sqrt{2}; \infty\right[$.

Möglichkeit 2: Monotonietabelle

x	$x < -\sqrt{2}$	$x = -\sqrt{2}$	$-\sqrt{2} < x < \sqrt{2}$	$x = \sqrt{2}$	$\sqrt{2} < x$	Skizzen
$f'(x)$-Zähler: $6x^2 - 8x + 12$	+	+	+	+	+	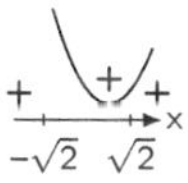
$f'(x)$-Nenner: $(-2x^2 + 4)^2$	+	0	+	0	+	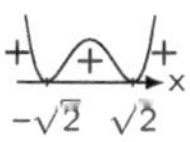
$f'(x)$	+	n.def.	+	n.def.	+	
G_f	↗	n.def.	↗	n.def.	↗	

Unter Berücksichtigung des Definitionsbereichs ist G_f demnach streng monoton steigend in den Intervallen $\left]-\infty; -\sqrt{2}\right[$, $\left]-\sqrt{2}; \sqrt{2}\right[$ und $\left]\sqrt{2}; \infty\right[$.

1.3.3 Graphische Darstellung

Die Zeichnung soll folgende Elemente enthalten:

- Graph G_f mit $f(x) = \dfrac{3x - 2}{-2x^2 + 4}$
- waagrechte Asymptote: $y = 0$
- senkrechte Asymptoten: $x = -\sqrt{2}$ und $x = \sqrt{2}$.

Für die graphische Darstellung wird eine Wertetabelle als Hilfestellung erstellt:

x	−5	−3	−2	−1	0	1	2	3	5	7
f(x)	0,37	0,79	2	−2,5	−0,5	0,5	−1	−0,5	−0,28	−0,20

Mithilfe dieser Werte kann nun die grafische Darstellung erfolgen:

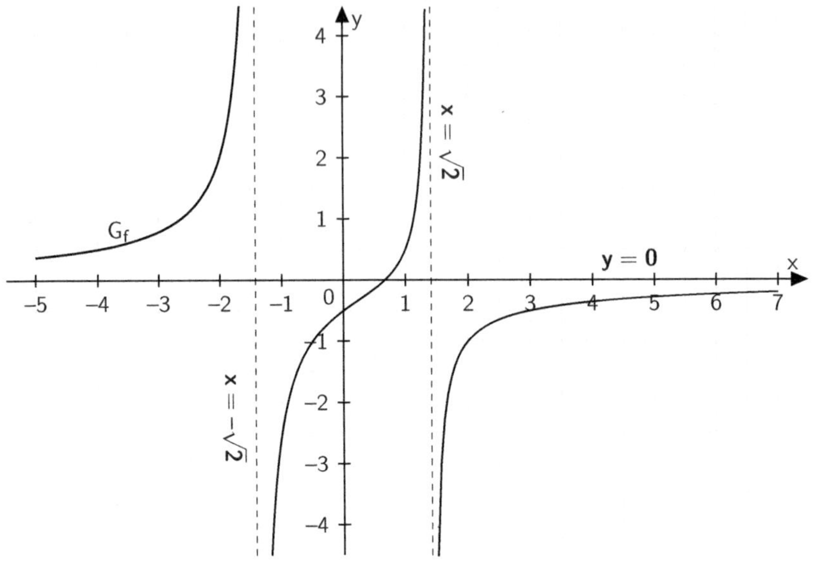

1.3.4 **Erstellen der Wertetabelle**

x	–0,5	–0,25	0	0,25	0,5	0,75	1	1,25
$f'(x)$	1,43	0,96	0,75	0,69	0,78	1,13	2,50	14,86

Wendepunkt

Die Werte der ersten Ableitung nehmen zunächst ab, dann jedoch wieder zu. Damit liegt ein Minimum der ersten Ableitung vor, was einer Wendestelle der Funktion entspricht.
Der kleinste Funktionswert in der Tabelle liegt bei $x = 0{,}25$. Zwischen $x = 0$ und $x = 0{,}5$ wird der Funktionswert jeweils wieder größer, sodass die Wendestelle im Intervall $]0;\ 0{,}5[$ und damit rechts von der y-Achse liegen muss. Da die Nullstelle der Funktion f bei $x = \frac{2}{3} \approx 0{,}667$ liegt, sind die Funktionswerte im Intervall $]0;\ 0{,}5[$ zudem kleiner als null, sodass der Wendepunkt unterhalb der x-Achse liegt. Da er also rechts von der y-Achse und unterhalb der x-Achse liegt, befindet sich der Wendepunkt im IV. Quadranten.

2.0 Gegeben ist die Funktion $V(t) = \frac{1263}{1 + 2{,}5 \cdot e^{-a \cdot t}}$ mit $a \in \mathbb{R}^+$ und $t \in [0;\ 6]$, die das Gehirnvolumen $V(t)$ in Millilitern zum Zeitpunkt t in Jahren nach der Geburt angibt.

2.1 **Wert der Konstante a**

Es soll $V(5) = 1260$ gelten. Daraus folgt:

$$V(5) = 1260$$

$$\iff \quad \frac{1263}{1 + 2{,}5 \cdot e^{-a \cdot 5}} = 1260 \qquad | \cdot (1 + 2{,}5 \cdot e^{-a \cdot 5})$$

$$\iff \quad 1263 = 1260 \cdot (1 + 2{,}5 \cdot e^{-5a}) \qquad | : 1260$$

$$\begin{aligned}
&\iff & \frac{1263}{1260} &= 1 + 2{,}5 \cdot e^{-5a} && \mid -1\\
&\iff & \frac{1263}{1260} - 1 &= 2{,}5 \cdot e^{-5a} && \mid : 2{,}5 \quad \text{bzw.} \quad \mid \cdot \frac{2}{5}\\
&\iff & \frac{2}{5} \cdot \frac{3}{1260} &= e^{-5a} && \mid \ln(\ )\\
&\iff & \ln\left(\frac{2}{5} \cdot \frac{3}{1260}\right) &= -5a && \mid : (-5) \quad \text{bzw.} \quad \mid \cdot \left(-\frac{1}{5}\right)\\
&\iff & -\frac{1}{5}\ln\left(\frac{2}{5} \cdot \frac{3}{1260}\right) &= a\\
&\iff & \underline{\underline{a \approx 1{,}4}}
\end{aligned}$$

Die Funktionsgleichung lautet somit $V(t) = \dfrac{1263}{1 + 2{,}5 \cdot e^{-1{,}4t}}$.

Hinweis: Da in den Antworten die Einheiten zu berücksichtigen sind, müsste die Antwort korrekterweise $a \approx 1{,}4\,\frac{1}{a}$ (a als Formelzeichen für Jahr) lauten, damit sich der Exponent bei Einsetzen eines Wertes von t in Jahren einheitenlos bleibt. Da aber in den Anhaben festgelegt ist, dass t immer in Jahren angegeben wird, wird auch auf die Einheit von a verzichtet.

2.2 **Volumen laut Modell**

$$V(0) = \frac{1263}{1 + 2{,}5 \cdot e^{-1{,}4 \cdot 0}} = \frac{1263}{1 + 2{,}5} \approx \underline{361}\,[\text{ml}]$$

Prozentuale Abweichung

Die Differenz zwischen Modell und Untersuchung beträgt $390 - 361 = 29$ ml. Dies entspricht einer prozentualen Abweichung von

$$\frac{29}{361} \approx 0{,}08 = \underline{\underline{8\,\%}}$$

2.3 **Nachweis der ersten Ableitung**

Die erste Ableitung wird mithilfe von Ketten- und Quotientenregel berechnet.

$$\begin{aligned}
V(t) &= \frac{1263}{1 + 2{,}5 \cdot e^{-1{,}4t}}\\
\dot{V}(t) &= \left[\frac{(1263)' \cdot (1 + 2{,}5 \cdot e^{-1{,}4t}) - 1263 \cdot (1 + 2{,}5 \cdot e^{-1{,}4t})'}{(1 + 2{,}5 \cdot e^{-1{,}4t})^2}\right] && \text{(Ansatz Quotientenregel)}\\
&= \left[\frac{0 - 1263 \cdot 2{,}5 \cdot e^{-1{,}4t} \cdot (-1{,}4t)'}{(1 + 2{,}5 \cdot e^{-1{,}4t})^2}\right] && \text{(Ansatz Kettenregel)}\\
&= \frac{-1263 \cdot 2{,}5 \cdot e^{-1{,}4t} \cdot (-1{,}4)}{(1 + 2{,}5 \cdot e^{-1{,}4t})^2} && \text{(Anwendung)}\\
&= \frac{4420{,}5 \cdot e^{-1{,}4t}}{(1 + 2{,}5 \cdot e^{-1{,}4t})^2} && \text{q.e.d.}
\end{aligned}$$

Mathematische Begründung der Zunahme

Im Zählerterm sind ein positiver konstanter Faktor und ein Exponentialterm, der ebenfalls stets positive Werte annimmt, sodass der Zählerterm selbst stets positive Werte annimmt.

Im Nennerterm wird eine Summe aus konstantem, positivem Summanden und ebenfalls positivem Exponentialterm noch quadriert. Auch der Nennerterm nimmt demnach stets positive Werte an. Es gilt somit $\dot{V}(t) > 0$ für alle $t \in [0;\, 6]$. Das Gehirnvolumen nimmt also echt monoton zu.

Durchschnittliches Gehirnvolumen am Ende des 6. Lebensjahres

$$V(6) = \frac{1263}{1 + 2{,}5 \cdot e^{-1{,}4\cdot}} = \frac{1263}{1 + 2{,}5 \cdot e^{-8{,}4}} \approx \underline{\underline{1263}}\,[\text{ml}]$$

2.4 **Graphische Darstellung**

Für die graphische Darstellung wird eine Wertetabelle als Hilfestellung erstellt:

t	0	1	2	3	4	5	6
V(t)	361	781	1096	1217	1251	1260	1262

Mithilfe dieser Werte kann nun die graphische Darstellung erfolgen:

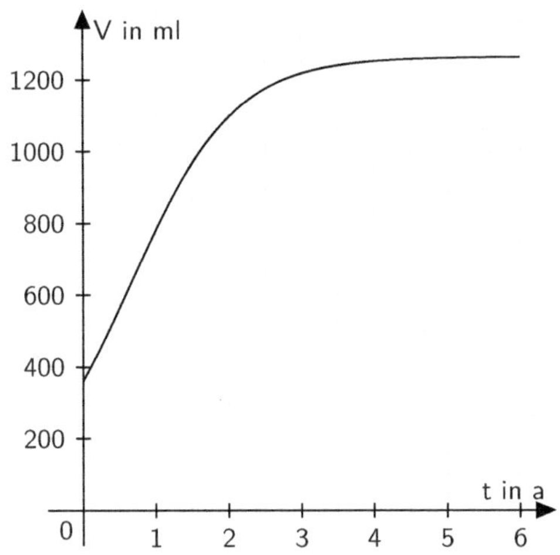

2.5 **Gehirnvolumen im Alter von 10 Jahren**

Es wird zunächst der Wert für $t = 10$ berechnet (unter Vernachlässigung des Definitionsbereichs von V):

$$V(10) = \frac{1263}{1 + 2{,}5 \cdot e^{-1{,}4 \cdot 10}} = \frac{1263}{1 + 2{,}5 \cdot e^{-14}} \approx 1262{,}997$$

Die Modellfunktion liegt mit 1262,997 ml deutlich unter dem tatsächlichen Wert von 1400 ml. Die Modellfunktion beschreibt das Gehirnvolumen im Alter von 10 Jahren demnach nicht korrekt.

1.0 Das Zelt eines Jugendzirkus weist die Form eines regelmäßigen Prismas mit aufgesetzter Pyramide auf und wird modellhaft in einem kartesischen Koordinatensystem des $\mathbb{R}^3$ betrachtet. Die Grundfläche des Zeltes liegt in der x_1-x_2-Koordinatenebene und ist ein regelmäßiges Sechseck OABCDE mit dem Mittelpunkt $M\left(3 \middle| 3\sqrt{3} \middle| 0\right)$. Die Seiten des Sechsecks sind jeweils 6 m lang. Der Punkt O liegt im Koordinatenursprung, A hat die Koordinaten $(6|0|0)$ und A_1 die Koordinaten $(6|0|4)$. Das Dach des Zeltes wird durch eine regelmäßige sechseckige Pyramide gebildet. Die Spitze S des Zeltes liegt senkrecht über M in einer Höhe von 6 m. Die Koordinaten sind Längenangaben in der Einheit Meter.
Auf die Mitführung von Einheiten während der Rechnungen kann verzichtet werden.
Die Ergebnisse sind sinnvoll zu runden.

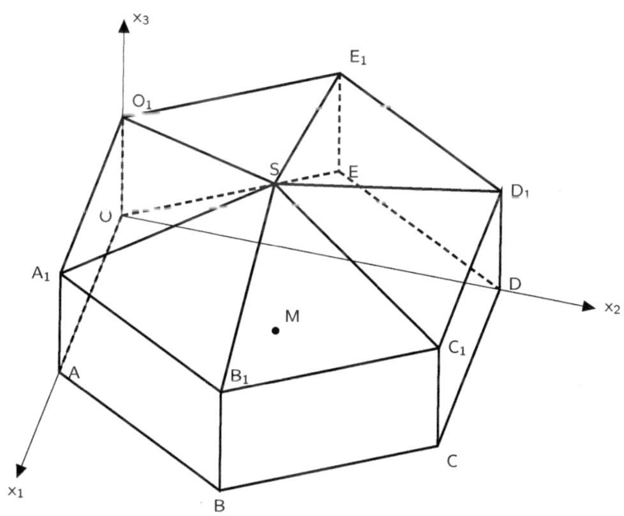

Zusätzlich zeigt die folgende Zeichnung den Grundriss des Zeltes in der $x_1 - x_2$ – Ebene.

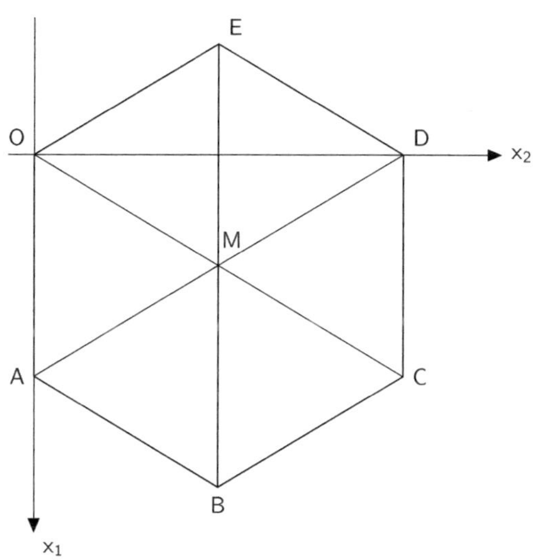

1.1 Ermitteln Sie die Koordinaten der Eckpunkte B, C und C_1. **3 BE**

1.2 Für das Zelt und die Zirkuswagen wird eine Stellfläche benötigt, die 2,5-mal so groß ist wie die Grundfläche des Zirkuszeltes. Ein Landwirt stellt dem Zirkus eine Wiese mit einer Fläche von $240\,m^2$ zur Verfügung.
Prüfen Sie, ob diese Fläche groß genug ist.
[Teilergebnis: $A_{Zelt} \approx 93{,}5\,m^2$] **4 BE**

1.3 Bestimmen Sie eine Gleichung der Ebene F in Koordinatenform, welche durch die Punkte $O_1(0|0|4)$, $E_1\left(-3\middle|3\sqrt{3}\middle|4\right)$ und $S\left(3\middle|3\sqrt{3}\middle|6\right)$ festgelegt wird.
[Mögliches Teilergebnis: $F: x_1 + \frac{\sqrt{3}}{3}x_2 - 3x_3 = -12$] **3 BE**

1.4 Berechnen Sie den Neigungswinkel der Ebene F aus Teilaufgabe 1.3 gegenüber der Grundfläche des Zeltes. **3 BE**

1.5 Vom Schwerpunkt SP des Dreiecks O_1SE_1 soll senkrecht zur Ebene F ein Drahtseil bis zum Boden gespannt werden. Berechnen Sie die Länge dieses Seils. **5 BE**

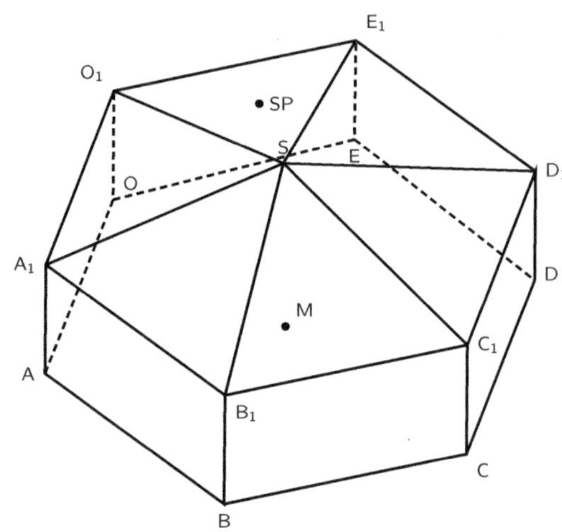

1.6 Zur Abendvorstellung soll ein Lichtstrahl auf die Seitenfläche OAA_1O_1, in der sich auch der Eingang befindet, treffen. Dazu wird auf einem Mast ein Spotlight installiert, dessen Lichtstrahl durch $h: \vec{x} = \begin{pmatrix} 2 \\ -4 \\ 10 \end{pmatrix} + s \cdot \begin{pmatrix} 3 \\ 4 \\ -5 \end{pmatrix}$ mit $s \in \mathbb{R}^+$ beschrieben wird. Prüfen Sie, ob der Lichtstrahl des Spotlight die Seitenfläche OAA_1O_1 trifft. Geben Sie gegebenenfalls an, wie die Position des Spotlights am Mast verändert werden muss, damit die gewünschte Beleuchtung erzielt wird, wenn der Lichtstrahl nach wie vor parallel zu h verlaufen soll. **5 BE**

1.1 Koordinaten der Eckpunkte

Da es sich bei der Grundfläche um ein regelmäßiges Sechseck handelt, ist $\overrightarrow{AB}$ parallel zu $\overrightarrow{OM}$ und zudem $|\overrightarrow{AB}| = |\overrightarrow{OM}|$. Damit folgt für die Koordinaten der Eckpunkte:

$$\overrightarrow{OB} = \overrightarrow{OA} + \overrightarrow{OM} = \begin{pmatrix} 6 \\ 0 \\ 0 \end{pmatrix} + \begin{pmatrix} 3 \\ 3\sqrt{3} \\ 0 \end{pmatrix} = \begin{pmatrix} 9 \\ 3\sqrt{3} \\ 0 \end{pmatrix} \qquad \Rightarrow \quad \underline{\underline{B\left(9 \,|\, 3\sqrt{3} \,|\, 0\right)}}$$

$$\overrightarrow{OC} = 2 \cdot \overrightarrow{OM} = 2 \cdot \begin{pmatrix} 3 \\ 3\sqrt{3} \\ 0 \end{pmatrix} = \begin{pmatrix} 6 \\ 6\sqrt{3} \\ 0 \end{pmatrix} \qquad \Rightarrow \quad \underline{\underline{C\left(6 \,|\, 6\sqrt{3} \,|\, 0\right)}}$$

Da C_1 genau 4 m ($x_3 = 4$) über C liegt, stimmen diese in der x_1- und x_2-Koordinate überein. Demnach ist $\underline{\underline{C_1\left(6 \,|\, 6\sqrt{3} \,|\, 4\right)}}$.

1.2 Fläche des Zeltes

Die Fläche des Zeltes entspricht dem sechsfachen der Fläche des Dreiecks, das von $\overrightarrow{OA}$ und $\overrightarrow{OM}$ aufgespannt wird.

$$A_{Zelt} = 6 \cdot A_{\Delta OAM} = 6 \cdot \frac{1}{2} \cdot |\overrightarrow{OA} \times \overrightarrow{OM}| = 3 \cdot \left| \begin{pmatrix} 6 \\ 0 \\ 0 \end{pmatrix} \times \begin{pmatrix} 3 \\ 3\sqrt{3} \\ 0 \end{pmatrix} \right| = 3 \cdot \left| \begin{pmatrix} 0 \cdot 0 - 0 \cdot 3\sqrt{3} \\ 0 \cdot 3 - 6 \cdot 0 \\ 6 \cdot 3\sqrt{3} - 0 \cdot 3 \end{pmatrix} \right|$$

$$= 3 \cdot \left| \begin{pmatrix} 0 \\ 0 \\ 18\sqrt{3} \end{pmatrix} \right| = 3 \cdot \sqrt{(18\sqrt{3})^2} \approx 93{,}5\,[\text{m}^2]$$

Prüfen ob die Fläche groß genug ist

Die Stellfläche ist 2,5-mal so groß wie die Grundfläche des Zirkuszeltes, also $2{,}5 \cdot 93{,}5 = 233{,}75\,[\text{m}^2]$. Die Fläche von $240\,\text{m}^2$, die der Landwirt zur Verfügung stellt, ist also groß genug.

1.3 Gleichung der Ebene in Koordinatenform

Die Ebene wird durch die Vektoren $\overrightarrow{O_1E_1}$ und $\overrightarrow{O_1S}$ aufgespannt. Für den Normalenvektor $\vec{n}_F$ der Ebene gilt dann:

$$\vec{n}_F = \overrightarrow{O_1E_1} \times \overrightarrow{O_1S} = \begin{pmatrix} -3-0 \\ 3\sqrt{3}-0 \\ 4-4 \end{pmatrix} \times \begin{pmatrix} 3-0 \\ 3\sqrt{3}-0 \\ 6-4 \end{pmatrix} = \begin{pmatrix} -3 \\ 3\sqrt{3} \\ 0 \end{pmatrix} \times \begin{pmatrix} 3 \\ 3\sqrt{3} \\ 2 \end{pmatrix}$$

$$= \begin{pmatrix} 3\sqrt{3} \cdot 2 - 0 \cdot 3\sqrt{3} \\ 0 \cdot 3 - (-3) \cdot 2 \\ (-3) \cdot 3\sqrt{3} - 3\sqrt{3} \cdot 3 \end{pmatrix} = \begin{pmatrix} 6\sqrt{3} \\ 6 \\ -18\sqrt{3} \end{pmatrix}$$

Aus dem Normalvektor der Ebene und den Koordinaten des Punktes $O_1\left(0 \,|\, 0 \,|\, 4\right)$ kann eine Gleichung der Ebene zunächst in Normalenform aufgestellt werden, die dann in Koordinatenform umgeformt wird.

$$F\colon \vec{n}_F \circ (\vec{x} - \overrightarrow{OO_1}) = \begin{pmatrix} 6\sqrt{3} \\ 6 \\ -18\sqrt{3} \end{pmatrix} \circ \begin{pmatrix} x_1 - 0 \\ x_2 - 0 \\ x_3 - 4 \end{pmatrix} = 6\sqrt{3}x_1 + 6x_2 - 18\sqrt{3}x_3 - 18\sqrt{3} \cdot (-4) = 0$$

2020

$$\Rightarrow \quad F\colon 6\sqrt{3}x_1 + 6x_2 - 18\sqrt{3}x_3 + 72\sqrt{3} = 0 \qquad |:(6\sqrt{3})$$

$$\Rightarrow \quad \underline{\underline{F\colon x_1 + \frac{1}{\sqrt{3}}x_2 - 3x_3 + 12 = 0}}$$

1.4 **Neigungswinkel der Ebene F**

Der gesuchte Winkel ist der Winkel α zwischen der Ebene F und der Grundfläche, die in der x_1x_2-Ebene liegt. Um diesen zu bestimmen, wird der Winkel zwischen den Normalvektoren beider Ebenen berechnet. Dabei kann nun der gekürzte Normalenvektor $\vec{n}_F = \begin{pmatrix} 1 \\ \frac{1}{\sqrt{3}} \\ -3 \end{pmatrix}$ verwendet werden, der aus der Gleichung der Ebene F in Teilaufgabe 1.3 abgelesen werden kann.

$$\cos(\alpha) = \frac{|\vec{n}_F \circ \vec{n}_{x_1x_2}|}{|\vec{n}_F| \cdot |\vec{n}_{x_1x_2}|} = \frac{\left|\begin{pmatrix} 1 \\ \frac{1}{\sqrt{3}} \\ -3 \end{pmatrix} \circ \begin{pmatrix} 0 \\ 0 \\ 1 \end{pmatrix}\right|}{\sqrt{1^2 + \left(\frac{1}{\sqrt{3}}\right)^2 + (-3)^2} \cdot \sqrt{0^2 + 0^2 + 1^2}} = \frac{3}{\sqrt{\frac{31}{3}}} = \frac{3\sqrt{3}}{\sqrt{31}}$$

$$\Rightarrow \quad \alpha = \arccos\left(\frac{3\sqrt{3}}{\sqrt{31}}\right) \approx \underline{\underline{21{,}05^\circ}}$$

1.5 **Schwerpunkt des Dreiecks**

Für den Schwerpunkt SP des Dreiecks O_1SE_1 gilt:

$$\overrightarrow{OSP} = \frac{1}{3}(\overrightarrow{OO_1} + \overrightarrow{OS} + \overrightarrow{OE_1}) = \frac{1}{3}\left(\begin{pmatrix} 0 \\ 0 \\ 4 \end{pmatrix} + \begin{pmatrix} -3 \\ 3\sqrt{3} \\ 4 \end{pmatrix} + \begin{pmatrix} 3 \\ 3\sqrt{3} \\ 6 \end{pmatrix}\right) = \begin{pmatrix} 0 \\ 2\sqrt{3} \\ \frac{14}{3} \end{pmatrix}$$

Geradengleichung g des Drahtseils

Mit dem Schwerpunkt als Ortsvektor und dem Normalenvektor der Ebene F als Richtungsvektor kann die Gleichung einer Geraden g aufgestellt werden, die durch den Schwerpunkt und senkrecht zu Ebene F verläuft:

$$g\colon \vec{x} = \overrightarrow{OSP} + t \cdot \vec{n}_F = \begin{pmatrix} 0 \\ 2\sqrt{3} \\ \frac{14}{3} \end{pmatrix} + t \cdot \begin{pmatrix} 1 \\ \frac{1}{\sqrt{3}} \\ -3 \end{pmatrix} \quad \text{mit } t \in \mathbb{R}$$

Schnittpunkt mit dem Boden

Es wird der Wert für t gesucht, bei dem das Drahtseil auf den Boden auftrifft, also g die x_1x_2-Ebene schneidet. Da hier $x_3 = 0$ gilt, genügt es, die x_3-Komponente von g zu betrachten:

$$x_3 = 0$$

$$\Rightarrow \quad \frac{14}{3} + t \cdot (-3) = 0 \qquad \left| -\frac{14}{3}\right.$$

$$\Longleftrightarrow \quad -3t = -\frac{14}{3} \qquad |:(-3)$$

$$\Longleftrightarrow \quad t = \frac{14}{9}$$

2020

Länge des Drahtseils

Mit diesem Wert für t und dem Richtungsvektor von g kann schließlich die Länge d des Drahtseils bestimmt werden:

$$d = \left| \frac{14}{9} \cdot \begin{pmatrix} 1 \\ \frac{1}{\sqrt{3}} \\ -3 \end{pmatrix} \right| = \left| \begin{pmatrix} \frac{14}{9} \\ \frac{14}{9\sqrt{3}} \\ -\frac{14}{3} \end{pmatrix} \right| = \sqrt{\left(\frac{14}{9}\right)^2 + \left(\frac{14}{9\sqrt{3}}\right)^2 + \left(-\frac{14}{3}\right)^2} \approx 5{,}00\,[\mathrm{m}]$$

Die Länge des Seils beträgt 5 m.

1.6 **Schnittpunkt von Lichtstrahl und Seitenfläche**

Da die Seitenfläche in der x_1x_3-Ebene liegt wird der Schnittpunkt der Gerade h des Lichtstrahls mit dieser ermittelt. Für die x_1x_3-Ebene ist $x_2 = 0$, weshalb es genügt, die x_2-Komponente der Gerade h zu untersuchen:

$$\begin{aligned} && x_2 &= 0 && \\ \Rightarrow && -4 + 4s &= 0 && \mid +4 \\ \Longleftrightarrow && 4s &= 4 && \mid :4 \\ \Longleftrightarrow && s &= 1 && \end{aligned}$$

Für den Schnittpunkt L von der Gerade h des Lichtstrahls und x_1x_3-Ebene gilt dann:

$$\overrightarrow{OL} = \begin{pmatrix} 2 \\ -4 \\ 10 \end{pmatrix} + 1 \cdot \begin{pmatrix} 3 \\ 4 \\ -5 \end{pmatrix} = \begin{pmatrix} 5 \\ 0 \\ 5 \end{pmatrix} \quad \Rightarrow \quad L\,(5\,|\,0\,|\,5)$$

Prüfen der Position

Für den Punkt L ist $x_3 = 5$. Da die Seitenfläche aber nur 4 m hoch ist, also bis $x_3 = 4$ reicht, trifft der Lichtstrahl aktuell nicht auf die Seitenfläche.

Veränderung der Position

Damit der Lichtstrahl auf die Seitenfläche trifft, muss dieser mehr als 1 m, aber weniger als 5 m am Mast nach unten verschoben werden.

2020

Ein Haus hat die Form eines Quaders mit oben aufgesetzter Pyramide. Das Haus wird modellhaft in einem kartesischen Koordinatensystem des $\mathbb{R}^3$ betrachtet. Der Punkt O liegt im Koordinatenursprung und die Punkte A und C liegen auf den Koordinatenachsen. Die Spitze S liegt senkrecht über dem Mittelpunkt der durch die Punkte O, A, B und C festgelegten quadratischen Grundfläche des Hauses. Die südliche Dachfläche wird durch die Punkte F (12 | 12 | 5), G (0 | 12 | 5) und S (6 | 6 | 13) begrenzt. Die Koordinaten sind Längenangaben in der Einheit Meter. Auf die Mitführung von Einheiten während der Rechnungen kann verzichtet werden.

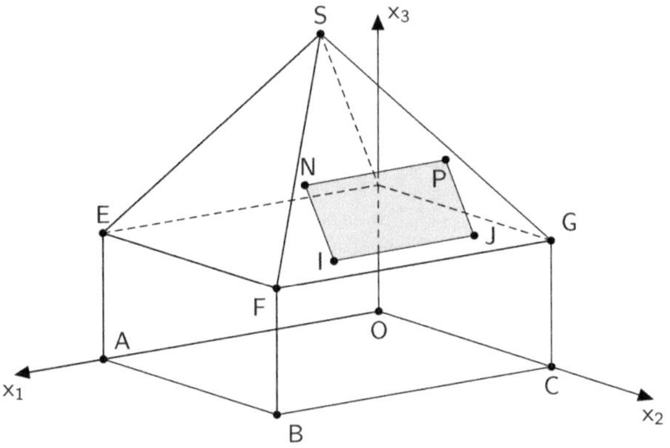

1 Der Bauherr geht davon aus, dass bei einer Dachlängenneigung von mindestens 50° gegenüber der Grundfläche Schnee problemlos von der Dachfläche abrutschen kann.
Untersuchen Sie, ob die Dachneigung des Hauses hierfür ausreicht. **5 BE**

2.0 Auf der südlichen Dachfläche ist ein Sonnenkollektor angebracht, der durch das Rechteck IJPN dargestellt wird. Die Kante $\overline{IJ}$ verläuft parallel zur Kante $\overline{FG}$.
Ferner gilt: I (9 | 11,7 | 5,4), J (3 | 11,7 | 5,4) und $\left|\overline{IN}\right| = \left|\overline{JP}\right| = 3{,}5\,\text{m}$.

2.1 Der Punkt $M_{\overline{FG}}$ ist der Mittelpunkt der Kante $\overline{FG}$. Erläutern Sie, dass der Vektor $\overrightarrow{ON}$ mit der Hilfe der Gleichung $\overrightarrow{ON} = \overrightarrow{OI} + \frac{\left|\overrightarrow{IN}\right|}{\left|\overrightarrow{M_{\overline{FG}}S}\right|} \cdot \overrightarrow{M_{\overline{FG}}S}$ berechnet werden kann und bestimmen Sie die Koordinaten von N.
[Ergebnis: N (9 | 9,6 | 8,2)] **6 BE**

2.2 Berechnen Sie den prozentualen Anteil der südlichen Dachfläche, die vom Sonnenkollektor bedeckt ist. **5 BE**

2.3 Die Position einer Satellitenanlage auf dem Dach eines Nachbarhauses lässt sich stark vereinfacht durch den Punkt Z (15 | 27 | 17) beschreiben. Die Einstrahlrichtung der Sonne wird zum Zeitpunkt des vermuteten Leistungsmaximums des Sonnenkollektors durch den Vektor $\vec{v} = \begin{pmatrix} -5 \\ -9 \\ -4 \end{pmatrix}$ beschrieben. Untersuchen Sie durch Rechnung, ob der Schattenwurf der Satellitenanlage zum Zeitpunkt des vermuteten Leistungsmaximums innerhalb der Sonnenkollektorfläche liegt. Ermitteln Sie hierfür zunächst eine Gleichung der durch die südliche Dachfläche festgelegten Ebene E in geeigneter Darstellungsform. **7 BE**

2020

1 **Normalenvektoren**

Um den Winkel zwischen der Dachfläche und der Grundfläche zu bestimmen, wird der Winkel zwischen den Normalenvektoren beider Flächen bestimmt. Da die Dachfläche von den Punkten F, G und S aufgespannt wird, gilt für den Normalenvektor der Dachfläche:

$$\vec{n}_{FGS} = \overrightarrow{FG} \times \overrightarrow{FS} = \begin{pmatrix} 0-12 \\ 12-12 \\ 5-5 \end{pmatrix} \times \begin{pmatrix} 6-12 \\ 6-12 \\ 13-5 \end{pmatrix} = \begin{pmatrix} -12 \\ 0 \\ 0 \end{pmatrix} \times \begin{pmatrix} -6 \\ -6 \\ 8 \end{pmatrix}$$

$$= \begin{pmatrix} 0 \cdot 8 - 0 \cdot (-6) \\ 0 \cdot (-6) - (-12) \cdot 8 \\ -12 \cdot (-6) - 0 \cdot (-6) \end{pmatrix} = \begin{pmatrix} 0 \\ 96 \\ 72 \end{pmatrix}$$

Der Normalenvektor der Grundfläche ist der der x_1x_2-Ebene. Damit weißt dieser nur eine x_3-Komponente auf:

$$\vec{n}_{x_1x_2} = \begin{pmatrix} 0 \\ 0 \\ 1 \end{pmatrix}$$

Winkel zwischen den Normalenvektoren

$$\cos(\alpha) = \frac{|\vec{n}_{FGS} \circ \vec{n}_{x_1x_2}|}{|\vec{n}_{FGS}| \cdot |\vec{n}_{x_1x_2}|} = \frac{\left|\begin{pmatrix} 0 \\ 96 \\ 72 \end{pmatrix} \circ \begin{pmatrix} 0 \\ 0 \\ 1 \end{pmatrix}\right|}{\sqrt{0^2 + 96^2 + 72^2} \cdot \sqrt{0^2 + 0^2 + 1^2}} = \frac{72}{120 \cdot 1} = \frac{3}{5}$$

$$\Rightarrow \quad \alpha = \arccos\left(\frac{3}{5}\right) \approx 53{,}13^\circ$$

Bei einer Dachflächenneigung von $53{,}13^\circ > 50^\circ$ sollte der Schnee gut abrutschen können.

Alternative: elementargeometrische Überlegungen

Es werden die Punkte M^* und M_{FG} betrachtet. Der Punkt M^* ist der Mittelpunkt der Strecke $\overline{EG}$ und liegt damit senkrecht unter der Spitze S. Der Punkt M_{FG} ist der Mittelpunkt der Strecke $\overline{FG}$.

Es kann nun das Dreieck $M^*M_{FG}S$ betrachtet werden, welches ein Querschnitt des Daches ist und den gesuchten Winkel α der Dachneigung enthält. Da alle drei Punkte in der x_1-Koordinate übereinstimmen, können die Seitenlängen des Dreiecks aus den Differenzen der x_2- und x_3-Koordinaten ermittelt werden.

Skizze:

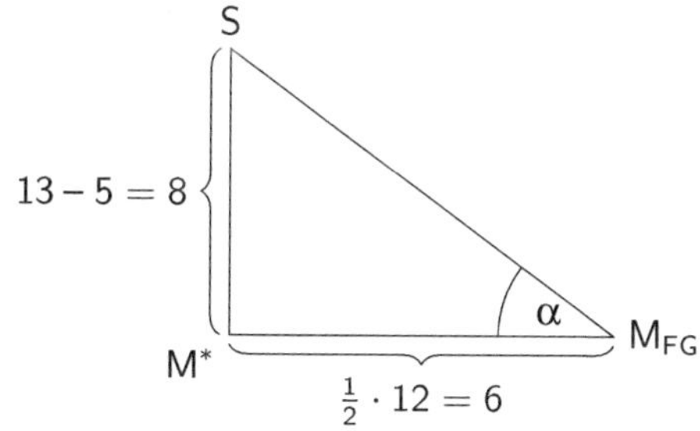

$$\tan\alpha = \frac{8}{6}$$

$$\Rightarrow \quad \alpha \approx 53{,}13^\circ$$

Bei einer Dachflächenneigung von $53{,}13^\circ > 50^\circ$ sollte der Schnee gut abrutschen können.

2.1 **Erläuterung der Gleichung**

Zum Punkt N gelangt man vom Punkt I mit dem Vektor $\overrightarrow{IN}$:

$$\overrightarrow{ON} = \overrightarrow{OI} + \overrightarrow{IN}$$

Da $\overrightarrow{IN} || \overrightarrow{M_{\overline{FG}}S}$ gilt, kann ausgehend vom Punkt I auch in die Richtung dieses Vektors verschoben werden um zum Punkt N zu gelangen, wobei beachtet werden muss, dass die Länge nicht stimmt, also noch ein Vorfaktor k berücksichtigt werden muss:

$$\overrightarrow{ON} = \overrightarrow{OI} + \overrightarrow{IN} \quad \Rightarrow \quad \overrightarrow{ON} = \overrightarrow{OI} + k \cdot \overrightarrow{M_{\overline{FG}}S}$$

Um die Länge des Vektors $\overrightarrow{M_{\overline{FG}}S}$ auf die gewünschte Länge von $\overrightarrow{IN}$ zu bringen, wird durch $|\overrightarrow{M_{\overline{FG}}S}|$ geteilt (dadurch wird der Vektor auf die Länge 1 normiert) und mit $|\overrightarrow{IN}|$ multipliziert. Damit ergibt sich der gegebene Ausdruck:

$$\overrightarrow{OI} + k \cdot \overrightarrow{M_{\overline{FG}}S} \quad \Rightarrow \quad \overrightarrow{OI} + \frac{|\overrightarrow{IN}|}{\overrightarrow{M_{\overline{FG}}S}} \cdot \overrightarrow{M_{\overline{FG}}S}$$

Koordinaten von N

Die Koordinaten von N können anhand der gegebenen Gleichung bestimmt werden. $\overrightarrow{OI}$ ist durch die Koordinaten von I gegeben. Laut Angabe ist außerdem $|\overrightarrow{IN}| = 3{,}5\,\text{m}$. Es gilt nun zunächst die Koordinaten von $M_{\overline{FG}}$ zu bestimmen und daraus anschließend $\overrightarrow{M_{\overline{FG}}S}$.

$$\overrightarrow{OM_{\overline{FG}}} = \overrightarrow{OF} + \frac{1}{2} \cdot \overrightarrow{FG} = \begin{pmatrix} 12 \\ 12 \\ 5 \end{pmatrix} + \frac{1}{2} \cdot \begin{pmatrix} -12 \\ 0 \\ 0 \end{pmatrix} = \begin{pmatrix} 6 \\ 12 \\ 5 \end{pmatrix}$$

$$\Rightarrow \quad \overrightarrow{M_{\overline{FG}}S} = \begin{pmatrix} 6-6 \\ 6-12 \\ 13-5 \end{pmatrix} = \begin{pmatrix} 0 \\ -6 \\ 8 \end{pmatrix} \quad \Rightarrow \quad |\overrightarrow{M_{\overline{FG}}S}| = \sqrt{0^2 + (-6)^2 + 8^2} = \sqrt{100} = 10$$

Alles kann nun in die gegebene Gleichung eingesetzt werden:

$$\overrightarrow{ON} = \begin{pmatrix} 9 \\ 11{,}7 \\ 5{,}4 \end{pmatrix} + \frac{3{,}5}{10} \cdot \begin{pmatrix} 0 \\ -6 \\ 8 \end{pmatrix} = \begin{pmatrix} 9 \\ 9{,}6 \\ 8{,}2 \end{pmatrix} \quad \Rightarrow \quad \underline{\underline{N\,(\,9\,|\,9{,}6\,|\,8{,}2)}}$$

2.2 **Fläche der Dachfläche**

Die Fläche der dreieckigen Dachfläche FGS ergibt sich aus der Hälfte des Vektorprodukts $\overrightarrow{FG} \times \overrightarrow{FS}$, welches in Aufgabe 1 bereits berechnet wurde.

$$A_{FGS} = \frac{1}{2}|\overrightarrow{FG} \times \overrightarrow{FS}| = \frac{1}{2}\left|\begin{pmatrix} 0 \\ 96 \\ 72 \end{pmatrix}\right| = \text{frac12}\sqrt{0^2 + 96^2 + 72^2} = \frac{1}{2} \cdot 120 = 60\,[\text{m}^2]$$

Fläche des Sonnenkollektors

Die Fläche A_{SK} des Sonnenkollektors ist ein Rechteck mit den Seitenlängen $|\overrightarrow{IN}|$ und $|\overrightarrow{IJ}|$:

$$A_{SK} = |\overrightarrow{IN}| \cdot |\overrightarrow{IJ}| = 3{,}5 \cdot \left|\begin{pmatrix} 3-9 \\ 11{,}7-11{,}7 \\ 5{,}4-5{,}4 \end{pmatrix}\right| = 3{,}5 \cdot \sqrt{(-6)^2 + 0^2 + 0^2} = 3{,}5 \cdot 6 = 21\,[\text{m}^2]$$

Prozentualer Anteil

Der prozentuale Anteil der südlichen Dachfläche, die vom Sonnenkollektor bedeckt ist, beträgt $\frac{A_{SK}}{A_{FGS}} = \frac{21}{60} = 0{,}35 = \underline{\underline{35\,\%}}$.

2.3 **Gleichung der Ebene E in Koordinatenform**

Der Normalenvektor $\vec{n}_{FGS} = \vec{n}_E$ wurde in Aufgabe 1 bereits berechnet. Mit diesem kann zunächst die Normalenform der Ebene aufgestellt werden, die dann in die Koordinatenform umgerechnet wird.

$$E\colon \vec{n}_E \circ (\vec{x} - \overrightarrow{OG}) = \begin{pmatrix} 0 \\ 96 \\ 72 \end{pmatrix} \circ \begin{pmatrix} x_1 - 0 \\ x_2 - 12 \\ x_3 - 5 \end{pmatrix} = 96x_2 - 1152 + 72x_3 - 360 = 0$$

$$\Rightarrow \quad E\colon 96x_2 + 72x_3 - 1512 = 0 \qquad |:24$$

$$\Rightarrow \quad E\colon 4x_2 + 3x_3 - 63 = 0$$

Schattenwurf der Satellitenanlage

Die Gerade g_S beschreibt den Sonnenstrahl durch den Punkt z und ergibt sich aus den Koordinaten des Punktes z und dem gegebenen Vektor der Ausbreitungsrichtung:

$$g_S\colon \vec{x} = \overrightarrow{OZ} + \lambda \cdot \vec{v} = \begin{pmatrix} 15 \\ 27 \\ 17 \end{pmatrix} + \lambda \cdot \begin{pmatrix} -5 \\ -9 \\ -4 \end{pmatrix} \quad \text{mit } \lambda \in \mathbb{R}$$

Der Punkt R des Schattenwurf ergibt sich als Schnittpunkt von g_S und E. Um diesen zu bestimmen wird g_S komponentenweise in E eingesetzt:

$$\begin{aligned} & 4x_2 + 3x_3 - 63 = 0 \\ \Rightarrow \quad & 4(27 - 9\lambda) + 3(17 - 4\lambda) - 63 = 0 \\ \Longleftrightarrow \quad & 108 - 36\lambda + 51 - 12\lambda - 63 = 0 \\ \Longleftrightarrow \quad & 96 - 48\lambda = 0 \qquad |-96 \\ \Longleftrightarrow \quad & -48\lambda = -96 \qquad |:(-48) \\ \Longleftrightarrow \quad & \lambda = 2 \end{aligned}$$

Eingesetzt in die Gleichung der Gerade ergeben sich die Koordinaten des Punktes R:

$$\overrightarrow{OR} = \begin{pmatrix} 15 \\ 27 \\ 17 \end{pmatrix} + 2 \cdot \begin{pmatrix} -5 \\ -9 \\ -4 \end{pmatrix} = \begin{pmatrix} 5 \\ 9 \\ 9 \end{pmatrix} \quad \Rightarrow \quad R(5\,|\,9\,|\,9)$$

Die Sonnenkollektorfläche wird beschrieben durch die Punkte I, J, N und P.
Der Bereich der x_1-Koordinaten reicht dabei von $x_1 = 3$ (Punkt J) bis $x_1 = 9$ (Punkt I). Der Punkt R liegt dabei mit $x_1 = 5$ innerhalb des Bereichs.
Der Bereich des x_2-Koordinaten reicht von $x_2 = 9{,}6$ (Punkt N) bis $x_2 = 11{,}7$ (Punkt I). Der Punkt R liegt mit $x_2 = 9$ **nicht** innerhalb dieses Bereichs (gleiches gilt für den Bereich der x_3-Koordinaten.
Der Schattenwurf zum Zeitpunkt des vermuteten Leistungsmaximums liegt also nicht innerhalb der Sonnenkollektorfläche.

1 Gegeben ist die Funktion $g\colon x \longmapsto \dfrac{(x+2)(x-2)}{-x(x-2)}$ mit ihrer maximalen Definitionsmenge $D_g \subset \mathbb{R}$. Ihr Graph wird mit G_g bezeichnet.
Geben Sie D_g sowie Art der Definitionslücken von g an und untersuchen Sie g auf Nullstellen. Geben Sie auch jeweils die Art und die Gleichung aller Asymptoten von G_g an. **6 BE**

2.0 In der untenstehenden Abbildung ist ein Ausschnitt des Graphen G_f einer gebrochen-rationalen Funktion f mit der Definitionsmenge $D_f = \mathbb{R}$ dargestellt. G_f besitzt den absoluten Hochpunkt $H\,(0{,}8\,|\,f(0{,}8))$, ist im Intervall $[0{,}8;\,+\infty[$ streng monoton fallend und besitzt die x-Achse als waagrechte Asymptote.
Für die Funktion h gilt: $h(x) = \ln(f(x))$. Die maximale Definitionsmenge der Funktion h ist $D_h =]-2;\,+\infty[$.

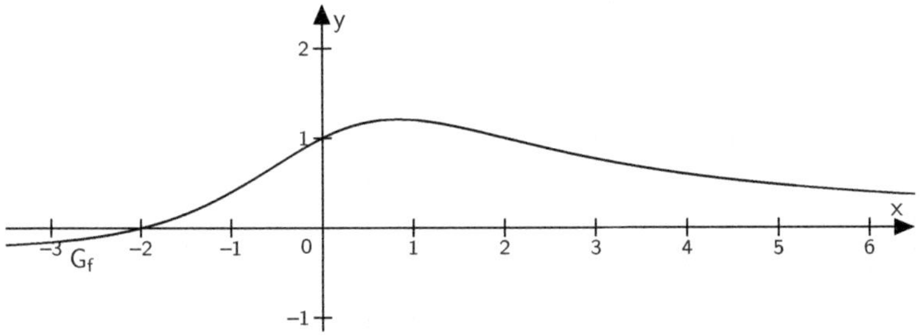

2.1 Geben Sie das Verhalten der Funktionswerte von h an den Rändern von D_h an. **3 BE**

2.2 Geben Sie mithilfe der Abbildung die Nullstellen der Funktion h an. Die abzulesenden Werte sind ganzzahlig. **2 BE**

2.3 Begründen Sie, dass der Graph der Funktion h genau einen Extrempunkt hat und geben Sie Art sowie x-Koordinate dieses Extrempunktes an. **3 BE**

3 Gegeben ist die Funktion $k\colon x \longmapsto \dfrac{x+1}{e^x-1}$ mit ihrer maximalen Definitionsmenge $D_k = \mathbb{R}\setminus\{0\}$.
Entscheiden Sie begründet, welche der Aussagen jeweils wahr oder falsch sind.

a) Der Graph der Funktion k hat eine senkrechte Asymptote.

b) $x \to -\infty \Rightarrow k(x) \to -1$

4 BE

4 Berechnen Sie den Wert des bestimmten Integrals

$$\int_1^2 \left(\frac{1}{x^2} - 2x + 5\right) dx$$

4 BE

1 Gegeben ist die Funktion $g(x) = \frac{(x+2)(x-2)}{-x(x-2)}$.

Definitionsmenge

Zunächst werden die Nullstellen des Nennerterms $-x(x-2)$ bestimmt:

$$\begin{aligned} & -x(x-2) = 0 \\ \Rightarrow \quad & -x = 0 \quad \text{oder} \quad x-2=0 \\ \Rightarrow \quad & x = 0 \quad \text{oder} \quad x = 2 \end{aligned}$$

Da nie durch null geteilt werden darf, müssen diese Nullstellen des Nennerterms aus der Definitionsmenge ausgeschlossen werden, sodass $\underline{\underline{D_g = \mathbb{R}\setminus\{0;2\}}}$ ist.

Nullstellen

Eine Nullstelle der Funktion liegt dann vor, wenn diese Nullstellen des Zählerterms und gleichzeitig nicht Nullstellen des Nennerterms sind:

$$\begin{aligned} & g(x) = 0 \\ \Rightarrow \quad & (x+2)(x-2) = 0 \\ \Rightarrow \quad & x+2 = 0 \quad \text{oder} \quad x-2=0 \\ \Rightarrow \quad & x = -2 \quad \text{oder} \quad x = 2 \end{aligned}$$

Dabei ist $x = 2$ gleichzeitig Nullstelle des Nennerterms, bzw. ist $2 \notin D_g$, sodass die einzige Nullstelle der Funktion $\underline{\underline{x_1 = -2}}$ ist.

Art der Definitionslücken

Bei $x = 0$ liegt eine einfache Nullstelle des Nennerterms vor, sodass hier eine Unendlichkeitsstelle/Polstelle mit Vorzeichenwechsel vorliegt. Dagegen ist $x = 2$ einfache Nullstelle von Zähler- und Nennerterm und damit eine behebbare Definitionslücke.

Art und Gleichung aller Asymptoten

Aus der Betrachtung der Definitionslücken ergibt sich bereits eine senkrechte Asymptote $\underline{\underline{x = 0}}$.

Über eine mögliche waagrechte Asymptote kann entschieden werden, nachdem das Verhalten von $x \to \pm\infty$ betrachtet wurde:

$$x \to \pm\infty: \quad g(x) = \frac{(x+2)(x-2)}{-x(x-2)} = \frac{x^2-4}{-x^2+2x} = \frac{\mathbf{1}x^2-4}{\mathbf{-1}x^2+2x} \to \frac{1}{-1} = -1$$

Da Zähler- und Nennergrad gleich sind (jeweils zwei), geben die Leitkoeffizienten den Grenzwert an. Aus der Betrachtung ergibt sich eine waagrechte Asymptote $\underline{\underline{y = -1}}$.

2.0 In der Abbildung gegeben ist der Funktionsgraph einer Funktion $f(x)$ mit absolutem Hochpunkt $H\,(0{,}8\,|\,f(0{,}8))$ und $D_f = \mathbb{R}$. Der Graph ist in $[0{,}8;\ \infty[$ streng monoton fallend und besitzt die x-Achse als waagrechte Asymptote.

Basierend darauf wird nun das Verhalten der Funktion $h(x) = \ln(f(x))$ mit $D_h =]-2;\ \infty[$ untersucht.

2.1 **Verhalten an den Rändern der Definitionsmenge**

Das jeweilige Verhalten von f(x) wird aus der gegebenen Abbildung abgelesen:

$$x \to -2^+: \quad g(x) = \ln(\overbrace{f(x)}^{\to 0^+}) \to -\infty$$
$$x \to \infty: \quad g(x) = \ln(\underbrace{f(x)}_{\to 0^+}) \to -\infty$$

2.2 **Nullstellen**

Die Nullstelle der ln-Funktion liegt bei $x = 1$, also $\ln(1) = 0$. Demnach liegen die Nullstellen der Funktion $\ln(f(x))$ dort, wo $f(x) = 1$ gilt. Aus der Abbildung kann abgelesen werden, dass dies für $\underline{\underline{x_1 = 0}}$ und $\underline{\underline{x_2 = 2}}$ der Fall ist.

2.3 **Begründung und x-Koordinate des Extrempunktes**

Es wird die erste Ableitung der Funktion betrachtet:

$$h(x) = \ln(f(x))$$
$$h'(x) = \frac{1}{f(x)} \cdot f'(x) = \frac{f'(x)}{f(x)}$$

Aus der Abbildung kann entnommen werden, dass der Graph von f für $D_h =]-1; \infty[$ stets oberhalb der x-Achse verläuft, also $f(x) > 0$ gilt. Demnach stimm die Ableitung $h'(x)$ im Vorzeichen mit $f'(x)$ überein. Der Monotonieverlauf von G_f und G_h ist demnach entsprechend zueinander, weshalb auch G_h genau einen Extrempunkt hat, nämlich analog zu G_f ebenfalls einen Hochpunkt bei $x = 0{,}8$.

3 Gegeben ist die Funktion $k(x) = \frac{x+1}{e^x - 1}$ mit $D_k = \mathbb{R}\setminus\{0\}$.

a) Aus der Definitionsmenge ist $x = 0$ ausgeschlossen, da hier wegen $e^0 - 1 = 1 - 1 = 0$ eine Nullstelle des Nennerterms vorliegt. Da $x = 0$ nicht gleichzeitig Nullstelle des Zählerterms ist, liegt hier eine Polstelle/Unendlichkeitsstelle mit Vorzeichenwechsel und demnach auch eine senkrechte Asymptote vor. Die Aussage ist **WAHR**.

b) Es wird eine Grenzwertbetrachtung durchgeführt:

$$x \to -\infty: \quad k(x) = \frac{\overbrace{x+1}^{\to -\infty}}{\underbrace{\underbrace{e^x}_{\to 0} - 1}_{\to -1}} = \infty$$

Die Aussage ist demnach **FALSCH**.

4 **Berechnen des Wertes des bestimmten Integrals**

$$\int_1^2 \left(\frac{1}{x^2} - 2x + 5\right) dx = \int_1^2 \left(x^{-2} - 2x + 5\right) dx = \left[\frac{1}{\mathbf{-1}} x^{-1} - \frac{1}{\mathbf{2}} \cdot 2x^2 + 5x\right]_1^2 = \left[-\frac{1}{x} - x^2 + 5x\right]_1^2$$

$$= \left(-\frac{1}{2} - 2^2 + 5 \cdot 2\right) - \left(-\frac{1}{1} - 1^2 + 5 \cdot 1\right)$$
$$= (-0{,}5 - 4 + 10) - (-1 - 1 + 5) = \underline{\underline{2{,}5}}$$

1.0 In einem kartesischen Koordinatensystem des $\mathbb{R}^3$ sind die Ebene E: $-x_2 + x_3 = 5$ und der Punkt $P(4 \mid -2 \mid 4)$ gegeben.

1.1 Zeigen Sie, dass der Punkt P nicht in der Ebene E liegt.
Geben Sie eine Gleichung der Geraden g durch den Punkt P an, die zur Ebene E senkrecht steht, und bestimmen Sie den Schnittpunkt L von g und E.
[Mögliches Teilergebnis: $L(4 \mid -1{,}5 \mid 3{,}5)$] **5 BE**

1.2 Für den Punkt Q gilt: $\overrightarrow{OQ} = \overrightarrow{OP} + 2 \cdot \overrightarrow{PL}$
Berechnen Sie die Koordinaten des Punktes Q.
Fertigen Sie ohne Verwendung eines Koordinatensystems eine Skizze an, aus der die gegenseitige Lage der Punkte P, Q und der Ebene E hervorgeht. **3 BE**

2 Im $\mathbb{R}^3$ sind die beiden Vektoren $\vec{a} = \begin{pmatrix} 2 \\ -1 \\ 4 \end{pmatrix}$ und $\vec{b} = \begin{pmatrix} 1 \\ 5 \\ 0 \end{pmatrix}$ gegeben.

Bestimmen Sie einen Vektor $\vec{c}$, der senkrecht zu $\vec{a}$ und $\vec{b}$ steht, und begründen Sie ohne Rechnung, ob die Vektoren $\vec{a}$, $\vec{b}$ und $\vec{c}$ eine Basis des $\mathbb{R}^3$ bilden. Überprüfen Sie auch, ob die Vektoren $\vec{a}$ und $\vec{b}$ senkrecht aufeinander stehen. **4 BE**

1.0 In einem kartesischen Koordinatensystem des $\mathbb{R}^3$ sind die Ebene $E\colon -x_2 + x_3 = 5$ und der Punkt $P(4\,|\,-2\,|\,4)$ gegeben.

1.1 **Nachweis, dass P nicht in E liegt**

Wenn P in E läge, müsste die Punktprobe erfüllt sein. Diese wird durchgeführt, indem die Koordinaten von P in E eingesetzt werden:

$$\begin{aligned} & & -x_2 + x_3 &= 5 \\ \text{P in E:} & & -(-2) + 4 &= 5 \\ \iff & & 6 &= 5 \end{aligned}$$

Die Punktprobe führt zu einer falschen Aussage, ist also nicht erfüllt, weshalb P nicht in der Ebene E liegt.

Gleichung der Geraden g

Die Gerade g verläuft durch den Punkt P und senkrecht zu E. Entsprechend kann $\overrightarrow{OP}$ als Ortsvektor der Gerade und der Normalenvektor $\vec{n}_E$ als Richtungsvektor verwendet werden. Dessen Koordinaten können aus der Gleichung der Ebene E abgelesen werden zu $\vec{n}_E = \begin{pmatrix} 0 \\ -1 \\ 1 \end{pmatrix}$. Für die Gleichung der Gerade gilt daher:

$$g\colon \vec{x} = \overrightarrow{OP} + \lambda \cdot \vec{n}_E = \underline{\underline{\begin{pmatrix} 4 \\ -2 \\ 4 \end{pmatrix} + \lambda \cdot \begin{pmatrix} 0 \\ -1 \\ 1 \end{pmatrix}}} \quad \text{mit } \lambda \in \mathbb{R}$$

Schnittpunkt von g und E

Um die Koordinaten von L zu ermitteln wird g Komponentenweise in E eingesetzt:

$$\begin{aligned} & & -x_2 + x_3 &= 5 & \\ \text{g in E:} & & -(-2-\lambda) + (4+\lambda) &= 5 & \\ \iff & & 2 + \lambda + 4 + \lambda &= 5 & \\ \iff & & 2\lambda + 6 &= 5 & \quad |-6 \\ \iff & & 2\lambda &= -1 & \quad |:2 \\ \iff & & \lambda &= -0{,}5 & \end{aligned}$$

Setzt man diesen Wert in g ein, erhält man die Koordinaten des Punktes L:

$$\overrightarrow{OL} = \begin{pmatrix} 4 \\ -2 \\ 4 \end{pmatrix} - 0{,}5 \cdot \begin{pmatrix} 0 \\ -1 \\ 1 \end{pmatrix} = \begin{pmatrix} 4 \\ -1{,}5 \\ 3{,}5 \end{pmatrix} \quad \Rightarrow \quad \underline{\underline{L(4\,|\,-1{,}5\,|\,3{,}5)}}$$

1.2 **Koordinaten des Punktes Q**

Die Koordinaten können anhand der gegebenen Gleichung bestimmt werden:

$$\overrightarrow{OQ} = \overrightarrow{OP} + 2 \cdot \overrightarrow{PL} = \begin{pmatrix} 4 \\ -2 \\ 4 \end{pmatrix} + 2 \cdot \begin{pmatrix} 4-4 \\ -1{,}5-(-2) \\ 3{,}5-4 \end{pmatrix} = \begin{pmatrix} 4 \\ -2 \\ 4 \end{pmatrix} + 2 \cdot \begin{pmatrix} 0 \\ 0{,}5 \\ -0{,}5 \end{pmatrix} = \begin{pmatrix} 4 \\ -1 \\ 3 \end{pmatrix}$$

$\Rightarrow \quad \underline{\underline{Q(4\,|-1\,|\,3)}}$

Anfertigen einer Skizze von P, Q und E

Wegen der Definition $\overrightarrow{OQ} = \overrightarrow{OP} = 2 \cdot \overrightarrow{PL}$ liegen alle Punkte auf der Gerade g. Da diese senkrecht verläuft und durch P und L, während L zudem in E liegt, führt die Addition von $2 \cdot \overrightarrow{PL}$ also zum Spiegelpunkt von P an der Ebene E. Das der Punkt Q also der Spiegelpunkt von P bzgl. E ist, muss anhand der Skizze erkennbar sein:

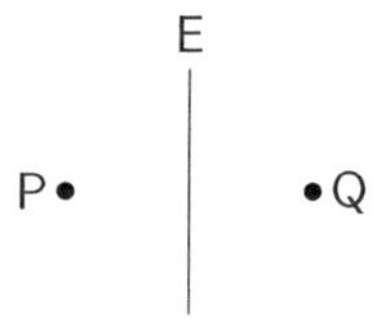

2 **Bestimmen des Vektors $\vec{c}$**

Ein Vektor, der auf Vektor $\vec{a}$ und $\vec{b}$ senkrecht steht, kann aus dem Kreuzprodukt der beiden Vektoren bestimmt werden:

$$\vec{c} = \vec{a} \times \vec{b} = \begin{pmatrix} 2 \\ -1 \\ 4 \end{pmatrix} \times \begin{pmatrix} 1 \\ 5 \\ 0 \end{pmatrix} = \begin{pmatrix} -1 \cdot 0 - 4 \cdot 5 \\ 4 \cdot 1 - 2 \cdot 0 \\ 2 \cdot 5 - (-1) \cdot 1 \end{pmatrix} = \begin{pmatrix} -20 \\ 4 \\ 11 \end{pmatrix}$$

Begründung, dass $\vec{a}$,$\vec{b}$ und $\vec{c}$ eine Basis bilden

Die beiden Vektoren $\vec{a}$ und $\vec{b}$ sind nicht kollinear (keine Vielfachen voneinander). Weiterhin wurde $\vec{c}$ so bestimmt, dass er senkrecht auf $\vec{a}$ und $\vec{b}$ steht, sodass ausgeschlossen werden kann, dass die drei Vektoren in einer gemeinsamen Ebene liegen. Demnach sind die Vektoren linear unabhängig und bilden damit eine Basis des $\mathbb{R}^3$.

Überprüfen ob $\vec{a}$ und $\vec{b}$ senkrecht aufeinander stehen

Wenn die Vektoren senkrecht stehen, muss das Skalarprodukt der beiden Vektoren gleich null sein:

$$\vec{a} \circ \vec{b} = \begin{pmatrix} 2 \\ -1 \\ 4 \end{pmatrix} \circ \begin{pmatrix} 1 \\ 5 \\ 0 \end{pmatrix} = 2 \cdot 1 + (-1) \cdot 5 + 4 \cdot 0 = 2 - 5 = -3 \neq 0$$

Die Vektoren stehen nicht senkrecht aufeinander.

1.0 Gegeben ist die Funktion $f\colon x \longmapsto \dfrac{6x+12}{x^2+4x+6}$ mit der Definitionsmenge $D_f = \mathbb{R}$. Der zugehörige Graph wird mit G_f bezeichnet.

1.1 Ermitteln Sie die Nullstelle der Funktion f sowie die Gleichung der Asymptote von G_f. Begründen Sie, ob sich G_f für $x \to -\infty$ von oben bzw. von unten an seine Asymptote annähert. **5 BE**

1.2 Ermitteln Sie jeweils die Art und die Koordinaten aller relativen Extrempunkte von G_f. Runden Sie die Koordinaten auf zwei Nachkommastellen.

[Mögliches Teilergebnis: $f'(x) = \dfrac{-6x^2-24x-12}{(x^2+4x+6)^2}$] **7 BE**

1.3 Gegeben ist die zweite Ableitungsfunktion f'' durch die Gleichung

$$f''(x) = \frac{12(x+2)\left[x-\left(-2-\sqrt{6}\right)\right]\left[x-\left(-2+\sqrt{6}\right)\right]}{(x^2+4x+6)^3}$$ mit der Definitionsmenge $D_{f''} = \mathbb{R}$

(Nachweis nicht erforderlich!). Begründen Sie, dass die Funktion f drei Wendestellen besitzt. Lesen Sie die x-Koordinaten der Wendepunkte von G_f ab und geben Sie diese an. Bestimmen Sie die y-Koordinaten auf zwei Nachkommastellen gerundet. **4 BE**

1.4 Zeichnen Sie den Graphen G_f im Bereich $-9 \leq x \leq 5$ unter Verwendung vorliegender Ergebnisse sowie weiterer geeigneter Funktionswerte in ein kartesisches Koordinatensystem. **5 BE**

1.5 Gegeben ist die Funktion $F\colon x \longmapsto 3\ln(x^2+4x+6)$ mit der Definitionsmenge $D_F = \mathbb{R}$. Zeigen Sie, dass die Funktion F eine Stammfunktion von f ist.

Berechnen Sie den Wert des bestimmten Integrals $\int_{-4}^{0} f(x)\,dx$ und interpretieren Sie das Ergebnis geometrisch. **5 BE**

2021

2.0 Die Anzahl der in Deutschland Deutschland pro Monat verschickten SMS soll näherungsweise durch die Funktion S mit der Gleichung $S(t) = \frac{a}{1{,}56e^{bt} - 1}$ mit $t \in \mathbb{R}_0^+$ und $a,b \in \mathbb{R}$ modelliert werden.
Dabei gibt t die Zeit ab Anfang 2013 ($t = 0$) in Monaten an und S(t) die Anzahl der zum Zeitpunkt t gesendeten SMS in Milliarden Stück pro Monat.
Bei Rechnungen kann auf die Verwendung von Einheiten verzichtet werden.
Runden Sie Ihre Ergebnisse sinnvoll.

2.1 Aus statistischen Daten ergeben sich die Werte $S(0) = 3{,}80$ und $S(12) = 2{,}45$.
Bestimmen Sie mithilfe der beiden Angaben die Werte der Parameter a und b.
[Mögliche Ergebnisse: $a \approx 2{,}13$; $b \approx 0{,}015$] **4 BE**

2.2 Ermitteln Sie die Anzahl der pro Monat gesendeten SMS, die sich nach diesem Modell langfristig einstellen wird. **2 BE**

2.3 Zeigen Sie rechnerisch, dass nach diesem Modell die Anzahl der versendeten SMS pro Monat seit Januar 2013 stets gesunken ist. **4 BE**

2.4 Zeichnen Sie den Graphen der Funktion S für $0 \leq t \leq 100$ in ein kartesisches Koordinatensystem. Wählen Sie auf beiden Achsen einen geeigneten Maßstab. **4 BE**

2.5 Es gilt für den Wert des bestimmten Integrals: $\int_0^{84} S(t)\,dt \approx 116{,}98$ (Nachweis nicht erforderlich!).
Die folgende Tabelle gibt die Anzahl der in Deutschland in den einzelnen Kalenderjahren 2013 bis 2019 verschickten SMS in Milliarden an (Quelle: Bundesnetzagentur).

Kalenderjahr	2013	2014	2015	2016	2017	2018	2019
SMS in Mrd.	37,9	22,3	16,6	12,7	10,3	8,9	7,9

Interpretieren Sie den Wert des angegebenen Integrals und überprüfen Sie die Realitätsnähe des Modells mithilfe der von der Bundesnetzagentur veröffentlichten Zahlen. **3 BE**

1.0 Gegeben ist die Funktion $f(x) = \dfrac{6x+12}{x^2+4x+6}$ mit $D_f = \mathbb{R}$.

1.1 **Nullstelle**

Wegen $D_f = \mathbb{R}$, liegen keine Definitionslücken vor. Die Nullstelle der Funktion ist dann die Nullstelle des Zählerterms:

$$\begin{aligned} & & f(x) &= 0 & \\ &\Rightarrow & 6x+12 &= 0 & \quad |-12 \\ &\Longleftrightarrow & 6x &= -12 & \quad |:6 \\ &\Longleftrightarrow & x &= -2 & \end{aligned}$$

Die Nullstelle der Funktion liegt bei $\underline{\underline{x_1 = -2}}$.

Gleichung der Asymptote

Da keine Definitionslücke vorliegt, kann auch keine senkrechte Asymptote vorliegen. Für mögliche weitere Asymptoten wird das Verhalten von $x \to \pm\infty$ betrachtet:

$$x \to -\infty: \quad f(x) = \frac{\overbrace{6x+12}^{\to -\infty}}{\underbrace{x^2+4x+6}_{\to\infty}} \to 0^- \qquad x \to +\infty: \quad f(x) = \frac{\overbrace{6x+12}^{\to\infty}}{\underbrace{x^2+4x+6}_{\to\infty}} \to 0^+$$

Der Grenzwert ergibt sich dabei, weil der Zählergrad (eins) kleiner ist als der Nennergrad (zwei). Aus dem Grenzwertverhalten ergibt sich eine waagrechte Asymptote mit der Gleichung $\underline{\underline{y = 0}}$.

Begründung, ob sich der Graph von oben oder unten annähert

Wie in obiger Betrachtung bereits gezeigt, gilt für $x \to -\infty$: $f(x) \to 0^-$. Demnach nähert sich der Graph für $x \to -\infty$ von unten an die Asymptote $y = 0$ an.

1.2 **Ermitteln der ersten Ableitung**

Mithilfe der Quotientenregel wird zunächst die erste Ableitung der Funktion bestimmt:

$$\begin{aligned} f(x) &= \frac{6x+12}{x^2+4x+6} \\ f'(x) &= \left[\frac{(6x+12)' \cdot (x^2+4x+6) - (6x+12) \cdot (x^2+4x+6)'}{(x^2+4x+6)^2}\right] && \text{(Ansatz Quotientenregel)} \\ &= \frac{(6) \cdot (x^2+4x+6) - (6x+12) \cdot (2x+4)}{(x^2+4x+6)^2} && \text{(Anwendung)} \\ &= \frac{6x^2+24x+36-12x^2-24x-24x-48}{(x^2+4x+6)^2} && \text{(Zusammenfassen)} \\ &= \frac{-6x^2-24x-12}{(x^2+4x+6)^2} && \text{(Zur Kontrolle angegeben)} \end{aligned}$$

Ermitteln von Art und Koordinaten der relativen Extrempunkte

Zunächst werden die Nullstellen der ersten Ableitung bestimmt, welche wieder den Nullstellen des Zählerterms der Ableitung entsprechen:

$$f'(x) = 0$$

$$\Rightarrow \qquad -6x^2 - 24x - 12 = 0$$

$$\Rightarrow \qquad x_{1;2} = \frac{-(-24) \pm \sqrt{(-24)^2 - 4 \cdot (-6) \cdot (-12)}}{2 \cdot (-6)} = \frac{24 \pm \sqrt{288}}{-12}$$

$$\Rightarrow \qquad x_{1;2} = \frac{24 \pm \sqrt{144 \cdot 2}}{-12} = \frac{24 \pm 12 \cdot \sqrt{2}}{-12}$$

$$\Rightarrow \qquad x_1 = -2 - \sqrt{2} \approx -3{,}41 \quad \text{oder} \quad x_2 = -2 + \sqrt{2} \approx -0{,}59$$

Bei x_1 und x_2 liegen waagrechte Tangente vor. Um zu ermitteln um welche Art von Punkt es sich jeweils handelt, wird eine Monotonietabelle erstellt:

x	$x < x_1$	$x = x_1$	$x_1 < x < x_2$	$x = x_2$	$x_2 < x$	Skizzen
$f'(x)$-Zähler: $-6x^2 - 24x - 12$	−	0	+	0	−	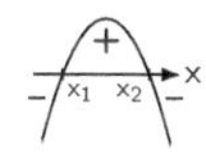
$f'(x)$-Nenner: $(x^2 + 4x + 6)^2$	+	+	+	+	+	
$f'(x)$	−	0	+	0	−	
G_f	↘	TIP	↗	HOP	↘	

Demnach liegt bei $x_1 \approx -3{,}41$ ein relativer Tiefpunkt und bei $x_2 \approx -0{,}59$ ein relativer Hochpunkt der Funktion. Durch Einsetzen werden die Funktionswerte bestimmt:

$$f(x_1) = f\left(-2 - \sqrt{2}\right) = \frac{6 \cdot (-2 - \sqrt{2}) + 12}{(-2 - \sqrt{2})^2 + 4 \cdot (-2 - \sqrt{2}) + 6} = -\frac{3\sqrt{2}}{2} \approx -2{,}12$$

$$f(x_2) = f\left(-2 + \sqrt{2}\right) = \frac{6 \cdot (-2 + \sqrt{2}) + 12}{(-2 + \sqrt{2})^2 + 4 \cdot (-2 + \sqrt{2}) + 6} = \frac{3\sqrt{2}}{2} \approx 2{,}12$$

Die relativen Extrempunkte besitzen die ungefähren Koordinaten $\underline{\underline{TIP(-3{,}41 \mid -2{,}12)}}$ und $\underline{\underline{HOP(-0{,}59 \mid 2{,}12)}}$.

1.3 **Begründung und Koordinaten der Wendestellen**

Da $D_f = \mathbb{R}$ ist, besitzt der Nennerterm der Funktion f, also $x^2 + 4x + 6$ keine Nullstellen und ist demnach größer null, weil es eine nach oben geöffnete Parabel ist. Demnach ist auch der Nennerterm $(x^2 + 4x + 6)^3$ der zweiten Ableitung stets positiv. Demnach bestimmt nur der Zählerterm über das Vorzeichen der zweiten Ableitung. Da dieser bereits faktorisiert vorliegt, können die Nullstellen direkt abgelesen werden zu

$$x_3 = -2 \qquad x_4 = -2 - \sqrt{6} \approx -4{,}45 \qquad x_5 = -2 + \sqrt{6} \approx 0{,}45$$

Da der Zählerterm über das Vorzeichen der Ableitung bestimmt und vom Grad 3 ist, müssen alle drei Nullstellen einfache Nullstellen mit Vorzeichenwechsel der zweiten Ableitung sein. Demnach liegt an den drei ermittelten Stellen jeweils eine Wendestelle vor. Durch Einsetzen werden die Funktionswerte bestimmt:

$$f(-2) = \underline{0} \qquad f(-2 - \sqrt{6}) \approx \underline{\underline{-1{,}84}} \qquad f(-2 + \sqrt{6}) \approx \underline{\underline{1{,}84}}$$

2021

1.4 **Graphische Darstellung**

Für die graphische Darstellung wird auf Grundlage bekannter und weiterer Werte eine Wertetabelle als Hilfestellung erstellt:

x	−9	−7	−4,45	−3,41	−2	−0,59	0,45	3	5
f(x)	−0,82	−1,11	−1,84	−2,12	0	2,12	1,84	1,11	0,82

Mithilfe dieser Werte kann nun die graphische Darstellung erfolgen:

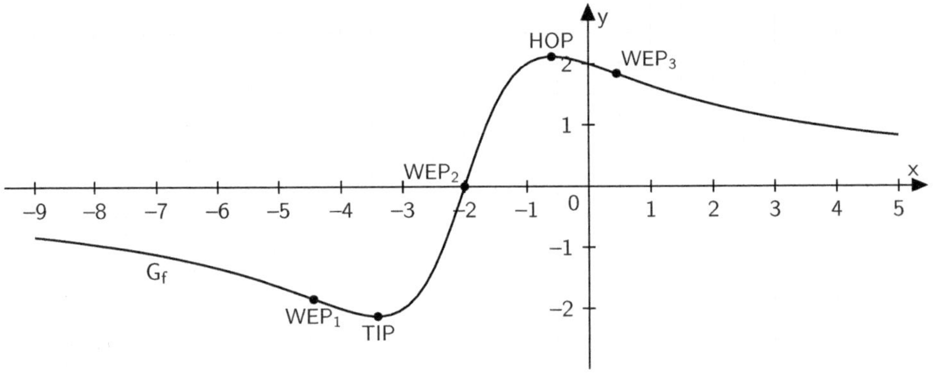

1.5 **Nachweis der Stammfunktion**

Um zu zeigen, dass F(x) eine Stammfunktion von f(x) ist, muss $F'(x) = f(x)$ gezeigt werden. Die Ableitung wird mithilfe der Kettenregel bestimmt:

$$\begin{aligned} F(x) &= 3\ln(x^2+4x+6) \\ F'(x) &= \left[3 \cdot \frac{1}{x^2+4x+6} \cdot (x^2+4x+6)'\right] && \text{(Ansatz Kettenregel)} \\ &= 3 \cdot \frac{1}{x^2+4x+6} \cdot (2x+4) && \text{(Zusammenfassen)} \\ &= \frac{6x+12}{x^2+4x+6} \\ &= f(x) \qquad \text{(q.e.d.)} \end{aligned}$$

Wert des bestimmten Integrals

Das bestimmte Integral wird mithilfe der Stammfunktion F(x) berechnet:

$$\begin{aligned} \int_{-4}^{0} f(x)dx = [F(x)]_{-4}^{0} &= \left(3\ln(0^2+4\cdot 0+6)\right) - \left(3\cdot\ln((-4)^2+4\cdot(-4)+6)\right) \\ &= 3\ln(6) - 3\ln(6) = 0 \end{aligned}$$

Interpretation des Ergebnisses

Im Intervall $-4 \leq x \leq 0$ sind die Flächenstücke die der Graph G_f und die x-Achse oberhalb und unterhalb der x-Achse einschließen gleich groß. Konkret heißt das hier, dass das Flächenstück unterhalb der x-Achse von $x = -4$ bis $x = -2$ und das Flächenstück oberhalb der x-Achse von $x = -2$ bis $x = 0$ den gleichen Flächeninhalt haben.

2.0 Gegeben ist die Funktion $S(t) = \frac{a}{1{,}56e^{bt} - 1}$ mit $t \in \mathbb{R}_0^+$ als Zeit in Monaten ab Anfang 2013 und $a,b \in \mathbb{R}$, welche die Anzahl der in Deutschland pro Monat verschickten SMS in Milliarden Stück angibt.

2.1 **Bestimmen der Werte der Parameter a und b**

Zunächst wird $S(0) = 3{,}80$ betrachtet:

$$\begin{aligned}
& & S(0) &= 3{,}8 \\
\Longleftrightarrow & & \frac{a}{1{,}56e^{b\cdot 0} - 1} &= 3{,}8 \\
\Longleftrightarrow & & \frac{a}{1{,}56 \cdot 1 - 1} &= 3{,}8 \\
\Longleftrightarrow & & \frac{a}{0{,}56} &= 3{,}8 & &| \cdot 0{,}56 \\
\Longleftrightarrow & & a &= 3{,}8 \cdot 0{,}56 \approx \underline{\underline{2{,}13}}
\end{aligned}$$

Weiterhin ist $S(12) = 2{,}45$ gegeben, wobei hier bereits $a = 2{,}13$ eingesetzt wird:

$$\begin{aligned}
& & S(12) &= 2{,}45 \\
\Longleftrightarrow & & \frac{2{,}13}{1{,}56 \cdot e^{12b} - 1} &= 2{,}45 & &| \cdot (1{,}56 \cdot e^{12t} - 1) \\
\Longleftrightarrow & & 2{,}13 &= 2{,}45(1{,}56 \cdot e^{12b} - 1) & &| : 2{,}45 \\
\Longleftrightarrow & & \frac{2{,}13}{2{,}45} &= 1{,}56 \cdot e^{12b} - 1 & &| + 1 \\
\Longleftrightarrow & & \frac{2{,}13}{2{,}45} + 1 &= 1{,}56 \cdot e^{12b} & &| : 1{,}56 \\
\Longleftrightarrow & & \frac{1}{1{,}56}\left(\frac{2{,}13}{2{,}45} + 1\right) &= e^{12b} & &| \ln(\,) \\
\Longleftrightarrow & & \ln\left(\frac{1}{1{,}56}\left(\frac{2{,}13}{2{,}45} + 1\right)\right) &= 12b & &| : 12 \\
\Longleftrightarrow & & b &= \frac{1}{12} \cdot \ln\left(\frac{1}{1{,}56}\left(\frac{2{,}13}{2{,}45} + 1\right)\right) \\
\Longleftrightarrow & & b &\approx \underline{\underline{0{,}015}}
\end{aligned}$$

2.2 **Anzahl der gesendeten SMS auf lange Sicht**

$$t \to \infty: \quad S(t) = \frac{2{,}13}{\underbrace{1{,}56e^{0{,}015t} - 1}_{\to\infty}} \to 0$$

Langfristig wird die Anzahl der pro Monat gesendeten SMS auf null sinken.

2.3 **Nachweis dass die Anzahl der versendeten SMS stets gesunken ist**

Zunächst wird dafür die erste Ableitung der Funktion mithilfe von Quotienten- und Kettenregel bestimmt:

$$S(t) = \frac{2{,}13}{1{,}56e^{0{,}015t} - 1}$$

$$\dot{S}(t) = \left[\frac{(2{,}13)' \cdot (1{,}56r^{0{,}015t} - 1) - 2{,}13 \cdot (1{,}56e^{0{,}015t} - 1)'}{(1{,}56e^{0{,}015t} - 1)^2}\right] \qquad \text{(Ansatz Quotientenregel)}$$

$$= \left[\frac{0 - 2{,}13 \cdot 1{,}56e^{0{,}015t} \cdot (0{,}015t)'}{(1{,}56e^{0{,}015t} - 1)^2}\right] \qquad \text{(Ansatz Kettenregel)}$$

$$= \frac{-2{,}13 \cdot 1{,}56e^{0{,}015t} \cdot 0{,}015}{(1{,}56e^{0{,}015t} - 1)^2} \qquad \text{(Zusammenfassen)}$$

$$= \frac{-0{,}049842e^{0{,}015t}}{(1{,}56e^{0{,}015t} - 1)^2}$$

Da $t \geq 0$ ist, ist $e^{0{,}015t} \geq 1$ und damit $1{,}56e^{0{,}015t} > 1$. Demnach ist der Nennerterm der ersten Ableitung stets positiv. Im Zählerterm steht eine Exponentialfunktion, die stets positiv ist gemeinsam mit einem negativen Vorfaktor. Daher ist der Zählerterm stets negativ. Wenn der Zählerterm stets positiv und der Nennerterm stets positiv ist, ist $\dot{S}(t) < 0$. Daher ist S(t) streng monoton abnehmend. Im Sachzusammenhang heißt das, dass die Anzahl der versendeten SMS pro Monat seit Januar 2013 stets gesunken ist.

2.4 **Graphische Darstellung**

Aus Basis bekannter Werte und weiterer berechneter Werte wird eine Wertetabelle erstellt:

t	0	12	25	40	60	80	100
S(t)	3,80	2,45	1,68	1,16	0,75	0,51	0,36

Mithilfe dieser Werte kann nun die graphische Darstellung erfolgen:

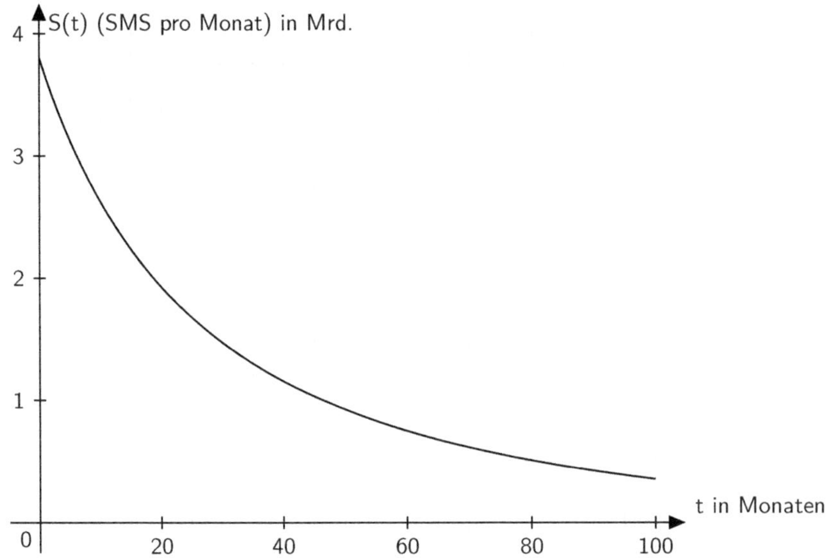

2.5 **Interpretation des angegeben Wertes**

Es wird von $t = 0$ bis $t = 84$ integriert. Dabei sind 84 Monate gleich 7 Jahren. Demnach wird ein Zeitraum von Anfang 2013 bis Ende 2019 betrachtet. Das Integral gibt dabei eine Gesamtzahl der versendeten SMS wieder. Der Term gibt also an, dass im Zeitraum von Anfang 2013 bis Ende 2019 nach dem Modell insgesamt 116,98 Milliarden SMS in Deutschland versendet wurden.

Überprüfen der Realitätsnähe

Die Tabelle vergleicht ebenfalls den Zeitraum von 2013 bis 2019. Summiert man die Werte auf, ergibt sich eine Gesamtzahl von

$$37{,}9 + 22{,}3 + 16{,}6 + 12{,}7 + 10{,}3 + 8{,}9 + 7{,}9 = 116{,}6$$

Milliarden versendeter SMS im Zeitraum. Da in Realität 116,6 Milliarden und laut Modell 116,98 Milliarden SMS im Zeitraum versendet wurden, kann man sagen, dass das Model die reale Zahl sehr gut wiedergibt.

1.0 Gegeben ist die Funktion $f\colon x \longmapsto \dfrac{-x^2-x-1}{x}$ mit der Definitionsmenge $D_f = \mathbb{R}\setminus\{0\}$. Der Graph von f wird mit G_f bezeichnet.

1.1 Untersuchen Sie das Verhalten der Funktionswerte von f bei links- und rechtsseitiger Annäherung an die Definitionslücke $x = 0$ und ermitteln Sie die Gleichungen aller Asymptoten von G_f. **4 BE**

1.2 Zeigen Sie, dass die Funktion f keine Nullstellen besitzt. **2 BE**

1.3 Bestimmen Sie die maximalen Monotonieintervalle sowie die Art und Koordinaten aller Extrempunkte von G_f.
[Mögliches Ergebnis: $f'(x) = \dfrac{-x^2+1}{x^2}$] **7 BE**

1.4 Zeichnen Sie den Graphen G_f unter Berücksichtigung aller bisherigen Ergebnisse und weiterer geeigneter Funktionswerte sowie alle Asymptoten für $-5 \leq x \leq 5$ in ein kartesisches Koordinatensystem. **4 BE**

1.5.0 Es wird nun die Funktion $g\colon x \longmapsto \ln(f(x))$ mit ihrer maximalen Definitionsmenge $D_g \subset \mathbb{R}$ betrachtet. Der Graph von g wird mit G_g bezeichnet.
Zur Beantwortung der folgenden Teilaufgaben können die Ergebnisse aus vorherigen Aufgaben verwendet werden.

1.5.1 Geben Sie D_g an und bestimmen Sie die Nullstelle der Funktion g. **3 BE**

1.5.2 Ermitteln Sie die Art und die Koordinaten des Extrempunktes von G_g und zeichnen Sie G_g in das Koordinatensystem der Teilaufgabe 1.4. **6 BE**

2.0 In einem Freizeitbad wird eine schnell wachsende Bambusart gepflanzt, die als Sichtschutz dienen soll.
Die Modellfunktion B mit der Gleichung $B(t) = \frac{A}{2 + 98e^{ct}}$ und $t \in \mathbb{R}_0^+$ sowie $A, c \in \mathbb{R}$ beschreibt näherungsweise die Höhe der Bambuspflanzen in Zentimeter. Dabei gibt t die Zeit nach der Pflanzung in Tagen an. Die Pflanzung findet zum Zeitpunkt $t = 0$ statt.
Bei Rechnungen kann auf die Verwendung von Einheiten verzichtet werden. Runden Sie Ihre Ergebnisse gegebenenfalls auf eine Nachkommastelle.

2.1 Ermitteln Sie die Werte der Parameter A und c, wenn die Bambushöhe am Pflanztag 4 cm beträgt und der Bambus 20 Tage nach der Pflanzung bereits 1 m hoch ist.
[Mögliche Ergebnisse: $A = 400$; $c \approx -0{,}2$] **4 BE**

2.2 Um einen ausreichenden Sichtschutz der Badegäste zu gewährleisten, müssen die Bambuspflanzen mindestens 170 cm hoch sein.Ermitteln Sie, am wievielten Tag nach der Pflanzung die Bambuspflanzen eine Höhe von 170 cm erreichen. **3 BE**

2.3 Bestimmen Sie, welche Höhe die Bambuspflanzen nach langer Zeit erreichen. **2 BE**

2.4 Untersuchen Sie das Monotonieverhalten der Funktion B. **4 BE**

2.5 Zeichnen Sie den Graphen der Funktion B für $t \in [0; 80]$ unter Verwendung der bisherigen Ergebnisse und weiterer geeigneter Funktionswerte in ein kartesisches Koordinatensystem. Wählen Sie auf beiden Achsen einen geeigneten Maßstab. **4 BE**

1.0 Gegeben ist die Funktion $f(x) = \frac{-x^2 - x - 1}{x}$ mit $D_f = \mathbb{R} \setminus \{0\}$.

1.1 **Annäherung an die Definitionslücke**

$$x \to 0^-: \quad f(x) = \frac{\overbrace{-x^2 - x - 1}^{\to -1}}{\underbrace{x}_{\to 0^-}} \to \infty$$

$$x \to 0^+: \quad f(x) = \frac{\overbrace{-x^2 - x - 1}^{\to -1}}{\underbrace{x}_{\to 0^+}} \to -\infty$$

Gleichungen aller Asymptoten

Zunächst wird der Funktionsterm umgeformt:

$$f(x) = \frac{-x^2 - x - 1}{x} = -\frac{x^2}{x} - \frac{x}{x} - \frac{1}{x} = -x - 1 - \frac{1}{x}$$

Aus dem ganzrationalen Anteil $-x - 1$ ergibt sich die Gleichung einer schiefen Asymptote mit: $\underline{\underline{y = -x - 1}}$. Aus dem echt gebrochen-rationalen Anteil $-\frac{1}{x}$ bzw. aus dem Verhalten bei Annäherung an die Definitionslücke ergibt sich weiterhin die Gleichung einer senkrechten Asymptote mit: $\underline{\underline{x = 0}}$.

1.2 **Nachweis, dass keine Nullstellen vorliegen**

Die Nullstellen einer gebrochen-rationalen Funktion entsprechen den Nullstellen des Zählerterms (vorausgesetzt sie sind in der Definitionsmenge enthalten):

$$f(x) = 0$$

$$\Rightarrow \quad -x^2 - x - 1 = 0$$

Von dieser resultierenden quadratischen Gleichung kann nun die Diskriminante betrachtet werden:

$$D = (-1)^2 - 4 \cdot (-1) \cdot (-1) = 1 - 4 = -3 < 0$$

Die Diskriminante ist kleiner null. Daher besitzen der Zählerterm und damit auch f(x) keine Nullstellen. (q.e.d.)

1.3 **Ermitteln der ersten Ableitung**

Die erste Ableitung wird mithilfe der Quotientenregel ermittelt:

$$f(x) = \frac{-x^2 - x - 1}{x}$$

$$f'(x) = \left[\frac{(-x^2 - x - 1)' \cdot x - (-x^2 - x - 1) \cdot (x)'}{x^2}\right] \qquad \text{(Asatz Quotientenregel)}$$

$$= \frac{(-2x-1)\cdot x - (-x^2-x-1)\cdot 1}{x^2} \qquad \text{(Ausmultiplizieren)}$$

$$= \frac{-2x^2 - x + x^2 + x + 1}{x^2} \qquad \text{(Zusammenfassen)}$$

$$= \frac{-x^2+1}{x^2} \qquad \text{(Zur Kontrolle angegeben)}$$

Monotonieintervalle und Art und Koordinaten aller Extrempunkte

Zunächst werden noch die Nullstellen der ersten Ableitung ermittelt:

$$-x^2+1=0 \qquad |-1$$
$$\Longleftrightarrow \quad -x^2=-1 \qquad |\cdot(-1)$$
$$\Longleftrightarrow \quad x^2=1 \qquad |\sqrt{}$$
$$\Longleftrightarrow \quad x_1=-1 \quad \text{oder} \quad x_2=1$$

Damit kann nun eine Monotonietabelle erstellt werden:

x	$x<-1$	$x=-1$	$-1<x<0$	$x=0$	$0<x<1$	$x=1$	$1<x$	Skizzen
$f'(x)$-Zähler: $-x^2+1$	−	0	+	+	+	0	−	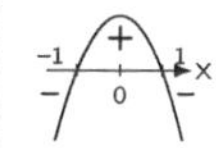
$f'(x)$-Nenner: x^2	+	+	+	0	+	+	+	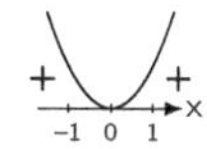
$f'(x)$	−	0	+	n.def.	+	0	−	
G_f	↘	TIP	↗	n.def.	↗	HOP	↘	

Der Graph G_f ist demnach streng monoton fallend in den Intervallen $]-\infty; -1]$ und $[1; \infty[$ und streng monoton steigend in den Intervallen $[-1; 0[$ und $]0; 1]$. Durch Einsetzen werden die Koordinaten der Extrempunkte bestimmt:

$$f(-1) = \frac{-(-1)^2-(-1)-1}{-1} = \frac{-1+1-1}{-1} = 1 \qquad f(1) = \frac{-1^2-1-1}{1} = \frac{-3}{1} = -3$$

Die Koordinaten der relativen Extrempunkte lauten $\underline{\underline{TIP(-1|1)}}$ und $\underline{\underline{HOP(1|-3)}}$.

1.4 Graphische Darstellung

Die Zeichnung soll folgende Elemente enthalten:

- Graph G_f mit $f(x) = \frac{-x^2-x-1}{x}$
- Asymptoten: $x=0$ und $y=-x-1$

Mithilfe bereits bekannter und weiterer Funktionswerte wird eine Wertetabelle erstellt.

x	−5	−3	−1	−0,5	0,5	1	3	5
f(x)	4,2	2,33	1	1,5	−3,5	−3	−4,33	−6,2

Mithilfe dieser Werte kann nun die graphische Darstellung erfolgen:

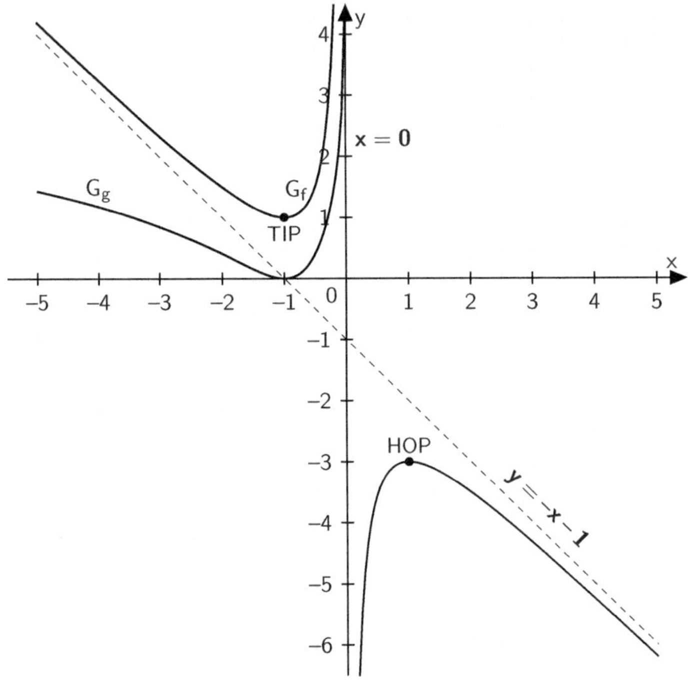

1.5.0 Betrachtet wird nun die Funktion $g(x) = \ln(f(x)) = \ln\left(\frac{-x^2-x-1}{x}\right)$:

1.5.1 **Definitionsmenge**

Der Logarithmus ist nur für Zahlen größer null definiert. Demnach muss $f(x) > 0$ gelten, damit die Funktion $g(x)$ definiert ist. Aus dem Monotonieverhalten und den fehlenden Nullstellen (Vergleich auch Abbildung Teilaufgabe 1.4) folgt, dass dies für $x < 0$ erfüllt ist. Demnach ist $\underline{\underline{D_g =]-\infty;\, 0[}}$.

Nullstelle

Für die Nullstelle der Logarithmusfunktion gilt $\ln(1) = 0$. Demnach liegt eine Nullstelle von $g(x) = \ln(f(x))$ vor, wenn $f(x) = 1$ ist:

$$
\begin{aligned}
& g(x) = 0 \\
\Rightarrow\quad & f(x) = 1 \\
\Longleftrightarrow\quad & \frac{-x^2-x-1}{x} = 1 && |\cdot x \\
\Longleftrightarrow\quad & -x^2-x-1 = x && |-x \\
\Longleftrightarrow\quad & -x^2-2x-1 = 0 \\
\Rightarrow\quad & x_{1;2} = \frac{-(-2) \pm \sqrt{(-2)^2 - 4\cdot(-1)\cdot(-1)}}{2\cdot(-1)} \\
\Rightarrow\quad & x_{1;2} = \frac{2 \pm 0}{-2} = -1
\end{aligned}
$$

Die Nullstelle der Funktion liegt bei $\underline{\underline{x = -1}}$.

Alternative:

Alternativ kann verwendet werden, dass aus Teilaufgabe 1.3 bekannt ist, das G_f einen Tiefpunkt $TIP(-1\,|\,1)$ besitzt. Aus dessen Koordinaten kann direkt abgelesen werden, dass die Bedingung $f(x) = 1$ für $\underline{\underline{x = -1}}$ erfüllt ist.

1.5.2 **Art und Koordinaten des Extrempunktes**

Zunächst wird die erste Ableitung der Funktion bestimmt:

$$g(x) = \ln(f(x))$$
$$g'(x) = \frac{1}{f(x)} \cdot f'(x) = \frac{f'(x)}{f(x)}$$

Dabei wurde D_g in Teilaufgabe 1.5.1 so bestimmt, dass $f(x) > 0$ gilt. Demnach ist der Nennerterm $f(x)$ der ersten Ableitung stets größer null. Somit stimmen $g'(x)$ und $f'(x)$ im Vorzeichen und damit G_f und G_g im Monotonieverhalten überein. Somit besitzt auch G_g einen Tiefpunkt bei $x = -1$. Da dies der Nullstelle entspricht, lauten die Koordinaten des Tiefpunktes $\underline{\underline{TIP(-1\,|\,0)}}$.

Graphische Darstellung siehe Teilaufgabe 1.4.

2.0 Gegeben ist nun die Funktion $B(t) = \frac{A}{2 + 98e^{ct}}$, mit der Zeit $t \in \mathbb{R}_0^+$ in Tagen und $A, c \in \mathbb{R}$, welche die Wuchshöhe einer Bambuspflanze in Zentimetern angibt.

2.1 **Ermitteln der Werte der Parameter A und c**

Am Pflanztag beträgt die Wuchshöhe 4 cm, sodass $B(0) = 4$ gilt. Daraus folgt:

$$\begin{aligned} & B(0) = 4 \\ \Longleftrightarrow\quad & \frac{A}{2 + 98 \cdot e^{c \cdot 0}} = 4 \\ \Longleftrightarrow\quad & \frac{A}{2 + 98 \cdot 1} = 4 \\ \Longleftrightarrow\quad & \frac{A}{100} = 4 && |\cdot 100 \\ \Longleftrightarrow\quad & \underline{\underline{A = 400}} \end{aligned}$$

Weiterhin ist bekannt, dass der Bambus nach 20 Tagen bereits 1 m = 100 cm hoch ist. Demnach ist $B(20) = 100$. Setzt man dies an und zudem $A = 400$ ein, ergibt sich ein Wert für c:

$$\begin{aligned} & B(20) = 100 \\ \Longleftrightarrow\quad & \frac{400}{2 + 98 \cdot e^{c \cdot 20}} = 100 && |\cdot (2 + 98 \cdot e^{20c}) \\ \Longleftrightarrow\quad & 400 = 100(2 + 98 \cdot e^{20c}) && |:100 \\ \Longleftrightarrow\quad & 4 = 2 + 98 \cdot e^{20c} && |-2 \\ \Longleftrightarrow\quad & 2 = 98 \cdot e^{20c} && |:98 \end{aligned}$$

2021

$$
\begin{aligned}
\Longleftrightarrow \quad & \frac{2}{98} = e^{20c} \\
\Longleftrightarrow \quad & e^{20c} = \frac{1}{49} && |\ln(\,) \\
\Longleftrightarrow \quad & 20c = \ln\left(\frac{1}{49}\right) && |:20 \\
\Longleftrightarrow \quad & c = \frac{1}{20}\cdot\ln\left(\frac{1}{49}\right) \\
\Longleftrightarrow \quad & \underline{\underline{c \approx -0{,}2}}
\end{aligned}
$$

2.2 **Zeit, nach welcher eine Wuchshöhe von 170 cm erreicht ist**

Gesucht ist der Wert für t, für den $B(t) = 170$ gilt:

$$
\begin{aligned}
& B(t) = 170 \\
\Longleftrightarrow \quad & \frac{400}{2+98e^{-0{,}2t}} = 170 && |\cdot(2+98e^{-0{,}2t}) \\
\Longleftrightarrow \quad & 400 = 170\cdot(2+98e^{-0{,}2t}) && |:170 \\
\Longleftrightarrow \quad & \frac{400}{170} = 2+98e^{-0{,}2t} && |-2 \\
\Longleftrightarrow \quad & \frac{40}{17} - 2 = 98e^{-0{,}2t} \\
\Longleftrightarrow \quad & \frac{6}{17} = 98e^{-0{,}2t} && |:98 \\
\Longleftrightarrow \quad & \frac{6}{1666} = e^{-0{,}2t} \\
\Longleftrightarrow \quad & e^{-0{,}2t} = \frac{3}{833} && |\ln(\,) \\
\Longleftrightarrow \quad & -0{,}2t = \ln\left(\frac{3}{833}\right) && |:(-0{,}2) \\
\Longleftrightarrow \quad & t = -\frac{1}{0{,}2}\cdot\ln\left(\frac{3}{833}\right) \\
\Longleftrightarrow \quad & t \approx 28{,}1
\end{aligned}
$$

Die geforderte Höhe ist am 29. Tag erreicht.

2.3 **Höhe der Pflanzen nach langer Zeit**

$$
t \to \infty: \quad B(t) = \frac{400}{2+\underbrace{e^{-0{,}2t}}_{\to 0}} \to \frac{400}{2} = 200
$$

Die Wuchshöhe nach langer Zeit wird 200 cm betragen.

2.4 **Monotonieverhalten**

Zunächst wird mithilfe von Quotienten- und Kettenregel die erste Ableitung der Funktion bestimmt:

$$
B(t) = \frac{400}{2+98e^{-0{,}2t}}
$$

$$\dot{B}(t) = \left[\frac{(400)' \cdot (2 + 98e^{-0,2t}) - 400 \cdot (2 + 98e^{-0,2t})'}{(2 + 98e^{-0,02t})^2}\right] \quad \text{(Ansatz Quotientenregel)}$$

$$= \left[\frac{0 - 400 \cdot 98e^{-0,2t} \cdot (-0,2t)'}{(2 + 98e^{-0,02t})^2}\right] \quad \text{(Ansatz Kettenregel)}$$

$$= \frac{-400 \cdot 98e^{-0,2t} \cdot (-0,2)}{(2 + 98e^{-0,02t})^2} \quad \text{(Zusammenfassen)}$$

$$= \frac{7840e^{-0,2t}}{(2 + 98e^{-0,2t})^2}$$

Da die Exponentialfunktion stets positiv ist, ist auch der Zählerterm positiv. Im Nennerterm wird eine Summe aus einer positiven Zahl und einer Exponentialfunktion gebildet und zudem noch quadriert. Auch der Nennerterm ist daher stets positiv. Demnach ist die erste Ableitung stets positiv und die Funktion B somit streng monoton zunehmend.

2.5 **Graphische Darstellung**

Aus bekannten Werten und weiteren Funktionswerten wird eine Wertetabelle erstellt:

t	0	10	20	28,1	40	60	80
B(t)	4	26	100	170	197	200	200

Mithilfe dieser Werte kann nun die graphische Darstellung erfolgen:

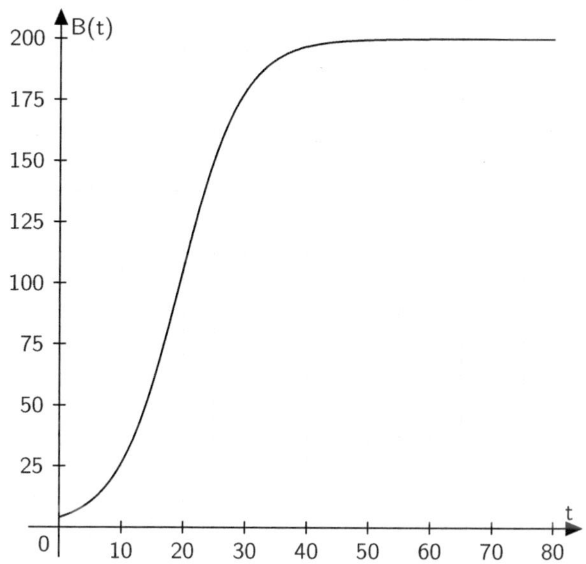

1.0 Ein Holzklotz in Form eines Spats ABCDEFGH mit quadratischer Grundfläche soll bearbeitet werden. Er ist in einem kartesischen Koordinatensystem des $\mathbb{R}^3$ modellhaft so dargestellt, dass die Seiten $\overline{DA}$ sowie $\overline{DC}$ auf der x_1- bzw. x_2-Achse liegen und D im Koordinatenursprung liegt. Die Seite $\overline{AE}$ wird halbiert vom Punkt $P(5|1|3)$.
Der Diagonalenschnittpunkt der Grundfläche ABCD ist $Q(2|2|0)$.
Die Koordinaten der Punkte sind Längenangaben in der Einheit Dezimeter. Auf die Mitführung von Einheiten während der Rechnungen kann verzichtet werden.

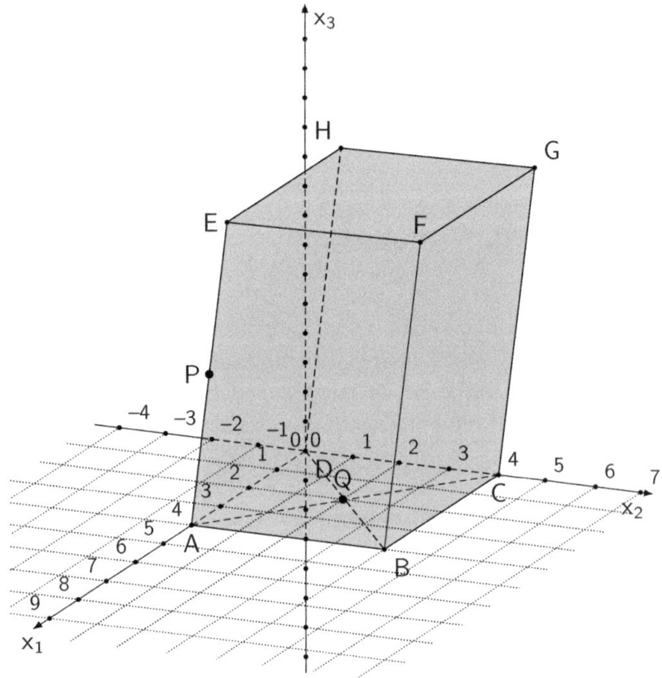

1.1 Lesen Sie die Koordinaten der Punkte A, B und C aus der Zeichnung ab. Ermitteln Sie rechnerisch die Koordinaten des Punktes E. **4 BE**

1.2 Die Punkte P, Q und $F(6|6|6)$ legen die Ebene K fest. Ermitteln Sie jeweils eine Gleichung von K in Parameter- und Koordinatenform.
[Mögliches Ergebnis: $K: 9x_1 + 3x_2 - 8x_3 - 24 = 0$] **6 BE**

1.3 Berechnen Sie den Winkel, unter dem die Gerade DF auf die Ebene K trifft. **4 BE**

1.4 Der Holzklotz wird entlang der Ebene K durchtrennt und der vordere Teil weggenommen. Dadurch ergibt sich in der Grundfläche ABCD eine Schnittkante, die die Kante $\overline{DA}$ im Punkt R sowie die Kante $\overline{CB}$ im Punkt S schneidet.
Die Schnittfläche wird durch die Punkte P, R, S und F begrenzt (siehe Skizze).
Berechnen Sie die Koordinaten der Punkte R und S.

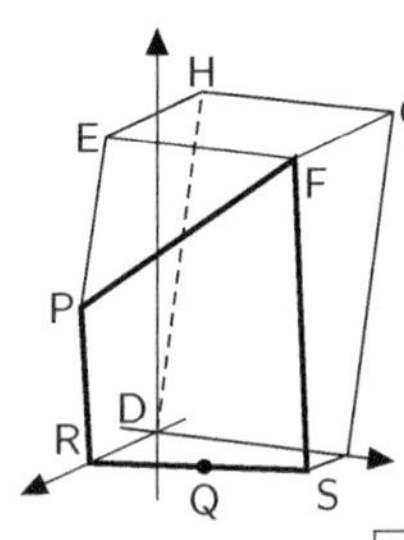

5 BE

1.5 Erläutern Sie, wie Sie den Inhalt der Fläche PRSF berechnen können, ohne diese Rechnung konkret durchzuführen. **4 BE**

1.1 **Koordinaten der Punkte**

Die Koordinaten der Punkte A, B und C können direkt aus dem gegebenen Koordinatensystem abgelesen werden:

$$\underline{\underline{A(4|0|0)}} \quad \underline{\underline{B(4|4|0)}} \quad \underline{\underline{C(0|4|0)}}$$

Es ist gegeben, dass der Punkt P die Seite $\overline{AE}$ halbiert. Daher können die Koordinaten von E errechnet werden, indem zum Vektor $\overrightarrow{OA}$ zweimal der Vektor $\overrightarrow{AP}$ addiert wird:

$$\overrightarrow{OE} = \overrightarrow{OA} + 2 \cdot \overrightarrow{AP} = \begin{pmatrix} 4 \\ 0 \\ 0 \end{pmatrix} + 2 \cdot \begin{pmatrix} 5-4 \\ 1-0 \\ 3-0 \end{pmatrix} = \begin{pmatrix} 4 \\ 0 \\ 0 \end{pmatrix} + 2 \cdot \begin{pmatrix} 1 \\ 1 \\ 3 \end{pmatrix} = \begin{pmatrix} 6 \\ 2 \\ 6 \end{pmatrix} \quad \Rightarrow \quad \underline{\underline{E(6|2|6)}}$$

1.2 **Gleichung der Ebene in Parameterform**

Aus den Koordinaten der Punkte P, Q und F kann zunächst eine Gleichung in Parameterform aufgestellt werden:

$$K\colon \vec{x} = \overrightarrow{OP} + \lambda \cdot \overrightarrow{PQ} + \mu \cdot \overrightarrow{PF} = \begin{pmatrix} 5 \\ 1 \\ 3 \end{pmatrix} + \lambda \cdot \begin{pmatrix} 2-5 \\ 2-1 \\ 0-3 \end{pmatrix} + \mu \cdot \begin{pmatrix} 6-5 \\ 6-1 \\ 6-3 \end{pmatrix}$$

$$= \underline{\underline{\begin{pmatrix} 5 \\ 1 \\ 3 \end{pmatrix} + \lambda \cdot \begin{pmatrix} -3 \\ 1 \\ -3 \end{pmatrix} + \mu \cdot \begin{pmatrix} 1 \\ 5 \\ 3 \end{pmatrix}}} \quad \text{mit } \lambda, \mu \in \mathbb{R}$$

Gleichung der Ebene in Koordinatenform

Aus den beiden Spannvektoren der Ebenengleichung in Parameterform kann der Normalenvektor der Ebene K bestimmt werden:

$$\overrightarrow{PQ} \times \overrightarrow{PF} = \begin{pmatrix} -3 \\ 1 \\ -3 \end{pmatrix} \times \begin{pmatrix} 1 \\ 5 \\ 3 \end{pmatrix} = \begin{pmatrix} 1 \cdot 3 - (-3) \cdot 5 \\ -3 \cdot 1 - (-3) \cdot 3 \\ (-3) \cdot 5 - 1 \cdot 1 \end{pmatrix} = \begin{pmatrix} 3+15 \\ -3+9 \\ -15-1 \end{pmatrix} = \begin{pmatrix} 18 \\ 6 \\ -16 \end{pmatrix} = 2 \cdot \begin{pmatrix} 9 \\ 3 \\ -8 \end{pmatrix}$$

$$\Rightarrow \quad \vec{n}_K = \begin{pmatrix} 9 \\ 3 \\ -8 \end{pmatrix}$$

Mithilfe des Normalenvektors und der Koordinaten des Punktes P kann nun die Koordinatenform bestimmt werden:

$$K\colon \vec{n}_K \circ (\vec{x} - \overrightarrow{OP}) = 0$$

$$\Longleftrightarrow \quad K\colon \begin{pmatrix} 9 \\ 3 \\ -8 \end{pmatrix} \circ \begin{pmatrix} x_1 - 5 \\ x_2 - 1 \\ x_3 - 3 \end{pmatrix} = 0$$

$$\Longleftrightarrow \quad K\colon 9(x_1 - 5) + 3(x_2 - 1) - 8(x_3 - 3) = 0$$

$$\Longleftrightarrow \quad \underline{\underline{9x_1 + 3x_2 - 8x_3 - 24 = 0}}$$

1.3 **Winkel zwischen Gerade DF und Ebene K**

Wie der nebenstehenden Skizze entnommen werden kann, ist α der gesuchte Winkel zwischen Ebene K und Gerade DF. Um diesen zu bestimmen, wird der Winkel β zwischen DF und dem Normalenvektor $\vec{n}_K$ von K bestimmt. Dann gilt $\alpha = 90° - \beta$. Für DF gilt:

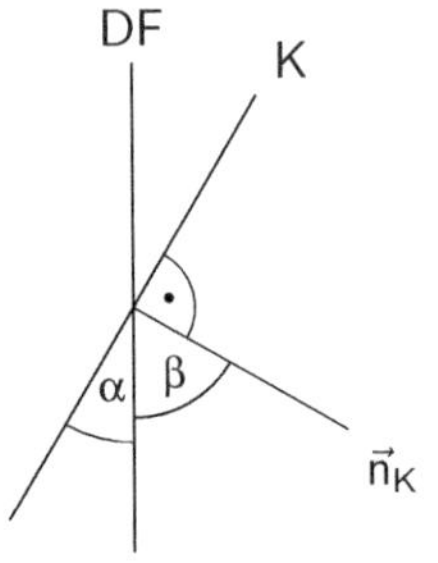

$$\mathrm{DF}: \vec{x} = \overrightarrow{OD} + \sigma \cdot \overrightarrow{DF} = \begin{pmatrix}0\\0\\0\end{pmatrix} + \sigma \cdot \begin{pmatrix}6-0\\6-0\\6-0\end{pmatrix}$$

$$\hat{=}\ \sigma \cdot \begin{pmatrix}1\\1\\1\end{pmatrix} \quad \text{mit } \sigma \in \mathbb{R}$$

Für den Winkel β gilt:

$$\cos(\beta) = \frac{\vec{n}_K \circ \vec{v}_{DF}}{|\vec{n}_K||\vec{v}_{DF}|} = \frac{\begin{pmatrix}9\\3\\-8\end{pmatrix} \circ \begin{pmatrix}1\\1\\1\end{pmatrix}}{\sqrt{9^3 + 3^2 + (-8)^2} \cdot \sqrt{1^2 + 1^2 + 1^2}} = \frac{9 \cdot 1 + 3 \cdot 1 - 8 \cdot 1}{\sqrt{154} \cdot \sqrt{3}}$$

$$= \frac{4}{\sqrt{154} \cdot \sqrt{3}}$$

$$\Rightarrow \quad \beta = \arccos\left(\frac{4}{\sqrt{154} \cdot \sqrt{3}}\right) \approx 79{,}2749°$$

Damit ergibt sich der gesuchte Winkel $\alpha \approx 90° - 79{,}2749° \approx \underline{\underline{10{,}73°}}$.

1.4 **Koordinaten der Punkte R und S**

Der Punkt R ist der Schnittpunkt der Gerade DA mit der Ebene K. Die Gerade DA verläuft dabei auf der x_1-Achse, sodass gilt:

$$\mathrm{DA}: \vec{x} = \begin{pmatrix}0\\0\\0\end{pmatrix} + \tau \cdot \begin{pmatrix}1\\0\\0\end{pmatrix} = \tau \cdot \begin{pmatrix}1\\0\\0\end{pmatrix} \quad \text{mit } \tau \in \mathbb{R}$$

Die Gleichung der Gerade wird nun komponentenweise in die Gleichung der Ebene eingesetzt und nach τ umgeformt:

$$\begin{aligned}
& \mathrm{K}: 9x_1 + 3x_2 - 8x_3 - 24 = 0 & \\
\Rightarrow\quad & 9 \cdot \tau + 3 \cdot 0 - 8 \cdot 0 - 24 = 0 & | + 24 \\
\Longleftrightarrow\quad & 9\tau = 24 & | : 9 \\
\Longleftrightarrow\quad & \tau = \frac{24}{9} = \frac{8}{3} &
\end{aligned}$$

Eingesetzt in die Gleichung der Gerade DA ergeben sich die Koordinaten des Schnittpunktes R:

$$\overrightarrow{OR} = \frac{8}{3} \cdot \begin{pmatrix}1\\0\\0\end{pmatrix} = \begin{pmatrix}\frac{8}{3}\\0\\0\end{pmatrix} \quad \Rightarrow \quad \underline{\underline{R\left(\frac{8}{3}\middle|0\middle|0\right)}}$$

Analog berechnet sich der Punkt S als Schnittpunkt der Gerade CB mit der Ebene K. Gerade CB:

$$CB: \vec{x} = \overrightarrow{OC} + \rho \cdot \overrightarrow{CB} = \begin{pmatrix} 0 \\ 4 \\ 0 \end{pmatrix} + \rho \cdot \begin{pmatrix} 4-0 \\ 4-4 \\ 0-0 \end{pmatrix} = \begin{pmatrix} 0 \\ 4 \\ 0 \end{pmatrix} + \rho \cdot \begin{pmatrix} 4 \\ 0 \\ 0 \end{pmatrix} \quad \text{mit } \rho \in \mathbb{R}$$

Einsetzen der Komponenten in die Ebene K:

$$\begin{aligned} & K: 9x_1 + 3x_2 - 8x_3 - 24 = 0 \\ \Rightarrow \quad & 9 \cdot 4\rho + 3 \cdot 4 - 8 \cdot 0 - 24 = 0 \\ \Longleftrightarrow \quad & 36\rho + 12 - 24 = 0 \quad && | +12 \\ \Longleftrightarrow \quad & 36\rho = 12 \quad && | :36 \\ \Longleftrightarrow \quad & \rho = \frac{1}{3} \end{aligned}$$

Einsetzen in die Gleichung der Gerade CB ergibt die Koordinaten von S:

$$\overrightarrow{OS} = \begin{pmatrix} 0 \\ 4 \\ 0 \end{pmatrix} + \frac{1}{3} \cdot \begin{pmatrix} 4 \\ 0 \\ 0 \end{pmatrix} = \begin{pmatrix} \frac{4}{3} \\ 4 \\ 0 \end{pmatrix} \quad \Rightarrow \quad \underline{\underline{S\left(\frac{4}{3} \middle| 4 \middle| 0\right)}}$$

Alternative:

Alternativ kann von den bereits bekannten Koordinaten Gebrauch gemacht werden. Der Punkt R liegt auf der x_1-Achse, woraus sich bereits $x_2 = 0$ und $x_3 = 0$ ergibt und somit $R(x_{1;R} | 0 | 0)$. Setzt man diese Koordinaten in K ein, so folgt:

$$\begin{aligned} & 9 \cdot x_{1;R} + 3 \cdot 0 - 8 \cdot 0 - 24 = 0 \\ \Longleftrightarrow \quad & 9x_{1;R} - 24 = 0 \quad && | +24 \\ \Longleftrightarrow \quad & 9x_{1;R} = 24 \quad && | :9 \\ \Longleftrightarrow \quad & x_{1;R} = \frac{24}{9} = \frac{8}{3} \\ \Rightarrow \quad & \underline{\underline{R\left(\frac{8}{3} \middle| 0 \middle| 0\right)}} \end{aligned}$$

Der Punkt S liegt auf $\overline{CB}$, sodass hier bereits $x_2 = 4$ und $x_3 = 0$ ergibt, also $S(x_{1;S} | 4 | 0)$. Einsetzen der Koordinaten in K:

$$\begin{aligned} & 9 \cdot x_{1;S} + 3 \cdot 4 - 8 \cdot 0 - 24 = 0 \\ \Longleftrightarrow \quad & 9x_{1;S} - 12 = 0 \quad && | +12 \\ \Longleftrightarrow \quad & 9x_{1;S} = 12 \quad && | :9 \\ \Longleftrightarrow \quad & x_{1;S} = \frac{12}{9} = \frac{4}{3} \\ \Rightarrow \quad & \underline{\underline{S\left(\frac{4}{3} \middle| 0 \middle| 0\right)}} \end{aligned}$$

1.5 **Beschreibung zur Berechnung des Flächenmaßes**

Vom Viereck PRSF müssen zunächst die Koordinaten aller Eckpunkte bekannt sein, was hier aber bereits aufgrund der bisherigen Teilaufgaben der Fall ist. Im nächsten Schritt wird das Viereck in zwei Dreiecke aufgeteilt, beispielsweise in die Dreiecke RSP und PSF. Für beide Dreiecke kann dann aus dem halben Betrag des Kreuzprodukts zweier aufspannender Vektoren die Fläche des Dreiecks bestimmt werden, beispielsweise für das Dreieck RSP mit

$$A_{RSP} = \frac{1}{2}|\overrightarrow{RS} \times \overrightarrow{RP}|$$

Hat man diese Berechnung für beide Teildreiecke ausgeführt, ergibt sich als Summe die Flächenmaßzahl des Vierecks.

1.0 Eine Skulptur aus Leichtmetall in einer Kunsthalle hat die Form eines nicht symmetrischen Trapezes ABCD, aus dem ein Dreieck EFG ausgeschnitten wurde. Das Trapez wird modellhaft in einem kartesischen Koordinatensystem des $\mathbb{R}^3$ betrachtet. Der Hallenboden liegt in der x_1-x_2-Koordinatenebene und der Punkt O im Koordinatenursprung. Die Punkte $A(7|7|2)$, $B(3|10|2)$, $C(1|4|5)$ und $D(3|2{,}5|5)$ bilden die Eckpunkte des Trapezes. Die Koordinaten der Punkte sind Längenangaben in der Einheit Dezimeter.
Auf die Mitführung von Einheiten während der Rechnungen kann verzichtet werden.

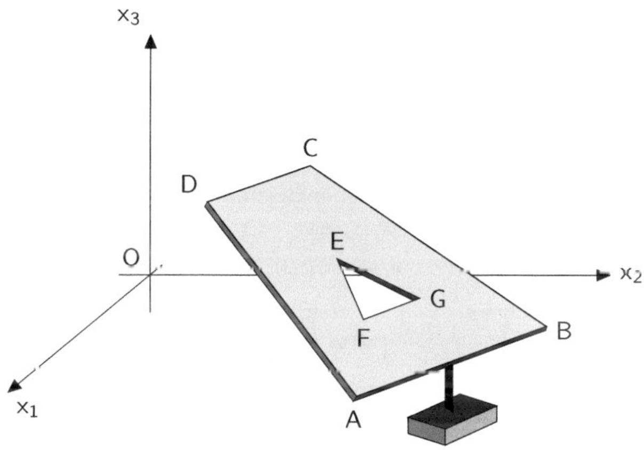

1.1 Die Punkte A, B und C legen die Ebene K fest. Ermitteln Sie jeweils eine Gleichung von K in Parameter- und Koordinatenform.
[Mögliches Teilergebnis: $K: 3x_1 + 4x_2 + 10x_3 = 69$] **5 BE**

1.2 Berechnen Sie den Neigungswinkel der Trapezfläche ABCD gegenüber dem Hallenboden. Runden Sie Ihr Ergebnis auf zwei Nachkommastellen. **3 BE**

1.3 Erläutern Sie, wie Sie den Inhalt der Trapezfläche ABCD berechnen können, ohne diese Rechnung konkret durchzuführen.
Hinweis: Die ausgeschnittene Dreiecksfläche EFG ist bei der Erläuterung nicht zu berücksichtigen. **4 BE**

1.4 Die Punkt E ist der Schnittpunkt der beiden Diagonalen $\overline{AC}$ und $\overline{BD}$ (siehe nebenstehende Skizze). Bestimmen Sie die Koordinaten des Punktes E.
[Mögliches Ergebnis: $E(3|5|4)$]

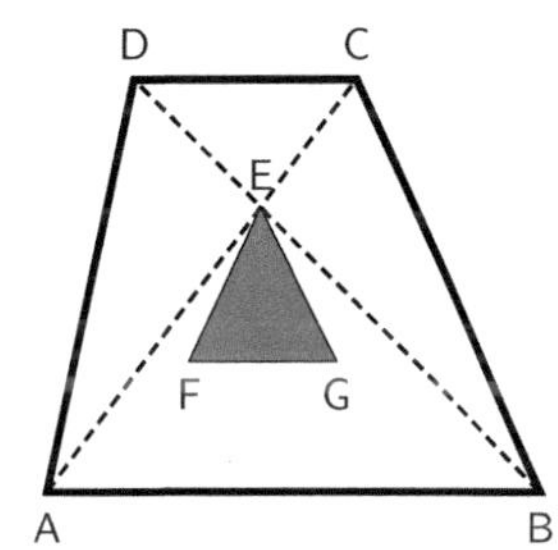

6 BE

1.5 Für den Punkt F des Dreiecks EFG gilt: $F(4{,}4|5{,}2|3{,}5)$. Berechnen Sie die Maßzahl der Länge der Dreiecksseite $\overline{EF}$ und die Koordinaten des Punktes G, wenn die Dreiecksseite $\overline{FG}$ parallel zu $\overline{AB}$ ist und $|\overline{EF}| = |\overline{FG}|$ gilt. **5 BE**

2021

1.1 **Gleichung der Ebene in Parameterform**

Aus den Koordinaten der Punkte A, B und C kann zunächst eine Gleichung in Parameterform aufgestellt werden:

$$K: \vec{x} = \overrightarrow{OA} + \lambda \cdot \overrightarrow{AB} + \mu \cdot \overrightarrow{AC} = \begin{pmatrix} 7 \\ 7 \\ 2 \end{pmatrix} + \lambda \cdot \begin{pmatrix} 3-7 \\ 10-7 \\ 2-2 \end{pmatrix} + \mu \cdot \begin{pmatrix} 1-7 \\ 4-7 \\ 5-2 \end{pmatrix}$$

$$= \underline{\underline{\begin{pmatrix} 7 \\ 7 \\ 2 \end{pmatrix} + \lambda \cdot \begin{pmatrix} -4 \\ 3 \\ 0 \end{pmatrix} + \mu \cdot \begin{pmatrix} -6 \\ -3 \\ 3 \end{pmatrix}}} \quad \text{mit } \lambda, \mu \in \mathbb{R}$$

Gleichung der Ebene in Koordinatenform

Aus den beiden Spannvektoren der Ebenengleichung in Parameterform kann der Normalenvektor der Ebene K bestimmt werden:

$$\overrightarrow{AB} \times \overrightarrow{AC} = \begin{pmatrix} -4 \\ 3 \\ 0 \end{pmatrix} \times \begin{pmatrix} -6 \\ -3 \\ 3 \end{pmatrix} = \begin{pmatrix} 3 \cdot 3 - 0 \cdot (-3) \\ 0 \cdot (-6) - (-4) \cdot 3 \\ (-4) \cdot (-3) - 3 \cdot (-6) \end{pmatrix} = \begin{pmatrix} 9-0 \\ 0+12 \\ 12+18 \end{pmatrix} = \begin{pmatrix} 9 \\ 12 \\ 30 \end{pmatrix} = 3 \cdot \begin{pmatrix} 3 \\ 4 \\ 10 \end{pmatrix}$$

$$\Rightarrow \quad \vec{n}_K = \begin{pmatrix} 3 \\ 4 \\ 10 \end{pmatrix}$$

Mithilfe des Normalenvektors und der Koordinaten des Punktes A kann nun die Koordinatenform bestimmt werden:

$$K: \vec{n}_K \circ (\vec{x} - \overrightarrow{OA}) = 0$$

$$\Longleftrightarrow \quad K: \begin{pmatrix} 3 \\ 4 \\ 10 \end{pmatrix} \circ \begin{pmatrix} x_1 - 7 \\ x_2 - 7 \\ x_3 - 2 \end{pmatrix} = 0$$

$$\Longleftrightarrow \quad K: 3(x_1 - 7) + 4(x_2 - 7) + 10(x_3 - 2) = 0$$

$$\Longleftrightarrow \quad \underline{\underline{3x_1 + 4x_2 + 10x_3 - 69 = 0}}$$

1.2 **Berechnen des Neigungswinkels**

Der Hallenboden wird beschrieben durch die $x_1 - x_2$-Ebene, sodass der Normalenvektor des Bodens gegeben ist durch $\vec{n}_{Boden} = \begin{pmatrix} 0 \\ 0 \\ 1 \end{pmatrix}$. Das Trapez liegt in der Ebene K, deren Normalenvektor in der vorherigen Teilaufgabe bestimmt wurde. Da die Normalenvektoren jeweils senkrecht zur Ebene stehen, ist der Winkel zwischen Trapez und Boden gleich dem Winkel zwischen den zugehörigen Normalenvektoren:

$$\cos(\alpha) = \frac{\vec{n}_K \circ \vec{n}_{Boden}}{|\vec{n}_K||\vec{n}_{Boden}|} = \frac{\begin{pmatrix} 3 \\ 4 \\ 10 \end{pmatrix} \circ \begin{pmatrix} 0 \\ 0 \\ 1 \end{pmatrix}}{\sqrt{3^3 + 4^2 + 10^2} \cdot \sqrt{0^2 + 0^2 + 1^2}} = \frac{3 \cdot 0 + 4 \cdot 0 + 10 \cdot 1}{\sqrt{125} \cdot \sqrt{1}}$$

$$= \frac{10}{\sqrt{125}}$$

$$\Rightarrow \quad \alpha = \arccos\left(\frac{10}{\sqrt{125}}\right) \approx \underline{\underline{26{,}57^\circ}}$$

1.3 Beschreibung zur Berechnung des Flächenmaßes

Vom Trapez ABCD müssen zunächst die Koordinaten aller Eckpunkte bekannt sein, welche hier aber bereits in den Angaben gegeben sind. Im nächsten Schritt wird das Trapez in zwei Dreiecke aufgeteilt, beispielsweise in die Dreiecke ABD und BCD. Für beide Dreiecke kann dann aus dem halben Betrag des Kreuzprodukts zweier aufspannender Vektoren die Fläche des Dreiecks bestimmt werden, beispielsweise für das Dreieck ABD mit

$$A_{ABD} = \frac{1}{2}|\overrightarrow{AB} \times \overrightarrow{AD}|$$

Hat man diese Berechnung für beide Teildreiecke ausgeführt, ergibt sich als Summe die Flächenmaßzahl des Trapezes.

1.4 Koordinaten des Punktes E

Der Punkt E entspricht dem Schnittpunkt der Geraden BD und AC. Um dessen Koordinaten zu bestimmen, werden zunächst die Gleichungen der Geraden aufgestellt:

$$BD: \vec{x} = \overrightarrow{OB} + \tau \cdot \overrightarrow{BD} = \begin{pmatrix} 3 \\ 10 \\ 2 \end{pmatrix} + \tau \cdot \begin{pmatrix} 3-3 \\ 2{,}5-10 \\ 5-2 \end{pmatrix} = \begin{pmatrix} 3 \\ 10 \\ 2 \end{pmatrix} + \tau \cdot \begin{pmatrix} 0 \\ -7{,}5 \\ 3 \end{pmatrix} \quad \text{mit } \tau \in \mathbb{R}$$

$$AC: \vec{x} = \overrightarrow{OA} + \sigma \cdot \overrightarrow{AC} = \begin{pmatrix} 7 \\ 7 \\ 2 \end{pmatrix} + \sigma \cdot \begin{pmatrix} 1-7 \\ 4-7 \\ 5-2 \end{pmatrix} = \begin{pmatrix} 7 \\ 7 \\ 2 \end{pmatrix} + \sigma \cdot \begin{pmatrix} -6 \\ -3 \\ 3 \end{pmatrix} \quad \text{mit } \sigma \in \mathbb{R}$$

Um den Schnittpunkt zu bestimmen werden nun beide Gleichungen gleichgesetzt. Dadurch ergeben sich zeilenweise drei Gleichungen:

$$\begin{array}{ll} \text{I} & 7 - 6\sigma = 3 \\ \text{II} & 7 - 3\sigma = 10 - 7{,}5\tau \\ \text{III} & 2 + 3\sigma = 2 + 3\tau \end{array}$$

Aus Zeile I folgt:

$$\begin{array}{lll} \text{I} & 7 - 6\sigma = 3 & |-7 \\ \Longleftrightarrow & -6\sigma = -4 & |:(-6) \\ \Longleftrightarrow & \sigma = \frac{2}{3} & \end{array}$$

Da laut Angabe bereits vorgegeben ist, dass ein Schnittpunkt vorliegt, müssen die anderen beiden Gleichungen nicht weiter betrachtet werden. Zur Überprüfung des Schnittpunktes oder der eigenen Rechnung können diese dennoch betrachtet werden:

$$\begin{array}{ll} \text{II} & 7 - 3\sigma = 10 - 7{,}5\tau \\ \sigma = \frac{2}{3} \text{ in II} & 7 - 3 \cdot \frac{2}{3} = 10 - 7{,}5\tau \end{array}$$

$$
\begin{aligned}
\Longleftrightarrow \quad && 7-2 &= 10-7{,}5\tau && \vert -10 \\
\Longleftrightarrow \quad && -5 &= -7{,}5\tau && \vert : (-7{,}5) \\
\Longleftrightarrow \quad && \tau &= \frac{2}{3}
\end{aligned}
$$

Zur Kontrolle kann dann noch die dritte Gleichung betrachtet werden:

$$
\begin{aligned}
&& 2+3\sigma &= 2+3\tau \\
\sigma = \frac{2}{3} \text{ und } \tau = \frac{2}{3} \text{ in III} && 2+3\cdot\frac{2}{3} &= 2+3\cdot\frac{2}{3} \\
\Longleftrightarrow && 4 &= 4
\end{aligned}
$$

Auch hier ergibt sich eine wahre Aussage. Damit sind $\sigma = \tau = \frac{2}{3}$ also Lösungen der Gleichung und Einsetzen eines der Werte in eine der Geradengleichungen ergibt die Koordinaten des Schnittpunktes E:

$$
\overrightarrow{OE} = \begin{pmatrix} 7 \\ 7 \\ 2 \end{pmatrix} + \frac{2}{3} \cdot \begin{pmatrix} -6 \\ -3 \\ 3 \end{pmatrix} = \begin{pmatrix} 7-4 \\ 7-2 \\ 2+2 \end{pmatrix} = \begin{pmatrix} 3 \\ 5 \\ 4 \end{pmatrix} \quad \Rightarrow \quad \underline{\underline{E(\,3\,|\,5\,|\,4)}}
$$

1.5 **Länge der Seite $\overline{EF}$**

$$
\begin{aligned}
|\overline{EF}| = |\overrightarrow{EF}| &= \left| \begin{pmatrix} 4{,}4-3 \\ 5{,}2-5 \\ 3{,}5-4 \end{pmatrix} \right| = \left| \begin{pmatrix} 1{,}4 \\ 0{,}2 \\ -0{,}5 \end{pmatrix} \right| = \sqrt{1{,}4^2 + 0{,}2^2 + (-0{,}5)^2} \\
&= \sqrt{1{,}96 + 0{,}04 + 0{,}25} = \sqrt{2{,}25} = \underline{\underline{1{,}5}}\,[\text{dm}]
\end{aligned}
$$

Koordinaten des Punktes G

Die Koordinaten des Punktes G ergeben sich, indem zum Ortsvektor $\overrightarrow{OF}$ der Vektor $\overrightarrow{FG}$ addiert wird. Der Vektor $\overrightarrow{FG}$ kann dabei durch $\overrightarrow{AB}$ dargestellt werden, da die Seiten $\overline{FG}$ und $\overline{AB}$ parallel sind, indem dieser durch die Länge von $\overrightarrow{AB}$ geteilt (*normiert*) wird und dann mit der Länge von $\overrightarrow{EF}$ multipliziert wird:

$$
\overrightarrow{FG} = |\overrightarrow{FG}| \cdot \frac{\overrightarrow{AB}}{|\overrightarrow{AB}|}
$$

Laut Angabe gilt dabei $|\overline{FG}| = |\overline{EF}|$ und mit obiger Berechnung daher $|\overline{FG}| = |\overline{EF}| = 1{,}5\,\text{dm}$. Weiterhin muss also $|\overrightarrow{AB}|$ bestimmt werden:

$$
|\overrightarrow{AB}| = \left| \begin{pmatrix} -4 \\ 3 \\ 0 \end{pmatrix} \right| = \sqrt{(-4)^2 + 3^2 + 0^2} = \sqrt{16+9+0} = \sqrt{25} = 5
$$

Die Werte können nun in die Gleichung eingesetzt werden:

$$
\overrightarrow{OG} = \overrightarrow{OF} + \overrightarrow{FG} = \overrightarrow{OF} + |\overrightarrow{FG}| \cdot \frac{\overrightarrow{AB}}{|\overrightarrow{AB}|} = \begin{pmatrix} 4{,}4 \\ 5{,}2 \\ 3{,}5 \end{pmatrix} + 1{,}5 \cdot \frac{1}{5} \cdot \begin{pmatrix} -4 \\ 3 \\ 0 \end{pmatrix} = \begin{pmatrix} 4{,}4 \\ 5{,}2 \\ 3{,}5 \end{pmatrix} + \begin{pmatrix} -1{,}2 \\ 0{,}9 \\ 0 \end{pmatrix} = \begin{pmatrix} 3{,}2 \\ 6{,}1 \\ 3{,}5 \end{pmatrix}
$$

Daher ist $\underline{\underline{G(3{,}2\,|\,6{,}1\,|\,3{,}5)}}$.

Alternative: Mithilfe einer Geradengleichung

Da die Seite $\overline{FG}$ parallel zu $\overline{AB}$ ist, kann die Gleichung der Gerade FG aufgestellt werden, indem als Richtungsvektor $\overrightarrow{AB}$ eingesetzt wird, was erlaubt ist, da $\overrightarrow{FG}||\overrightarrow{AB}$:

$$FG\colon \vec{x} = \overrightarrow{OF} + \rho \cdot \overrightarrow{FG} = \overrightarrow{OF} + \rho \cdot \overrightarrow{AB} = \begin{pmatrix} 4{,}4 \\ 5{,}2 \\ 3{,}5 \end{pmatrix} + \rho \cdot \begin{pmatrix} -4 \\ 3 \\ 0 \end{pmatrix} \quad \text{mit } \rho \in \mathbb{R}$$

Auch $\overrightarrow{OG}$ kann durch diese Geradengleichung dargestellt werden, sodass es nun noch gilt zu ermitteln, für welchen Wert von ρ dies der Fall ist. Dabei wird ausgenutzt, dass $1{,}5 = |\overline{EF}| = |\overline{FG}|$ gilt:

$$\begin{aligned}
|\overline{FG}| = |\overrightarrow{FG}| = \left|\overrightarrow{OG} - \overrightarrow{OF}\right| &= 1{,}5 \\
\Longleftrightarrow \quad \left|\begin{pmatrix} 4{,}4-4\rho \\ 5{,}2+3\rho \\ 3{,}5 \end{pmatrix} - \begin{pmatrix} 4{,}4 \\ 5{,}2 \\ 3{,}5 \end{pmatrix}\right| = \left|\begin{pmatrix} -4\rho \\ 3\rho \\ 0 \end{pmatrix}\right| &= 1{,}5 \\
\Longleftrightarrow \quad \sqrt{(-4\rho)^2 + (3\rho)^2 + 0^2} &= 1{,}5 \\
\Longleftrightarrow \quad \sqrt{25\rho^2} &= 1{,}5 \\
\Longleftrightarrow \quad 5\rho &= 1{,}5 \qquad |:5 \\
\Longleftrightarrow \quad \rho &= 0{,}3
\end{aligned}$$

Setzt man diesen Wert nun in die Gleichung der Geraden FG ein, ergeben sich die Koordinaten des Punktes G:

$$\overrightarrow{OG} = \begin{pmatrix} 4{,}4 \\ 5{,}2 \\ 3{,}5 \end{pmatrix} + 0{,}3 \cdot \begin{pmatrix} -4 \\ 3 \\ 0 \end{pmatrix} = \begin{pmatrix} 3{,}2 \\ 6{,}1 \\ 3{,}5 \end{pmatrix} \quad \Rightarrow \quad \underline{\underline{G(3{,}2\,|\,6{,}1\,|\,3{,}5)}}$$

Aufgaben Index

Analysis

A

D

E

F

G

I

M

N

P

S

T

W

Analytische Geometrie

A

B

E

F